普通高等教育系列教材
安徽省“十三五”规划教材
安徽省“十二五”规划教材

组合数学

第2版

殷剑宏　编著

机械工业出版社

本书以组合计数问题为重点，介绍了组合数学的基本原理与思想方法，内容包括基本计数问题、生成函数、递推关系、容斥原理、Pólya计数、组合设计与编码等。本书取材侧重于体现组合数学在计算机科学，特别是算法分析领域中的应用。每章都精选了适量例题与习题，并在书末附有部分习题解答。

本书可用作高等学校计算机、数学、信息安全、电子、通信等专业高年级本科生教材，也可供相关专业教学、科研和工程技术人员参考。

图书在版编目（CIP）数据

组合数学/殷剑宏编著. —2版. —北京：机械工业出版社，2020.9（2025.1重印）
普通高等教育系列教材
ISBN 978-7-111-66569-4

Ⅰ.①组… Ⅱ.①殷… Ⅲ.①组合数学-高等学校-教材 Ⅳ.①O157

中国版本图书馆CIP数据核字（2020）第176873号

机械工业出版社（北京市百万庄大街22号 邮政编码100037）
策划编辑：王玉鑫 王 康 责任编辑：王玉鑫 陈崇昱
责任校对：王明欣 封面设计：张 静
责任印制：单爱军
北京虎彩文化传播有限公司印刷
2025年1月第2版第4次印刷
184mm×260mm · 15.75印张 · 388千字
标准书号：ISBN 978-7-111-66569-4
定价：48.00元

电话服务
客服电话：010-88361066
010-88379833
010-68326294

网络服务
机 工 官 网：www.cmpbook.com
机 工 官 博：weibo.com/cmp1952
金 书 网：www.golden-book.com
机工教育服务网：www.cmpedu.com

第 2 版前言

组合数学源于古老的东方数学，是讨论众多对象的安排与分布方法的学科，是研究离散的、有限结构的科学，涉及来自几何、代数、分析的思想。它有别于现代数学(或西方数学)，其主要内容不是证明定理，而是着重于计算的过程、方法、步骤，这个方法、步骤就相当于计算机科学中所谓的算法。计算机被誉为20世纪最伟大的发明，由于计算机只能处理离散的、有限的问题，所以相应的计算机数学必然是研究离散的、有限的组合数学。在计算机科学中，计数或枚举对象、研究两个集合间的关系、分析含有限步数的过程、编码技术等都要用到组合数学的理论与方法，计算模型和可计算性、实际计算机的设计与制造、计算机程序设计语言、计算机体系结构、计算机应用程序设计、聚类与数据挖掘、分布式计算、信息论、密码学等无不生动地展示了组合数学的应用。因此，组合数学被称为计算机时代最适合的数学，成为近年来飞速发展的数学领域之一。组合数学与计算机科学相互促进共同发展。

本书增加了适量的典型问题，并采用一题多解的方法，从技能训练、解题方法、实际应用等方面讲解。比如，在 1.1 节先给出一个似乎连小学生都明白，但又都不屑的问题：把 $2n$ 个人分成 n 组，每组 2 人，有多少种不同的分组方法？随着课程的推进，用“乘法原则”“排列”“递归”“生成函数”等给出一系列系统的方法，不断揭示这一简单问题所潜藏的困难。再比如，“相同球放入不同盒子里的方案数”可选用生成函数求出，“不同球放入不同盒子里的方案数”可选用指数生成函数求出，那么“不同球放入相同盒子里的方案数”怎么求呢？只要把“不同球放入不同盒子”，从另一角度按乘法原则分为连续两步：先把不同球放入相同盒子，再把盒子排排队，于是问题迎刃而解。紧接着，自然想到“相同球放入相同盒子里的方案数”是否也可以像“相同球放入不同盒子”那样按乘法原则分为连续两步？先把相同球放入相同盒子，再把盒子排排队。结果发现，问题远没这么简单！又比如，通过“错排”这个典型问题，不断导出用“递归”“容斥原理”“有禁区的排列”等解决问题的一般思路和方法，既展示了组合数学技术的一面，满足了需求，又避免了计算技能崇拜等片面技术崇拜，适时地训练学生的思维、传授学科方法论，使学生不仅懂得其深奥的道理，而且掌握了普遍的方法，对所学知识能广泛迁移，随机通达，以激发学生的学习兴趣，提高学生的学习积极性。本书对生成函数的理论和应用做了较广较深的引入，目的是充分展示其连接离散数学和连续数学的桥梁作用。另外，还引入了一个特别易于程序化的、生成集合排列和组合的新算法，以大大方便工程应用。

总之，本书有不少亮点和特色，在内容布局、知识点衔接等方面更加强调前呼后应、融会贯通。但书中不足之处在所难免，敬请读者和同行不吝赐教。

殷剑宏

第 1 版前言

组合数学是一门古老的学科。公元 1666 年,天才数学家、计算机先驱莱布尼兹为它起名为“组合学”(Combinatorics),并预言了这一数学分支的诞生。如今,组合数学的思想和技巧不仅影响着数学的许多分支,而且广泛地应用于自然、社会的几乎所有学科领域。特别是其枚举与计数思想、算法分析理论、编码技术等对计算机科学尤为重要。同时,计算机科学的迅速发展,又为组合数学的崛起注入了生机与活力。因此,国内外越来越多的高校,纷纷把组合数学列为计算机、数学、信息安全、电子、通信等众多专业的核心课程。

我们知道,算法研究是计算机科学的核心,而算法分析却需要更多的组合数学思想。为此,本书前 5 章以组合计数问题为重点,详细介绍了组合数学的基本原理与思想方法,对许多理论及方法进行了初等描述,同时对生成函数、递推关系、Pólya 计数等抽象深奥的理论进行了巧妙处理,使不熟悉近世代数的读者,只需要预先学习第 5.1 ~5.4 节及第 6.1 节,便可轻松地进行本书的系统学习与研究。当然,具备较好的近世代数基础,对学习组合数学,将是如虎添翼、锦上添花。本书第 6 章对组合设计与编码做了简明介绍,使读者对该领域有初步了解。

本书充分展示了组合数学在研究离散量的结构和相互间关系方面的独到之处,在内容取材与安排上,各章之间既相互联系,具备教材的系统性和科学性,同时各章又相对独立,自成体系,体现了既便于学生学习又便于教师教学的思想。另外,每章都精选了适量例题与习题,书末附有部分习题解答。读者在认真解题的过程中,不仅能巩固基本概念和基本理论,提高自己组合分析的能力,而且能充分体会组合数学的美妙与神奇。

本书全面贯彻了《中国计算机科学与技术学科教程 2002》(简称 CCC2002,由教育部评审)的指导思想,能在大纲规定的教学学时内达到“组合数学”课程的教学目标。同时,本书还全面贯彻了国务院学位委员会关于《同等学力人员申请硕士学位计算机科学与技术学科综合水平全国统一考试大纲及指南》的思想。

编　者

目　录

第1章　基本计数问题

计数问题是组合数学研究的重要内容之一. 任何一门学科都要涉及计数问题. 例如,现代计算机科学就特别强调算法的比较,即对算法所需的运算量和存储单元做出估算,这时就需要计数技术. 计算算法复杂度是组合数学技术发展的又一主要推动力. 组合数学的基础由若干计数规则组成. 有经验的计数者都会知道,许多看似简单的计数问题在解题过程中也会出现很多困难. 因此,必须尝试解决大量的问题. 本章主要探讨基本的计数规则及其所蕴含的某些计数公式,这些方法几乎是所有计数技术的基础.

1.1　加法原则与乘法原则

加法原则是初等的,它是对全体等于其各部分之和这一原理的公式化.

先回忆集合划分的概念.

令 S 为给定的非空集合,$A=\{S_1,S_2,\cdots,S_n\}$,若

(1)$S_i\subseteq S, S_i\neq\varnothing, i=1,2,\cdots,n$;

(2)$S_i\cap S_j=\varnothing, i,j=1,2,\cdots,n(i\neq j)$;

(3)$\bigcup_{i=1}^{n}S_i=S$.

则称集合 A 为集合 S 的**划分**,其中 $S_i(i=1,2,\cdots,n)$ 称为该划分的**块**.

加法原则　设 $\{S_1,S_2,\cdots,S_n\}$ 为集合 S 的划分,则 S 中元素的个数 $|S|$ 可以通过找出该划分的每一块中元素的个数来确定,把这些数相加,得到

$$|S|=|S_1|+|S_2|+\cdots+|S_n|$$

在应用加法原则时,通常先要描述性地定义块,即把问题分成互相排斥的若干情形,而这些情形包括了所有的可能. 应用加法原则的技巧就在于把要被计数的集合 S 划分成“不太多的易于处理的部分”.

加法原则还可叙述为:如果有 p 种方法能够从一堆物品中选择一个物品,有 q 种方法能够从另外一堆物品中选择一个物品,那么从这两堆中选择一个物品的方法共有 $p+q$ 种.

这种形式的加法原则很容易推广到多于两堆的情况.

乘法原则是加法原则的一个推论.

乘法原则　令 S 是 n 元组 $\langle a_1,a_2,\cdots,a_n\rangle$ 的集合,其中第一个元素 a_1 有 r_1 种选择,第二个元素 a_2 有 r_2 种选择,…,第 n 个元素 a_n 有 r_n 种选择,则 S 中共有 $r_1\times r_2\times\cdots\times r_n$ 个元素.

乘法原则还可叙述为:如果某事件能分成连续 n 步完成,第一步有 r_1 种方式完成,且不管第一步以何种方式完成,第二步都始终有 r_2 种方式完成,而且无论前两步以何种方式完成,第三步都始终有 r_3 种方式完成,以此类推,那么完成这件事共有 $r_1\times r_2\times\cdots\times r_n$ 种方式.

注意,有些事情可能存在多种不同的顺序来分步完成,但要恰当安排分步完成的顺序,以

便易于运用乘法原则. 同时还要注意,运用乘法原则,后步结果可随前步结果而变化,但每一步完成方式的数量却是固定不变的,不依赖之前的任何一步.

例 1.1.1　用 a,b,c,d,e,f 构成三字母串,允许字母重复且包含字母 e,共能构成多少个?

解一　把所有满足要求的三字母串分成如下三类:

(1)第一位置为 e,即形如 e□□,由乘法原则,共有 $6\times6=36$ 个.

(2)第二位置为 e,即形如□e□,为与(1)不同,第一位置不能取 e,由乘法原则,有 $5\times6=30$ 个.

(3)第三位置为 e,即形如□□e,为与(1)、(2)不同,第一、二位均不能取 e,有 $5\times5=25$ 个.

综上分析,由加法原则知共有 $36+30+25=91$ 个满足题意要求的三字母串.

解二　符合题意的三字母串可分成三类:

(1)含一个 e,再分为三类:
- 形如 e□□,共有 $5\times5=25$ 个,
- 形如□e□,共有 $5\times5=25$ 个,
- 形如□□e,共有 $5\times5=25$ 个.

(2)含两个 e,再分为三类:
- 形如 ee□,共有 5 个,
- 形如 e□e,共有 5 个,
- 形如□ee,共有 5 个.

(3)含三个 e,即 eee 这 1 个.

由加法原则,符合题意要求的三字母串共有 $25+25+25+5+5+5+1=91$ 个.

例 1.1.2　有 5 本不同的英文书、6 本不同的日文书和 8 本不同的中文书,从中取出两本书(不计次序),当这两本书是不同的语种时,有多少种不同的取法?

解　由题意可分成三类:

(1)一本为英文书,一本为日文书,有 $5\times6=30$ 种取法;

(2)一本为英文书,一本为中文书,有 $5\times8=40$ 种取法;

(3)一本为日文书,一本为中文书,有 $6\times8=48$ 种取法.

再由加法原则,合乎题意的取法共有 $30+40+48=118$ 种.

例 1.1.3　有 5 个相同的苹果,8 个相同的橘子,从中选取任意一个(非零),有多少种不同取法?

解一　水果的一种取法可表示为序偶 $\langle a,b\rangle$,其中 a 为所取的苹果数,b 为所取的橘子数,而 $a=0,1,2,3,4,5$;$b=0,1,2,3,4,5,6,7,8$. 由乘法原则,有 $6\times9=54$ 种. 由于要求非零,故不选 $\langle 0,0\rangle$,因此满足题意要求的取法有 $54-1=53$ 种.

解二　水果的一种取法可表示为序偶 $\langle a,b\rangle$,其中 $a(a=0,1,\cdots,5)$ 为所取的苹果数,$b(b=0,1,\cdots,8)$ 为所取得的橘子数. 符合题意的取法可分为两类:

(1)形如 $\langle 0,b\rangle$,此时 $b=1,2,\cdots,8$ 共有 8 种取法.

(2)形如 $\langle a,b\rangle$ 且 $a\neq0$,由乘法原则,共有 $5\times9=45$ 种取法.

由加法原则,满足题意的取法共有 $8+45=53$ 种.

解三　水果的一种取法可表示为序偶 $\langle a,b\rangle$,其中 $a(a=0,1,\cdots,5)$ 为所取的苹果数,$b(b=0,1,\cdots,8)$ 为所取得橘子数. 符合题意的取法可分为两类:

(1)只取苹果,即形如 $\langle a,0\rangle$ 且 $a\neq0$,此时 $a=1,2,3,4,5$ 共有 5 种取法.

(2)只取橘子,即形如$\langle 0,b\rangle$且$b\neq 0$,此时$b=1,2,\cdots,8$共有 8 种取法.

(3)既取苹果又取橘子,即形如$\langle a,b\rangle$,且$a\neq 0$、$b\neq 0$,由乘法原则,共有$5\times 8=40$种取法.

由加法原则,满足题意的取法共有$5+8+40=53$种.

例 1.1.4　在 1000 到 9999 之间有多少个各位数字不同的奇数?

解　问题就是确定四位数,要求确定的四位数是奇数且各位数字不同. 可分成四步完成:

(1)确定个位数字,可取 1,3,5,7,9 共 5 种选择.

(2)确定千位数字,千位数字不能取 0,也不能取个位已选定的数字,始终有 8 种选择. 比如,若个位数字取 1,千位数字可取 2,3,…,9 共 8 种选择;若个位数字取 3,千位数字可取 1,2,4,5,…,9 共 8 种选择. 也就是说,千位数字可选数字尽管受个位数字影响,但其选择方法却始终固定是 8 种.

(3)确定百位数字,有 8 种选择.

(4)确定十位数字,有 7 种选择.

由乘法原则,满足题意的数共有$5\times 8\times 8\times 7=2240$个.

注意,例 1.1.4 若按下面的顺序进行选择:先确定千位数字,有 9 种选择;再确定百位数字,有 9 种选择;然后确定十位数字,有 8 种选择;最后确定个位数字. 若千位、百位、十位数字还没选到奇数数字,则个位数字可取 1,3,5,7,9 共 5 种选择;若千位、百位、十位数字已选到某个奇数数字,比如 1,则个位数字只能取 3,5,7,9 共 4 种选择. 这样,就不能应用乘法原则了. 也就是说,运用乘法原则时,每一步执行方式的数量应该是唯一的而不能依赖之前任何一步.

例 1.1.5　设n为大于 1 的正整数,求满足不等式$x+y\leq n$的正整数解的个数.

解　满足题意的正整数解可分为$n-1$类,其中第$k(k=1,2,\cdots,n-1)$类为$x=k$,$y=1,2,\cdots,n-k$. 由加法原则,满足题意的正整数解的个数为$\sum_{k=1}^{n-1}(n-k)=\frac{n(n-1)}{2}$.

例 1.1.6　把$2n$个人分成n组(无组别之分),每组 2 人,有多少种不同的分组方法?

解　把$2n$个人按题意要求分组的不同分组方法数计作a_n,显然$a_1=1$. 按两步去完成分组:

(1)确定与甲同组的人,共有$C_{2n-1}^{1}=2n-1$种方法.

(2)把剩下的$2n-2$个人按题意要求进行分组,有a_{n-1}种方法.

由乘法原则,有$a_n=(2n-1)a_{n-1}$,而

$$
\begin{aligned}
a_n &=(2n-1)a_{n-1}\\
&=(2n-1)(2n-3)a_{n-2}\\
&=(2n-1)(2n-3)(2n-5)a_{n-3}\\
&\ \vdots\\
&=(2n-1)(2n-3)(2n-5)\cdots 3a_1\\
&=(2n-1)\times(2n-3)\times(2n-5)\times\cdots\times 3\times 1\\
&=\frac{(2n)!}{2n\times(2n-2)\times\cdots\times 4\times 2}\\
&=\frac{(2n)!}{2^n\times n!}
\end{aligned}
$$

例 1.1.7　某停车场有6个入口,每个入口每次只能通过一辆汽车. 有9辆汽车要开进停车场,试问有多少种入场方案?

解　可分9步确定入场方案:

(1)确定第1辆车的入场方案,有6个入口可选择,共有6种入场方案.

(2)确定第2辆车的入场方案,不论第1辆车从哪个入口进场,第2辆车仍有6个入口可选择,但当它选择与第1辆车相同的入口入场时,有在第1辆车之前及之后两种入场方式,因而共有7种入场方案.

(3)确定第3辆车的入场方案,共有8种入场方案.

……

由乘法原则,共有 $6\times 7\times 8\times\cdots\times 14=726485760$ 种入场方案.

1.2　集合的排列与组合

定义 1.2.1　从 n 个元素的集合 S 中任取 r 个元素,按照一定的次序排成一列,称为 n 个元素集合 S 的 r **排列**. n 个元素集合 S 的 n 排列称为 S 的**全排列**,简称为集合 S 的**排列**. n 个元素集合 S 的 r 排列的数目记作 P_n^r 或 $\mathrm{P}(n,r)$.

显然,若 $r>n$,则 $\mathrm{P}_n^r=0$;对每一正整数 n,有 $\mathrm{P}_n^1=n$. 并规定对非负整数 n,有 $\mathrm{P}_n^0=1$.

例如,若 $S=\{1,2,3\}$,则 S 有3个1排列分别是1,2,3;S 有6个2排列分别是12,13,21,23,31,32;S 有6个3排列分别是123,132,213,231,312,321. 集合 S 没有4排列,因为 S 的元素个数少于4.

定理 1.2.1　对于正整数 n 和 r,$r\leqslant n$,有

$$\mathrm{P}_n^r=n\times(n-1)\times\cdots\times(n-r+1)$$

证明　在构造 n 个元素集合的一个 r 排列时,选择第一项可以用 n 种方法,不论第一项如何选出,都可以用 $n-1$ 种方法选择第二项,…,不论前 $r-1$ 项如何选出,都可以用 $n-(r-1)$ 种方法选择第 r 项. 根据乘法原则,这 r 项可以用 $n\times(n-1)\times\cdots\times(n-r+1)$ 种方法选出. 证毕.

定义 $n!$(读作 n 的阶乘)为

$$n!=n\times(n-1)\times\cdots\times 2\times 1$$

并约定 $0!=1$,于是有

$$\mathrm{P}_n^n=n!,\mathrm{P}_n^r=\frac{n!}{(n-r)!}$$

定义 1.2.2　从 n 个元素的集合 S 中任取 r 个元素,无序地放在一起,亦即组成一个 S 的子集,称为 n 个元素集合 S 的 r **组合**. n 个元素集合 S 的 r 组合的数目记作 C_n^r 或 $\mathrm{C}(n,r)$.

显然,若 $r>n$,有 $\mathrm{C}_n^r=0$;若 $r>0$,有 $\mathrm{C}_0^r=0$. 且容易看出,对非负整数 n,有 $\mathrm{C}_n^0=1$,$\mathrm{C}_n^1=n$,$\mathrm{C}_n^n=1$. 特别地,规定 $\mathrm{C}_0^0=1$.

比如,若 $S=\{1,2,3,4\}$,那么 $\{1,2,3\}$,$\{1,2,4\}$,$\{1,3,4\}$,$\{2,3,4\}$ 是 S 的4个3组合.

定理 1.2.2　若 $0\leqslant r\leqslant n$,r 和 n 为整数,则

$$\mathrm{C}_n^r=\frac{\mathrm{P}_n^r}{r!}=\frac{n!}{r!(n-r)!}$$

证明　令 S 是一个 n 个元素的集合. S 的每个 r 排列都恰由下面的两个任务连续执行的结果而产生：

(1)从 S 中任选出 r 个元素；

(2)将所选出的 r 个元素以某种顺序排成一列.

执行第一个任务的方法数为 C_n^r，执行第二个任务的方法数则是 $P_r^r=r!$. 根据乘法原则，有 $P_n^r=r!C_n^r$. 而 $P_n^r=\frac{n!}{(n-r)!}$，因此得到

$$C_n^r=\frac{P_n^r}{r!}=\frac{n!}{r!(n-r)!}$$

证毕.

推论 1.2.1　对于 $0\leqslant r\leqslant n$，且 r 和 n 为整数，有 $C_n^r=C_n^{n-r}$.

定理 1.2.3　有 $C_n^0+C_n^1+C_n^2+\cdots+C_n^n=2^n$($n$ 为非负整数). 这个值等于 n 个元素集合的所有组合的总个数.

证明　n 个元素集合 S 的每一个组合是 S 对于 $r=0,1,2,\cdots,n$ 的一个 r 组合. 由加法原则知，S 的所有组合的总个数为 $C_n^0+C_n^1+\cdots+C_n^n$.

也可以如下计算 S 的所有组合的总个数：

令 $S=\{x_1,x_2,\cdots,x_n\}$. 在选取 S 的一个组合时，对 n 个元素的每一个都有两个选择：x_1 要么在这个组合里，要么不在这个组合里；x_2 要么在这个组合里，要么不在这个组合里；…；x_n 要么在这个组合里，要么不在组合里. 因此，由乘法原则，存在 2^n 种方法形成 S 的一个组合.

使两种方法相等就完成了定理的证明. 证毕.

定理 1.2.3 的证明是通过计数得到恒等式的一个例子. 对同一个计数问题用两种不同的方法计数，然后令所得出的两个结果相等. 这种“双计数”技术是组合数学中的一种强大方法.

例 1.2.1　从 7 位女同学和 4 位男同学中选出 4 人，且至少有 2 位女同学，问有多少种选法？

解　按题意可分成三类：

(1)4 人中 2 男 2 女，有 $C_4^2\times C_7^2=126$ 种；

(2)4 人中 1 男 3 女，有 $C_4^1\times C_7^3=140$ 种；

(3)4 人都是女同学，有 $C_7^4=35$ 种.

由加法原则，共有 $126+140+35=301$ 种符合题意的选取方法.

例 1.2.2　将 a,b,c,d,e,f 进行全排列，问：

(1)字母 b 正好在字母 e 的左邻的排列有多少种？

(2)字母 b 在字母 e 的左边的排列有多少种？

解　(1)把 be 看作一个整体字符，满足题意的排列即为 $\{a,be,c,d,f\}$ 的全排列，故有 $5!=120$ 种排列.

(2)将 $\{a,b,c,d,e,f\}$ 的所有全排列分成如下两类：

$$A=\{\square\square\cdots\square\mid 其中\ b\ 在\ e\ 的左边\}$$
$$B=\{\square\square\cdots\square\mid 其中\ b\ 在\ e\ 的右边\}$$

定义函数$f:A\to B$，且$f(\cdots b\cdots e\cdots)=(\cdots e\cdots b\cdots)$，即$f$将$A$中的任一排列的$b$与$e$的位置互换，保持其余字母位置不变，得到$B$的一个排列. 显然$f$为双射(或一一对应函数)，故$|A|=|B|=\frac{1}{2}\times 6!=360$.

例1.2.3　解例1.1.7.

某停车场有6个入口，每个入口每次只能通过一辆汽车. 有9辆汽车要进停车场，试问有多少种入场方案?

解　假定6个入口处依次编号为1号入口，2号入口，…，6号入口. 如下设计9辆车的入场方案：第一步，构造9辆车1，2，…，9的全排列，有9!个方案. 第二步，选定9辆车的一个全排列，加入5个分隔符◇将其分成6段，第$i(i=1,2,\cdots,6)$段从i号入口依次进场，有C_{9+5}^{5}种加入分隔符的方法. 例如12◇3◇456◇◇◇789，即车1、2依次从1号入口进场，车3从2号入口进场，车4、5、6依次从3号入口进场，车7、8、9依次从6号入口进场；再如◇12◇3◇◇456789◇，即车1、2依次从2号入口进场，车3从3号入口进场，车4、5、6、7、8、9依次从5号入口进场.

由乘法原则，这两步连续执行后产生$9!\times C_{9+5}^{5}$种结果，即入场方案数为$9!\times C_{9+5}^{5}=726485760$.

例1.2.4　解例1.1.6.

把$2n$个人分成n组(无组别之分)，每组2人，有多少种不同的分组方法?

解一　将这n组编号为组1，组2，…，组n.

第一步，确定组1的人员，从$2n$个人中任选两人，有C_{2n}^{2}种结果.

第二步，确定组2的人员，从剩下的$2n-2$个人中任选两人，有C_{2n-2}^{2}种结果.

……

第k步，确定组k的人员，从剩下的$2n-2(k-1)$个人中任选两人，有$C_{2n-2k+2}^{2}$种结果.

……

第n步，确定组n的人员，从剩下的2个人中任选两人，有$C_{2}^{2}=1$种结果.

由乘法原则，这n步连续执行后产生

$$C_{2n}^{2}\times C_{2n-2}^{2}\times\cdots\times C_{2n-2k+2}^{2}\times\cdots\times C_{2}^{2}=\frac{(2n)!}{2^{n}}$$

个结果. 但是，题目所要求的分组没有组别之分，即不能对组别进行编号. 也就是说，按上述操作，每$n!$个不同分组方案对应题目要求的同一个分组. 例如，对于1，2，3，4，5，6这6个人(这里$n=3$)的情形：

$$\begin{array}{ccc} \text{组}1 & \text{组}2 & \text{组}3 \end{array}$$

$$\begin{cases} \{1,2\},\{3,4\},\{5,6\} \\ \{1,2\},\{5,6\},\{3,4\} \\ \{3,4\},\{1,2\},\{5,6\} \\ \{3,4\},\{5,6\},\{1,2\} \\ \{5,6\},\{1,2\},\{3,4\} \\ \{5,6\},\{3,4\},\{1,2\} \end{cases}$$

这6个(即3!个)分组实际上对应同一个分组$\{1,2\},\{3,4\},\{5,6\}$. 因此，符合题意的分组方

法数为$\frac{(2n)!}{2^n\times n!}$

解二　先强行将这 n 组编号为组 1,组 2,…,组 n. 这种有组别之分的分组,一一对应 $2n$ 个元素的 2^n 个不同排列. 例如,对于 1,2,3,4,5,6 这 6 个人的情形:

$$\left\{\begin{matrix}\text{组 1} & \text{组 2} & \text{组 3}\\ \{1,2\}, & \{3,4\}, & \{5,6\}\end{matrix}\right. \text{一一对应 } 2^3 \text{ 个不同排列}\left\{\begin{matrix}123456\\123465\\124356\\124365\\213456\\213465\\214356\\214365\end{matrix}\right..$$

基于上述思想,先对 $2n$ 个人做全排列,再对每一个全排列从前向后依次每 2 人一组,因此,符合题意的分组方法数为$\frac{(2n)!}{2^n\times n!}$.

前面考虑的排列是在直线上进行的,即 r **线排列**. 若在圆周上进行排列,即 r **圆排列**,其结果又如何呢?

将 r 个 r 线排列

$$\begin{matrix}a_1a_2\cdots a_{r-1}a_r\\ a_2a_3\cdots a_r\ a_1\\ \vdots\\ a_r\ a_1a_2\cdots a_{r-2}a_{r-1}\end{matrix}$$

的每一个按顺时针首尾相连围成圆排列,得到的是同一个 r 圆排列. 因此,有以下定理:

定理 1.2.4　n 个元素集合的 r 圆排列的个数由$\frac{P_n^r}{r}=\frac{n!}{(n-r)!r}$给出. 特别地,$n$ 个元素的全圆排列的个数是$(n-1)!$.

例 1.2.5　10 个人要围坐一圆桌,其中有两人不愿彼此挨着就座. 共有多少循环座位排放方法?

解　用 $a_1,a_2,a_3,\cdots,a_{10}$表示这 10 个人,其中 a_1 和 a_2 是彼此不愿意坐在一起的两个人. 考虑 9 个人 $b,a_3,\cdots,a_{10}$围坐圆桌的座位安排,共 8!个这样的安排方法. 在每一种座位安排中都用 a_1、a_2 或 a_2、a_1 代替 b,就将得到 10 人的一种座位安排且 a_1 和 a_2 彼此挨着就座. 因此,a_1 和 a_2 不坐在一起的座位安排方法总数为 $9!-2\times8!=7\times8!=282240$.

以后,在不引起混淆的情况,仍将“线排列”简单说成“排列”.

1.3　重集的排列与组合

前面讨论的排列与组合,是指从 n 个互不相同元素的集合里,每次取出 r 个互不相同的元素进行排列与组合. 然而现实生活中,并不一定是对不同的元素进行排列与组合,为此,先引入重集的概念.

定义 1.3.1 元素可以多次重复出现的集合称为**重集**. 元素 a 出现的次数叫作该元素的**重数**.

一般地,重集 S 表示为 $S=\{n_1\cdot a_1,n_2\cdot a_2,\cdots,n_k\cdot a_k\}$,其中,$a_1,a_2,\cdots,a_k$ 为 S 中 k 个不同类型的元素,$n_i(i=1,2,\cdots,k)$ 为 a_i 的重数. n_i 可以是正整数或∞. 若 a_i 的重数为∞,则表示 S 中有无限多个 a_i.

重集 S 的一个 r 排列仍是 S 的 r 个元素的一个有序摆放. 若 S 中元素的总个数是 n(包括计算重复元素),那么 S 的 n 排列也可称为 S 的全排列.

重集 S 的 r 组合是 S 中的 r 个元素的一个无序选择. 因此,S 的一个 r 组合本身就是重集 S 的一个子重集. 如果 S 有 n 个元素,那么 S 只有一个 n 组合,即 S 自己. 如果 S 含有 k 个不同类型的元素,那么就存在 S 的 k 个 1 组合.

定理 1.3.1 重集 $S=\{\infty\cdot a_1,\infty\cdot a_2,\cdots,\infty\cdot a_k\}$ 的 r 排列的个数为 k^r.

证明 在构造 S 的一个 r 排列时,由于 S 的所有元素的重数都是无穷的,因而第一位有 k 种选择,第二位有 k 种选择,…,第 r 位有 k 种选择. 由乘法原则,S 的 r 排列的个数为 k^r. 证毕.

定理 1.3.2 设重集 $S=\{n_1\cdot a_1,n_2\cdot a_2,\cdots,n_k\cdot a_k\}$,且 S 的元素个数为 $n=n_1+n_2+\cdots+n_k$,则 S 的全排列数为

$$P(n;n_1,n_2,\cdots,n_k)=\frac{n!}{n_1!n_2!\cdots n_k!}$$

证明 因为 S 中有 n_1 个 a_1,在 S 的全排列中要占据 n_1 个位置,这些位置的选法有 $C_n^{n_1}$ 种;再从剩下的 $n-n_1$ 个位置选择 n_2 个位置放置所有的 a_2,有 $C_{n-n_1}^{n_2}$ 种选法;类似地,依次选择位置安排 $a_3,a_4,\cdots,a_k$,由乘法原则知,S 的全排列数为

$$\begin{aligned}&P(n;n_1,n_2,\cdots,n_k)\\&=C(n,n_1)C(n-n_1,n_2)\cdots C(n-n_1-n_2-\cdots-n_{k-1},n_k)\\&=\frac{n!}{n_1!(n-n_1)!}\cdot\frac{(n-n_1)!}{n_2!(n-n_1-n_2)!}\cdot\cdots\cdot\frac{(n-n_1-n_2-\cdots-n_{k-1})!}{n_k!0!}\\&=\frac{n!}{n_1!n_2!\cdots n_k!}\end{aligned}$$

证毕.

例 1.3.1 求解例 1.1.7.

某停车场有 6 个入口,每个入口每次只能通过一辆汽车. 有 9 辆汽车要进停车场,试问有多少种入场方案?

解 设 9 辆车分别标号为 1,2,…,9,则汽车的入场方案一一对应重集 $S=\{1\cdot 1,1\cdot 2,\cdots,1\cdot 9,5\cdot\diamond\}$ 的全排列. 例如,排列 12◇3◇456◇◇◇789,即车 1、2 依次从 1 号入口进场,车 3 从 2 号入口进场,车 4、5、6 依次从 3 号入口进场,车 7、8、9 依次从 6 号入口进场;再如排列◇12◇3◇◇456789◇,即车 1、2 依次从 2 号入口进场,车 3 从 3 号入口进场,车 4、5、6、7、8、9 依次从 5 号入口进场. 故入场方案数为

$$P(14;1,1,1,1,1,1,1,1,1,5)=726485760$$

例 1.3.2 求关于 x_1,x_2,x_3,x_4 的方程 $x_1+x_2+x_3+x_4=15$ 的非负整数解的个数.

解 先观察以下事实:

方程的解$\begin{cases}x_1=2\\x_2=3\\x_3=4\\x_4=6\end{cases}$一一对应序列$\begin{cases}\overbrace{11}^{x_1}0\overbrace{111}^{x_2}0\overbrace{1111}^{x_3}0\overbrace{111111}^{x_4}\\\end{cases}$

方程的解$\begin{cases}x_1=0\\x_2=6\\x_3=0\\x_4=9\end{cases}$一一对应序列$\begin{cases}\overbrace{}^{x_1}0\overbrace{111111}^{x_2}0\overbrace{}^{x_3}0\overbrace{111111111}^{x_4}\end{cases}$

因此,该方程的非负整数解一一对应重集 $S=\{15\cdot 1,3\cdot 0\}$ 的全排列. 故其非负整数解的个数为 $P(15+3;15,3)=\dfrac{18!}{15!\times 3!}=816$.

推广至一般情况,关于 $x_1,x_2,\cdots,x_k$ 的方程 $x_1+x_2+\cdots+x_k=n$ 的非负整数解一一对应重集 $S=\{n\cdot 1,(k-1)\cdot 0\}$ 的全排列. 故其非负整数解的个数为 $P(n+k-1;n,k-1)=\dfrac{(n+k-1)!}{n!(k-1)!}=C_{n+k-1}^{n}$

例 1.3.3　求关于 x_1,x_2,x_3,x_4 的方程 $x_1+x_2+x_3+x_4=15$ 的整数解的个数,其中 $x_i\geqslant 1$ $(i=1,2,3,4)$.

解　令 $y_i=x_i-1(i=1,2,3,4)$,则 $y_1+y_2+y_3+y_4=11$ 且 $y_i(i=1,2,3,4)$ 为非负整数.

而 $y_1+y_2+y_3+y_4=11$ 的非负整数解的个数为

$$P(11+3;11,3)=\frac{14!}{11!\times 3!}$$

因此,符合题意方程的整数解的个数亦为

$$P(11+3;11,3)=\frac{14!}{11!\times 3!}=364$$

定理 1.3.3　重集 $S=\{\infty\cdot a_1,\infty\cdot a_2,\cdots,\infty\cdot a_k\}$ 的 r 组合的个数为 C_{k+r-1}^{r}.

证明　设 S 的一个 r 组合为 $M=\{x_1\cdot a_1,x_2\cdot a_2,\cdots,x_k\cdot a_k\}$,且 $x_1+x_2+\cdots+x_k=r$. 显然,S 的 r 组合与方程 $x_1+x_2+\cdots+x_k=r$ 的非负整数解构成一一对应关系. 方程 $x_1+x_2+\cdots+x_k=r$ 的一个非负整数解可表示成长为 $k-1+r$ 的二进制序列

$$\underbrace{11\cdots1}_{x_1\text{个}1}\ 0\ \underbrace{11\cdots1}_{x_2\text{个}1}\ 0\cdots0\ \underbrace{11\cdots1}_{x_k\text{个}1}$$

其中,该序列中有 $k-1$ 个 0. 而该序列是重集 $\{(k-1)\cdot 0,r\cdot 1\}$ 的一个全排列,故 S 的 r 组合的个数为 C_{k-1+r}^{r}. 证毕.

定理 1.3.4　设重集 $S=\{\infty\cdot a_1,\infty\cdot a_2,\cdots,\infty\cdot a_k\}$,要求 $a_1,a_2,\cdots,a_k$ 至少出现一次的 r 组合数为 C_{r-1}^{k-1}.

证明　在 S 的 r 组合中,$a_1,a_2,\cdots,a_k$ 至少要出现一次,所以 $r\geqslant k$. 设 S 的满足定理条件的任一 r 组合为 $\{x_1\cdot a_1,x_2\cdot a_2,\cdots,x_k\cdot a_k\}$,则有

$$x_1+x_2+\cdots+x_k=r,\text{且 } x_i\geqslant 1,x_i \text{ 为整数}(i=1,2,\cdots,k)$$

令 $y_i=x_i-1\ (1\leqslant i\leqslant k)$,则

$$y_1+y_2+\cdots+y_k=r-k,\text{且 } y_i \text{ 为非负整数}$$

由定理 1.3.3 知,S 的满足定理条件的 r 组合的个数为 $C_{k-1+r-k}^{r-k}=C_{r-1}^{r-k}$. 证毕.

例 1.3.4　图 1.3.1 中,从点(0,0)水平和垂直道路可以走到点(m,n),求从点(0,0)到点(m,n)的非降路径的条数. 其中 m 与 n 均为正整数.

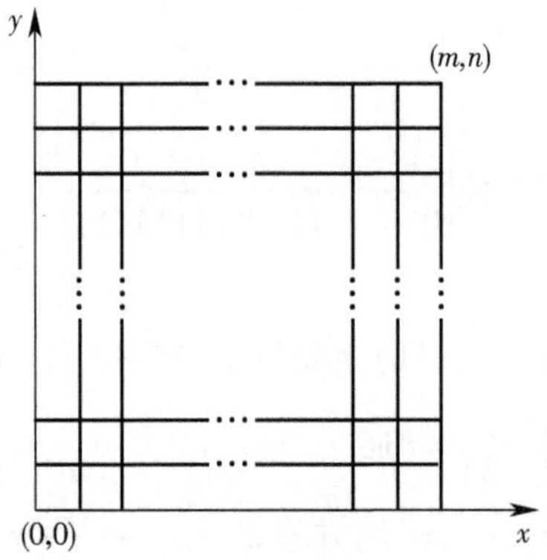

图　1.3.1

解　从点(0,0)到点(m,n)的非降路径,沿水平方向从左向右走一个单位距离记作 x,沿垂直方向从下向上走一个单位距离记作 y,那么该路径必含 m 个 x 和 n 个 y. 从而,一条路径对应着重集 $S=\{m\cdot x,n\cdot y\}$ 的一个全排列,即一共有

$$P(m+n;m,n)=\frac{(m+n)!}{m!n!}$$

条非降路径.

例 1.3.5　设有 16 个字母,其中 a,b,c,d 各四个,从中任取 10 个字母,但每种字母至少取两个,能组成多少个不同的 10 排列?

解　满足题意的 10 排列可分成如下几类:

(1)一个字母取 4 次,其余各取 2 次. 某一字母取 4 次时,有 $P(10;4,2,2,2)$ 种,共有 $C_4^1\times P(10;4,2,2,2)$ 种.

(2)两个字母各取 3 次,其余各取 2 次. 某两字母各取 3 次时,有 $P(10;3,3,2,2)$ 种,共有 $C_4^2\times P(10;3,3,2,2)$ 种.

由加法原则,满足题意的 10 排列共有

$$C_4^1\times P(10;4,2,2,2)+C_4^2\times P(10;3,3,2,2)=226800 \text{ 个}$$

例 1.3.6　已知重集 $S=\{\infty\cdot a,\infty\cdot b,\infty\cdot c\}$,从 S 中取出 10 个元素(不计次序),要求元素 a 少于 5 个,有多少种取法?

解　从重集 S 中任取 10 个元素组成子重集,共有 $C(3+10-1,10)=C(12,10)$ 个. 设所取的 10 个元素的子重集中至少有 5 个元素为 a,这样的子重集有 $C(3+5-1,5)=C(7,5)$ 个. 因此,满足题意要求的取法共有 $C_{12}^{10}-C_7^5=45$ 种.

例 1.3.7　已知重集 $S=\{6\cdot a,5\cdot b,4\cdot c,3\cdot d\}$,做重集 S 的全排列,并要求 d 不能挨着,问有多少个这样的排列?

解　令 $M=\{6\cdot a,5\cdot b,4\cdot c\}$,则 M 的全排列数为 $P(15;6,5,4)=\dfrac{15!}{6!\times5!\times4!}$. 现把 3 个 d 分别插入 M 的一个全排列的元素之间(包括首尾位置),便得到 S 的满足题意的一个排

列. 因此,由乘法原则,满足题意的 S 的全排列数为 $\mathrm{P}(15;6,5,4)\times \mathrm{C}_{16}^{3}$个.

1.4　分配问题

所谓**分配问题**,简单地说,就是把一些球放入一些盒子中的放法问题. 分配问题有着广泛的应用. 例如,根据偶然事件在一周内发生的日期来对这些偶然事件进行分类时,球是偶然事件的类型,而盒子是这一周的各天;在编码理论中,以代码子为盒子,以误差为球,得到代码子的传输误差的可能分布等.

分配问题的分类见表 1.4.1.

表 1.4.1　分配问题的分类

球	盒　子	盒子容量
不同	不同	限定
		不限定
	相同	限定
		不限定
相同	不同	限定
		不限定
	相同	限定
		不限定

定理 1.4.1　把 r 个不同的球放入 k 个不同的盒子里,每个盒子中可放多个,也可以不放,其不同的方案数为 k^r.

证明　第一个球有 k 个盒可放,第二个球有 k 个盒可放,…,第 r 个球也有 k 个盒子可放,由乘法原则知,不同的方案数为 k^r. 证毕.

事实上,把这 r 个不同的球分别记作 $x_1,x_2,\cdots,x_r$,这 k 个不同的盒子分别记为 $a_1,a_2,\cdots,a_k$,构造重集 $S=\{\infty\cdot a_1,\infty\cdot a_2\cdots,\infty\cdot a_k\}$,将球 x_i 放入盒子 a_j,一一对应于 S 的一个 r 排列,且该排列的第 i 位为盒子 a_j.

例如,有 4 个不同的球 x_1,x_2,x_3,x_4 和 3 个不同的盒子 a_1,a_2,a_3,对应于 $S=\{\infty\cdot a_1,\infty\cdot a_2,\infty\cdot a_3\}$ 的 4 排列 $a_1a_2a_2a_1$ 的放法是 x_1 和 x_4 放在盒子 a_1 中,x_2 和 x_3 放在盒子 a_2 中.

定理 1.4.2　把 r 个不同的球放入 k 个不同的盒子里,第 1 个盒中放 r_1 个,第 2 个盒中放 r_2 个,…,第 k 个盒中放 r_k 个,且 $r_1+r_2+\cdots+r_k=r$,则有

$$\mathrm{P}(r;r_1,r_2,\cdots,r_k)=\frac{r!}{r_1!r_2!\cdots r_k!}$$

种放法.

证明　第 1 个盒中放 r_1 个,有 $\mathrm{C}_r^{r_1}$ 种放法;第 2 个盒中放 r_2 个,有 $\mathrm{C}_{r-r_1}^{r_2}$ 种放法;…;第 k 个盒中放 r_k 个,有 $\mathrm{C}_{r-r_1-r_2-\cdots-r_{k-1}}^{r_k}$ 种放法,由乘法原则知,满足题意的放法共有

$$\begin{aligned}&\mathrm{C}_r^{r_1}\mathrm{C}_{r-r_1}^{r_2}\cdots\mathrm{C}_{r-r_1-r_2-\cdots-r_{k-1}}^{r_k}\\=&\mathrm{P}(r;r_1,r_2,\cdots,r_k)\end{aligned}$$

种放法. 证毕.

事实上,记这 r 个不同的球为 $x_1,x_2,\cdots,x_r$,这 k 个不同的盒子为 $a_1,a_2,\cdots,a_k$,构造重集 $S=\{r_1\cdot a_1,r_2\cdot a_2,\cdots,r_k\cdot a_k\}$,定理1.4.2的一种分配方案一一对应 S 的一个全排列,且该排列中第 i 位置上的盒中放球 x_i.

例如,设有 x_1,x_2,x_3,x_4,x_5,x_6 这6个不同的球,另有3个不同的盒子 a_1,a_2,a_3,重集 $S=\{1\cdot a_1,2\cdot a_2,3\cdot a_3\}$ 的一个全排列 $a_1a_2a_3a_2a_3a_3$ 对应的放法是:a_1 中放一个球 x_1,a_2 中放两个球 x_2、x_4,a_3 中放三个球 x_3、x_5、x_6. 而全排列 $a_3a_2a_2a_3a_1a_3$ 对应的放法是:a_1 中放一个球 x_5,a_2 中放两个球 x_2、x_3,a_3 中放三个球 x_1、x_4、x_6.

定理1.4.3　把 r 个相同的球放入 k 个不同的盒子中,每个盒中可放多个,也可以不放,则不同的方案数为 C_{r+k-1}^{r}.

证明　这个问题相当于求方程

$$x_1+x_2+\cdots+x_k=r$$

的非负整数解的个数. 对于方程的一组解 $x_1,x_2,\cdots,x_k$,相当于把 x_1 个球放入第1个盒中,x_2 个球放入第2个盒中,$\cdots$,x_k 个球放入第 k 个盒中. 所以,总的分配方案数为 C_{r+k-1}^{r}. 证毕

例1.4.1　把4个相同的橘子和6个不同的苹果分给5位同学,问这5位同学均分得2个水果的概率为多少?

解　把4个相同的橘子分给5位同学,有 $C(4+5-1,4)=C(8,4)$ 种方法,把6个不同的苹果分给5位同学,有 5^6 种方法,由乘法原则知,有 $C_8^4\times 5^6$ 种方法.

每位同学均有两个水果,有如下几种情况:

(1)4个相同的橘子分给任两位同学,有 C_5^2 种方法;6个不同的苹果分给剩下的3位同学,每人两个,有 $P(6;2,2,2)$ 种方法. 共计 $C_5^2\times P(6;2,2,2)=900$ 种方法.

(2)任一同学分得两个橘子,任意两位同学各分一个橘子,有 $C_5^1\times C_4^2$ 种分法;6个不同的苹果按要求分给同学,有 $P(6;1,1,2,2)$ 种方法. 共计 $C_5^1\times C_4^2\times P(6;1,1,2,2)=5400$ 种方法.

(3)有四位同学各分得一个橘子,有 C_5^4 种方法;6个不同的苹果按要求分给同学,有 $P(6;1,1,1,1,2)$ 种方法. 共计 $C_5^4\times P(6;1,1,1,1,2)=1800$ 种方法.

综上分析,由加法原则知,每位同学分得两个水果的方案数为 $900+5400+1800=8100$ 种. 因此所求概率为

$$\frac{8100}{C_8^4\times 5^6}\times 100\%\approx 7.4\%.$$

例1.4.2　$(x+y+z)^5$ 的展开式中有多少项(已合并同类项)?

解　$(x+y+z)^5$ 的展开式中的每一项都是5次方,相当于把5个相同的球放入标号分别为 x、y、z 的三个不同盒子里,且对每个盒中放入球的个数不加限制,故展开式中有 $C(5+3-1,5)=C(7,5)=21$ 项.

例1.4.3　把 r 只相同的球放到 n 个不同的盒子里,每个盒子里至少包含 q 只球,问有多少种方法?

解　先在每个盒子中放 q 只球,其余 $r-nq$ 只球放到 n 个不同的盒子中,有 $C_{n+r-nq-1}^{r-nq}$ 种方式.

1.5　排列的生成算法

n 个元素集合 $\{1,2,3,\cdots,n\}$ 的全排列有 $n!$ 个，只要 n 稍大，$n!$ 的值也相当大. 例如，15！比 1000 000 000 000 还要大. $n!$ 的有效逼近由斯特林（Stirling）公式给出，该公式无论对 $n!$ 的计算还是涉及 $n!$ 的理论研究，都起着很大的作用. Stirling 公式为

$$n! \sim \sqrt{2\pi n}\left(\frac{n}{\mathrm{e}}\right)^n$$

其中，$\pi=3.141\cdots$，$\mathrm{e}=2.718\cdots$. 随着 n 的无限增大，二者相对误差趋向于 0，即

$$\lim_{n\to\infty}\frac{n!}{\sqrt{2\pi n}\left(\frac{n}{\mathrm{e}}\right)^n}=1$$

但是绝对误差随着 n 的增大而增大，即

$$\lim_{n\to\infty}\left[n!-\sqrt{2\pi n}\left(\frac{n}{\mathrm{e}}\right)^n\right]\to\infty$$

在许多学科中，排列无论在理论上还是在应用上都起着重要作用. 比如，对于计算机科学中的排序技术而言，排列对应未排序的输入数据. n 个元素的集合 $\{1,2,\cdots,n\}$ 有 $n!$ 个排列，在实际问题中，常常需要列举出这 $n!$ 个排列，即寻找一个将集合 $\{1,2,\cdots,n\}$ 的 $n!$ 个排列列出的系统过程，换句话说，就是要寻找一种生成集合 $\{1,2,\cdots,n\}$ 的所有排列的算法. 由于 n 个元素集合 $\{1,2,\cdots,n\}$ 的排列的个数很大，为了使算法在计算机上有效地运行，算法的每一步执行起来都必须十分简单，算法的结果必须是一个表，该表包含集合 $\{1,2,\cdots,n\}$ 中的每一个排列，且每一个排列只出现一次.

这里介绍的第一个算法是由笔者提出的，且其理论是初等的. 该算法基于下面的思考.

构造集合 $\{1,2,\cdots,n\}$ 的所有排列可分为下面两步进行：

（1）将整数 n 插入集合 $\{1,2,\cdots,n-1\}$ 的每一个排列后，得到集合 $\{1,2,\cdots,n\}$ 的 $(n-1)!$ 个不同排列；

（2）选定步骤（1）得到的一个排列，依次将该排列的前 i 位（$i=0,1,2,\cdots,n-1$）调到该排列的尾部，得集合 $\{1,2,\cdots,n\}$ 的 n 个不同排列.

由乘法原则，得到集合 $\{1,2,\cdots,n\}$ 的 $(n-1)!\times n=n!$ 个不同排列.

从集合 $\{1\}$ 的唯一的一个排列 1 开始，具体归纳描述如下：

$n=2$

$$\begin{cases}12\\\downarrow\\12\\21\end{cases}$$

$n=3$

$$\begin{cases}123 & 213\\\downarrow & \downarrow\\123 & 213\\231 & 132\\312 & 321\end{cases}$$

$n=4$

$$\begin{cases}1234 & 2314 & 3124 & 2134 & 1324 & 3214\\ \downarrow & \downarrow & \downarrow & \downarrow & \downarrow & \downarrow\\ 1234 & 2314 & 3124 & 2134 & 1324 & 3214\\ 2341 & 3142 & 1243 & 1342 & 3241 & 2143\\ 3412 & 1423 & 2431 & 3421 & 2413 & 1432\\ 4123 & 4231 & 4312 & 4213 & 4132 & 4321\end{cases}$$

$\vdots$

上述归纳描述了如何对任意正整数 n 生成集合 $\{1,2,\cdots,n\}$ 的所有排列的系统过程. 同时也显示该方法恰好可以生成集合 $\{1,2,\cdots,n\}$ 的 $n!$ 个不同排列,且每一个排列只出现一次,其中:

(1)第一个排列为 $12\cdots(n-1)n$,最后一个排列为 $n(n-1)\cdots21$.

(2)当 $P_n\neq n$ 时,排列 $P_nP_{n-1}\cdots P_2P_1$ 的直接后继排列为 $P_{n-1}P_{n-2}\cdots P_2P_1P_n$.

但是,上述归纳描述指出,要生成集合 $\{1,2,\cdots,n\}$ 的所有排列,必须首先生成集合 $\{1,2,\cdots,n-1\}$ 的所有排列;而为了生成集合 $\{1,2,\cdots,n-1\}$ 的所有排列,又必须先生成集合 $\{1,2,\cdots,n-2\}$ 的所有排列,等等.

然而,想做且仅能做的就是一次一个地生成集合 $\{1,2,\cdots,n\}$ 的所有排列,为了生成下一个排列而仅仅使用当前排列. 而且由于 $\{1,2,\cdots,n\}$ 的排列的个数很多,这就要求不必保留所有排列的列表,只要能够简单地用后面的排列覆盖当前的排列即可. 同时,要求生成排列 $n(n-1)\cdots21$ 时算法终止,即算法必须是循环的.

下面对上述归纳过程换种方式描述,即得到符合这些要求并按上述相同的顺序生成集合 $\{1,2,\cdots,n\}$ 的所有排列的算法.

考虑 $n=4$ 的情形.

从排列 $P_4P_3P_2P_1=1234$ 开始:

1234(当前排列中 $P_4\neq4$,翻转当前排列前 1 位到该排列尾部)

2341(当前排列中 $P_4\neq4$,翻转当前排列前 1 位到该排列尾部)

3412(当前排列中 $P_4\neq4$,翻转当前排列前 1 位到该排列尾部)

4123(当前排列中 $P_4=4,P_3\neq3$,翻转当前排列前 2 位到该排列尾部)

2314(当前排列中 $P_4\neq4$,翻转当前排列前 1 位到该排列尾部)

3142(当前排列中 $P_4\neq4$,翻转当前排列前 1 位到该排列尾部)

1423(当前排列中 $P_4\neq4$,翻转当前排列前 1 位到该排列尾部)

4231(当前排列中 $P_4=4,P_3\neq3$,翻转当前排列前 2 位到该排列尾部)

3124(当前排列中 $P_4\neq4$,翻转当前排列前 1 位到该排列尾部)

1243(当前排列中 $P_4\neq4$,翻转当前排列前 1 位到该排列尾部)

2431(当前排列中 $P_4\neq4$,翻转当前排列前 1 位到该排列尾部)

4312(当前排列中 $P_4=4,P_3=3,P_2\neq2$,翻转当前排列前 3 位到该排列尾部)

2134(当前排列中 $P_4\neq4$,翻转当前排列前 1 位到该排列尾部)

1342(当前排列中 $P_4\neq4$,翻转当前排列前 1 位到该排列尾部)

3421(当前排列中 $P_4\neq4$,翻转当前排列前 1 位到该排列尾部)

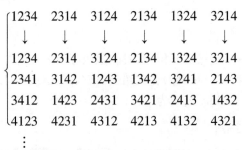

4213(当前排列中 $P_4=4$,$P_3\neq 3$,翻转当前排列前 2 位到该排列尾部)

1324(当前排列中 $P_4\neq 4$,翻转当前排列前 1 位到该排列尾部)

3241(当前排列中 $P_4\neq 4$,翻转当前排列前 1 位到该排列尾部)

2413(当前排列中 $P_4\neq 4$,翻转当前排列前 1 位到该排列尾部)

4132(当前排列中 $P_4=4$,$P_3\neq 3$,翻转当前排列前 2 位到该排列尾部)

3214(当前排列中 $P_4\neq 4$,翻转当前排列前 1 位到该排列尾部)

2143(当前排列中 $P_4\neq 4$,翻转当前排列前 1 位到该排列尾部)

1432 当前排列中 $P_4\neq 4$,翻转当前排列前 1 位到该排列尾部)

4321(当前排列中 $P_4=4$,$P_3=3$,$P_2=2$,$P_1=1$,算法终止)

注意,翻转最后排列 4321 前 4 位到该排列尾部便得到第一个排列 1234,因此,算法是循环的.

定理 1.5.1　按上述归纳描述,集合$\{1,2,\cdots,n\}$的任一排列所处位置数为

$$n!-\frac{n!}{2!}a_2-\frac{n!}{3!}a_3-\cdots-\frac{n!}{(n-1)!}a_{n-1}-\frac{n!}{n!}a_n$$

其中常数 $a_i(i=2,3,\cdots,n-1,n)$为该排列中排在数 i 前和数 $i+1$ 后的小于 i 的元素的个数(注意,常数 a_n 即为该排列中排在数 n 前且小于 n 的元素的个数,因该排列中无数 $n+1$).

证明　不妨设 $P_{n-1}P_{n-2}\cdots P_2P_1$ 为集合$\{1,2,\cdots,n-1\}$的第 t 个排列,按上述归纳描述,排列 $P_{n-1}P_{n-2}\cdots P_2P_1\ n$ 前已有集合$\{1,2,\cdots,n\}$的$(t-1)\times n=tn-n$ 个排列,再以排列 $P_{n-1}P_{n-2}\cdots P_2P_1$ 为基(即依次把排列 $P_{n-1}P_{n-2}\cdots P_2P_1\ n$ 的前 $i(i=0,1,2,\cdots,n-1)$位调到该排列尾部),又依次能且仅能生成集合$\{1,2,\cdots,n\}$的 n 个不同排列见表 1.5.1.

表　1.5.1

排列	常数 a_n	排列所处位置数
$P_{n-1}P_{n-2}\cdots P_2P_1\ n$	$n-1$	$tn-n+1=tn-(n-1)=tn-a_n$
$P_{n-2}P_{n-3}\cdots P_2P_1nP_{n-1}$	$n-2$	$tn-n+2=tn-(n-2)=tn-a_n$
$P_{n-3}P_{n-4}\cdots P_2P_1nP_{n-1}\ P_{n-2}$	$n-3$	$tn-n+3=tn-(n-3)=tn-a_n$
⋮	⋮	⋮
$P_1nP_{n-1}\ P_{n-2}\cdots P_3P_2$	1	$tn-n+n-1=tn-1=tn-a_n$
$n\ P_{n-1}\ P_{n-2}\cdots P_2P_1$	0	$tn-n+n=tn-0=tn-a_n$

因此,$W(n)=W(n-1)n-a_n$,其中 $W(n)$为集合$\{1,2,\cdots,n\}$的任一排列按上述归纳描述所处的位置数[显然 $W(1)=1$],常数 a_n 为该排列中排在数 n 前且小于 n 的元素的个数.

注意,在集合$\{1,2,\cdots,n+1\}$的任意排列中,常数 a_n 的值则为该排列中排在数 n 前和数 $n+1$ 后的小于 n 的元素的个数. 因为对集合$\{1,2,\cdots,n\}$的任一排列 $P_1\ P_2\cdots\ P_r\ n\ P_{r+1}\cdots P_{n-2}\ P_{n-1}$,由于排在数 n 前小于 n 的元素即为 $P_1,P_2,\cdots,P_r$ 这 r 个,因此 $a_n=r$. 而以排列 $P_1\ P_2\cdots\ P_r\ n\ P_{r+1}\cdots P_{n-2}\ P_{n-1}$为基,即将排列 $P_1\ P_2\cdots\ P_r\ n\ P_{r+1}\cdots P_{n-2}\ P_{n-1}\ (n+1)$的前 $i(i=$

0,1,2,…,n)位调到该排列尾部,依次能且仅能生成集合{1,2,…,n+1}的 n+1 个不同排列:

$$P_1 P_2 \cdots P_r\, n\, P_{r+1} \cdots P_{n-2} P_{n-1} (n+1)$$
$$P_2 P_3 \cdots P_r\, n\, P_{r+1} \cdots P_{n-2} P_{n-1} (n+1) P_1$$
$$P_3 P_4 \cdots P_r\, n\, P_{r+1} \cdots P_{n-2} P_{n-1} (n+1) P_1 P_2$$
$$\vdots$$
$$P_{n-1} (n+1) P_1 P_2 \cdots P_r\, n\, P_{r+1} \cdots P_{n-2}$$
$$(n+1) P_1 P_2 \cdots P_r\, n\, P_{r+1} \cdots P_{n-2} P_{n-1}$$

显然,在这 $n+1$ 个不同排列中,$P_1,P_2,\cdots,P_r$ 始终排在数 n 前与数 $n+1$ 后.

再由 $W(n)=W(n-1)n-a_n$ 迭代,得

$$\begin{aligned}W(n)&=W(n-1)n-a_n\\&=[W(n-2)(n-1)-a_{n-1}]n-a_n\\&=W(n-2)(n-1)n-n\,a_{n-1}-a_n\\&=[W(n-3)(n-2)-a_{n-2}](n-1)n-n\,a_{n-1}-a_n\\&=W(n-3)(n-2)(n-1)n-(n-1)n\,a_{n-2}-n\,a_{n-1}-a_n\\&\quad\vdots\\&=W(1)\times2\times3\times\cdots\times(n-3)\times(n-2)\times(n-1)\times n-\\&\quad 3\times4\times\cdots\times n\times a_2-4\times5\times\cdots\times n\times a_3-\cdots-\\&\quad (n-1)\times n\times a_{n-2}-n\times a_{n-1}-a_n[W(1)=1]\\&=n!-\frac{n!}{2!}a_2-\frac{n!}{3!}a_3-\cdots-\frac{n!}{(n-1)!}a_{n-1}-\frac{n!}{n!}a_n\end{aligned}$$

证毕.

例如,考察集合{1,2,3,4,5}的排列 45312.

排在5前小于5的数只有4,故 $a_5=1$;排在4前和5后且小于4的数有3、1、2,故 $a_4=3$;排在3前和4后且小于3的数没有,故 $a_3=0$;排在2前和3后且小于2的数有1,故 $a_2=1$. 因此,按上述归纳描述,排列 45312 所处位置数为

$$5!-\frac{5!}{2!}a_2-\frac{5!}{3!}a_3-\frac{5!}{4!}a_4-\frac{5!}{5!}a_5$$
$$=5!-\frac{5!}{2!}\times1-\frac{5!}{3!}\times0-\frac{5!}{4!}\times3-\frac{5!}{5!}\times1=44$$

下面可以描述直接生成集合{1,2,…,n}的所有排列的算法.

生成集合{1,2,…,n}的所有排列的算法　从排列 $P_nP_{n-1}\cdots P_2P_1=1\ 2\cdots n$ 开始,当 $P_nP_{n-1}\cdots P_2P_1\neq n\ (n-1)\cdots2\ 1$ 时,

(1)从左向右扫描,找出使得 $P_i\neq i$ 的最大整数 $i(1\leqslant i\leqslant n)$;

(2)$P_nP_{n-1}\cdots P_2P_1=P_{i-1}P_{i-2}\cdots P_2P_1P_iP_{i+1}\cdots P_{n-1}P_n$.

注意,对于最后一个排列 $P_nP_{n-1}\cdots P_2P_1=n\ (n-1)\cdots2\ 1$,由于 $P_n=n,P_{n-1}=n-1,\cdots,P_2=2,P_1=1$,因此其直接后继排列是 $12\cdots(n-1)n$. 故算法是循环的.

定理 1.5.2　上面描述的算法，对每个正整数 n 产生集合 $\{1,2,\cdots,n\}$ 的 $n!$ 个不同排列.

证明　(1) 算法用于 $n=1,2$ 时，定理显然成立.

(2) 假设算法用于每个正整数 $k(k\leqslant n-1)$，产生集合 $\{1,2,\cdots,n\}$ 的 $k!$ 个不同排列.

设当前排列为 $P_nP_{n-1}\cdots P_{k+1}P_kP_{k-1}\cdots P_2P_1$，其中 $P_n=n,P_{n-1}=n-1,\cdots,P_{k+1}=k+1,P_k\neq k$，则 $P_kP_{k-1}\cdots P_2P_1$ 是集合 $\{1,2,\cdots,k\}$ 的一个排列，且其直接后继排列是 $P_{k-1}P_{k-2}\cdots P_2P_1P_k$. 于是 $(k+1)P_kP_{k-1}\cdots P_2P_1$ 与 $P_{k-1}P_{k-2}\cdots P_2P_1P_k(k+1)$ 是集合 $\{1,2,\cdots,k+1\}$ 的相邻的前后两排列；从而 $(k+2)(k+1)P_kP_{k-1}\cdots P_2P_1$ 与 $P_{k-1}P_{k-2}\cdots P_2P_1P_k(k+1)(k+2)$ 是集合 $\{1,2,\cdots,k+2\}$ 的相邻的前后两排列；…；以此类推，$n(n-1)\cdots(k+2)(k+1)P_kP_{k-1}\cdots P_2P_1$ 与 $P_{k-1}P_{k-2}\cdots P_2P_1P_k(k+1)(k+2)\cdots(n-1)n$ 是集合 $\{1,2,\cdots,n\}$ 的相邻的前后两排列. 即当前排列 $P_nP_{n-1}\cdots P_{k+1}P_kP_{k-1}\cdots P_2P_1(P_n=n,P_{n-1}=n-1,\cdots,P_{k+1}=k+1,P_k\neq k)$ 的直接后继排列为 $P_{k-1}P_{k-2}\cdots P_2P_1P_kP_{k+1}\cdots P_{n-1}P_n$. 由数学归纳法，定理得证.

我们介绍的第二个算法是由 Johnson 和 Trotter 独立发现的，Gardner 给出了该算法的一个通俗描述.

构造集合 $\{1,2,\cdots,n\}$ 的所有排列可分为下面两步进行：

(1) 生成集合 $\{1,2,\cdots,n-1\}$ 的排列，有 $(n-1)!$ 个结果；

(2) 选定步骤 (1) 的一个排列，将数 n 依次插入该排列的元素之间（包括首尾位置），有 n 个结果.

由乘法原则，连续执行上述两步产生 $(n-1)!\times n=n!$ 个结果，即得到集合 $\{1,2,\cdots,n\}$ 的 $n!$ 个不同排列.

为清晰可见，从集合 $\{1\}$ 的唯一的一个排列 1 开始，具体归纳描述如下：

$n=2$	1 2
	2 1
$n=3$	1 2 3
	1 3 2
	3 1 2
	3 2 1
	2 3 1
	2 1 3
$n=4$	1 2 3 4
	1 2 4 3
	1 4 2 3
	4 1 2 3
	4 1 3 2
	1 4 3 2
	1 3 4 2
	1 3 2 4
	3 1 2 4

```
  3   1 4 2
  3 4 1   2
4 3   1   2
4 3   2   1
  3 4 2   1
  3   2 4 1
  3   2   1 4
  2   3   1 4
  2   3 4 1
  2 4 3   1
4 2   3   1
4 2   1   3
  2 4 1   3
  2   1 4 3
  2   1   3 4
```

上述归纳描述了如何对任意正整数 n 生成集合$\{1,2,\cdots,n\}$的所有排列的系统过程. 同时也显示该方法恰好可以生成集合$\{1,2,\cdots,n\}$的 $n!$ 个不同排列,且每一个排列只出现一次,其中:

(1)第一个排列为 $1\ 2\cdots(n-1)\ n$,最后一个排列为 $2\ 1\ 3\ 4\cdots(n-1)n$.

(2)每一个排列都是由前一个排列交换两个相邻的数而得到的.

(3)交换最后排列中的相邻数 1 与 2 就得到第一个排列,因此,该算法实际上是循环的.

但是,上述归纳描述指出,要生成集合$\{1,2,\cdots,n\}$的所有排列,必须首先生成集合$\{1,2,\cdots,n-1\}$的所有排列;而为了生成集合$\{1,2,\cdots,n-1\}$的所有排列,又必须先生成集合$\{1,2,\cdots,n-2\}$的所有排列,等等.

然而,我们所能做的就是一次一个地生成集合$\{1,2,\cdots,n\}$的所有排列,为了生成下一个排列而仅仅使用当前排列. 而且由于$\{1,2,\cdots,n\}$的排列的个数很多,这就要求不必保留所有排列的列表,只要能够简单地用后面的排列覆盖当前的排列即可. 同时,要求生成排列 $2\ 1\ 3\ 4\cdots(n-1)\ n$ 时算法终止,即算法必须是循环的.

1973 年,Even 给出了该算法的一个特殊描述,仍按上述相同的顺序生成$\{1,2,\cdots,n\}$的所有全排列,但不必保留所有排列的列表,只要能够简单地用后面的排列覆盖当前的排列即可. 为此,先给出"活动"的概念.

给定一个正整数 k,通过在其上划一个指向左或右的箭头来表示一个方向:$\overrightarrow{k}$ 或 $\overleftarrow{k}$. 考虑$\{1,2,\cdots,n\}$的一个排列,其中每一个正整数都给定一个方向. 如果一个正整数 k 的箭头指向一个与其相邻,但比它要小的正整数,那么这个正整数 k 叫作**活动**的. 例如,对于

$$\overrightarrow{2}\,\overrightarrow{6}\,\overrightarrow{3}\,\overleftarrow{1}\,\overrightarrow{5}\,\overleftarrow{4}$$

只有 3、5 和 6 是活动的.

至此,可以介绍生成$\{1,2,\cdots,n\}$的所有全排列的换位算法:从 $\overleftarrow{1}\,\overleftarrow{2}\cdots\overleftarrow{n}$ 开始. 当存在一个活动的整数时,

(1)求出最大的活动整数 m;

(2)交换 m 和其箭头所指向的与其相邻的整数;

(3)交换所有满足 $p>m$ 的整数 p 的方向.

下面生成$\{1,2,3,4\}$的所有全排列,结果用两列显示,第一列给出前 12 个排列.

$$
\begin{array}{cccc@{\qquad\qquad}cccc}
\overleftarrow{1} & \overleftarrow{2} & \overleftarrow{3} & \overleftarrow{4} & \overrightarrow{4} & \overrightarrow{3} & \overleftarrow{2} & \overleftarrow{1} \\
\overleftarrow{1} & \overleftarrow{2} & \overleftarrow{4} & \overleftarrow{3} & \overrightarrow{3} & \overrightarrow{4} & \overleftarrow{2} & \overleftarrow{1} \\
\overleftarrow{1} & \overleftarrow{4} & \overleftarrow{2} & \overleftarrow{3} & \overrightarrow{3} & \overleftarrow{2} & \overrightarrow{4} & \overleftarrow{1} \\
\overleftarrow{4} & \overleftarrow{1} & \overleftarrow{2} & \overleftarrow{3} & \overrightarrow{3} & \overleftarrow{2} & \overleftarrow{1} & \overrightarrow{4} \\
\overrightarrow{4} & \overleftarrow{1} & \overleftarrow{3} & \overleftarrow{2} & \overleftarrow{2} & \overrightarrow{3} & \overleftarrow{1} & \overrightarrow{4} \\
\overleftarrow{1} & \overrightarrow{4} & \overleftarrow{3} & \overleftarrow{2} & \overleftarrow{2} & \overrightarrow{3} & \overleftarrow{4} & \overleftarrow{1} \\
\overleftarrow{1} & \overleftarrow{3} & \overrightarrow{4} & \overleftarrow{2} & \overleftarrow{2} & \overleftarrow{4} & \overrightarrow{3} & \overleftarrow{1} \\
\overleftarrow{1} & \overleftarrow{3} & \overleftarrow{2} & \overrightarrow{4} & \overleftarrow{4} & \overleftarrow{2} & \overrightarrow{3} & \overleftarrow{1} \\
\overleftarrow{3} & \overleftarrow{1} & \overleftarrow{2} & \overleftarrow{4} & \overrightarrow{4} & \overleftarrow{2} & \overleftarrow{1} & \overrightarrow{3} \\
\overleftarrow{3} & \overleftarrow{1} & \overleftarrow{4} & \overleftarrow{2} & \overleftarrow{2} & \overrightarrow{4} & \overleftarrow{1} & \overrightarrow{3} \\
\overleftarrow{3} & \overleftarrow{4} & \overleftarrow{1} & \overleftarrow{2} & \overleftarrow{2} & \overleftarrow{1} & \overrightarrow{4} & \overrightarrow{3} \\
\overleftarrow{4} & \overleftarrow{3} & \overleftarrow{1} & \overleftarrow{2} & \overleftarrow{2} & \overleftarrow{1} & \overrightarrow{3} & \overrightarrow{4}
\end{array}
$$

由于 $\overleftarrow{2}\,\overleftarrow{1}\,\overrightarrow{3}\,\overrightarrow{4}$ 中没有活动的整数,所以算法终止.

下面介绍字典序法,该算法给出了由一个排列 $P=P_1P_2\cdots P_n$ 生成下一个排列的算法. 该算法可归纳为

(1)$i=\max\{j \mid P_{j-1}<P_j\}$;

(2)$j=\max\{k \mid P_{i-1}<P_k\}$;

(3)P_{i-1}与 P_j 互换得排列 $\bar{P}=\bar{P}_1\bar{P}_2\cdots\bar{P}_n$;

(4)把 $\bar{P}=\bar{P}_1\bar{P}_2\cdots\bar{P}_{i-1}\bar{P}_i\ \bar{P}_{i+1}\cdots\bar{P}_n$ 中 $\bar{P}_i\ \bar{P}_{i+1}\cdots\bar{P}_n$ 部分的顺序逆转,得到的 $\bar{P}_1\bar{P}_2\cdots\bar{P}_{i-1}\bar{P}_n\cdots\bar{P}_{i+1}\bar{P}_i$ 便是所求的下一个排列.

例如,设排列 $P=P_1P_2P_3P_4=2341$,则

(1)$i=\max\{2,3\}=3$;

(2)$j=\max\{3\}=3$;

(3)P_2 与 P_3 互换得排列 $\bar{P}=\bar{P}_1\bar{P}_2\bar{P}_3\bar{P}_4=2431$;

(4)将 $\bar{P}$ 中的 $\bar{P}_3\bar{P}_4$ 顺序逆转得到下一个排列 2413.

例 1.5.1　按字典序法给出 $S=\{1,2,3,4\}$ 的所有全排列.

解　用字典法生成 S 的所有全排列可构成图 1.5.1 所示的高度为 4 的树,按从根到树叶的顺序列出各节点的标号,则给出一个排列.

根据图 1.5.1 所示,从左到右依次给出所有排列如下:

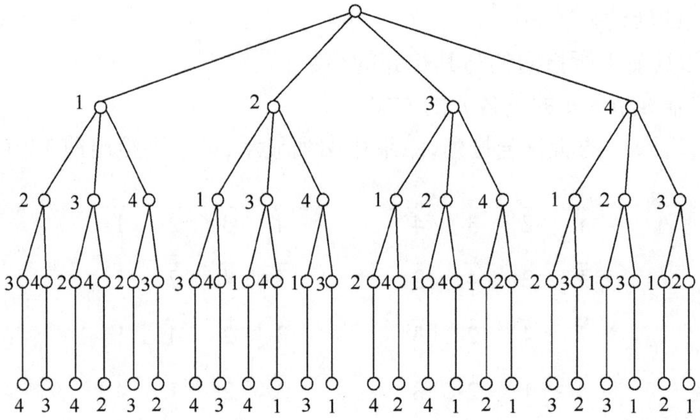

图　1.5.1

1234, 1243, 1324, 1342, 1423, 1432,

2134, 2143, 2314, 2341, 2413, 2431,

3124, 3142, 3214, 3241, 3412, 3421,

4123, 4132, 4213, 4231, 4312, 4321.

最后介绍 Hall 给出的序数法,该方法源于逆序的概念.

设 $P=P_1\ P_2\cdots P_n$ 是集合$\{1,2,\cdots,n\}$的一个排列,则排列 P 一一对应逆序列 $a_1a_2\cdots a_{n-1}$,其中 $a_i(i=1,2,3,\cdots,n-1)$为排列 P 中先于 i 且大于 i 的整数的个数. 而这全部逆序列 $a_1a_2\cdots a_{n-1}$ 的集合恰好可表示为有限集合的**笛卡儿**(Cartesian)**积**:

$$\{0,1,2,\cdots,n-1\}\times\{0,1,2,\cdots,n-2\}\times\cdots\times\{0,1\}$$

例如,表 1.5.2 中列示了集合$\{0,1,2,3\}\times\{0,1,2\}\times\{0,1\}$的元素,亦即逆序列 $a_1a_2a_3$ 与集合$\{1,2,3,4\}$的排列 $P_1P_2\ P_3P_4$ 的一一对应.

表　1.5.2

n	$a_1a_2a_3$	$P_1P_2\ P_3P_4$	n	$a_1a_2a_3$	$P_1P_2\ P_3P_4$
1	000	1234	13	200	2314
2	001	1243	14	201	2413
3	010	1324	15	210	3214
4	011	1423	16	211	4213
5	020	1342	17	220	3412
6	021	1432	18	221	4312
7	100	2134	19	300	2341
8	101	2143	20	301	2431
9	110	3124	21	310	3241
10	111	4123	22	311	4231
11	120	3142	23	320	3421
12	121	4132	24	321	4321

值得注意的是，构造集合$\{1,2,\cdots,n\}$的排列，与构造笛卡儿积$\{0,1,2,\cdots,n-1\}\times\{0,1,2,\cdots,n-2\}\times\cdots\times\{0,1\}$确定的逆序列$a_1a_2\cdots a_{n-1}$有很大的差别.

在构造集合$\{1,2,\cdots,n\}$的一个排列时，从$1,2,\cdots,n$中任选一个作为第一项，然后从剩下的$n-1$个中任选一个作为第二项，虽然第二项选择的个数$n-1$与第一项的选择无关，但第二项本身却不独立于第一项（不管第一项选择的是什么，第二项都不能再选择它）. 选择第k项时也有同样的情况，即第k项有$n-(k-1)$种选择，但第k项本身却依赖于前$k-1$项的选择.

构造逆序列$a_1a_2\cdots a_{n-1}$时，a_1可选n个整数$0,1,2,\cdots,n-1$中的任一个，a_2可选$n-1$个整数$0,1,2,\cdots,n-2$中的任一个，显然a_2的选择与a_1的选择无关. 一般地，a_k可选$n-k+1$个整数$0,1,2,\cdots,n-k$中的任一个，与$a_1,a_2,\cdots,a_{k-1}$的选择无关.

因此，序数法的成功之处在于，通过独立的选择来代替相关的选择.

下面给出生成集合$\{1,2,\cdots,n\}$的排列的序数法.

给定逆序列$a_1a_2\cdots a_{n-1}$，从左向右标出n个空位置.

(1) 由于排列中要有a_1个整数放在1的前面，因而从左到右要留出a_1个空位置，即1始终放在第a_1+1个空位置上.

(2) 由于排列中要有a_2个整数放在2的前面，且这些整数还没有被插进来，因而从左到右要留出a_2个空位置，即2始终放在剩下的第a_2+1个空位置上.

⋮

(k) 由于排列中要有a_k个整数放在k的前面，且这些整数还没有被插进来，因而从左到右要留出a_k个空位置，即k始终放在剩下的第a_k+1个空位置上.

⋮

(n) n放在剩下的最后的一个空位置上.

例 1.5.2　确定$\{1,2,3,4,5,6,7,8\}$的一个排列，其中该排列的逆序列为75543210.

解

1								1
2							3	1
3						2	3	1
4					4	2	3	1
5				5	4	2	3	1
6			6	5	4	2	3	1
7		7	6	5	4	2	3	1
8	8	7	6	5	4	2	3	1
	(1)	(2)	(3)	(4)	(5)	(6)	(7)	(8)

1.6　组合的生成算法

在许多学科中，组合在理论与应用上都起着重要作用. n个元素集合$\{1,2,\cdots,n\}$的组合的个数为$C_n^0+C_n^1+C_n^2+\cdots+C_n^n=2^n$. 在实际问题中，常常需要列举出这$2^n$个组合，即寻找一个将集合$\{1,2,\cdots,n\}$的$2^n$个组合列出的系统过程，换句话说，就是要寻找一种生成集合$\{1,2,\cdots,n\}$的所有组合的算法. 由于n个元素集合$\{1,2,\cdots,n\}$的组合的个数很多，为了使算法在计算机上有效地运行，算法的每一步执行起来必须简单，算法的结果必须是一个表，该表包含集合$\{1,2,\cdots,n\}$中的每一个组合,且每一个组合只出现一次.

由于集合$\{1,2,\cdots,n\}$的组合就是其子集,这样可以利用集合$\{1,2,\cdots,n\}$的子集和n位二进制数之间的一一对应关系:如果i在子集中,对应的n位二进制数在位置i上为1;如果i不在子集中,对应的n位二进制数在位置i上为0. 例如,$\{1,2,3\}$的组合与3位二进制数之间的一一对应关系如下:

$$\begin{array}{rl} \varnothing & 000 \\ \{3\} & 001 \\ \{2\} & 010 \\ \{2,3\} & 011 \\ \{1\} & 100 \\ \{1,3\} & 101 \\ \{1,2\} & 110 \\ \{1,2,3\} & 111 \end{array}$$

这样,如果可以列出所有的n位二进制数,那么通过n个元素集合$\{1,2,\cdots,n\}$的组合与n位二进制数之间的一一对应关系,就可以列出n个元素集合$\{1,2,\cdots,n\}$的所有组合.

下面介绍的第一个算法是由笔者提出的,且其理论是初等的. 该算法基于以下的思考.

n位二进制数可划分为下面两类:

(1)将0插入每一个$n-1$位二进制数后,得到2^{n-1}个不同的n位二进制数;

(2)将1插入每一个$n-1$位二进制数后,得到2^{n-1}个不同的n位二进制数.

由加法原理,得到$2^{n-1}+2^{n-1}=2^n$个不同的n位二进制数.

从一位二进制数开始具体归纳描述如下:

$$\begin{cases}0\\1\end{cases} \Rightarrow \begin{cases}00\\10\\01\\11\end{cases} \Rightarrow \begin{cases}000\\100\\010\\110\\001\\101\\011\\111\end{cases} \Rightarrow \cdots$$

上述归纳描述了如何对任意正整数n生成所有n位二进制数的系统过程. 同时也显示该方法恰好可以生成2^n个不同的n位二进制数,且每一个n位二进制数只出现一次,其中:

(1)第一个n位二进制数为$00\cdots0$,最后一个n位二进制数为$11\cdots1$.

(2)第2^{n-1}个n位二进制数为$11\cdots10$,第$2^{n-1}+1$个n位二进制数为$00\cdots01$.

(3)前2^{n-1}个n位二进制数末位上的数字均为0;后2^{n-1}个n位二进制数末位上的数字均为1.

定理 1.6.1　按上述归纳描述,n位二进制数$a_0a_1\cdots a_{n-2}a_{n-1}$所处位置数为$a_0\times2^0+a_1\times2^1+\cdots+a_{n-2}\times2^{n-2}+a_{n-1}\times2^{n-1}$.

证明　(1)定理对于$n=1,2$的情况,显然成立.

(2)假设定理对于$n-1$成立,即$n-1$位二进制数$a_0a_1\cdots a_{n-2}$按上述归纳描述,其所处位

置数为 $a_0\times2^0+a_1\times2^1+\cdots+a_{n-2}\times2^{n-2}$.

考察 n 位二进制数 $a_0a_1\cdots a_{n-2}a_{n-1}$，有

① 若 $a_{n-1}=0$，则 n 位二进制数 $a_0a_1\cdots a_{n-2}a_{n-1}$ 与 $n-1$ 位二进制数 $a_0a_1\cdots a_{n-2}$ 的位置数相同，即

n 位二进制数 $a_0a_1\cdots a_{n-2}a_{n-1}$ 的位置数

$$=a_0\times2^0+a_1\times2^1+\cdots+a_{n-2}\times2^{n-2}$$
$$=a_0\times2^0+a_1\times2^1+\cdots+a_{n-2}\times2^{n-2}+0\times2^{n-1}$$
$$=a_0\times2^0+a_1\times2^1+\cdots+a_{n-2}\times2^{n-2}+a_{n-1}\times2^{n-1}$$

② 若 $a_{n-1}=1$，则

n 位二进制数 $a_0a_1\cdots a_{n-2}a_{n-1}$ 的位置数

$=n-1$ 位二进制数 $a_0a_1\cdots a_{n-2}$ 的位置数 $+2^{n-1}$

$$=a_0\times2^0+a_1\times2^1+\cdots+a_{n-2}\times2^{n-2}+a_{n-1}\times2^{n-1}$$

由数学归纳法，定理得证. 证毕.

但是，上述归纳描述指出，要生成所有 n 位二进制数，必须首先生成所有 $n-1$ 位二进制数；而为了生成所有 $n-1$ 位二进制数，又必须先生成所有 $n-2$ 位二进制数，等等.

然而，我们所能做的就是一次一个地生成 n 位二进制数，为了生成下一个 n 位二进制数而仅仅使用当前 n 位二进制数. 且由于 n 位二进制数的个数很多，这就要求不必保留所有的 n 位二进制数列表，只要简单地用后面的 n 位二进制数覆盖当前的 n 位二进制数即可. 同时，要求生成 n 位二进制数 $11\cdots1$ 时算法终止.

下面对上述归纳过程换种方式来描述，即得到符合这些要求并按上述相同的顺序生成 n 位二进制数的算法.

考虑 $n=4$ 的情形.

从四位二进制数 $a_0a_1a_2a_3=0000$ 开始：

0000（当前二进制数中 $a_0=0$，改变 a_0）

1000（当前二进制数中 $a_0=1,a_1=0$，改变 a_0,a_1）

0100（当前二进制数中 $a_0=0$，改变 a_0）

1100（当前二进制数中 $a_0=1,a_1=1,a_2=0$，改变 a_0,a_1,a_2）

0010（当前二进制数中 $a_0=0$，改变 a_0）

1010（当前二进制数中 $a_0=1,a_1=0$，改变 a_0,a_1）

0110（当前二进制数中 $a_0=0$，改变 a_0）

1110（当前二进制数中 $a_0=1,a_1=1,a_2=1,a_3=0$，改变 a_0,a_1,a_2,a_3）

0001（当前二进制数中 $a_0=0$，改变 a_0）

1001（当前二进制数中 $a_0=1,a_1=0$，改变 a_0,a_1）

0101（当前二进制数中 $a_0=0$，改变 a_0）

1101（当前二进制数中 $a_0=1,a_1=1,a_2=0$，改变 a_0,a_1,a_2）

0011（当前二进制数中 $a_0=0$，改变 a_0）

1011（当前二进制数中 $a_0=1,a_1=0$，改变 a_0,a_1）

0111（当前二进制数中 $a_0=0$，改变 a_0）

1111（当前二进制数中 $a_0=a_1=a_2=a_3=1$，算法终止）

下面可以描述直接生成 n 位二进制数的算法.

生成 n 位二进制数的算法：

从 n 位二进制数 $a_0a_1\cdots a_{n-2}a_{n-1}=00\cdots00$ 开始，当 $a_0a_1\cdots a_{n-2}a_{n-1}\neq 11\cdots11$ 时，

（1）从左向右扫描找最小的整数 j，使得 $a_j=0$；

（2）改变 $a_0,a_1,\cdots,a_j$ 的值（即 $a_0,a_1,\cdots,a_{j-1}$ 的值均由 1 变为 0；a_j 的值由 0 变为 1）.

注意，对于最后一个 n 位二进制数 $a_0a_1\cdots a_{n-2}a_{n-1}=11\cdots11$，由于 $a_0=a_1=\cdots=a_{n-1}=1$，从而改变 $a_0,a_1,\cdots,a_{n-1}$ 的值得到其直接后继 n 位二进制数 $00\cdots00$，因此算法是循环的.

定理 1.6.2　上面描述的算法，对每个正整数 n 都能产生 2^n 个不同的 n 位二进制数.

证明　（1）算法用于 $n=1,2$ 时，定理显然成立.

（2）假设算法用于 $n-1$ 时，产生 2^{n-1} 个不同的 $n-1$ 位二进制数.

设当前 n 位二进制数为 $a_0a_1\cdots a_{j-1}\ a_j\ a_{j+1}\cdots a_{n-2}a_{n-1}$，其中 $a_0=a_1=\cdots=a_{j-1}=1$，$a_j=0$.

若 $j=n-1$，即 $a_0a_1\cdots a_{n-2}a_{n-1}=11\cdots10$，则 $a_0a_1\cdots a_{n-2}a_{n-1}$ 是第 2^{n-1} 个 n 位二进制数，改变 $a_0,a_1,\cdots,a_{n-1}$ 的值，显然得到第 $2^{n-1}+1$ 个 n 位二进制数为 $00\cdots01$.

若 $j\neq n-1$，则 $a_0a_1\cdots a_{j-1}\ a_j\ a_{j+1}\cdots a_{n-2}\ a_{n-1}$ 一定不是第 2^{n-1} 个 n 位二进制数，换句话说，$a_0a_1\cdots a_{j-1}\ a_j\ a_{j+1}\cdots a_{n-2}\ a_{n-1}$ 的直接后继 n 位二进制数末位上的数字仍为 a_{n-1}. 又 $a_0a_1\cdots a_{j-1}\ a_j\ a_{j+1}\cdots a_{n-2}$ 是 $n-1$ 位二进制数，改变 $a_0,a_1,\cdots,a_{j-1},a_j$ 的值即得其直接后继 $n-1$ 位二进制数 $00\cdots01\ a_{j+1}\cdots a_{n-2}$. 因此，$n$ 位二进制数为 $a_0a_1\cdots a_{j-1}\ a_j\ a_{j+1}\cdots a_{n-2}a_{n-1}$ 的直接后继 n 位二进制数为 $00\cdots01\ a_{j+1}\cdots a_{n-2}\ a_{n-1}$.

由数学归纳法，定理得证.

大家都非常熟悉二进制数和十进制数之间的相互转化. 一般地，给定一个从 0 到 2^n-1 的整数 m，若整数 m 可以表示成 $m=a_{n-1}\times 2^{n-1}+a_{n-2}\times 2^{n-2}+\cdots+a_1\times 2^1+a_0\times 2^0$，其中 $a_i\in\{0,1\}$ $(i=0,1,\cdots,n-1)$，则整数 m 与二进数 $a_{n-1}a_{n-2}\cdots a_1a_0$ 一一对应. 因此，生成长度为 n 的 2^n 个二进制序列，只要按递增的顺序写出 $0\sim 2^n-1$ 中的数，当然要用二进制数的形式，使用基为 2 的运算每次加 1.

例如，生成长度为 4 的 16 个二进制数：

数	二进制数
0	0 0 0 0
1	0 0 0 1
2	0 0 1 0
3	0 0 1 1
4	0 1 0 0
5	0 1 0 1
6	0 1 1 0
7	0 1 1 1
8	1 0 0 0
9	1 0 0 1
10	1 0 1 0
11	1 0 1 1

12	1 1 0 0
13	1 1 0 1
14	1 1 1 0
15	1 1 1 1

这样,基为 2 的生成 n 个元素集合的全部组合的算法可描述如下:

从 $a_{n-1}a_{n-2}\cdots a_1a_0=00\cdots00$ 开始,当 $a_{n-1}a_{n-2}\cdots a_1a_0\neq 11\cdots11$ 时,

(1)求出使得 $a_j=0$ 的最小整数 $j(0\leqslant j\leqslant n-1)$;

(2)用 1 代替 a_j 并用 0 代替 $a_{j-1},\cdots,a_0$ 中的每一个(由我们对 j 的选择可知,在用 0 代替以前它们的值都等于 1).

当 $a_{n-1}a_{n-2}\cdots a_1a_0=11\cdots11$ 时算法结束.

下面再介绍一个生成 n 个元素集合的全部组合的算法,为此,先引入格雷码的概念.

格雷码是以弗兰克・格雷(Frank Gray)的名字命名的,在 20 世纪 40 年代,他为了把传送数字信号过程中的错误影响降到最低而发现了格雷码.

定义 1.6.1　***n* 阶格雷码**是序列 $S_1,S_2,\cdots,S_{2^n}$,其中每个 S_i 是一个 n 位的二进制串,满足:

(1)每个 n 位二进制串都出现在序列中;

(2)S_i 与 S_{i+1} 只有一位不同,$i=1,2,\cdots,2^n-1$;

(3)S_{2^n} 与 S_1 只有一位不同.

格雷码显然是循环码,它已广泛地应用于各个领域,如模拟信息和数字信息的转换等. 下面介绍如何为每个正整数构造格雷码.

定理 1.6.3　令 G_1 表示序列 0,1. 由 G_{n-1} 根据以下规则来定义 G_n:

(1)令 G_{n-1}^R 表示序列 G_{n-1} 的逆序;

(2)令 G_{n-1}^1 表示在 G_{n-1} 的每个成员前加 0 所得序列;

(3)令 G_{n-1}^{11} 表示在 G_{n-1}^R 的每个成员前加 1 所得序列;

(4)令 G_n 为 G_{n-1}^1 后加上 G_{n-1}^{11} 组成的序列.

则 G_n 是正整数 n 的格雷码.

证明　$n=1$ 时,定理显然成立.

假设 G_{n-1} 是格雷码. G_{n-1}^1 中的每个串以 0 开始,因此,G_{n-1}^1 中的任意连续串之间的不同必定由 G_{n-1} 中对应的串的不同所决定. 但是 G_{n-1} 是格雷码,G_{n-1} 中每个连续的串对之间只有一位不同. 因此,G_{n-1}^1 中每个连续的串对之间也只有一位不同. 类似地,G_{n-1}^{11} 中每个连续的串对也只有一位不同.

令 α 表示 G_{n-1}^1 中的最后一个串,令 β 表示 G_{n-1}^{11} 中的第一个串. 若删去 α、β 中的第一位,则所得的串是相同的. 由于 α 的第一位是 0,β 的第一位是 1,所以 G_{n-1}^1 的最后一个串和 G_{n-1}^{11} 的第一个串只有一位不同. 类似地,G_{n-1}^1 的第一个串和 G_{n-1}^{11} 的最后一个串也只有一位不同. 因此,证得 G_n 为格雷码. 证毕.

例如,从 G_1 开始来构造 G_3,结果见表 1.6.1.

为描述直接构造 n 阶格雷码的算法,需要一个**逐次性法则**. 它告诉我们,构造 n 阶格雷码时,从一个长度为 n 的二进制序列到下一个长度为 n 的二进制序列,哪个地方需要改变(从 0 变 1 或从 1 变 0). 这个逐次性法则如下:

表 1.6.1

G_1	0	1						
G_1^R	1	0						
G_1^1	00	01						
G_1^{11}	11	10						
G_2	00	01	11	10				
G_2^R	10	11	01	00				
G_2^1	000	001	011	010				
G_2^{11}	110	111	101	100				
G_3	000	001	011	010	110	111	101	100

如果 $a_{n-1}a_{n-2}\cdots a_0$ 是长度为 n 的二进制序列，那么 $f(a_{n-1}a_{n-2}\cdots a_0)=a_{n-1}+a_{n-2}+\cdots+a_0$ 是它的 1 的个数.

下面介绍按格雷码的顺序生成 n 个元素集合的全部组合的算法.

从序列 $a_{n-1}a_{n-2}\cdots a_0=00\cdots0$ 开始，当序列 $a_{n-1}a_{n-2}\cdots a_0\neq10\cdots0$ 时，

(1) 计算 $f(a_{n-1}a_{n-2}\cdots a_0)=a_{n-1}+a_{n-2}+\cdots+a_0$；

(2) 如果 $f(a_{n-1}a_{n-2}\cdots a_0)$ 是偶数，则改变 a_0（从 0 变到 1 或从 1 变到 0）；

(3) 否则，确定这样的 j，使得 $a_j=1$，对满足 $j>i$ 的所有的 i，$a_i=0$，然后，改变 a_{j+1}（从 0 变到 1 或从 1 变到 0）.

注意，如果在步骤(3)中序列 $a_{n-1}a_{n-2}\cdots a_0\neq10\cdots0$，那么 $j\leqslant n-2$，从而 $j+1\leqslant n-1$ 并确定 a_{j+1}. 还要注意，在步骤(3)中可能有 $j=0$，就是说，$a_0=1$. 在这种情形下，不存在满足 $i<j$ 的 i，则按步骤(3)中所指示的来改变 a_1.

定理 1.6.4　上面描述的算法，对每个正整数 n 产生 n 阶格雷码.

证明　通过对 n 的归纳来证明本定理. 显然，算法用于 $n=1$ 时产生 1 阶格雷码. 令 $n>1$ 并假设算法用于 $n-1$ 时产生 $n-1$ 阶格雷码. n 阶格雷码的前 2^{n-1} 个长度为 n 的二进制序列，是由 $n-1$ 阶格雷码的每一个长度为 $n-1$ 的二进制序列前加 0 组成. 由于长度为 $n-1$ 的二进制序列 $10\cdots0$ 出现在 $n-1$ 阶格雷码的最后，于是，将逐次性法则用到 n 阶格雷码的前 $2^{n-1}-1$ 个二进制序列，与将该法则用到 $n-1$ 阶格雷码除最后一个二进制序列外的所有二进制序列，然后再附加一个 0 有相同的效果. 因此，由归纳假设导致逐次性法则产生前一半的 n 阶格雷码. n 阶格雷码的第 2^{n-1} 个序列是 $010\cdots0$，由于 $f(010\cdots0)=1$ 是一个奇数，逐次性法则用于 $010\cdots0$ 并给出 $110\cdots0$，它就是 n 阶格雷码的第 $2^{n-1}+1$ 个序列.

现在考虑 n 阶格雷码后一半的前后连贯的两个序列：

$$1a_{n-2}\cdots a_0$$
$$1b_{n-2}\cdots b_0$$

此时，在 $n-1$ 阶格雷码中，$a_{n-2}\cdots a_0$ 紧跟在 $b_{n-2}\cdots b_0$ 之后：

$$b_{n-2}\cdots b_0$$
$$a_{n-2}\cdots a_0$$

现在，$f(a_{n-2}\cdots a_0)$ 与 $f(b_{n-2}\cdots b_0)$ 奇偶性相反，$f(1a_{n-2}\cdots a_0)$ 与 $f(a_{n-2}\cdots a_0)$ 奇偶性相反，而且 $f(1b_{n-2}\cdots b_0)$ 与 $f(b_{n-2}\cdots b_0)$ 也是奇偶性相反. 设 $f(b_{n-2}\cdots b_0)$ 是偶数，于是 $f(a_{n-2}\cdots a_0)$ 是奇数

且$f(1a_{n-2}\cdots a_0)$是偶数. 根据归纳假设,$a_{n-2}\cdots a_0$ 是由 $b_{n-2}\cdots b_0$ 改变 b_0 后得到的. 用于 $1a_{n-2}\cdots a_0$ 的逐次性法则指示我们改变 a_0,这就给出了所期望的 $1b_{n-2}\cdots b_0$. 现在假设$f(b_{n-2}\cdots b_0)$是奇数,于是$f(a_{n-2}\cdots a_0)$是偶数,而$f(1a_{n-2}\cdots a_0)$是奇数. 将逐次性法则用于 $1a_{n-2}\cdots a_0$ 与逐次性法则用于 $b_{n-2}\cdots b_0$ 的效果正好相反. 因此,由归纳假设也推出,将逐次性法则用于 $1a_{n-2}\cdots a_0$ 也给出了所期望的 $1b_{n-2}\cdots b_0$. 因此,由归纳法可知定理成立. 证毕.

例如,在 8 阶格雷码中,对于序列 10100110,由于$f(10100110)=4$是偶数,故序列 10100111 紧跟在序列 10100110 之后. 而对于序列 00011111,由于$f(00011111)=5$是一个奇数,因而,在算法的步骤(3)中,$j=0$,所以在序列 00011111 之后应该是 00011101.

最后,将讨论如何生成 n 个元素集合的全部 r 组合. 对于组合来说,顺序是无关紧要的. 于是在书写$\{1,2,\cdots,n\}$的组合时,可以将其中的整数按从小到大的顺序书写. 因此,$\{1,2,\cdots,n\}$的 r 组合可写成形式 $a_1,a_2,\cdots,a_r$ 或 $a_1a_2\cdots a_r$,其中 $1\leqslant a_1<a_2<\cdots<a_r\leqslant n$.

定义 1.6.2　设 $a_1a_2\cdots a_r$ 与 $b_1b_2\cdots b_r$ 是 $S=\{1,2,\cdots,n\}$ 的两个不同的 r 组合,且 $1\leqslant a_1<a_2<\cdots<a_r\leqslant n$,$1\leqslant b_1<b_2<\cdots<b_r\leqslant n$,若存在 i 使得 $a_1=b_1,a_2=b_2,\cdots,a_{i-1}=b_{i-1},a_i<b_i$,则称 r 组合 $a_1a_2\cdots a_r$ 按字典序先于 r 组合 $b_1b_2\cdots b_r$.

定理 1.6.5　令 $a_1a_2\cdots a_r$ 是$\{1,2,\cdots,n\}$的一个 r 组合. 在字典排序中,第一个 r 组合是 $12\cdots r$,最后一个 r 组合是$(n-r+1)(n-r+2)\cdots n$. 设 $a_1a_2\cdots a_r\neq(n-r+1)(n-r+2)\cdots n$. 令 k 是满足 $a_k<n$ 且使得 a_k+1 不同于 $a_1,a_2,\cdots,a_r$ 中的任一个数的最大整数. 那么,在字典排序中,$a_1a_2\cdots a_r$ 的直接后继 r 组合是 $a_1\cdots a_{k-1}(a_k+1)(a_k+2)\cdots(a_k+r-k+1)$.

证明　由字典序的定义可知,$12\cdots r$ 是在字典排序下的第一个组合,而$(n-r+1)(n-r+2)\cdots n$ 是最后一个 r 组合. 现在,令 $a_1a_2\cdots a_r$ 是任意一个但不是最后的 r 组合,确定定理中所指出的 k. 于是

$$a_1a_2\cdots a_r=a_1\cdots a_{k-1}a_k(n-r+k+1)(n-r+k+2)\cdots n$$

其中,$a_k+1<n-r+k+1$. 因此,$a_1a_2\cdots a_r$ 是以 $a_1a_2\cdots a_{k-1}a_k$ 开始的最后的 r 组合. r 组合 $a_1\cdots a_{k-1}(a_k+1)(a_k+2)\cdots(a_k+r-k+1)$是以 $a_1\cdots a_{k-1}(a_k+1)$开始的第一个 r 组合,从而是 $a_1a_2\cdots a_r$ 的直接后继. 证毕.

由定理 1.6.5,下列算法生成$\{1,2,\cdots,n\}$的字典序的所有 r 组合.

从 r 组合 $a_1a_2\cdots a_r=12\cdots r$ 开始,当 $a_1a_2\cdots a_r\neq(n-r+1)(n-r+2)\cdots n$ 时,

(1)确定最大的整数 k,使 $a_k+1\leqslant n$ 且 a_k+1 不是 $a_1,a_2,\cdots,a_r$;

(2)用 r 组合 $a_1\cdots a_{k-1}(a_k+1)(a_k+2)\cdots(a_k+r-k+1)$替换 $a_1a_2\cdots a_r$.

例 1.6.1　试生成 $S=\{1,2,3,4,5,6,7\}$ 的 5 组合.

解　生成 S 的 5 组合如下:

12345,　12346,　12347,　12356,　12357,　12367,

12456,　12457,　12467,　12567,　13456,　13457,

13467,　13567,　14567,　23456,　23457,　23467,

23567,　24567,　34567.

如果将生成一个集合的排列的算法与生成一个 n 个元素集合的 r 组合算法结合起来,就得到生成 n 个元素集合的 r 排列的算法.

例 1.6.2　生成$\{1,2,3,4\}$的 3 排列.

解　首先,生成字典序的 3 组合:123,124,134,234. 对于每一个 3 组合,再生成其所有的排列:

$$\begin{array}{llllll}123, & 132, & 312, & 321, & 231, & 213, \\ 124, & 142, & 412, & 421, & 241, & 214, \\ 134, & 143, & 413, & 431, & 341, & 314, \\ 234, & 243, & 423, & 432, & 342, & 324.\end{array}$$

定理 1.6.6　$\{1,2,\cdots,n\}$ 的 r 组合 $a_1a_2\cdots a_r$ 出现在 $\{1,2,\cdots,n\}$ 的 r 组合的字典序中的位置号如下：

$$C_n^r - C_{n-a_1}^r - C_{n-a_2}^{r-1} - \cdots - C_{n-a_{r-1}}^2 - C_{n-a_r}^1$$

证明　首先,计算出现在 $a_1a_2\cdots a_r$ 后面的 r 组合的个数.

(1)在 $a_1a_2\cdots a_r$ 后面存在 $C_{n-a_1}^r$ 个 r 组合,其第一个元素大于 a_1；

(2)在 $a_1a_2\cdots a_r$ 后面存在 $C_{n-a_2}^{r-1}$ 个 r 组合,其第一个元素是 a_1,但是第二个元素大于 a_2；

⋮

$(r-1)$在 $a_1a_2\cdots a_r$ 后面存在 $C_{n-a_{r-1}}^2$ 个 r 组合,它们都从 $a_1a_2\cdots a_{r-2}$ 开始,但第 $r-1$ 个元素大于 a_{r-1}；

(r)在 $a_1a_2\cdots a_r$ 后面存在 $C_{n-a_r}^1$ 个 r 组合,它们都从 $a_1a_2\cdots a_{r-1}$ 开始,但第 r 个元素大于 a_r.

从总数 C_n^r 个 r 组合减去 $a_1a_2\cdots a_r$ 后面的 r 组合,计算得 $a_1a_2\cdots a_r$ 的位置正是定理中所给出的位置. 证毕.

1.7　二项式系数

由于组合数 C_n^k 出现在二项式定理中,因此它们也叫作**二项式系数**. 它在计算机科学理论的算法分析中,占有很重要的地位. 组合数 C_n^k,对任意的正整数 n 与 k,有

$$C_n^k = C_n^{n-k} \quad (n \geqslant k);$$

$$C_n^k = \begin{cases} \dfrac{n!}{k!(n-k)!} & k \leqslant n \\ 0 & k > n \end{cases}$$

对于非负整数 n,显然有

$$C_n^0 = 1, C_n^1 = n, C_n^n = 1$$

特别地,$C_0^0 = 1$. 下面将介绍一些性质和恒等式.

定理 1.7.1(Pascal 公式)　对于满足 $1 \leqslant k \leqslant n-1$ 的所有正整数 k 和 n,有 $C_n^k = C_{n-1}^k + C_{n-1}^{k-1}$.

证明　这个恒等式当然可以采用直接验证法,即代入组合数的值验证等式的两边是否相等.

也可以通过如下方法证明：

从 n 位人中任选 k 人组成一个委员会有 C_n^k 种选法；另一方面,设 x 是这 n 位人中的某一位,从这 n 位人中选取 k 位人且一定有 x 组成委员会有 C_{n-1}^{k-1} 种,从 n 位人中选取 k 位人且一定没有 x 组成的委员会有 C_{n-1}^k 种,由加法原则,共有 $C_{n-1}^{k-1} + C_{n-1}^k$ 种. 因此 $C_n^k = C_{n-1}^k + C_{n-1}^{k-1}$. 证毕.

通过使用 Pascal 公式及 $C_n^0 = 1$ 和 $C_n^n = 1(n \geqslant 0)$,不必求助于公式

$$C_n^k = \frac{n!}{k!(n-k)!} \quad (1 \leqslant k \leqslant n)$$

就可直接计算出二项式系数. 其结果常常以一个数组的形式显示,见表 1.7.1. 这个数组称为**杨辉三角形**,也称为 **Pascal 三角形**.

表 1.7.1　杨辉三角形(Pascal 三角形)

C_n^k		k									
		0	1	2	3	4	5	6	7	8	…
n	0	1									
	1	1	1								
	2	1	2	1							
	3	1	3	3	1						
	4	1	4	6	4	1					
	5	1	5	10	10	5	1				
	6	1	6	15	20	15	6	1			
	7	1	7	21	35	35	21	7	1		
	8	1	8	28	56	70	56	28	8	1	
	⋮	⋮	⋮	⋮	⋮	⋮	⋮	⋮	⋮	⋮	⋮

定理 1.7.2(二项式定理)　设 n 是正整数,对于一切实数 x 和 y 有 $(x+y)^n = \sum_{k=0}^{n} C_n^k x^k y^{n-k}$.

证明　当然可以通过对 n 用归纳法证明该定理. 下面介绍两个组合证明法.

证法一　$(x+y)^n = \underbrace{(x+y)(x+y)\cdots(x+y)}_{n\text{个}(x+y)}$

将 $(x+y)^n$ 用乘法展开,每个 $(x+y)$ 在相乘时,有两种选择,贡献一个 x 或一个 y. 由乘法原则,乘积中应该有 2^n 个项(未合并同类项),并且每项都是 $x^k y^{n-k}$ 的形式,$k=0,1,2,\cdots,n$. 对于项 $x^k y^{n-k}$,它是由 k 个 $(x+y)$ 贡献 x,$n-k$ 个 $(x+y)$ 贡献 y 而得到的,它在乘积中出现的次数就是从 n 个 $(x+y)$ 中选 k 个的选法数 C_n^k,因此定理得证.

证法二　$(x+y)^n = \underbrace{(x+y)(x+y)\cdots(x+y)}_{n\text{个}(x+y)}$

每个 $(x+y)$ 贡献一个 x 或一个 y 组成的一个 n 排列即对应项 $x^k y^{n-k}$,$k=0,1,\cdots,n$. 该 n 排列的个数即为项 $x^k y^{n-k}$ 的个数(系数),显然此 n 排列的个数为重集 $\{k\cdot x,(n-k)\cdot y\}$ 的全排列数 $P(n;k,n-k)=C_n^k$,故定理得证.

下面再介绍两个组合恒等式.

(1) $C_n^0 + C_n^2 + C_n^4 + \cdots + = C_n^1 + C_n^3 + C_n^5 + \cdots (n \geqslant 1)$.

在二项式定理中,令 $x=1, y=-1$ 即可得证. 下面用计数方法加以验证.

设 $S=\{x_1,x_2,\cdots,x_n\}$,则 S 有 2^n 个组合. 假设现在要选择一个具有偶数个元素的组合. 此时对于 $x_1,x_2,\cdots,x_{n-1}$ 都有两种选择. 但是,在决定 x_n 时却只有一种选择. 因为如果已经选择了 $x_1,x_2,\cdots,x_{n-1}$ 中的偶数个,那么就必须把 x_n 留在外面不选,如果已经选择了 $x_1,x_2,\cdots,x_{n-1}$ 中的奇数个,那么就必须选择 x_n. 因此,由乘法原则,S 的具有偶数个元素的组合的个数等于 2^{n-1}. 证毕.

(2) $(C_n^0)^2 + (C_n^1)^2 + \cdots + (C_n^n)^2 = C_{2n}^n$.

设 S 为 $2n$ 个元素的集合. 把 S 划分成两个子集 A 和 B,每个子集都有 n 个元素. S 的一个 n 组合可以这样构造:先从 A 中选取 k 个元素,再从 B 中选取 $n-k$ 个元素,其中 $k=0,1,2,\cdots,$

n. 因此,S 的全部 n 组合数为

$$\begin{aligned}&C_n^0C_n^n+C_n^1C_n^{n-1}+\cdots+C_n^kC_n^{n-k}+\cdots+C_n^nC_n^0\\&=(C_n^0)^2+(C_n^1)^2+\cdots+(C_n^n)^2\end{aligned}$$

故等式成立.

例 1.7.1　求证:(1) $C_{m+n}^m=C_{m+n-1}^{m-1}+C_{m+n-1}^m$;

(2) $C_{m+n}^2-C_m^2-C_n^2=mn$.

证明　(1)沿水平方向从左向右走一个单位距离记作 x,沿垂直方向从下向上走一个单位距离记作 y,那么从点(0,0)沿水平和垂直方向到点(m,n)的每条非降路径必含 m 个 x 和 n 个 y. 因此,从点(0,0)沿水平和垂直方向到点(m,n)的非降路径一一对应着重集$\{m\cdot x,n\cdot y\}$的全排列,即从点(0,0)到点(m,n)沿水平和垂直方向的非降路径的条数为 $P(m+n;m,n)=\dfrac{(m+n)!}{m!n!}=C_{m+n}^m$.

另一方面,如图 1.7.1 所示,从点(0,0)到点(m,n)沿水平和垂直方向的非降路径可分为如下两类:一类是经过点$(m-1,n)$到达点(m,n),共 C_{m+n-1}^{m-1}条;另一类是经过点$(m,n-1)$到达点(m,n),共 C_{m+n-1}^m条.

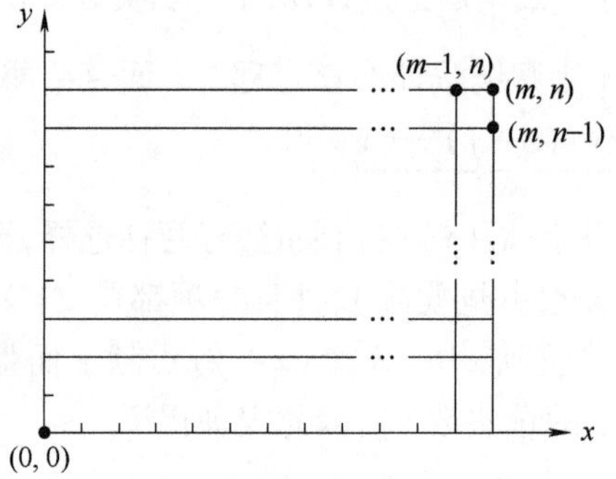

图　1.7.1

由加法原则,$C_{m+n}^m=C_{m+n-1}^{m-1}+C_{m+n-1}^m$.

(2)一方面,从 m 个男孩 n 个女孩中取一男一女的方案数为 $C_m^1\times C_n^1=mn$. 另一方面,从 m 个男孩 n 个女孩中任取两人的方案数为 C_{m+n}^2,取两个男孩的方案数为 C_m^2,取两个女孩的方案数为 C_n^2. 因此,$C_{m+n}^2-C_m^2-C_n^2=mn$.

例 1.7.2　求证:$C_{m+n+1}^m=C_{m+n}^m+C_{m+n-1}^{m-1}+\cdots+C_n^0$.

证明一　沿水平方向从左向右走一个单位距离记作 x,沿垂直方向从下向上走一个单位距离记作 y,那么从点(0,0)沿水平和垂直方向到点$(m,n+1)$的每条非降路径必含 m 个 x 和 $n+1$ 个 y. 因此,从点(0,0)沿水平和垂直方向到点$(m,n+1)$的非降路径一一对应着重集$\{m\cdot x,(n+1)\cdot y\}$的全排列,即从点(0,0)沿水平和垂直方向到点$(m,n+1)$的非降路径的条数为

$$P(m+n+1;m,n+1)=\frac{(m+n+1)!}{m!(n+1)!}=C_{m+n+1}^m$$

另一方面,如图 1.7.2 所示,从点(0,0)到点$(m,n+1)$沿水平和垂直方向的非降路径可分

为如下 $m+1$ 类：第 $i(i=0,1,2,\cdots,m)$ 类路径是从点 $(0,0)$ 途径点 (i,n) 到达点 $(i,n+1)$，然后沿水平方向直接走到点 $(m,n+1)$. 因而第 $i(i=0,1,2,\cdots,m)$ 类路径有 C_{n+i}^{i} 条.

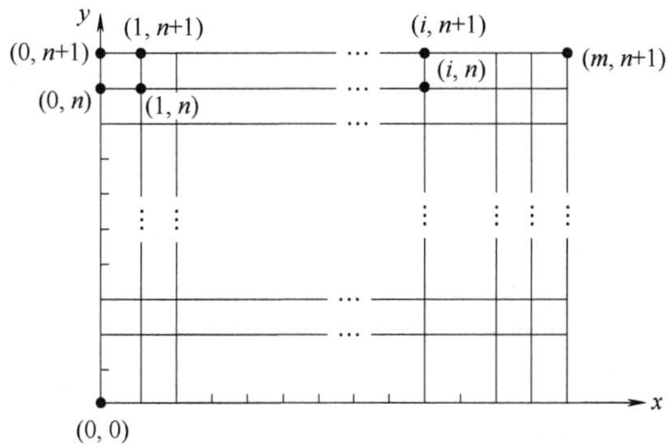

图 1.7.2

由加法原则，$C_{m+n+1}^{m}=C_{m+n}^{m}+C_{m+n-1}^{m-1}+\cdots+C_{n}^{0}$.

证明二　构造重集 $S=\{\infty\cdot a_1,\infty\cdot a_2,\cdots,\infty\cdot a_{n+2}\}$，则 S 的 m 组合的个数为 C_{m+n+1}^{m}. 另一方面，S 的 m 组合可分为如下 $m+1$ 类：

(1) 不含 a_1，有 C_{m+n}^{m} 个.

(2) 恰含一个 a_1，有 C_{m+n-1}^{m-1} 个.

(3) 恰含两个 a_1，有 C_{m+n-2}^{m-2} 个.

⋮

$(m-1)$ 恰含 $m-1$ 个 a_1，有 C_{n+1}^{1} 个.

(m) 恰含 m 个 a_1，只有一个，即 C_n^0 个.

由加法原则，$C_{m+n+1}^{m}=C_{m+n}^{m}+C_{m+n-1}^{m-1}+\cdots+C_{n}^{0}$.

证明三　构造重集 $S=\{a_1,a_2,\cdots,a_{m+n+1}\}$，则 S 的 m 组合的个数为 C_{m+n+1}^{m}. 另一方面，S 的 m 组合可分为如下 $m+1$ 类：

$$\begin{cases}\text{不含 } a_1\text{，有 } C_{m+n}^{m}\text{ 个}\\ \text{含 } a_1\begin{cases}\text{不含 } a_2\text{，有 } C_{m+n-1}^{m-1}\text{ 个}\\ \text{含 } a_2\begin{cases}\text{不含 } a_3\text{，有 } C_{m+n-2}^{m-2}\text{ 个}\\ \text{含 } a_3\cdots\begin{cases}\text{不含 } a_{m-1}\text{，有 } C_{n+2}^{2}\text{ 个}\\ \text{含 } a_{m-1}\begin{cases}\text{不含 } a_m\text{，有 } C_{n+1}^{1}\text{ 个}\\ \text{含 } a_m\text{，有 1 个，记作 } C_n^0\end{cases}\end{cases}\end{cases}\end{cases}\end{cases}$$

由加法原则，$C_{m+n+1}^{m}=C_{m+n}^{m}+C_{m+n-1}^{m-1}+\cdots+C_{n}^{0}$. 证毕.

由组合恒等式 $C_{m+n+1}^{m}=C_{m+n}^{m}+C_{m+n-1}^{m-1}+\cdots+C_{n}^{0}$ 可方便求下列数列的和：

(1)
$$\begin{aligned}&1+2+3+\cdots+n\\&=C_1^1+C_2^1+C_3^1+\cdots+C_n^1\\&=C_1^0+C_2^1+C_3^2+\cdots+C_n^{n-1}\text{（令组合恒等式 } C_{m+n+1}^{m}\text{ 中的 } n=1,m=n-1\text{）}\\&=C_{n-1+1+1}^{n-1}=C_{n+1}^{n-1}=\frac{n(n+1)}{2}\end{aligned}$$

(2)　$1\times2+2\times3+3\times4+\cdots+n\times(n+1)$

$$=2\left[1+3+6+\cdots+\frac{n(n+1)}{2}\right]\quad\left[\text{已知 } C_{n+1}^2=\frac{n(n+1)}{2}\right]$$

$$=2(C_2^2+C_3^2+C_4^2+\cdots+C_{n+1}^2)$$

$$=2(C_2^0+C_3^1+C_4^2+\cdots+C_{n+1}^{n-1})\quad(\text{令组合恒等式 } C_{m+n+1}^m \text{ 中的 } n=2, m=n-1)$$

$$=2C_{n-1+2+1}^{n-1}=2C_{n+2}^{n-1}=\frac{n(n+1)(n+2)}{3}$$

(3)　$1\times2\times3+2\times3\times4+3\times4\times5+\cdots+n\times(n+1)\times(n+2)$

$$=6(C_3^0+C_4^1+C_5^2+\cdots+C_{n+2}^{n-1})\quad\left[\text{已知 } C_{n+2}^{n-1}=\frac{n(n+1)(n+2)}{6}\right]$$

$$=6C_{n-1+3+1}^{n-1}\quad(\text{令组合恒等式 } C_{m+n+1}^m \text{ 中的 } n=3, m=n-1)$$

$$=6C_{n+3}^{n-1}=\frac{n(n+1)(n+2)(n+3)}{4}$$

例 1.7.3　求证：$C_{m+n}^r=C_m^0C_n^r+C_m^1C_n^{r-1}+\cdots+C_m^kC_n^{r-k}+\cdots+C_m^rC_n^0$，其中 m、n、r 均为正整数，且 $r\leqslant\min(m,n)$.

证明一　沿水平方向从左向右走一个单位距离记作 x，沿垂直方向从下向上走一个单位距离记作 y，那么从点(0,0)到点$(m+n-r,r)$的每条非降路径必含 $m+n-r$ 个 x 和 r 个 y. 因此，从点(0,0)到点$(m+n-r,r)$的非降路径一一对应着重集$\{(m+n-r)\cdot x, r\cdot y\}$的全排列，即从点(0,0)到点$(m+n-r,r)$沿水平和垂直方向的非降路径的条数为 $P(m+n;m+n-r,r)=C_{m+n}^r$.

另一方面，如图 1.7.3 所示，从点(0,0)到点$(m+n-r,r)$沿水平和垂直方向的非降路径可分为如下 $r+1$ 类：第 $k(k=0,1,2,\cdots,r)$ 类路径是经点$(m-k,k)$到点$(m+n-r,r)$. 而构造第 $k(k=0,1,2,\cdots,r)$ 类路径可分为两步：从点(0,0)到点$(m-k,k)$，有 C_m^k 条；从点$(m-k,k)$到点$(m+n-r,r)$，有 C_n^{r-k} 条，即重集 $\{(m+n-r-m+k)\cdot x,(r-k)\cdot y\}$ 的全排列的个数；由乘法原则，第 $k(k=0,1,2,\cdots,r)$ 类路径共 $C_m^k\times C_n^{r-k}$ 条.

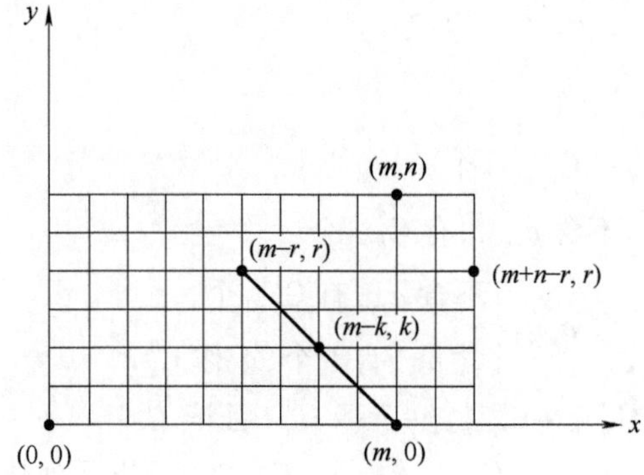

图　1.7.3

因此，$C_{m+n}^r=C_m^0C_n^r+C_m^1C_n^{r-1}+\cdots+C_m^kC_n^{r-k}+\cdots+C_m^rC_n^0$.

证明二　构造集合 $S_1=\{a_1,a_2,\cdots,a_m\}$，$S_2=\{b_1,b_2,\cdots,b_n\}$.

一方面，集合 $S=S_1\cup S_2$ 的 r 组合的个数为 C_{m+n}^r.

另一方面,集合 $S=S_1\cup S_2$ 的 r 组合可分为如下 $r+1$ 类,且构造第 $k(k=0,1,2,\cdots,r)$ 类组合可分为两步:先从 S_1 中取 k 个元素,共 C_m^k 个方案;再从 S_2 中取 $r-k$ 个元素,共 C_n^{r-k} 个方案. 由乘法原则,第 $k(k=0,1,2,\cdots,r)$ 类组合共 $C_m^k\times C_n^{r-k}$ 个.

因此,$C_{m+n}^r=C_m^0\times C_n^r+C_m^1\times C_n^{r-1}+\cdots+C_m^k\times C_n^{r-k}+\cdots+C_m^r\times C_n^0$.

例 1.7.4　求证:$C_0^k+C_1^k+C_2^k+\cdots+C_n^k=C_{n+1}^{k+1}$,其中 n、k 为正整数.

证明　构造集合 $S=\{a_1,a_2,\cdots,a_{n+1}\}$.

一方面,集合 S 的 $k+1$ 组合的个数为 C_{n+1}^{k+1}.

另一方面,集合 S 的 $k+1$ 组合可分为如下 $n+1$ 类:

(1)含 a_1,有 C_n^k 个.

(2)不含 a_1 但含 a_2,有 C_{n-1}^k 个.

(3)不含 a_1 和 a_2 但含 a_3,有 C_{n-2}^k 个.

⋮

(n)不含 $a_1,a_2,\cdots,a_{n-1}$ 但含 a_n,有 C_1^k 个.

($n+1$)不含 $a_1,a_2,\cdots,a_n$ 但含 a_{n+1},有 C_0^k 个.

因此,$C_0^k+C_1^k+C_2^k+\cdots+C_n^k=C_{n+1}^{k+1}$.

例 1.7.5　证明下列恒等式:

(1) $\sum\limits_{k=1}^{n} kC_n^k=n2^{n-1}$　(n 为正整数);

(2) $\sum\limits_{k=1}^{n} k^2C_n^k=n(n+1)2^{n-2}$　(n 为正整数);

(3) $\sum\limits_{k=m}^{n}(-1)^{n-k}C_n^kC_k^m=\begin{cases}1 & 若\ n=m\\0 & 若\ n>m\end{cases}$　(n,m 为正整数).

证明　(1)对 $k=1,2,\cdots,n$,有 $kC_n^k=k\cdot\dfrac{n}{k}C_{n-1}^{k-1}=nC_{n-1}^{k-1}$,

于是

$$\sum_{k=1}^{n}kC_n^k=\sum_{k=1}^{n}nC_{n-1}^{k-1}=n\sum_{k=0}^{n-1}C_{n-1}^k=n2^{n-1}$$

(2)由二项式定理有 $(1+x)^n=1+\sum\limits_{k=1}^{n}C_n^kx^k$,对上式两边微商,得

$$n(1+x)^{n-1}=\sum_{k=1}^{n}C_n^kkx^{k-1}$$

两边同乘 x,得 $nx(1+x)^{n-1}=\sum\limits_{k=1}^{n}C_n^kkx^k$,然后两边再次微商,得

$$n(1+x)^{n-1}+nx(n-1)(1+x)^{n-2}=\sum_{k=1}^{n}C_n^kk^2x^{k-1}$$

在上式中令 $x=1$,然后化简得

$$n(n+1)2^{n-2}=\sum_{k=1}^{n}C_n^kk^2$$

(3)当 $n=m$ 时,结论显然成立.

当 $n>m$ 时,由组合恒等式

$$C_n^m C_m^k = C_n^k C_{n-k}^{m-k} \quad (n \geqslant m \geqslant k)$$

有
$$\sum_{k=m}^{n} (-1)^{n-k} C_n^k C_k^m = \sum_{k=m}^{n} (-1)^{n-k} C_n^m C_{n-m}^{k-m}$$
$$= C_n^m \sum_{k=m}^{n} (-1)^{n-m-(k-m)} C_{n-m}^{k-m}$$
$$= C_n^m \sum_{j=0}^{n-m} (-1)^{n-m-j} C_{n-m}^{j} = C_n^m \times 0 = 0$$

定理 1.7.3(二项式反演公式)　设$\{a_n\}(n \geqslant 0)$和$\{b_n\}(n \geqslant 0)$是两个数列,s是非负整数,如果对任意的不小于s的整数n,都有

$$a_n = \sum_{k=s}^{n} C_n^k b_k$$

则对任意的不小于s的整数n,都有

$$b_n = \sum_{k=s}^{n} (-1)^{n-k} C_n^k a_k$$

证明　设n是任一个不小于s的整数,则

$$\sum_{k=s}^{n} (-1)^{n-k} C_n^k a_k = \sum_{k=s}^{n} (-1)^{n-k} C_n^k \sum_{i=s}^{k} C_k^i b_i$$
$$= \sum_{k=s}^{n} \sum_{i=s}^{k} (-1)^{n-k} C_n^k C_k^i b_i$$
$$= \sum_{i=s}^{n} \left[\sum_{k=i}^{n} (-1)^{n-k} C_n^k C_k^i \right] b_i$$

由熟知的组合恒等式

$$\sum_{k=i}^{n} (-1)^{n-k} C_n^k C_k^i = \begin{cases} 1 & 若\ n = i \\ 0 & 若\ n > i \end{cases}$$

即知$\sum_{k=s}^{n} (-1)^{n-k} C_n^k a_k = b_n$. 证毕.

例 1.7.6　以$g(m,n)$表示由m个元素集合A到n个元素集合B的满射的个数$(m \geqslant n)$,求证:

$$g(m,n) = \sum_{k=1}^{n} (-1)^{n-k} C_n^k k^m$$

证明　设m是任一取定的正整数,则对任一个正整数n,由m元集合A到n元集合B的映射共有n^m个,其中使得$f(A)$为B的$k(1 \leqslant k \leqslant n)$元子集的映射有$C_n^k g(m,k)$个. 由加法原则,有

$$n^m = \sum_{k=1}^{n} C_n^k g(m,k)$$

由二项式反演公式[这里$a_n = n^m, b_k = g(m,k)$],得

$$g(m,n) = \sum_{k=1}^{n} (-1)^{n-k} C_n^k k^m$$

例 1.7.7　用$m(m \geqslant 2)$种颜色去涂$1 \times n$棋盘,每格涂一种颜色. 以$h(m,n)$表示使得相邻格子异色且每种颜色都用上的涂色方法数,求$h(m,n)$的计数公式.

解　用 m 种颜色去涂 $1\times n$ 棋盘，每格涂一种颜色且使得相邻格子异色的涂色方法共有 $m(m-1)^{n-1}$ 种，其中恰好用上 $k(2\leqslant k\leqslant m)$ 种颜色的涂色方法有 $C_m^k h(k,n)$ 种. 由加法原则，有

$$m(m-1)^{n-1}=\sum_{k=2}^{m}C_m^k h(k,n)$$

由二项式反演公式，得

$$h(m,n)=\sum_{k=2}^{m}(-1)^{m-k}C_m^k k(k-1)^{n-1}$$

1.8　二项式定理的推广

二项式定理给出对每一个正整数 n 的 $(x+y)^n$ 的公式. 它可以被推广到一般的 t 个实数的和的 n 次幂 $(x_1+x_2+\cdots+x_t)^n$ 的公式. 在一般的公式中，二项式系数的角色被**多项式系数**代替，且被定义为

$$P(n;n_1,n_2,\cdots,n_t)=\frac{n!}{n_1!n_2!\cdots n_t!}$$

其中，$n_1,n_2,\cdots,n_t$ 是非负整数且 $n_1+n_2+\cdots+n_t=n$.

定理 1.8.1（多项式定理）　令 n 为一正整数. 对所有的实数 $x_1,x_2,\cdots,x_t$，有

$$(x_1+x_2+\cdots+x_t)^n=\sum P(n;n_1,n_2,\cdots,n_t)x_1^{n_1}x_2^{n_2}\cdots x_t^{n_t}$$

其中，求和对 $n_1+n_2+\cdots+n_t=n$ 的所有非负整数解 $n_1,n_2,\cdots,n_t$ 进行.

证明　$(x_1+x_2+\cdots+x_t)^n$ 是 n 个因式 $(x_1+x_2+\cdots+x_t)$ 相乘. 相乘时每个因式可以分别贡献 x_1 或 $x_2,\cdots$，或 x_t，有 t 种选择. 所以乘积展开式中共有 t^n 个项（包括同类项），且每一项都是 $x_1^{n_1}x_2^{n_2}\cdots x_t^{n_t}$ 的形式，其中 $n_1,n_2,\cdots,n_t$ 为非负整数且 $\sum\limits_{i=1}^{t}n_i=n$. 我们在 n 个因式 $(x_1+x_2+\cdots+x_t)$ 中选取 n_1 个贡献 x_1，在剩下的 $n-n_1$ 个因式中选取 n_2 个贡献 $x_2,\cdots$，在 $n-n_1-\cdots-n_{t-1}$ 个因式中选取 n_t 个贡献 x_t. 于是项 $x_1^n x_2^n\cdots x_t^n$ 出现的次数（系数）为

$$\begin{aligned}&C_n^{n_1}C_{n-n_1}^{n_2}\cdots C_{n-n_1-\cdots-n_{t-1}}^{n_t}\\&=\frac{n!}{n_1!(n-n_1)!}\frac{(n-n_1)!}{n_2!(n-n_1-n_2)}\cdots\frac{(n-n_1-\cdots-n_{t-1})!}{n_t!(n-n_1-\cdots-n_t)!}\\&=\frac{n!}{n_1!n_2!\cdots n_t!}=P(n;n_1,n_2,\cdots,n_t)\end{aligned}$$

证毕.

例 1.8.1　求 $(x_1+x_2+x_3+x_4+x_5)^7$ 中项 $x_1^2x_3x_4^3x_5$ 的系数.

解　$P(7;2,0,1,3,1)=\dfrac{7!}{2!0!1!3!1!}=420$

例 1.8.2　求 $(2x_1-3x_2+5x_3)^6$ 中项 $x_1^3x_2x_3^2$ 的系数.

解　$P(6;3,1,2)\times2^3\times(-3)\times5^2=-36000$

由 C_n^k 的组合意义知，n、k 均为非负整数. 但从 C_n^k 的显式 $C_n^k=\dfrac{n(n-1)\cdots(n-k+1)}{k!}$ 中可

以看出,当 k 为非负整数,n 为实数时,C_n^k 仍有意义. 只是此时只有解析意义,而没有组合意义.

在微积分中,有如下的牛顿二项式定理:

定理 1.8.2(牛顿二项式定理)　对一切实数 α 和 $x(|x|<1)$,有

$$(1+x)^\alpha = \sum_{k=0}^{\infty} C_\alpha^k x^k$$

其中

$$C_\alpha^k = \frac{\alpha(\alpha-1)\cdots(\alpha-k+1)}{k!}$$

证明略.

牛顿二项式定理可以用来得到任意精度的平方根. 如果取 $\alpha=\frac{1}{2}$,那么 $C_\alpha^0=1$,而对于 $k>0$,有

$$\begin{aligned}
C_\alpha^k &= C_{\frac{1}{2}}^k = \frac{\frac{1}{2}\left(\frac{1}{2}-1\right)\cdots\left(\frac{1}{2}-k+1\right)}{k!} \\
&= \frac{(-1)^{k-1}\times 1\times 2\times 3\times 4\times\cdots\times(2k-3)\times(2k-2)}{2^k\times 2\times 4\times\cdots\times(2k-2)\times(k!)} \\
&= \frac{(-1)^{k-1}(2k-2)!}{k\times 2^{2k-1}[(k-1)!]^2} = \frac{(-1)^{k-1}}{k\times 2^{2k-1}}C_{2k-2}^{k-1}
\end{aligned}$$

因此,对于 $|x|<1$,有

$$\begin{aligned}
\sqrt{1+x} &= (1+x)^{\frac{1}{2}} = 1+\sum_{k=1}^{\infty}\frac{(-1)^{k-1}}{k\times 2^{2k-1}}C_{2k-2}^{k-1}x^k \\
&= 1+\frac{1}{2}x-\frac{1}{2\times 2^3}C_2^1x^2+\frac{1}{3\times 2^5}C_4^2x^3-\cdots
\end{aligned}$$

例如

$$\begin{aligned}
\sqrt{20} &= 4\sqrt{1+0.25} \\
&= 4\left(1+\frac{1}{2}\times 0.25-\frac{1}{8}\times 0.25^2+\frac{1}{16}\times 0.25^3-\cdots\right) \\
&= 4.472\cdots
\end{aligned}$$

习　题　一

1. 在所有六位二进制数中,至少有连续 4 位是 1 的有多少个?
2. 确定数 $3^4\times 5^2\times 11^7\times 13^8$ 的正整数因子的个数.
3. 有多少个两位数字互异且非零的两位数?
4. 在 0 ~ 10000 之间有多少个整数恰好有一位数字是 5?
5. 求 1400 的不同的正整数因子个数.
6. 从 1,2,…,300 中任取三个数使得它们的和能被 3 整除,问有多少种方法?
7. 有多少取自{1,2,…,9}的各位互异的 7 位数且使得数字 5 和 6 不相邻?
8. 100 个人要围坐一圆桌,其中有两人不愿彼此挨着坐. 共有多少种循环座位的排放方法?
9. 平面上有 25 个点,没有 3 个点共线. 这 25 个点共能确定多少条直线? 确定多少个三角形?

10. 10 个男生和 5 个女生聚餐,围坐在圆桌旁,任意两个女生不相邻的坐法有多少种?

11. 从 1,2,…,100 中选出两个不同的数,使其和为偶数,问有多少种取法?

12. 求至少出现一个 6 且能被 3 整除的五位数的个数.

13. 某车站有 6 个入口,每个入口每次只能进一个人,问 9 人小组共有多少种进站方案?

14. 将 6 个蓝球,5 个红球,4 个白球,3 个黄球排成一行,要求黄球不挨着,问有多少种排列方式(同色球不加区别)?

15. 方程 $x_1+x_2+x_3+x_4=20$ 的整数解的个数是多少? 其中 $x_1\geqslant 3, x_2\geqslant 1, x_3\geqslant 0, x_4\geqslant 5$.

16. 设 S 是 n 个元素的集合,求 S 的奇数组合的个数与偶数组合(包含 0 组合)的个数.

17. 在一次聚会上有 $2n$ 个人,每个人都和另一个人交谈,有多少种成对交谈的方法?

18. 书架上有 24 卷百科全书,从中选 5 卷,使得任何 2 卷都不相继,这样的选法有多少种?

19. 从一个 8×8 的棋盘中选出两个相邻(两个方格在同一行或同一列上)的方格,有多少种选法?

20. 下列各数尾部有多少个零?

(1)50!;(2)1000!

21. 已知 $S=\{1,2,\cdots,10\}$,2,3,4,6,9,10 是它的一个 6 组合,按字典序求其前趋与后继.

22. 组合证明 $C_n^kC_k^r=C_n^rC_{n-r}^{k-r}$,其中 n,k,r 都是非负整数.

23. 把 22 本不同的书分给 5 名学生,使得其中 2 名学生各得 5 本,而另外的 3 名学生各得 4 本,问有多少种分法?

24. 从整数 1,2,…,100 中选取两个数,使得它们的差正好是 7,有多少种不同的选法? 若选出的两个数之差小于等于 7,有多少种不同的选法?

25. 用高级语言设计程序:

(1) 从 $\overleftarrow{1}\,\overleftarrow{2}\,\overleftarrow{3}\,\overleftarrow{4}\,\overleftarrow{5}$ 开始生成{1,2,3,4,5}的所有全排列.

(2) 分别按字典序法、序数法生成{1,2,3,…,10}的所有全排列.

(3) 通过基为 2 的生成算法生成{1,2,3,…,10}的全部组合.

(4) 按格雷码的顺序生成{1,2,3…,10}的全部组合.

(5) 生成{1,2,3,…,10}的全部 6 组合.

(6) 生成{1,2,3,…,10}的全部 6 排列.

26. 用二项式定理证明:$2^n=\sum\limits_{k=0}^{n}(-1)^kC_n^k3^{n-k}$.

27. 通过微分二项式公式证明:对于每一个整数 $n>1$,有 $C_n^1-2C_n^2+3C_n^3+\cdots+(-1)^{n-1}nC_n^n=0$.

28. 通过积分二项式公式证明:对正整数 n,有 $1+\frac{1}{2}C_n^1+\frac{1}{3}C_n^2+\cdots+\frac{1}{n+1}C_n^n=\frac{2^{n+1}-1}{n+1}$.

29. 组合证明二项式系数的范德蒙(Vandermonde)**卷积**:对所有的正整数 m_1、m_2 和 n,有 $\sum\limits_{k=0}^{n}C_{m_1}^kC_{m_2}^{n-k}=C_{m_1+m_2}^n$.

30. 用多项式定理证明:对正整数 n 和 t,有 $t^n=\sum C_n^{n_1n_2\cdots n_t}$,其中求和是对 $n_1+n_2+\cdots+n_t=n$ 的所有的非负整数解 $n_1,n_2,\cdots,n_t$ 进行.

31. 用牛顿二项式定理分别近似计算 $\sqrt{30}$ 与 $\sqrt[3]{10}$.

32. 设计一个算法,生成一个有穷集的所有允许重复的 r 排列.

33. 设计一个算法,生成一个有穷集的所有允许重复的 r 组合.

34. 集合{1,2,…,n}的 r 组合称为**不相邻 r 组合**,当且仅当该组合中不出现相邻的两个数. 例如,{1,2,3,4,5,6,7}的不相邻 3 组合有{1,3,5},{1,3,6},{1,3,7},{1,4,6},{1,4,7},{1,5,7},{2,4,6},{2,4,7},{3,5,7}. 试证明集合{1,2,…,n}的不相邻 r 组合的数目为 C_{n-r+1}^r.

35. 以 $h(m,n)$ 表示用 m 种颜色去涂 $2\times n$ 的棋盘,使得相邻格子异色的涂色方案数,求证:

$$h(m,n)=m(m-1)(m^2-3m+3)^{n-1}$$

36. 证明等式 $nC_{n-1}^{k}=(k+1)C_{n}^{k+1}$,并讨论这个等式的组合计数意义.

37. 证明等式

$$1\times1!+2\times2!+\cdots+n\times n!=(n+1)!-1$$

并讨论这个等式的组合计数意义.

38. 把5个相同的红球,6个相同的白球,3个相同的黑球,分配给9位同学,有多少种分配方案?

第2章 生成函数

2.1 生成函数的概念

生成函数又叫**母函数**或**发散函数**. 生成函数方法是离散数学的重要方法,是连接离散数学与连续数学的桥梁. 它的作用与巧妙之处在于能以某种统一的程序方式来处理和解决众多不同类型的问题. 在组合数学中,生成函数的典型作用主要体现在组合计数方面,是解决组合计数问题的强有力工具之一,然而其价值不仅限于计数. 它的中心思想是:对于一个有限或无限实数列 $a_0,a_1,a_2,\cdots$,用幂级数

$$A(x)=a_0+a_1x+a_2x^2+\cdots$$

使之成为一个整体,然后通过研究幂级数 $A(x)$ 导出实数列 $a_0,a_1,a_2,\cdots$ 的构造和性质.

定义 2.1.1 设 x 是一个抽象符号,$a_n(n=0,1,2,\cdots)$ 为实数,如果函数 $F(x)$ 可以表示成 $F(x)=a_0+a_1x+a_2x^2+\cdots+a_nx^n+\cdots$,则称 $F(x)$ 为数列 $a_n(n=0,1,2,\cdots)$ 的**生成函数**. 并约定,若某个 $a_i=0(i=0,1,2,\cdots)$,则 a_ix^i 项可略去.

比如,$F(x)=(1+x)^n$ 是数列 $C_n^0,C_n^1,C_n^2,\cdots$ 的生成函数. 无穷序列 $1,1\cdots,1,\cdots$ 的生成函数为

$$F(x)=1+x+x^2+x^3+\cdots+x^n+\cdots$$

有了生成函数的概念,下面来讨论它与组合计数的关系. 为此,先看一个具体问题.

例 2.1.1 把 9 个相同的球放入 5 个不同的盒中,盒 1 中只能放奇数个,盒 2 中只能放偶数个,盒 3 中最少放 2 个且最多放 5 个,盒 4 与盒 5 的容量均不限,讨论其不同的方案数 a_9.

解 用 x^k 表示 k 个球,圆括号表示盒子,构造函数

$$F(x)=(x^1+x^3+x^5+\cdots)(x^0+x^2+x^4+\cdots)(x^2+x^3+x^4+x^5)(x^0+x^1+x^2+\cdots)(x^0+x^1+x^2+\cdots)$$

具体过程见表 2.1.1.

表 2.1.1

设计符合题意的分配方案	构造 $F(x)$ 右边展开式中 x^9 项
盒 1 中放 3 个球,盒 2 中放 0 个球,盒 3、4、5 中分别各放 2 个球. 该方案不妨用符号表示为 $x^3x^0x^2x^2x^2$	从第一个括号中取 x^3,从第二个括号中取 x^0,从第三、四、五个括号中分别各取 x^2,然后相乘,得 x^9 项($x^3x^0x^2x^2x^2=x^9$)
盒 1 中放 3 个球,盒 2 中放 2 个球,盒 3 中放 3 个球,盒 4 中放 0 个球,盒 5 中放 1 个球. 该方案用符号表示为 $x^3x^2x^3x^0x^1$	从第一个括号中取 x^3,从第二个括号中取 x^2,从第三个括号中取 x^3,从第四个括号中取 x^0,从第五个括号中取 x^1,然后相乘,得 x^9 项($x^3x^2x^3x^0x^1=x^9$)
⋮	⋮
总结:"符合题意的分配方案"一一对应"$F(x)$ 右边展开式中 x^9 项(未合并同类项)",即 $a_9=F(x)$ 右边展开式中 x^9 项的系数	

一般地,把 r 个相同的球按题意分配,其不同分配方案一一对应 $F(x)$ 右边展开式中 x^r 项(未合并同类项),即

不同的分配方案数 $a_r = F(x)$ 右边展开式中 x^r 项的系数

因此,符合题意的不同的分配方案数 $a_r(r=0,1,2,\cdots)$ 的生成函数

$$F(x) = (x^1+x^3+x^5+\cdots)(x^0+x^2+x^4+\cdots)(x^2+x^3+x^4+x^5)(x^0+x^1+x^2+\cdots)(x^0+x^1+x^2+\cdots)$$

例 2.1.2 设有3种球,每种球都有4个. 从中任取 r 个球,a_r 表示其不同取法的数目,求 $a_r(r=0,1,2,3,4,\cdots)$ 的生成函数.

解 用 x^k 表示 k 个球,用圆括号表示盒子,构造多项式

$$(x^0+x^1+x^2+x^3+x^4)(x^0+x^1+x^2+x^3+x^4)\cdot(x^0+x^1+x^2+x^3+x^4)$$

从多项式的第一个括号取 x^2,第二个括号取 x^2,第三个括号取 x^3 得展开式的项 $x^7=x^2x^2x^3$,该项恰对应取7个球,且第一种球取2个,第二种球取2个,第三种球取3个的方案;从多项式的第一个括号取 x^0,第二个括号取 x^3,第三个括号取 x^4 得展开式的项 $x^7=x^0x^3x^4$,该项恰对应取7个球,且第一种球取0个,第二种球取3个,第三种球取4个的方案,等等. 因此,每种球最多能取4个,取 r 个球的方案数 $a_r(r=0,1,2,\cdots)$ 的生成函数为

$$f(x) = (x^0+x^1+x^2+x^3+x^4)(x^0+x^1+x^2+x^3+x^4)\cdot(x^0+x^1+x^2+x^3+x^4) = (1+x+x^2+x^3+x^4)^3$$

例 2.1.3 设重集 $S=\{2\cdot a_1, 1\cdot a_2, \infty\cdot a_3, 9\cdot a_4\}$,试讨论 S 的7组合的个数 b_7.

解 四类元素 a_1,a_2,a_3,a_4 依次对应4个圆括号,构造函数

$$F(x) = (x^0+x^1+x^2)(x^0+x^1)(x^0+x^1+x^2+\cdots)(x^0+x^1+\cdots+x^9)$$

具体过程见表2.1.2.

表　2.1.2

设计符合题意的组合	构造 $F(x)$ 右边展开式中 x^9 项
$\{2\cdot a_1, 2\cdot a_3, 3\cdot a_4\}$	从对应 a_1 的第一个括号中取 x^2,从对应 a_2 的第二个括号中取 x^0,从对应 a_3 的第三个括号中取 x^2,从对应 a_4 的第四个括号中取 x^3,相乘得 x^7 项($x^2x^0x^2x^3=x^7$)
$\{1\cdot a_1, 1\cdot a_2, 4\cdot a_3, 1\cdot a_4\}$	从对应 a_1 的第一个括号中取 x^1,从对应 a_2 的第二个括号中取 x^1,从对应 a_3 的第三个括号中取 x^4,从对应 a_4 的第四个括号中取 x^1,相乘得 x^7 项($x^1x^1x^4x^1=x^7$)
$\{7\cdot a_4\}$	从对应 a_1 的第一个括号中取 x^0,从对应 a_2 的第二个括号中取 x^0,从对应 a_3 的第三个括号中取 x^0,从对应 a_4 的第四个括号中取 x^7,相乘得 x^7 项($x^0x^0x^0x^7=x^7$)
⋮	⋮

总结:“符合题意的组合”一一对应“$F(x)$ 右边展开式中 x^7 项(未合并同类项)”,即 $b_7=F(x)$ 右边展开式中 x^7 项的系数

一般地,符合题意的 r 组合一一对应 $F(x)$ 右边展开式中 x^r 项(未合并同类项),即

r 组合的个数 $b_r=F(x)$ 右边展开式中 x^r 项的系数

因此,符合题意的 r 组合的个数 $b_r(r=0,1,2,\cdots)$ 的生成函数为

$$F(x) = (x^0+x^1+x^2)(x^0+x^1)(x^0+x^1+x^2+\cdots)(x^0+x^1+\cdots+x^9)$$

下面系统讨论重集的 r 组合的个数 $b_r(r=0,1,2,\cdots)$ 的生成函数.

(1)求$\{a_1,a_2,\cdots,a_k\}$的r组合数;

(2)求$\{\infty\cdot a_1,\infty\cdot a_2,\cdots,\infty\cdot a_k\}$的$r$组合数;

(3)求$\{M_1\cdot a_1,M_2\cdot a_2,\cdots,M_k\cdot a_k\}$的$r$组合数.

先从问题(2)开始,令$S=\{\infty\cdot a_1,\infty\cdot a_2,\cdots,\infty\cdot a_k\}$的$r$组合数为$b_r(r=0,1,2,\cdots)$,考虑乘积

$$\underbrace{(x^0+x^1+x^2+\cdots)(x^0+x^1+x^2+\cdots)\cdots(x^0+x^1+x^2+\cdots)}_{k组}$$

它的展开式中关于x^r项的结构均为

$$x^{m_1}x^{m_2}\cdots x^{m_k}=x^r\quad(m_1+m_2+\cdots+m_k=r)$$

其中,$x^{m_1},x^{m_2},\cdots,x^{m_k}$分别取自代表$a_1$的第一个括号,代表$a_2$的第二个括号,…,代表$a_k$的第$k$个括号;$m_1,m_2,\cdots,m_k$分别表示取$a_1,a_2,\cdots,a_k$的个数. 于是,每个$x^r$项都对应着重集合$S$的一个$r$组合. 因此,$(1+x+x^2+\cdots)^k$中$x^r$项的系数就是$S$的$r$组合数$b_r$. 由此得出序列$\{b_r\}(r=0,1,2,\cdots)$的生成函数为

$$g(x)=(1+x+x^2+\cdots)^k=\sum_{r=0}^{\infty}C_{r+k-1}^{r}x^r$$

再来考虑问题(3),令$M=\{M_1\cdot a_1,M_2\cdot a_2,\cdots,M_k\cdot a_k\}$的$r$组合数记为$b_r(r=0,1,2,\cdots)$,考虑乘积

$$\begin{aligned}f(x)=&(x^0+x^1+x^2+\cdots+x^{M_1})(x^0+x^1+x^2+\cdots+x^{M_2})\cdots\\&(x^0+x^1+x^2+\cdots+x^{M_k})\end{aligned}$$

其右端展开式中的x^r项必定为

$$x^{m_1}x^{m_2}\cdots x^{m_k}=x^r\quad(m_1+m_2+\cdots+m_k=r)$$

其中,$x^{m_1},x^{m_2},\cdots,x^{m_k}$分别取自代表$a_1,a_2,\cdots,a_k$的第$1,2,\cdots,k$个括号,故

$$0\leqslant m_1\leqslant M_1,0\leqslant m_2\leqslant M_2,\cdots,0\leqslant m_k\leqslant M_k$$

于是每个x^r项对应M的一个r组合,因而$f(x)$的右端展开式中x^r项的系数即为M的r组合数b_r,故序列$\{b_r\}(r=0,1,2,\cdots)$的生成函数为

$$\begin{aligned}f(x)=&(1+x+x^2+\cdots+x^{M_1})(1+x+x^2+\cdots+x^{M_2})\cdots\\&(1+x+x^2+\cdots+x^{M_k})\end{aligned}$$

对于问题(1),即普通集合$\{a_1,a_2,\cdots a_k\}$的r组合中,$a_i(1\leqslant i\leqslant k)$或者出现或者不出现,故该集合的$r$组合数序列$\{b_r\}(r=0,1,2,\cdots)$的生成函数为

$$t(x)=(x^0+x^1)^k=(1+x)^k=\sum_{r=0}^{\infty}C_k^r x^r$$

综上分析,得到如下定理:

定理 2.1.1 设重集$S=\{M_1\cdot a_1,M_2\cdot a_2,\cdots,M_k\cdot a_k\}$,其中$M_i$(正整数或$\infty$)为元素$a_i$的重数. 从$S$中取$r$个元素的组合数记作$b_r$,则该组合数序列$b_r(r=0,1,2,\cdots)$的生成函数为

$$f(x)=\prod_{i=1}^{k}\left(\sum_{m=0}^{M_i}x^m\right)$$

定理 2.1.2 把r个相同的球放入k个不同盒子$a_1,a_2,\cdots,a_k$中,限定盒子a_i的容量集合为$M_i(1\leqslant i\leqslant k)$,则其分配方案数序列的生成函数为

$$f(x)=\prod_{i=1}^{k}\left(\sum_{m\in M_i}x^m\right)$$

证明　不妨设盒子 $a_1,a_2,\cdots,a_k$ 中放入的球数分别为

$$x_1,x_2,\cdots,x_k$$

则
$$x_1+x_2+\cdots+x_k=r\quad(x_i\in M_i,1\leqslant i\leqslant k)$$
一种符合要求的放法相当于 $S=\{\infty\cdot a_1,\infty\cdot a_2,\cdots,\infty\cdot a_k\}$ 的一个 r 组合,关于盒子 a_i 容量的限制转变成 r 组合中 a_i 出现次数的限定,故由定理2.1.1知,组合分配问题方案数的生成函数为

$$f(x)=\prod_{i=1}^{k}\left(\sum_{m\in M_i}x^m\right)$$

证毕.

2.2　形式幂级数的运算

只有收敛的幂级数才有解析意义,并可以作为函数进行各种运算,这样就有了级数的收敛性问题. 而实数列 $a_0,a_1,a_2,\cdots$ 的生成函数 $F(x)=a_0+a_1x+a_2x^2+\cdots$ 中的 x 只是一个抽象的符号,因而没有幂级数的收敛性问题,为此,需要从代数的观点引入形式幂级数的概念. 也就是说,由于 x 是一个抽象符号,并不需要对 x 赋予具体数值,因而就不需要考虑它的收敛性. 因此,实数列 $a_0,a_1,a_2,\cdots$ 的生成函数 $F(x)=a_0+a_1x+a_2x^2+\cdots$ 也称为实数域 **R** 上的**形式幂级数**.

实数域 **R** 上的形式幂级数的全体不妨记作 $R[x]$. 在集合 $R[x]$ 上将引入形式幂级数的加法、减法、乘法、除法、微分、积分等运算.

定义 2.2.1　设 $A(x)=\sum_{k=0}^{\infty}a_kx^k$ 与 $B(x)=\sum_{k=0}^{\infty}b_kx^k$ 是实数域 **R** 上的两个形式幂级数,若对任意 $k\geqslant 0$,有 $a_k=b_k$,则称 $A(x)$ 与 $B(x)$ **相等**,记作 $A(x)=B(x)$.

定义 2.2.2　设 $A(x)=\sum_{k=0}^{\infty}a_kx^k$ 与 $B(x)=\sum_{k=0}^{\infty}b_kx^k$ 是实数域 **R** 上的两个形式幂级数,将 $A(x)$ 与 $B(x)$ **相加**定义为 $A(x)\oplus B(x)=\sum_{k=0}^{\infty}(a_k+b_k)x^k$,并称 $A(x)\oplus B(x)$ 为 $A(x)$ 与 $B(x)$ 的**和**,把运算"$\oplus$"叫作**加法**.

将 $A(x)$ 与 $B(x)$ **相乘**定义为

$$A(x)\odot B(x)=\sum_{k=0}^{\infty}(a_kb_0+a_{k-1}b_1+\cdots+a_0b_k)x^k$$

并称 $A(x)\odot B(x)$ 为 $A(x)$ 与 $B(x)$ 的**积**,把运算"$\odot$"叫作**乘法**.

另外,由定义 2.2.2 可知,对任意的实数 a 与任意的形式幂级数 $A(x)=\sum_{k=0}^{\infty}a_kx^k\in R[x]$,有

$$a\odot A(x)=\sum_{k=0}^{\infty}(aa_k)x^k$$

定理 2.2.1　$\langle R[x],\oplus,\odot\rangle$ 是整环.

证明　容易验证,$\oplus$运算在 $R[x]$ 上封闭、结合与交换.

数列 0,0,⋯,0,⋯的形式幂级数 0 为⊕运算的**幺元**；$\forall A(x)\in R[x]$，$A(x)=\sum_{k=0}^{\infty}a_kx^k$，$a(x)$关于⊕运算的**逆元**为数列 $-a_0,-a_1,-a_2,\cdots$的形式幂级数，且记作

$$-A(x)=\sum_{k=0}^{\infty}(-a_k)x^k$$

容易验证，⊙运算在 $R[x]$上封闭、结合、交换. 数列 1,0,0,⋯的形式幂级数 1 是⊙运算的**幺元**；数列 0,0,0,⋯的形式幂级数 0 是⊙运算的**零元**. 又由于⊙运算关于⊕运算可分配，且是无零因子环. 故定理得证. 证毕.

定理 2.2.2　对 $R[x]$中的任意一个形式幂级数 $A(x)=\sum_{k=0}^{\infty}a_kx^k$，$A(x)$关于⊙运算有**逆元**的充要条件是 $a_0\neq0$，且其逆元唯一，并记作$\frac{1}{A(x)}$.

证明　设$\tilde{A}(x)$是 $A(x)$关于⊙运算的逆元，且 $\tilde{A}(x)=\sum_{k=0}^{\infty}\tilde{a}_kx^k$，则

$$\begin{aligned}1=A(x)\odot\tilde{A}(x)&=\left(\sum_{k=0}^{\infty}a_kx^k\right)\odot\left(\sum_{k=0}^{\infty}\tilde{a}_kx^k\right)\\&=\sum_{k=0}^{\infty}(a_k\tilde{a}_0+a_{k-1}\tilde{a}_1+\cdots+a_0\tilde{a}_k)x^k\end{aligned}$$

比较等式两边 $x^k(k=0,1,2,\cdots)$的系数，得一无穷线性方程组

$$\begin{cases}a_0\tilde{a}_0=1\\a_1\tilde{a}_0+a_0\tilde{a}_1=0\\a_2\tilde{a}_0+a_1\tilde{a}_1+a_0\tilde{a}_2=0\\\vdots\\a_k\tilde{a}_0+a_{k-1}\tilde{a}_1+\cdots+a_0\tilde{a}_k=0\\\vdots\end{cases}$$

由方程组的第一个方程得 $a_0\neq0$，且 $\tilde{a}_0=a_0^{-1}$.

反之，当 $a_0\neq0$ 时，对任意固定的正整数 k，把 $\tilde{a}_0,\tilde{a}_1,\cdots,\tilde{a}_k$ 当作未知量，解前 $k+1$ 个方程组成的方程组. 由于前 $k+1$ 个方程的系数行列式 $\Delta=a_0^{k+1}\neq0$，由克拉默(Cramer)法则知，方程组有唯一解. 故当 $a_0\neq0$ 时，$A(x)$关于⊙运算有唯一逆元

$$\frac{1}{A(x)}=\tilde{a}_0+\tilde{a}_1x+\tilde{a}_2x^2+\cdots$$

证毕.

例 2.2.1　求形式幂级数 $A(x)=1-x$ 关于⊙运算的逆元$\frac{1}{A(x)}$.

解　设$\frac{1}{A(x)}=a_0+a_1x+a_2x^2+a_3x^3+\cdots$，则

$$(1-x)\odot(a_0+a_1x+a_2x^2+a_3x^3+\cdots)=1$$

即

$$a_0+(a_1-a_0)x+(a_2-a_1)x^2+(a_3-a_2)x^3+\cdots=1$$

所以

$$a_k=1\quad(k=0,1,2,3,\cdots)$$

故
$$\frac{1}{A(x)}=\frac{1}{1-x}=1+x+x^2+x^3+\cdots$$

定义 2.2.3　设 $A(x)=\sum\limits_{k=0}^{\infty}a_kx^k$ 与 $B(x)=\sum\limits_{k=0}^{\infty}b_kx^k$ 是实数域 $\mathbf{R}$ 上的两个形式幂级数，将 $A(x)$ 与 $B(x)$ **相减**定义为

$$A(x)\ominus B(x)=A(x)\oplus[-B(x)]=\sum_{k=0}^{\infty}(a_k-b_k)x^k$$

并称 $A(x)\ominus B(x)$ 为 $A(x)$ 与 $B(x)$ 的**差**，并把运算"$\ominus$"叫作**减法**.

定义 2.2.4　设 $A(x)=\sum\limits_{k=0}^{\infty}a_kx^k$ 与 $B(x)=\sum\limits_{k=0}^{\infty}b_kx^k(b_0\neq 0)$ 是实数域 $\mathbf{R}$ 上的两个形式幂级数，将 $A(x)$ 与 $B(x)$ **相除**定义为

$$A(x)\oplus\!\!\!\!\div B(x)=A(x)\odot\frac{1}{B(x)}$$

并称 $A(x)\oplus\!\!\!\!\div B(x)$ 为 $A(x)$ 与 $B(x)$ 的**商**，并把运算"$\oplus\!\!\!\!\div$"叫作**除法**.

定义 2.2.5　对于任意形式幂级数 $A(x)=\sum\limits_{k=0}^{\infty}a_kx^k\in R[x]$，规定 $\mathrm{d}A(x)=\sum\limits_{k=1}^{\infty}ka_kx^{k-1}$，称 $\mathrm{d}A(x)$ 为 $A(x)$ 的**导数**.

$A(x)$ 的 ***n* 阶导数**可以递归地定义为

$$\begin{cases}\mathrm{d}^0A(x)=A(x)\\ \mathrm{d}^nA(x)=\mathrm{d}[\mathrm{d}^{n-1}A(x)]\quad(n\geqslant 1)\end{cases}$$

类似地，可以定义集合 $R[x]$ 上的形式幂级数的**积分**运算.

由前面的讨论可知，对于形式幂级数可以像收敛的幂级数那样进行运算，运算的定义和规则完全相同，只是不必考虑其收敛性. 因此，对 $R[x]$ 上的形式幂级数 $A(x)=\sum\limits_{k=0}^{\infty}a_kx^k$ 和 $B(x)=\sum\limits_{k=0}^{\infty}b_kx^k$，$A(x)$ 与 $B(x)$ 在 $R[x]$ 上的加法、减法、乘法、除法、微分、积分等运算可以简单表示为

$$A(x)+B(x)=\sum_{k=0}^{\infty}(a_k+b_k)x^k$$

$$A(x)-B(x)=\sum_{k=0}^{\infty}(a_k-b_k)x^k$$

$$A(x)B(x)=\sum_{k=0}^{\infty}\left(\sum_{t=0}^{\infty}a_tb_{k-t}\right)x^k$$

$$\frac{A(x)}{B(x)}=A(x)\cdot\frac{1}{B(x)}\quad(b_0\neq 0)$$

$$A'(x)=\sum_{k=1}^{\infty}ka_kx^{k-1}$$

$$\int A(x)\mathrm{d}x=\sum_{k=0}^{\infty}\frac{1}{k+1}a_kx^{k+1}+C\quad(C\text{ 为常数})$$

同时，$R[x]$ 上的形式幂级数与收敛的幂级数有着相同的运算性质，只是形式幂级数不必

考虑收敛性.

比如，任意 $A(x),B(x)\in R[x]$，形式幂级数的导数满足如下规则：

(1) $[aA(x)+bB(x)]'=aA'(x)+bB'(x)$ （a,b 为任意实数）；

(2) $[A(x)B(x)]'=A'(x)B(x)+A(x)B'(x)$；

(3) $[A^n(x)]'=nA^{n-1}(x)A'(x)$.

证明 规则(1)可以由定义2.2.5直接推出，而规则(3)是规则(2)的推论. 现证明规则(2)，有

$$
\begin{aligned}
&[A(x)B(x)]'\\
&=\Big[\sum_{k=0}^{\infty}\Big(\sum_{i+j=k}a_ib_j\Big)x^k\Big]'\\
&=\sum_{k=1}^{\infty}k\Big(\sum_{i+j=k}a_ib_j\Big)x^{k-1}\\
&=\sum_{k=1}^{\infty}\sum_{i+j=k}(i+j)a_ib_jx^{i+j-1}\\
&=\sum_{k=1}^{\infty}\sum_{i+j=k}(ia_ix^{i-1})b_jx^j+\sum_{k=1}^{\infty}\sum_{i+j=k}(a_ix^i)jb_jx^{j-1}\\
&=\Big(\sum_{i=1}^{\infty}ia_ix^{i-1}\Big)\Big(\sum_{j=0}^{\infty}b_jx^j\Big)+\Big(\sum_{i=0}^{\infty}a_ix^i\Big)\Big(\sum_{j=1}^{\infty}jb_jx^{j-1}\Big)\\
&=A'(x)B(x)+A(x)B'(x)
\end{aligned}
$$

2.3 生成函数的幂级数展开式

每个生成函数都与唯一的一个实数序列一一对应，而某些计数问题恰恰可转化为求生成函数所对应的实数序列，这种巧妙的方法是由拉普拉斯(Laplace)和欧拉(Euler)最早提出的.

一方面，生成函数可以看成是代数对象，通过代数手段进行处理；另一面，生成函数又可看作不必考虑其收敛性的泰勒(Taylor)级数(幂级数展开式). 因此，如果能找到生成函数和它的幂级数展开式，那么对应的计数问题也就得以解决. 为此，先介绍几个生成函数的幂级数展开式：

(1) $(1+x)^n=1+C_n^1x+C_n^2x^2+C_n^3x^3+\cdots+C_n^nx^n$

(2) $(1+ax)^n=1+C_n^1ax+C_n^2a^2x^2+C_n^3a^3x^3+\cdots+C_n^na^nx^n$

(3) $\dfrac{1}{1-x}=1+x+x^2+x^3+\cdots$

(4) $\dfrac{1-x^{n+1}}{1-x}=1+x+x^2+x^3+\cdots+x^n$

(5) $\dfrac{1}{1-ax}=1+ax+a^2x^2+a^3x^3+\cdots$

(6) $\dfrac{1}{1-x^r}=1+x^r+x^{2r}+x^{3r}+\cdots$

(7) $\dfrac{1}{(1-x)^n}=1+C_n^1x+C_{n+1}^2x^2+C_{n+2}^3x^3+\cdots+C_{n+k-1}^kx^k+\cdots$

(8) $\frac{1}{(1-x)^2}=1+2x+3x^2+4x^3+\cdots+(k+1)x^k+\cdots$

(9) $\frac{1}{1+x}=1-x+x^2-x^3+x^4-\cdots$

(10) $\frac{1}{(1+x)^n}=1-C_n^1x+C_{n+1}^2x^2-C_{n+2}^3x^3+\cdots+(-1)^kC_{n+k-1}^kx^k+\cdots$

(11) $\frac{1}{(1-ax)^n}=1+C_n^1ax+C_{n+1}^2a^2x^2+C_{n+2}^3a^3x^3+\cdots+C_{n+k-1}^ka^kx^k+\cdots$

例 2.3.1　求例 2.1.1 中的 a_9.

把 9 个相同的球放入 5 个不同的盒中,盒 1 中只能放奇数个,盒 2 中只能放偶数个,盒 3 中最少放 2 个且最多放 5 个,盒 4 与盒 5 的容量均不限,讨论其不同的方案数 a_9.

解　把 r 个相同的球按题意分配,则符合题意的不同的分配方案数 $a_r(r=0,1,2,\cdots)$ 的生成函数为

$$\begin{aligned}F(x)&=(x^1+x^3+x^5+\cdots)(x^0+x^2+x^4+\cdots)(x^2+x^3+x^4+x^5)(x^0+\\&\quad x^1+x^2+\cdots)(x^0+x^1+x^2+\cdots)\\&=x(x^0+x^2+x^4+\cdots)^2x^2(1+x+x^2+x^3)(1+x+x^2+\cdots)^2\\&=x^3\left(\frac{1}{1-x^2}\right)^2\frac{1-x^4}{1-x}\left(\frac{1}{1-x}\right)^2\\&=\frac{x^5+x^3}{(1-x)^4(1+x)}\end{aligned}$$

令

$$\frac{1}{(1-x)^4(1+x)}=\frac{A}{(1-x)^4}+\frac{B}{(1-x)^3}+\frac{C}{(1-x)^2}+\frac{D}{1-x}+\frac{E}{1+x}$$

两边乘以 $(1-x)^4$ 后,再令 $x=1$,得 $A=\frac{1}{2}$;两边乘以 $(1+x)$ 后,再令 $x=-1$,得 $E=\frac{1}{16}$.

于是
$$\frac{1}{(1-x)^4(1+x)}=\frac{1}{2(1-x)^4}+\frac{B}{(1-x)^3}+\frac{C}{(1-x)^2}+\frac{D}{1-x}+\frac{1}{16(1+x)}$$

令 $x=0$,得
$$\frac{1}{2}+B+C+D+\frac{1}{16}=1$$

令 $x=2$,得
$$\frac{1}{2}-B+C-D+\frac{1}{16\times3}=\frac{1}{3}$$

令 $x=3$,得
$$\frac{1}{2\times16}-\frac{B}{8}+\frac{C}{4}-\frac{D}{2}+\frac{1}{16\times4}=\frac{1}{16\times4}$$

从而 $B=\frac{1}{4},C=\frac{1}{8},D=\frac{1}{16}$,所以

$$F(x)=(x^5+x^3)\left[\frac{1}{2(1-x)^4}+\frac{1}{4(1-x)^3}+\frac{1}{8(1-x)^2}+\frac{1}{16(1-x)}+\frac{1}{16(1+x)}\right]$$

故
$$\begin{aligned}a_9&=\left(\frac{1}{2}C_{4+4-1}^4+\frac{1}{4}C_{4+3-1}^4+\frac{1}{8}C_{4+2-1}^4+\frac{1}{16}+\frac{1}{16}\right)+\\&\quad\left(\frac{1}{2}C_{6+4-1}^6+\frac{1}{4}C_{6+3-1}^6+\frac{1}{8}C_{6+2-1}^6+\frac{1}{16}+\frac{1}{16}\right)=72\end{aligned}$$

例 2.3.2　求$(x^2+x^3+x^4+\cdots)^5$的展开式中x^{16}项的系数a_{16}.

解
$$(x^2+x^3+x^4+\cdots)^5=[x^2(1+x+x^2+x^3+\cdots)]^5=\left(\frac{x^2}{1-x}\right)^5=\frac{x^{10}}{(1-x)^5}$$

而$\frac{1}{(1-x)^5}$中的x^6的系数为$C_{6+5-1}^6=210$,所以$a_{16}=1\times210=210$.

例 2.3.3　把25个相同的球放入7个不同的盒子中,第一个盒中放的球不超过10个,其他6个盒中放的球数不限,求不同放法的数目.

解　把r个相同的球放入7个不同的盒子中,且遵循题设的条件,不同放法的数目记作a_r,则$a_r(r=0,1,2,\cdots)$的生成函数为
$$\begin{aligned}F(x)&=(x^0+x^1+x^2+\cdots+x^{10})(x^0+x^1+x^2+\cdots)^6\\&=(1+x+x^2+\cdots+x^{10})(1+x+x^2+\cdots)^6\\&=\frac{1-x^{11}}{1-x}\cdot\frac{1}{(1-x)^6}=\frac{1-x^{11}}{(1-x)^7}\end{aligned}$$

令　$f(x)=1-x^{11}$
$$g(x)=\frac{1}{(1-x)^7}=1+C_{1+7-1}^1x+C_{2+7-1}^2x^2+\cdots+C_{k+7-1}^kx^k+\cdots$$

所以
$$\begin{aligned}a_{25}&=1\times C_{25+7-1}^{25}-1\times C_{14+7-1}^{14}\\&=C_{31}^{25}-C_{20}^{14}=697521\end{aligned}$$

例 2.3.4　确定袋装苹果、香蕉、橘子、梨这4种水果的方法数h_n,其中在每个袋子中苹果数是偶数,香蕉数是5的倍数,橘子数最多是4个,而梨的个数为0或1.

解　题目要求计算苹果、香蕉、橘子和梨的某些n组合数h_n. 只需确定序列$h_n(n=0,1,2,\cdots)$的生成函数
$$\begin{aligned}f(x)&=(1+x^2+x^4+\cdots)(1+x^5+x^{10}+\cdots)\cdot(1+x+x^2+x^3+x^4)(1+x)\\&=\frac{1}{1-x^2}\cdot\frac{1}{1-x^5}\cdot\frac{1-x^5}{1-x}\cdot(1+x)\\&=\frac{1}{(1-x)^2}=\sum_{n=0}^{\infty}C_{n+1}^nx^n\\&=\sum_{n=0}^{\infty}(n+1)x^n\end{aligned}$$

因此,$h_n=n+1$

例 2.3.5　某单位有8个男职工,5个女职工,现要组织一个由偶数个男职工和不少于2个女职工组成的工作组,有多少种组织方法?

解　男职工取偶数位,有0,2,4,6,8四种情况,由于是8个不同的男职工,因此选取的人数定下后,选谁还有不同的方案,因而有关男职工的因子为
$$C_8^0x^0+C_8^2x^2+C_8^4x^4+C_8^6x^6+C_8^8x^8$$

同理,女职工的因子为
$$C_5^2x^2+C_5^3x^3+C_5^4x^4+C_5^5x^5$$

于是

$$\begin{aligned}F(x)&=(C_8^0x^0+C_8^2x^2+C_8^4x^4+C_8^6x^6+C_8^8x^8)\cdot(C_5^2x^2+C_5^3x^3+C_5^4x^4+C_5^5x^5)\\&=(1+28x^2+70x^4+28x^6+x^8)\cdot(10x^2+10x^3+5x^4+x^5)\\&=10x^2+10x^3+285x^4+281x^5+840x^6+728x^7+\\&\quad 630x^8+350x^9+150x^{10}+38x^{11}+5x^{12}+x^{13}\end{aligned}$$

即有10种方法组织2人小组;10种方法组织3人小组;285种方法组织4人小组;…;1种方法组织13人小组. 所以共有 $10+10+285+281+\cdots+5+1=3328$ 种组织方法.

例2.3.6 投掷一次骰子,出现点数1,2,…,6的概率均为$\frac{1}{6}$. 问连续投掷10次,出现的点数之和为30的概率有多少?

解 连续投掷10次,其和为30的方法数为

$$(x+x^2+x^3+x^4+x^5+x^6)^{10}$$

中 x^{30} 的系数,而

$$\begin{aligned}&(x+x^2+x^3+x^4+x^5+x^6)^{10}\\&=x^{10}(1+x+x^2+x^3+x^4+x^5)^{10}\\&=x^{10}\left(\frac{1-x^6}{1-x}\right)^{10}=x^{10}\cdot(1-x^6)^{10}\cdot\frac{1}{(1-x)^{10}}\\&=x^{10}\left[\sum_{k=0}^{10}(-1)^kC_{10}^kx^{6k}\right]\left(\sum_{k=0}^{\infty}C_{k+10-1}^kx^k\right)\end{aligned}$$

所以,x^{30} 的系数为

$$C_{29}^{20}-C_{23}^{14}C_{10}^1+C_{17}^8C_{10}^2-C_{11}^2C_{10}^3=2930455$$

故所求概率为$\frac{2930455}{6^{10}}\approx 0.0485$.

例2.3.7 已知$f(x)=\frac{3+5x-10x^2}{1-2x}$是数列 $a_n(n=0,1,2,\cdots)$ 的生成函数,求 $f(x)$ 的形式幂级数展开式及 a_n.

解 $f(x)=\frac{3+5x-10x^2}{1-2x}=\frac{3}{1-2x}+5x$

而
$$\frac{1}{1-2x}=1+2x+2^2x^2+2^3x^3+\cdots+2^nx^n+\cdots$$

所以
$$\begin{aligned}f(x)&=5x+3(1+2x+2^2x^2+2^3x^3+\cdots+2^nx^n+\cdots)\\&=3+(3\times2+5)x+3\times2^2x^2+3\times2^3x^3+\cdots+3\times2^nx^n+\cdots\end{aligned}$$

即
$$a_n=\begin{cases}3\times2^n & n\neq1\\3\times2+5=11 & n=1\end{cases}$$

2.4 指数生成函数

定义2.4.1 设 x 是一个抽象符号,$a_n(n=0,1,2,\cdots)$ 是任意一个实数列,则形式幂级数

$$g(x)=a_0+a_1\cdot\frac{x}{1!}+a_2\cdot\frac{x^2}{2!}+a_3\cdot\frac{x^3}{3!}+\cdots+a_n\cdot\frac{x^n}{n!}+\cdots$$

称为数列 $a_n(n=0,1,2,\cdots)$ 的**指数生成函数**.

设 n 为一正整数,$(1+x)^n$ 是 n 个元素集合的 k 组合数序列 $C_n^k(k=0,1,2,\cdots)$ 的生成函数,而

$$\begin{aligned}(1+x)^n &= C_n^0+C_n^1x+C_n^2x^2+\cdots+C_n^kx^k+\cdots+C_n^nx^n\\&=1+\frac{n!}{1!(n-1)!}x+\frac{n!}{2!(n-2)!}x^2+\cdots+\frac{n!}{k!(n-k)!}x^k+\cdots+x^n\\&=1+\frac{n!}{(n-1)!}\cdot\frac{x}{1!}+\frac{n!}{(n-2)!}\cdot\frac{x^2}{2!}+\cdots+\frac{n!}{(n-k)!}\cdot\frac{x^k}{k!}+\cdots+n!\cdot\frac{x^n}{n!}\\&=P_n^0+P_n^1\cdot\frac{x}{1!}+P_n^2\cdot\frac{x^2}{2!}+\cdots+P_n^k\cdot\frac{x^k}{k!}+\cdots+P_n^n\cdot\frac{x^n}{n!}\end{aligned}$$

即$(1+x)^n$ 也是 n 个元素集合的 k 排列数序列 $P_n^k(k=0,1,2,\cdots)$ 的指数生成函数. 但是,序列 $P_n^k(k=0,1,2,\cdots)$ 的生成函数却没有简单的解析式.

由于指数生成函数是形式幂级数,所以其运算自然也按形式幂级数的运算规则进行. 不过,一般将最后的运算结果写成指数生成函数的形式,例如:

(1) $$\sum_{n=0}^{\infty} a_n\cdot\frac{x^n}{n!}+\sum_{n=0}^{\infty} b_n\cdot\frac{x^n}{n!}=\sum_{n=0}^{\infty}(a_n+b_n)\cdot\frac{x^n}{n!};$$

(2) $$\left(\sum_{n=0}^{\infty} a_n\cdot\frac{x^n}{n!}\right)\left(\sum_{n=0}^{\infty} b_n\cdot\frac{x^n}{n!}\right)=\sum_{n=0}^{\infty}\left[\sum_{k=0}^{n}\frac{a_k}{k!}\cdot\frac{b_{n-k}}{(n-k)!}\right]x^n$$

$$=\sum_{n=0}^{\infty}\left[\sum_{k=0}^{n}C(n,k)a_kb_{n-k}\right]\frac{x^n}{n!}.$$

例 2.4.1 序列 $1,1,1,\cdots,1,\cdots$ 的指数生成函数为

$$g(x)=1+x+\frac{x^2}{2!}+\frac{x^3}{3!}+\frac{x^4}{4!}+\cdots=e^x$$

更一般地,如果 a 是一个实数,那么序列 $a^0=1,a^1,a^2,\cdots,a^n,\cdots$ 的指数生成函数是

$$g(x)=\sum_{n=0}^{\infty}a^n\cdot\frac{x^n}{n!}=\sum_{n=0}^{\infty}\frac{(ax)^n}{n!}=e^{ax}$$

另外,重集 $S=\{\infty\cdot a_1,\infty\cdot a_2,\cdots,\infty\cdot a_n\}$ 的 k 排列数为 n^k. 因此,重集 S 的 k 排列数序列 $n^k(k=0,1,2,\cdots)$ 的指数生成函数为 e^{nx}.

同时,数列 $1,1,1,\cdots$ 的指数生成函数 $e^x=\sum_{n=0}^{\infty}\frac{x^n}{n!}$ 具有与指数相似的性质:$e^xe^y=e^{x+y}$. 这是因为

$$\begin{aligned}e^xe^y&=\left(\sum_{i=0}^{\infty}\frac{x^i}{i!}\right)\left(\sum_{j=0}^{\infty}\frac{y^j}{j!}\right)=\left(\sum_{i=0}^{\infty}\frac{1}{i!}x^i\right)\left[\sum_{j=0}^{\infty}\frac{1}{j!}\left(\frac{y}{x}\right)^j\cdot x^j\right]\\&=\sum_{n=0}^{\infty}\left[\sum_{k=0}^{\infty}\frac{1}{k!(n-k)!}\left(\frac{y}{x}\right)^k\right]x^n=\sum_{n=0}^{\infty}\left(1+\frac{y}{x}\right)^n\cdot\frac{x^n}{n!}\\&=\sum_{n=0}^{\infty}\frac{(x+y)^n}{n!}=e^{x+y}\end{aligned}$$

特别地,$e^xe^{-x}=e^0=1$,从而 $e^{-x}=\frac{1}{e^x}$

例 2.4.2 把 5 个不同的球放入 a_1、a_2、a_3 这 3 个不同的盒中,盒 a_1 中最少放 1 个且最多放 3 个,盒 a_2 中只能放偶数个,盒 a_3 中只能放奇数个,讨论其不同的方案数 h_5.

解　三个不同的盒 a_1、a_2、a_3 依次对应3个圆括号,构造函数

$$F(x)=\left(\frac{x^1}{1!}+\frac{x^2}{2!}+\frac{x^3}{3!}\right)\left(\frac{x^0}{0!}+\frac{x^2}{2!}+\frac{x^4}{4!}+\cdots\right)\left(\frac{x^1}{1!}+\frac{x^2}{2!}+\frac{x^3}{3!}+\cdots\right)$$

具体过程见表2.4.1.

表　2.4.1

设计符合题意的方案	构造 $F(x)$ 右边展开式中 x^9 项
构造重集 $\{2\cdot a_1,2\cdot a_2,1\cdot a_3\}$,重集 $\{2\cdot a_1,2\cdot a_2,1\cdot a_3\}$ 的全排列的个数为 $\frac{5!}{2!\times 2!\times 1!}$. 球1与球2放盒 a_1 中,球3与球4放盒 a_2 中,球5放盒 a_3 中,对应该重集的全排列为 $a_1\ a_1\ a_2\ a_2\ a_3$; 球1放盒 a_3 中,球2与球4放盒 a_1 中,球3与球5放盒 a_2 中,对应该重集的全排列为 $a_3\ a_1\ a_2\ a_1\ a_2$;…	从对应 a_1 的第一个括号中取 $\frac{x^2}{2!}$,从对应 a_2 的第二个括号中取 $\frac{x^2}{2!}$,从对应 a_3 的第三个括号中取 $\frac{x^1}{1!}$,然后相乘得项 $\frac{x^5}{5!}\left(\frac{x^2}{2!}\ \frac{x^2}{2!}\ \frac{x^1}{1!}=\frac{5!}{2!\times 2!\times 1!}\ \frac{x^5}{5!}\right)$
构造重集 $\{2\cdot a_1,3\cdot a_3\}$,重集 $\{2\cdot a_1,3\cdot a_3\}$ 的全排列的个数为 $\frac{5!}{2!\times 0!\times 3!}$. 球1与球3放盒 a_1 中,球2、球4与球5放盒 a_3 中,对应该重集的全排列为 $a_1\ a_3\ a_1\ a_3\ a_3$; 球1、球2与球5放盒 a_3 中,球3与球4放盒 a_1 中,对应该重集的全排列为 $a_3\ a_3\ a_1\ a_1\ a_3$;…	从对应 a_1 的第一个括号中取 $\frac{x^2}{2!}$,从对应 a_2 的第二个括号中取 $\frac{x^0}{0!}$,从对应 a_3 的第三个括号中取 $\frac{x^3}{3!}$,然后相乘得项 $\frac{x^5}{5!}\left(\frac{x^2}{2!}\ \frac{x^0}{0!}\ \frac{x^3}{3!}=\frac{5!}{2!\times 0!\times 3!}\ \frac{x^5}{5!}\right)$
⋮	⋮
总结:符合题意的不同的方案数 $=F(x)$ 右边展开式中 $\frac{x^5}{5!}$ 项的系数	

一般地,把 r 个不同的球按题意分配,其不同的分配方案数 h_r 等于 $F(x)$ 右边展开式中 $\frac{x^5}{5!}$ 项的系数. 故符合题意的不同的分配方案数 $h_r(r=0,1,2,\cdots)$ 的生成函数

$$F(x)=\left(\frac{x^1}{1!}+\frac{x^2}{2!}+\frac{x^3}{3!}\right)\left(\frac{x^0}{0!}+\frac{x^2}{2!}+\frac{x^4}{4!}+\cdots\right)\left(\frac{x^1}{1!}+\frac{x^2}{2!}+\frac{x^3}{3!}+\cdots\right)$$

定理2.4.1　设重集 $S=\{M_1\cdot a_1,M_2\cdot a_2,\cdots,M_k\cdot a_k\}$,其中重数 $M_1,M_2,\cdots,M_k$ 均为正整数或∞. 令 h_r 是 S 的 r 排列数,则 $h_r(r=0,1,2,\cdots,n,\cdots)(h_0=1)$ 的指数生成函数由 $g(x)=f_{M_1}(x)f_{M_2}(x)\cdots f_{M_k}(x)$ 给定,其中,对于 $i=1,2,\cdots,k$,有

$$f_{M_i}(x)=1+x+\frac{x^2}{2!}+\cdots+\frac{x^{M_i}}{M_i!}$$

证明　令 $g(x)=h_0+h_1x+h_2\cdot\frac{x^2}{2!}+\cdots+h_n\cdot\frac{x^n}{n!}+\cdots$ 是关于 $h_0,h_1,h_2,\cdots,h_n,\cdots$ 的指数生成函数. 注意,对于 $n>M_1+M_2+\cdots+M_k$ 时有 $h_n=0$,因此,$g(x)$ 是一个有限和. 考虑 $g(x)$ 的右端展开式中 x^n 项的形式

$$\frac{x^{m_1}}{m_1!}\cdot\frac{x^{m_2}}{m_2!}\cdot\cdots\cdot\frac{x^{m_k}}{m_k!}=\frac{x^{m_1+m_2+\cdots+m_k}}{m_1!m_2!\cdots m_k!}=\frac{n!}{m_1!m_2!\cdots m_k!}\cdot\frac{x^n}{n!}$$

其中，$0\leqslant m_1\leqslant M_1, 0\leqslant m_2\leqslant M_2, \cdots, 0\leqslant m_k\leqslant M_k$，且 $m_1+m_2+\cdots+m_k=n$.

因而展开式中$\frac{x^n}{n!}$项的系数为

$$\sum \frac{n!}{m_1!m_2!\cdots m_k!}$$

其中的求和扩展到满足

$$0\leqslant m_1\leqslant M_1, 0\leqslant m_2\leqslant M_2, \cdots, 0\leqslant m_k\leqslant M_k$$

且 $m_1+m_2+\cdots+m_k=n$ 的所有非负整数为 $m_1, m_2, \cdots, m_k$.

另一方面，S 的子重集

$$\{m_1\cdot a_1, m_2\cdot a_2, \cdots, m_k\cdot a_k\}\quad (m_1+m_2+\cdots+m_k=n)$$

的 n 排列的个数为$\frac{n!}{m_1!m_2!\cdots m_k!}$.

因此，S 的 n 排列数为

$$h_n=\sum \frac{n!}{m_1!m_2!\cdots m_k!}$$

其中，求和仍扩展到满足

$$0\leqslant m_1\leqslant M_1, 0\leqslant m_2\leqslant M_2, \cdots, 0\leqslant m_k\leqslant M_k$$

且 $m_1+m_2+\cdots+m_k=n$ 的所有非负整数为 $m_1, m_2, \cdots, m_k$. 从而定理得证.

如果定义$f_\infty(x)=1+x+\frac{x^2}{2!}+\cdots+\frac{x^k}{k!}+\cdots=e^x$，那么当重集 S 中某些重数 $M_1, M_2, \cdots, M_t$ 等于∞时，定理 2.4.1 仍然成立. 证毕.

定理 2.4.2 把 r 个不同的球放入 k 个不同的盒子 $a_1, a_2, \cdots, a_k$ 中，限定盒子 a_i 的容量集合为 $M_i(1\leqslant i\leqslant k)$，则其分配方案数序列的指数生成函数为

$$g(x)=\prod_{i=1}^{k}\left(\sum_{m\in M_i}\frac{x^m}{m!}\right)$$

证明 设球 t 放入盒子 a_{i_t}中$(1\leqslant t\leqslant r)$，则一种符合要求的放法对应的序列为 $a_{i_1}a_{i_2}\cdots a_{i_r}$. 而该序列正好为重集 $S=\{\infty\cdot a_1, \infty\cdot a_2, \cdots, \infty\cdot a_k\}$ 的一个 r 排列，盒子 a_i 的容量集合 M_i 即是 r 排列中 a_i 出现的次数集合，由定理 2.4.1 知该定理得证. 证毕.

下面列举几个指数生成函数的形式幂级展开式：

(1) $e^x=1+x+\frac{x^2}{2!}+\cdots+\frac{x^n}{n!}+\cdots$;

(2) $e^{ax}=1+ax+a^2\cdot\frac{x^2}{2!}+\cdots+a^n\cdot\frac{x^n}{n!}+\cdots$;

(3) $\frac{e^x+e^{-x}}{2}=1+\frac{x^2}{2!}+\frac{x^4}{4!}+\cdots+\frac{x^{2n}}{(2n)!}+\cdots$;

(4) $\frac{e^x-e^{-x}}{2}=x+\frac{x^3}{3!}+\frac{x^5}{5!}+\cdots+\frac{x^{2n+1}}{(2n+1)!}+\cdots$.

例 2.4.3 求由 1,3,5,7,9 这五个数字组成的 25 位数的个数，要求 1 和 3 都出现偶数次，5,7,9 出现的次数不限.

解 设满足此例条件的 n 位数的个数为 a_n，则 a_n 的指数生成函数为

$$g(x)=\left(1+\frac{x^2}{2!}+\frac{x^4}{4!}+\cdots\right)^2\left(1+x+\frac{x^2}{2!}+\frac{x^3}{3!}+\cdots\right)^3$$
$$=\left(\frac{e^x+e^{-x}}{2}\right)^2(e^x)^3=\frac{1}{4}(e^{5x}+2e^{3x}+e^x)$$
$$=\frac{1}{4}\left(\sum_{n=0}^{\infty}5^n\cdot\frac{x^n}{n!}+2\sum_{n=0}^{\infty}3^n\cdot\frac{x^n}{n!}+\sum_{n=0}^{\infty}\frac{x^n}{n!}\right)$$
$$=\frac{1}{4}\sum_{n=0}^{\infty}(5^n+2\times3^n+1)\cdot\frac{x^n}{n!}$$

所以,满足题设条件的25位数有 $a_{25}=\frac{1}{4}(5^{25}+2\times3^{25}+1)$ 个.

例2.4.4　用 a_n 表示长度为 n 且含偶数个0和偶数个1的三进制序列的个数,求 a_n.

解　把长度为 n 的三进制序列的 n 个位置看作 n 个不同的球,将它们放入标号为0、1、2的三个不同盒中,且盒0与盒1中均放偶数个,盒2中球的个数不限,于是数列 $a_n(n=0,1,2,\cdots)$ 的指数生成函数为

$$F(x)=\left(\frac{x^0}{0!}+\frac{x^2}{2!}+\frac{x^4}{4!}+\cdots\right)^2\left(\frac{x^0}{0!}+\frac{x^1}{1!}+\frac{x^2}{2!}+\frac{x^3}{3!}+\cdots\right)$$
$$=\left(\frac{e^x+e^{-x}}{2}\right)^2e^x$$
$$=\frac{(e^{2x}+e^{-2x}+2)e^x}{4}=\frac{e^{3x}+2e^x+e^{-x}}{4}$$
$$=\frac{1}{4}\left[\sum_{n=0}^{\infty}3^n\frac{x^n}{n!}+2\sum_{n=0}^{\infty}\frac{x^n}{n!}+\sum_{n=0}^{\infty}(-1)^n\frac{x^n}{n!}\right]$$
$$=\frac{1}{4}\sum_{n=0}^{\infty}[3^n+(-1)^n+2]\frac{x^n}{n!}$$

故 $a_n=\frac{1}{4}\sum\limits_{n=0}^{\infty}[3^n+(-1)^n+2]$.

例2.4.5　设 n 为偶数,用 a_n 表示长度为 n 且含偶数个0和偶数个1的二进制序列的个数,求 a_n.

解　把长度为 n 的二进制序列的 n 个位置看作 n 个不同的球,将它们放入标号为0和1的两个不同盒中,且每盒中均放偶数个,于是数列 $a_n(n=0,1,2,\cdots)$ 的指数生成函数为

$$F(x)=\left(\frac{x^0}{0!}+\frac{x^2}{2!}+\frac{x^4}{4!}+\cdots\right)^2=\left(\frac{e^x+e^{-x}}{2}\right)^2=\frac{1}{4}(e^x+e^{-x})^2$$
$$=\frac{1}{4}\left\{\sum_{n=0}^{\infty}[1+(-1)^n]\frac{x^n}{n!}\right\}^2=\frac{1}{4}\left[\sum_{n=0}^{\infty}\frac{1+(-1)^n}{n!}x^n\right]^2$$
$$=\frac{1}{4}\sum_{n=0}^{\infty}\left[\sum_{k=0}^{n}\frac{1+(-1)^k}{k!}\frac{1+(-1)^{n-k}}{(n-k)!}\right]x^n$$
$$=\frac{1}{4}\sum_{n=0}^{\infty}\left\{\sum_{k=0}^{n}C_n^k[1+(-1)^k][1+(-1)^{n-k}]\right\}\frac{x^n}{n!}$$
$$=\frac{1}{4}\sum_{n=0}^{\infty}\left(\sum_{k=0}^{\frac{n}{2}}4C_n^{2k}\right)\frac{x^n}{n!}$$

故 $a_n = \frac{1}{4}\left(\sum_{k=0}^{n/2} 4C_n^{2k}\right) = \sum_{k=0}^{n} C_n^{2k}$.

例 2.4.6 解例 1.7.6.

以 $g(m,n)$ 表示由 m 个元素集合 A 到 n 个元素集合 B 的满射的个数($m \geqslant n$),求证:$g(m,n) = \sum_{k=1}^{n} (-1)^{n-k} C_n^k k^m$.

证明 设 $A = \{a_1, a_2, \cdots, a_m\}$, $B = \{1, 2, \cdots, n\}$,问题即为把 m 个不同的球 $a_1, a_2, \cdots, a_m$ 放入标号为 $1, 2, \cdots, n$ 这 n 个不同的盒中,且每盒中至少要放一个,故 $g(m,n)$ $(m = 0, 1, 2, \cdots)$ 的指数生成函数为

$$\begin{aligned}
F(x) &= \left(\frac{x^1}{1!} + \frac{x^2}{2!} + \frac{x^3}{3!} + \cdots\right)^n \\
&= (e^x - 1)^n = (-1)^n (1 - e^x)^n \\
&= (-1)^n \sum_{k=0}^{n} (-1)^k C_n^k e^{kx} = \sum_{k=0}^{n} (-1)^{n-k} C_n^k e^{kx} \\
&= \sum_{m=0}^{\infty} \left[\sum_{k=0}^{n} (-1)^{n-k} C_n^k k^m\right] \frac{x^m}{m!}
\end{aligned}$$

故 $g(m,n) = \sum_{k=1}^{n} (-1)^{n-k} C_n^k k^m$.

下面再讨论一个分配问题:把 r 个不同的球放入 k 个相同的盒里,盒的容量可限定,如何求其分配方案数 a_r 呢?

把 r 个不同的球放入 k 个不同的盒里,盒的容量可限定,能很容易地求出其分配方案数 $\hat{a}_r$. 又可分为两步完成:先把 r 个不同的球放入 k 个相同的盒里,盒的容量可限定,其分配方案数为 a_r;再把这 k 个盒子编号,即对这 k 个盒子做全排列,有 $k!$ 种方案. 因此,由乘法原则,有 $\hat{a}_r = a_r \times k!$.

例 2.4.7 解例 1.1.6.

把 $2n$ 个人分成 n 组(无组别之分),每组 2 人,有多少种不同的分组方法?

解 题目问题等价于:把 $2n$ 个不同的球放入 n 个相同的盒里,每盒 2 个,求其分配方案数 a_{2n}.

把 $2n$ 个不同的球放入 n 个不同的盒里,每盒 2 个,其分配方案数 $\hat{a}_{2n}$ $(n = 0, 1, 2, \cdots)$ 的指数生成函数为

$$F(x) = \left(\frac{x^2}{2!}\right)^n = \frac{x^{2n}}{2^n} = \frac{(2n)!}{2^n} \frac{x^{2n}}{(2n)!}$$

即

$$\hat{a}_{2n} = \frac{(2n)!}{2^n}$$

又因为 $\hat{a}_{2n} = a_{2n} \times n!$,所以 $a_{2n} = \frac{(2n)!}{2^n \times n!}$.

最后自然想讨论如下分配问题:把 r 个相同的球放入 k 个相同的盒里,盒的容量可限定,如何求其分配方案数 a_r 呢?

把 r 个相同的球放入 k 个不同的盒里,盒的容量可限定,已经能很容易地求出其分配方案数 $\hat{a}_r$.

为确定相同的球分配到相同的盒中的分配方案数,似乎习惯这么思考,即把 r 个相同的球放入 k 个不同的盒里,盒的容量可限定,将其分为两步完成:①先把 r 个相同的球放入 k 个相同的盒里,盒的容量可限定,其分配方案数记为 a_r;②再把这 k 个盒子编号,即对这 k 个盒子做全排列,有 $k!$ 种方案. 因此,由乘法原则,有 $\hat{a}_r = a_r \times k!$. 于是 r 个相同的球放入 k 个相同的盒里,盒的容量可限定,其分配方案数似乎应为 $\hat{a}_r/k!$. 事实上,这里的乘法原则运用错误! 因为步骤①的每一个方案均为一个重集,而步骤②则是要对步骤①的相应重集做全排列,而不是 k 个不同数字的全排列. 也就是说,步骤②方案数的统计不独立于步骤①方案数的统计,即步骤②的方案数不是始终为 $k!$,而是为不同重集的全排列数. 例如,把9个相同的球放入5个不同的盒中,按上述步骤构造两个方案如表2.4.2中所列.

表 2.4.2

<table>
<tr><td>方案一</td><td>步骤(1):把9个相同的球放入5个相同的盒中,例如,一个盒中放5个,其余四个盒中各放1个,记为(5)(1)(1)(1)(1);
步骤(2):选定步骤(1)的某方案,如(5)(1)(1)(1)(1),将5个相同盒编号.
盒1　盒2　盒3　盒4　盒5
(5)　(1)　(1)　(1)　(1)
(1)　(5)　(1)　(1)　(1)
(1)　(1)　(5)　(1)　(1)
(1)　(1)　(1)　(5)　(1)
(1)　(1)　(1)　(1)　(5)</td></tr>
<tr><td>方案二</td><td>步骤(1):把9个相同的球放入5个相同的盒中,例如,三个盒中各放1个,其余两个盒中各放3个,记为(1)(1)(1)(3)(3);
步骤(2):选定步骤(1)的某方案,如(1)(1)(1)(3)(3),将5个相同盒编号.
盒1　盒2　盒3　盒4　盒5
(1)　(1)　(1)　(3)　(3)
(1)　(1)　(3)　(1)　(3)
(1)　(3)　(1)　(1)　(3)
(3)　(1)　(1)　(1)　(3)
(1)　(1)　(3)　(3)　(1)
(1)　(3)　(1)　(3)　(1)
(3)　(1)　(1)　(3)　(1)
(1)　(3)　(3)　(1)　(1)
(3)　(1)　(3)　(1)　(1)
(3)　(3)　(1)　(1)　(1)</td></tr>
</table>

实际上,把相同的球分配到相同的盒中的分配问题,是后面要讨论的正整数的拆分问题,这是一类非常难的问题.

2.5　生成函数的应用补充

学习了形式幂级数的基本运算法则,运用形式幂级数的运算,可以求某些数列的生成函数,还可以计算某些数列的和.

例 2.5.1　求数列 $a_n(n=0,1,2,\cdots)$ 的生成函数,其中

$$a_n=\begin{cases}2^{n+1} & n\neq 1\\ 7 & n=1\end{cases}$$

解 设数列 $a_n(n=0,1,2,\cdots)$ 的生成函数为 $f(x)$.

$$\begin{aligned}f(x)&=a_0+a_1x+a_2x^2+a_3x^3+\cdots\\&=2+(2^2+3)x+2^3x^2+2^4x^3+\cdots+2^{n+1}x^n+\cdots\\&=3x+(2+2^2x+2^3x^2+2^4x^3+\cdots+2^{n+1}x^n+\cdots)\\&=3x+2(1+2x+2^2x^2+2^3x^3+\cdots+2^nx^n+\cdots)\\&=3x+2\cdot\frac{1}{1-2x}=\frac{2+3x-6x^2}{1-2x}\end{aligned}$$

例 2.5.2 求数列 $a_n=n(n+1)(n+2)(n=0,1,2,\cdots)$ 的生成函数.

解 设 $a_n(n=0,1,2,\cdots)$ 的生成函数为 $A(x)$.

$$A(x)=1\times2\times3x+2\times3\times4x^2+3\times4\times5x^3+\cdots+n(n+1)(n+2)x^n+\cdots$$

$$xA(x)=1\times2\times3x^2+2\times3\times4x^3+3\times4\times5x^4+\cdots+n(n+1)(n+2)x^{n+1}+\cdots$$

$$\begin{aligned}\int_0^x tA(t)\,\mathrm{d}t&=1\times2x^3+2\times3x^4+3\times4x^5+\cdots+n(n+1)x^{n+2}+\cdots\\&=x^2(1\times2x+2\times3x^2+3\times4x^3+\cdots+n(n+1)x^n+\cdots)\end{aligned}$$

令 $B(x)=1\times2x+2\times3x^2+3\times4x^3+\cdots+n(n+1)x^n+\cdots$

$$\begin{aligned}\int_0^x B(t)\,\mathrm{d}t&=x^2+2x^3+3x^4+\cdots+nx^{n+1}+\cdots\\&=x^2(1+2x+3x^2+\cdots+nx^{n-1}+\cdots)\\&=x^2\cdot\frac{1}{(1-x)^2}=\frac{x^2}{(1-x)^2}\end{aligned}$$

所以
$$B(x)=\left[\frac{x^2}{(1-x)^2}\right]'=\frac{2x}{(1-x)^3}$$

从而
$$xA(x)=[x^2B(x)]'=\left[\frac{2x^3}{(1-x)^3}\right]'=\frac{6x^2}{(1-x)^4}$$

即 $A(x)=\dfrac{6x}{(1-x)^4}$.

定理 2.5.1 若 $h(x)$ 为 $a_n(n=0,1,2,\cdots)$ 的生成函数,即

$$h(x)=a_0+a_1x+a_2x^2+\cdots$$

则
$$H(x)=\frac{h(x)}{1-x}$$

为 $b_n=a_0+a_1+\cdots+a_n(n=0,1,2,\cdots)$ 的生成函数.

证明 设 $H(x)=b_0+b_1x+b_2x^2+\cdots+b_nx^n+\cdots$

而
$$\begin{aligned}\frac{h(x)}{1-x}&=h(x)\cdot\frac{1}{1-x}=h(x)(1+x+x^2+x^3+\cdots)\\&=(a_0+a_1x+a_2x^2+a_3x^3+\cdots)(1+x+x^2+x^3+\cdots)\\&=\sum_{n=0}^{\infty}(a_0+a_1+a_2+\cdots+a_n)x^n\end{aligned}$$

所以 $H(x)=\frac{h(x)}{1-x}$. 证毕.

例2.5.3　计算级数 $1\times2\times3+2\times3\times4+\cdots+n(n+1)(n+2)$ 的和.

解　令 $a_n=n(n+1)(n+2)\quad(n=0,1,2,\cdots)$

$$\begin{aligned}b_n&=a_0+a_1+a_2+\cdots+a_n\\&=1\times2\times3+2\times3\times4+\cdots+n(n+1)(n+2)\end{aligned}$$

例2.5.2已求得 $a_n=n(n+1)(n+2)(n=0,1,2,\cdots)$ 的生成函数为 $h(x)=\frac{6x}{(1-x)^4}$，再由定理2.5.1知 $b_n(n=0,1,2,\cdots)$ 的生成函数为

$$\begin{aligned}H(x)&=\frac{h(x)}{1-x}=\frac{6x}{(1-x)^5}\\&=6x(1+C_5^1x+C_{5+1}^2x^2+\cdots+C_{5+n-1}^nx^n+\cdots)\end{aligned}$$

所以
$$b_n=6C_{5+n-2}^{n-1}=6C_{n+3}^{n-1}=\frac{1}{4}n(n+1)(n+2)(n+3).$$

例2.5.4　计算级数 $1^2+2^2+3^2+\cdots+n^2$ 的和.

解　令 $a_n=n^2(n=0,1,2,\cdots)$，则

$$b_n=a_0+a_1+a_2+\cdots+a_n=1^2+2^2+3^2+\cdots+n^2$$

再设　$f(x)=1+x+x^2+x^3+\cdots+x^n+\cdots=\frac{1}{1-x}$

$$f'(x)=1+2x+3x^2+\cdots+nx^{n-1}+\cdots=\frac{1}{(1-x)^2}$$

$$xf'(x)=x+2x^2+3x^3+\cdots+nx^n+\cdots=\frac{x}{(1-x)^2}$$

$$[xf'(x)]'=1+2^2x+3^2x^2+\cdots+n^2x^{n-1}+\cdots=\frac{1+x}{(1-x)^3}$$

所以 $a_n=n^2(n=0,1,2,\cdots)$ 的生成函数为

$$h(x)=x[xf'(x)]'=\frac{x(1+x)}{(1-x)^3}$$

从而 $b_n(n=0,1,2,3,\cdots)$ 的生成函数为

$$\begin{aligned}H(x)&=\frac{h(x)}{1-x}=\frac{x(1+x)}{(1-x)^4}\\&=(x+x^2)(1+C_4^1x+C_{4+1}^2x^2+\cdots+C_{4+n-1}^nx^n+\cdots)\\&=x+(1+C_4^1)x^2+(C_4^1+C_{4+1}^2)x^3+\cdots+(C_{4+n-2}^{n-1}+C_{4+n-1}^n)x^{n+1}+\cdots\end{aligned}$$

即
$$\begin{aligned}b_n&=C_{4+n-1-2}^{n-1-1}+C_{4+n-1-1}^{n-1}\\&=C_{n+1}^{n-2}+C_{n+2}^{n-1}=\frac{1}{6}n(n+1)(2n+1)\end{aligned}$$

下面通过例题讨论求二项式系数序列的和.

例2.5.5　求 $C_0^{n-0}+C_1^{n-1}+C_2^{n-2}+\cdots+C_k^{n-k}+\cdots$.

解　令 $a_n=C_k^{n-k}(n=0,1,2,\cdots)$，

则 a_n 的生成函数为

$$F(x)=C_k^{0-k}+C_k^{1-k}x^1+C_k^{2-k}x^2+\cdots+C_k^{n-k}x^n+\cdots$$
$$=x^k(C_k^{0-k}x^{0-k}+C_k^{1-k}x^{1-k}+C_k^{2-k}x^{2-k}+\cdots+C_k^{n-k}x^{n-k}+\cdots)$$
$$=x^k(1+x)^k=(x+x^2)^k$$

一方面,令

$$G(x)=\sum_{k=0}^{\infty}(C_k^{0-k}+C_k^{1-k}x^1+C_k^{2-k}x^2+\cdots+C_k^{n-k}x^n+\cdots)$$
$$=\sum_{n=0}^{\infty}\Big(\sum_{k=0}^{\infty}C_k^{n-k}\Big)x^n$$

另一方面,有

$$G(x)=\sum_{k=0}^{\infty}(x+x^2)^k=\frac{1}{1-x-x^2}$$
$$=1+x+2x^2+3x^3+5x^4+\cdots+(a_{n-1}+a_{n-2})x^n+\cdots$$

故 $\sum\limits_{k=0}^{\infty}C_k^{n-k}=f_{n+1}$,其中 f_{n+1} 为第 $n+1$ 个 Fibonacci 数.

例 2.5.6 求 $\sum\limits_{k=0}^{\infty}C_{n+k}^{m+2k}C_{2k}^{k}\dfrac{(-1)^k}{k+1}$($m,n$ 均为非负整数).

解 令 $a_n=C_{n+k}^{m+2k}C_{2k}^{k}\dfrac{(-1)^k}{k+1}(n=0,1,2,\cdots)$,

则 a_n 的生成函数为

$$F(x)=C_{2k}^{k}\frac{(-1)^k}{k+1}(C_{0+k}^{m+2k}x^0+C_{1+k}^{m+2k}x^1+\cdots+C_{n+k}^{m+2k}x^n+\cdots)$$
$$=C_{2k}^{k}\frac{(-1)^k}{k+1}x^{-k}(C_{0+k}^{m+2k}x^{0+k}+C_{1+k}^{m+2k}x^{1+k}+\cdots+C_{n+k}^{m+2k}x^{n+k}+\cdots)$$

而由

$$\sum_{r=0}^{\infty}C_r^kx^r=\frac{x^k}{(1-x)^{k+1}} \tag{2.5.1}$$

得

$$\frac{x^k}{(1-x)^{k+1}}=x^k\sum_{r=0}^{\infty}C_{r-k+k+1-1}^{r-k}x^{r-k}=\sum_{r=0}^{\infty}C_r^{r-k}x^r=\sum_{r=0}^{\infty}C_r^kx^r$$

从而

$$\frac{x^{m+2k}}{(1-x)^{m+2k+1}}=\sum_{n=0}^{\infty}C_n^{n-(m+2k)}x^n=\sum_{n=0}^{\infty}C_n^{m+2k}x^n$$

于是

$$F(x)=C_{2k}^{k}\frac{(-1)^k}{k+1}x^{-k}\frac{x^{m+2k}}{(1-x)^{m+2k+1}}$$
$$=\frac{x^m}{(1-x)^{m+1}}C_{2k}^{k}\frac{1}{k+1}\left[\frac{-x}{(1-x)^2}\right]^k$$

一方面,令

$$G(x)=\sum_{k=0}^{\infty}C_{2k}^{k}\frac{(-1)^k}{k+1}(C_{0+k}^{m+2k}x^0+C_{1+k}^{m+2k}x^1+\cdots+C_{n+k}^{m+2k}x^n+\cdots)$$
$$=\sum_{n=0}^{\infty}\left[\sum_{k=0}^{\infty}C_{2k}^{k}\frac{(-1)^k}{k+1}C_{n+k}^{m+2k}\right]x^n$$

另一方面,有

$$G(x)=\sum_{k=0}^{\infty}\frac{x^m}{(1-x)^{m+1}}C_{2k}^{k}\frac{1}{k+1}\left[\frac{-x}{(1-x)^2}\right]^k=\frac{x^m}{(1-x)^{m+1}}\sum_{k=0}^{\infty}C_{2k}^{k}\frac{1}{k+1}\left[\frac{-x}{(1-x)^2}\right]^k$$

再由$\frac{1}{2x}(1-\sqrt{1-4x})=\sum_{n=0}^{\infty}C_{2n}^{n}\frac{1}{n+1}x^n$,得

$$G(x)=\frac{x^m}{(1-x)^{m+1}}\frac{(1-x)^2}{-2x}\left[1-\sqrt{1-\frac{-4x}{(1-x)^2}}\right]$$

$$=\frac{x^m}{(1-x)^m}=x^m\sum_{n=0}^{\infty}C_{n-m+m-1}^{n-m}x^{n-m}=\sum_{n=0}^{\infty}C_{n-1}^{m-1}x^n$$

故 $\sum_{k=0}^{\infty}C_{n+k}^{m+2k}C_{2k}^{k}\frac{(-1)^k}{k+1}=C_{n-1}^{m-1}$.

例 2.5.7　求 $\sum_{k=n/2}^{\infty}(-1)^kC_{n-k}^{k}y^{n-2k}$($n$ 为非负整数).

解　令 $a_n=\sum_{k=n/2}^{\infty}(-1)^kC_{n-k}^{k}y^{n-2k}\ (n=0,1,2,\cdots)$,

则 a_n 的生成函数为

$$F(x)=\sum_{n=0}^{\infty}\left[\sum_{k=\frac{n}{2}}^{\infty}(-1)^kC_{n-k}^{k}y^{n-2k}\right]x^n=\sum_{k=0}^{\infty}(-1)^ky^{-2k}\sum_{n=2k}^{\infty}C_{n-k}^{k}x^ny^n$$

$$=\sum_{k=0}^{\infty}(-1)^ky^{-2k}x^ky^k\sum_{n=2k}^{\infty}C_{n-k}^{k}x^{n-k}y^{n-k}$$

$$=\sum_{k=0}^{\infty}(-1)^kx^ky^{-k}\sum_{r=k}^{\infty}C_{r}^{k}(xy)^r$$

$$=\sum_{k=0}^{\infty}(-1)^kx^ky^{-k}\frac{(xy)^k}{(1-xy)^{k+1}}\quad[\text{根据式}(2.5.1)]$$

$$=\frac{1}{1-xy}\sum_{k=0}^{\infty}\left(\frac{-x^2}{1-xy}\right)^k=\frac{1}{1-xy}\frac{1}{1+\frac{x^2}{1-xy}}=\frac{1}{1-xy+x^2}$$

$$=\frac{1}{(1-xs)(1-xt)}\quad\left(\text{其中 } s=\frac{y+\sqrt{y^2-4}}{2},t=\frac{y-\sqrt{y^2-4}}{2}\right)$$

$$=\frac{1}{s-t}\left(\frac{s}{1-xs}-\frac{t}{1-xt}\right)=\frac{1}{s-t}\sum_{n=0}^{\infty}(s^{n+1}+t^{n+1})x^n$$

$$=\frac{1}{\sqrt{y^2-4}}\sum_{n=0}^{\infty}\left[\left(\frac{y+\sqrt{y^2-4}}{2}\right)^{n+1}+\left(\frac{y-\sqrt{y^2-4}}{2}\right)^{n+1}\right]x^n$$

故 $a_n=\frac{1}{\sqrt{y^2-4}}\left[\left(\frac{y+\sqrt{y^2-4}}{2}\right)^{n+1}+\left(\frac{y-\sqrt{y^2-4}}{2}\right)^{n+1}\right]$.

即 $\sum_{k=n/2}^{\infty}(-1)^kC_{n-k}^{k}y^{n-2k}=\frac{1}{\sqrt{y^2-4}}\left[\left(\frac{y+\sqrt{y^2-4}}{2}\right)^{n+1}+\left(\frac{y-\sqrt{y^2-4}}{2}\right)^{n+1}\right]$

令 $z+\frac{1}{z}=y$,得 $\sqrt{y^2-4}=z-\frac{1}{z}$,从而

$$\sum_{k=n/2}^{\infty}(-1)^k C_{n-k}^k (x^2+1)^{n-2k} x^{2k} = \frac{x^{2n+2}-1}{x^2-1} \quad (n\text{ 为非负整数}).$$

例 2.5.8　求 $\sum\limits_{k=0}^{\infty} C_{n+k}^{2k} 2^{n-k}$　(n 为非负整数).

解　令 $a_n = \sum\limits_{k=0}^{\infty} C_{n+k}^{2k} 2^{n-k}$　$(n=0,1,2,\cdots)$,

则 a_n 的生成函数为

$$\begin{aligned}
F(x) &= \sum_{n=0}^{\infty}\left(\sum_{k=0}^{\infty} C_{n+k}^{2k} 2^{n-k}\right)x^n = \sum_{k=0}^{\infty} 2^{-k}(2x)^{-k}\sum_{n=0}^{\infty} C_{n+k}^{2k}(2x)^{n+k} \\
&= \sum_{k=0}^{\infty} 2^{-k}(2x)^{-k}\frac{(2x)^{2k}}{(1-2x)^{2k+1}} \quad [\text{根据式}(2.5.1)] \\
&= \frac{1}{1-2x}\sum_{k=0}^{\infty}\left[\frac{x}{(1-2x)^2}\right]^k = \frac{1}{1-2x}\frac{1}{1-\dfrac{x}{(1-2x)^2}} \\
&= \frac{1-2x}{(1-4x)(1-x)} = \frac{2}{3(1-4x)} + \frac{1}{3(1-x)} = \sum_{n=0}^{\infty}\frac{2^{2n+1}+1}{3}x^n
\end{aligned}$$

故 $\sum\limits_{k=0}^{\infty} C_{n+k}^{2k} 2^{n-k} = \dfrac{2^{2n+1}+1}{3}$($n$ 为非负整数).

在第 1 章中,我们已经介绍了怎样运用组合证明的方法来建立组合恒等式. 而运用生成函数来证明恒等式有时也很方便.

例 2.5.9　运用生成函数证明

$$\sum_{k=0}^{n}(C_n^k)^2 = C_{2n}^n$$

证明　数列 $C_{2n}^k(k=0,1,2,\cdots,2n)$ 的生成函数为 $(1+x)^{2n}$,而

$$\begin{aligned}
(1+x)^{2n} &= [(1+x)^n]^2 = (C_n^0 + C_n^1 x + C_n^2 x^2 + \cdots + C_n^n x^n)^2 \\
&= \sum_{k=0}^{\infty}\left(\sum_{t=0}^{k} C_n^t C_n^{k-t}\right)x^k
\end{aligned}$$

从而　$C_{2n}^n = \sum\limits_{t=0}^{n} C_n^t C_n^{n-t} = \sum\limits_{t=0}^{n}(C_n^t)^2$.

例 2.5.10　当 n 和 k 是满足 $k<n$ 的正整数时,运用生成函数证明 Pascal 公式 $C_n^k = C_{n-1}^k + C_{n-1}^{k-1}$.

证明　数列 $C_n^k(k=0,1,2,\cdots,n)$ 的生成函数为 $(1+x)^n$,而

$$\begin{aligned}
(1+x)^n &= (1+x)^{n-1} + x(1+x)^{n-1} \\
&= (C_{n-1}^0 + C_{n-1}^1 x + C_{n-1}^2 x^2 + \cdots + C_{n-1}^{n-1}x^{n-1}) + \\
&\quad (C_{n-1}^0 x + C_{n-1}^1 x^2 + C_{n-1}^2 x^3 + \cdots + C_{n-1}^{n-1}x^n) \\
&= C_{n-1}^0 + (C_{n-1}^1 + C_{n-1}^0)x + \cdots + (C_{n-1}^k + \\
&\quad C_{n-1}^{k-1})x^k + \cdots + (C_{n-1}^{n-1} + C_{n-1}^{n-2})x^{n-1} + C_{n-1}^{n-1}x^n
\end{aligned}$$

所以 $C_n^k = C_{n-1}^k + C_{n-1}^{k-1}$,其中 $0<k<n$.

例 2.5.11　证明:$\sum\limits_{k=0}^{\infty} C_m^k C_{n+k}^m = \sum\limits_{k=0}^{\infty} C_m^k C_n^k 2^k$($m,n$ 均为非负整数).

证明　设数列 $\sum_{k=0}^{\infty}C_m^kC_{n+k}^m(n=0,1,2,\cdots)$ 的生成函数为

$$
\begin{aligned}
F(x) &= \sum_{n=0}^{\infty}\left(\sum_{k=0}^{\infty}C_m^kC_{n+k}^m\right)x^n = \sum_{k=0}^{\infty}C_m^kx^{-k}\sum_{n=0}^{\infty}C_{n+k}^mx^{n+k}\\
&= \sum_{k=0}^{\infty}C_m^kx^{-k}\frac{x^m}{(1-x)^{m+1}} = \left(1+\frac{1}{x}\right)^m\frac{x^m}{(1-x)^{m+1}}\\
&= \frac{(1+x)^m}{(1-x)^{m+1}}
\end{aligned}
$$

设数列 $\sum_{k=0}^{\infty}C_m^kC_n^k2^k(n=0,1,2,\cdots)$ 的生成函数为

$$
\begin{aligned}
G(x) &= \sum_{n=0}^{\infty}\left(\sum_{k=0}^{\infty}C_m^kC_n^k2^k\right)x^n = \sum_{k=0}^{\infty}C_m^k2^k\sum_{n=0}^{\infty}C_n^kx^n\\
&= \frac{1}{1-x}\sum_{k=0}^{\infty}C_m^k\left(\frac{2x}{1-x}\right)^k = \frac{1}{1-x}\left(1+\frac{2x}{1-x}\right)^m = \frac{(1+x)^m}{(1-x)^{m+1}}
\end{aligned}
$$

故得证 $\sum_{k=0}^{\infty}C_m^kC_{n+k}^m = \sum_{k=0}^{\infty}C_m^kC_n^k2^k$($m,n$ 均为非负整数).

例 2.5.12　证明二项式反演公式.

证明　令数列 $a_n(n=0,1,2,\cdots)$的指数生成函数为

$$A(x) = \sum_{n=0}^{\infty}a_n\frac{x^n}{n!}\quad(a_0=a_1=\cdots=a_{s-1}=0)$$

数列 $b_n(n=0,1,2,\cdots)$的指数生成函数为

$$B(x) = \sum_{n=0}^{\infty}b_n\frac{x^n}{n!}\quad(b_0=b_1=\cdots=b_{s-1}=0)$$

由于

$$
\begin{aligned}
B(x)e^x &= \left(\sum_{n=0}^{\infty}b_n\frac{x^n}{n!}\right)\left(\sum_{n=0}^{\infty}\frac{x^n}{n!}\right) = \sum_{n=0}^{\infty}\left[\sum_{k=0}^{n}\frac{b_k}{k!}\frac{1}{(n-k)!}\right]x^k\\
&= \sum_{n=0}^{\infty}\left[\sum_{k=0}^{n}\frac{b_k}{k!}\frac{n!}{(n-k)!}\right]\frac{x^n}{n!} = \sum_{n=0}^{\infty}\left(\sum_{k=0}^{n}b_kC_n^k\right)\frac{x^n}{n!}\\
&= \sum_{n=s}^{\infty}\left(\sum_{k=s}^{n}b_kC_n^k\right)\frac{x^n}{n!} = \sum_{n=s}^{\infty}a_n\frac{x^n}{n!}\\
&= \sum_{n=0}^{\infty}a_n\frac{x^n}{n!} = A(x)
\end{aligned}
$$

所以

$$
\begin{aligned}
B(x) &= A(x)e^{-x}\\
&= \left(\sum_{n=0}^{\infty}a_n\frac{x^n}{n!}\right)\left[\sum_{n=0}^{\infty}(-1)^n\frac{x^n}{n!}\right] = \sum_{n=0}^{\infty}\left[\sum_{k=0}^{n}\frac{a_k}{k!}\frac{(-1)^{n-k}}{(n-k)!}\right]x^k\\
&= \sum_{n=0}^{\infty}\left[\sum_{k=0}^{n}\frac{n!a_k}{k!}\frac{(-1)^{n-k}}{(n-k)!}\right]\frac{x^n}{n!} = \sum_{n=0}^{\infty}\left(\sum_{k=0}^{n}(-1)^{n-k}a_kC_n^k\right)\frac{x^n}{n!}
\end{aligned}
$$

从而

$$
\begin{aligned}
b_n &= \sum_{k=0}^{n}(-1)^{n-k}C_n^ka_k\\
&= \sum_{k=s}^{n}(-1)^{n-k}C_n^ka_k\quad(a_0=a_1=\cdots=a_{s-1}=0)
\end{aligned}
$$

例 2.5.13 证明例 1.7.3. 对正整数 m、n、r,且 $r\leqslant\min\{m,n\}$,有

$$C_{m+n}^{r}=C_{m}^{0}C_{n}^{r}+C_{m}^{1}C_{n}^{r-1}+\cdots+C_{m}^{k}C_{n}^{r-k}+\cdots+C_{m}^{r}C_{n}^{0}$$

证明

$$\begin{aligned}(1+x)^{m}(1+x)^{n}&=(C_{m}^{0}+C_{m}^{1}x^{1}+C_{m}^{2}x^{2}+\cdots+C_{m}^{r}x^{r}+\cdots)(C_{n}^{0}+C_{n}^{1}x^{1}+C_{n}^{2}x^{2}+\cdots+C_{n}^{r}x^{r}+\cdots)\\&=\sum_{r=0}^{\infty}(C_{m}^{0}C_{n}^{r}+C_{m}^{1}C_{n}^{r-1}+\cdots+C_{m}^{k}C_{n}^{r-k}+\cdots+C_{m}^{r}C_{n}^{0})x^{r}\end{aligned}$$

而

$$(1+x)^{m+n}=C_{m+n}^{0}+C_{m+n}^{1}x^{1}+C_{m+n}^{2}x^{2}+\cdots+C_{m+n}^{r}x^{r}+\cdots$$

由于

$$(1+x)^{m}(1+x)^{n}=(1+x)^{m+n}$$

故

$$C_{m+n}^{r}=C_{m}^{0}C_{n}^{r}+C_{m}^{1}C_{n}^{r-1}+\cdots+C_{m}^{k}C_{n}^{r-k}+\cdots+C_{m}^{r}C_{n}^{0}$$

例 2.5.14 设 Fibonacci 递归

$$\begin{cases}f_{n}=f_{n-1}+f_{n-2} & (n\geqslant 2)\\ f_{0}=0,f_{1}=1\end{cases}$$

求证:$f_{n+m}=f_{n}f_{m-1}+f_{n+1}f_{m}$.

证明 设 $f_{n}(n=0,1,2,\cdots)$的生成函数为

$$\begin{aligned}F(x)&=f_{0}+f_{1}x^{1}+f_{2}x^{2}+f_{3}x^{3}+\cdots\\&=x+\sum_{n=2}^{\infty}f_{n}x^{n}=x+\sum_{n=2}^{\infty}(f_{n-1}+f_{n-2})x^{n}\\&=x+\sum_{n=2}^{\infty}f_{n-1}x^{n}+\sum_{n=2}^{\infty}f_{n-2}x^{n}=x+x\sum_{n=1}^{\infty}f_{n}x^{n}+x^{2}\sum_{n=0}^{\infty}f_{n}x^{n}\\&=x+x\sum_{n=0}^{\infty}f_{n}x^{n}+x^{2}\sum_{n=0}^{\infty}f_{n}x^{n}=x+xF(x)+x^{2}F(x)\end{aligned}$$

于是 $F(x)=\dfrac{x}{1-x-x^{2}}$. 而

$$\begin{aligned}\sum_{n=0}^{\infty}f_{n+m}x^{n+m}&=F(x)-(f_{0}+f_{1}x^{1}+f_{2}x^{2}+\cdots+f_{m-1}x^{m-1})\\&=\frac{x}{1-x-x^{2}}-(f_{0}+f_{1}x^{1}+f_{2}x^{2}+\cdots+f_{m-1}x^{m-1})\\&=\frac{f_{m}x^{m}+f_{m-1}x^{m+1}}{1-x-x^{2}}=(f_{m}x^{m}+f_{m-1}x^{m+1})\frac{F(x)}{x}\\&=(f_{m}x^{m-1}+f_{m-1}x^{m})F(x)\end{aligned}$$

比较上式两边 x^{n+m}项的系数,得 $f_{n+m}=f_{n}f_{m-1}+f_{n+1}f_{m}$.

2.6 正整数的拆分

到目前为止,还没有讨论如下问题:把 r 个相同的球放入 k 个相同的盒子中,每个盒子中至少要放一个,求不同的分配方案数. 该问题等价于如下问题:选取 k 个正整数 $n_1\geqslant n_2\geqslant\cdots\geqslant$

n_k,使得 $n_1+n_2+\cdots+n_k=r$,求不同的选取方法数. 这将是我们要讨论的正整数的拆分问题. 正整数的拆分是一类较困难的问题,本节将介绍正整数拆分的概念及它的一些最基本的性质.

定义 2.6.1　设 n 为正整数,有正整数 $n_1, n_2, \cdots, n_k$ 满足:

(1) $n=n_1+n_2+\cdots+n_k$;

(2) $n_1 \geqslant n_2 \geqslant \cdots \geqslant n_k \geqslant 1$.

则称 $n_1, n_2, \cdots, n_k$ 为正整数 n 的一个 k **拆分**,其中 $n_i(1\leqslant i\leqslant k)$ 称为该 k 拆分的分量. n 的 k 拆分的个数称为 n 的 k 拆分数,n 的所有拆分(k 取遍所有可能的值)的个数称为 n 的拆分数.

例如,正整数 5 有如下 7 种拆分:

$$\begin{aligned}5 &= 1+1+1+1+1=2+1+1+1\\ &=3+1+1=2+2+1=4+1=3+2=5\end{aligned}$$

定理 2.6.1　设 $P_k(n)$ 为正整数 n 的 k 拆分数,则

$$P_2(n)=\left[\frac{n}{2}\right]$$

其中,$[n]$ 表示不大于 n 的最大整数.

证明　设 $n=n_1+n_2(n_1\geqslant n_2\geqslant 1)$ 是 n 的一个 2 拆分,则 $1\leqslant n_2\leqslant\left[\frac{n}{2}\right]$. 又对任一个不大于 $\left[\frac{n}{2}\right]$ 的正整数 n_2,令 $n_1=n-n_2$,则 $n=n_1+n_2$ 是 n 的一个 2 拆分,所以 $P_2(n)=\left[\frac{n}{2}\right]$. 证毕.

定理 2.6.2　设 $P_k(n)$ 表示正整数 n 的 k 拆分数,则

$$P_k(n)=\sum_{r=1}^{k}P_r(n-k)\quad(n>k)$$

证明　设 $A=\{\alpha\mid\alpha$ 为正整数 n 的 k 拆分$\}$. 显然,$|A|=P_k(n)$. 设 $a\in A$,若在拆分 a 中,大于 1 的分量有 $r(1\leqslant r\leqslant k)$ 个,则称 a 是 A 的一个第 r 类元. 设 a 是 A 的一个第 $r(1\leqslant r\leqslant k)$ 类元,去掉 a 中等于 1 的部分,其余各部分均减小 1,就得到 $n-k$ 的一个 r 拆分. 因此 A 的第 $r(1\leqslant r\leqslant k)$ 类元共有 $P_r(n-k)$ 个. 由加法原则,有

$$P_k(n)=\sum_{r=1}^{k}P_r(n-k)$$

证毕.

例 2.6.1　求 9 的 5 拆分数 $P_5(9)$.

解

$$\begin{aligned}P_5(9)&=\sum_{k=1}^{5}P_k(9-5)\\&=P_1(4)+P_2(4)+P_3(4)+P_4(4)+P_5(4)\\&=1+\left[\frac{4}{2}\right]+P_3(4)+1+0\\&=4+P_3(4)\end{aligned}$$

$$\begin{aligned}P_3(4)&=\sum_{k=1}^{3}P_k(4-3)\\&=P_1(1)+P_2(1)+P_3(1)\\&=1+0+0=1\end{aligned}$$

所以 $P_5(9)=4+1=5$.

定理 2.6.3 设 $P_k(n)$ 为正整数 n 的 k 拆分数，则

$$P_k(n)=\sum_{r=1}^{[\frac{n}{k}]}P_{k-1}(n-kr+r-1)\quad(2\leqslant k<n)$$

证明 设 $A=\{\alpha\mid\alpha$ 是正整数 n 的 k 拆分$\}$，显然 $|A|=P_k(n)$. 设 $a\in A$，若在拆分 a 中，最小分量等于 $r\left(1\leqslant r\leqslant\left[\frac{n}{k}\right]\right)$，则称 a 是 A 的一个第 r 类元. 设 a 是 A 的任一个第 $r\left(1\leqslant r\leqslant\left[\frac{n}{k}\right]\right)$ 类元，去掉 a 中的一个等于 r 的分量，其余分量均减少$r-1$，就得到正整数的 m 的一个 $k-1$ 拆分，其中

$$m=n-r-(k-1)(r-1)=n-kr+k-1$$

所以 A 的第 r 类元共有 $P_{k-1}(n-kr+k-1)$个. 由加法原则，有

$$P_k(n)=\sum_{r=1}^{[\frac{n}{k}]}P_{k-1}(n-kr+k-1)$$

证毕.

定理 2.6.4 设 $P_{\bar{k}}(n)$表示 n 的各分量互异的 k 拆分数，则

$$P_{\bar{k}}(n)=\begin{cases}0 & n<\dfrac{k^2+k}{2}\\ P_k\left(n-\dfrac{k^2-k}{2}\right) & n\geqslant\dfrac{k^2+k}{2}\end{cases}$$

证明 当 $n<\dfrac{k^2+k}{2}$时，显然有 $P_{\bar{k}}(n)=0$.

设 $n\geqslant\dfrac{k^2+k}{2}$，$n=n_1+n_2+\cdots+n_k(n_1>n_2>\cdots>n_k\geqslant1)$是 n 的一个各分量互异的 k 拆分，令

$$n_i'=n_i-k+i\quad(i=1,2,\cdots,k)$$

则

$$\begin{aligned}n_i'-n_{i+1}'&=(n_i-k+i)-(n_{i+1}-k+i+1)\\&=n_i-n_{i+1}-1\geqslant0\quad(i=1,2,\cdots,k-1)\end{aligned}$$

$n_k'=n_k-k+k=n_k\geqslant1$，所以

$$n_1'+n_2'+\cdots+n_k'=n_1+n_2+\cdots+n_k-[0+1+2+\cdots+(k-1)]=n-\frac{k^2-k}{2}$$

所以 $n-\dfrac{k^2-k}{2}=n_1'+n_2'+\cdots+n_k'$是 $n-\dfrac{k^2-k}{2}$的一个 k 拆分. 反之，设

$$n-\frac{k^2-k}{2}=n_1'+n_2'+\cdots+n_k'(n_1'\geqslant n_2'\geqslant\cdots\geqslant n_k'\geqslant1)$$

是 $n-\dfrac{k^2-k}{2}$的一个 k 的拆分，令

$$n_i=n_i'+k-i\quad(i=1,2,\cdots,k)$$

则 $n_1>n_2>n_3>\cdots>n_k\geqslant1$，且 $n_1+n_2+\cdots+n_k=n$.

所以 $n=n_1+n_2+\cdots+n_k$ 是 n 的一个各分量互异的 k 拆分. 因此

$$P_{\bar{k}}(n)=P_k\left(n-\frac{k^2-k}{2}\right)\quad\left(n\geqslant\frac{k^2+k}{2}\right)$$

证毕.

引理 2.6.1　$P_3(n)=\sum_{k=1}^{[\frac{n}{3}]}\left[\frac{n+k}{2}\right]-\left[\frac{n}{3}\right]^2\quad(n\geqslant4).$

其中, $P_3(n)$ 为正整数 n 的 3 拆分数, $[n]$ 表示不大于 n 的最大整数.

证明　
$$\begin{aligned}P_3(n)&=\sum_{k=1}^{[\frac{n}{3}]}=P_2(n-3k+3-1)=\sum_{k=1}^{[\frac{n}{3}]}\left[\frac{n-3k+2}{2}\right]\\&=\sum_{k=1}^{[\frac{n}{3}]}\left(\left[\frac{n+k}{2}\right]-2k+1\right)=\sum_{k=1}^{[\frac{n}{3}]}\left[\frac{n+k}{2}\right]-2\sum_{k=1}^{[\frac{n}{3}]}k+\left[\frac{n}{3}\right]\\&=\sum_{k=1}^{[\frac{n}{3}]}\left[\frac{n+k}{2}\right]-\left(1+\left[\frac{n}{3}\right]\right)\cdot\left[\frac{n}{3}\right]+\left[\frac{n}{3}\right]\\&=\sum_{k=1}^{[\frac{n}{3}]}\left[\frac{n+k}{2}\right]-\left[\frac{n}{3}\right]^2\end{aligned}$$

引理 2.6.2　$\sum_{k=1}^{2m}\left[\frac{n+k}{2}\right]=m(n+m)\quad(m\geqslant1)$. 其中, $[n]$ 表示不大于 n 的最大整数.

证明　因为 $\left[\frac{n}{2}\right]+\left[\frac{n+1}{2}\right]=n$, 所以

$$\begin{aligned}\sum_{k=1}^{2m}\left[\frac{n+k}{2}\right]&=(n+1)+(n+3)+\cdots+(n+2m-1)\\&=\frac{(n+1)+(n+2m-1)}{2}\cdot m=m(n+m)\end{aligned}$$

定理 2.6.5　设 $P_3(n)$ 表示正整数 n 的 3 拆分数, $[n]$ 表示不大于 n 的最大整数, 则 $P_3(n)=\left[\frac{n^2+3}{12}\right]$.

证明　易知 $n<6$ 时, 结论成立. 于是不妨设 $n\geqslant6$, 由于 $n=6m+r$, 其中 m 与 r 均是正整数, 且 $m\geqslant1$, $0\leqslant r\leqslant5$. 因而

$$\begin{aligned}P_3(n)&=P_3(6m+r)\\&=\sum_{k=1}^{[\frac{6m+r}{3}]}\left[\frac{6m+r+k}{2}\right]-\left[\frac{6m+r}{3}\right]^2=\sum_{k=1}^{2m+[\frac{r}{3}]}\left[\frac{6m+r+k}{2}\right]-\left[\frac{6m+r}{3}\right]^2\\&=\begin{cases}3m^2+rm & 0\leqslant r\leqslant2\\3m^2+rm+\left[\frac{r+1}{2}\right]-1 & 3\leqslant r\leqslant5\end{cases}\end{aligned}$$

(1) 当 $0\leqslant r\leqslant2$ 时, 有

$$\begin{aligned}P_3(n)&=3m^2+rm=3\cdot\left(\frac{n-r}{6}\right)^2+r\cdot\frac{n-r}{6}\\&=\frac{n^2-r^2}{12}=\left[\frac{n^2-r^2+r^2+3}{12}\right]=\left[\frac{n^2+3}{12}\right]\end{aligned}$$

(2) 当 $3\leqslant r\leqslant4$ 时, 有

$$P_3(n)=3m^2+rm+1=3\cdot\left(\frac{n-r}{6}\right)^2+r\cdot\frac{n-r}{6}+1$$
$$=\frac{n^2-r^2+12}{12}=\left[\frac{n^2-r^2+12+r^2-9}{12}\right]=\left[\frac{n^2+3}{12}\right]$$

(3)当 $r=5$ 时,有

$$P_3(n)=3m^2+5m+2=3\cdot\left(\frac{n-5}{6}\right)^2+5\cdot\frac{n-5}{6}+2$$
$$=\frac{n^2-1}{12}=\left[\frac{n^2-1+4}{12}\right]=\left[\frac{n^2+3}{12}\right]$$

证毕.

例 2.6.2 求 22 的 4 拆分数.

解 记 22 的 4 拆分数为 $P_4(22)$,则

$$P_4(22)=\sum_{r=1}^{[\frac{22}{4}]}P_3(22-4r+4-1)=\sum_{r=1}^{5}P_3(25-4r)$$
$$=P_3(21)+P_3(17)+P_3(13)+P_3(9)+P_3(5)$$
$$=\left[\frac{21^2+3}{12}\right]+\left[\frac{17^2+3}{12}\right]+\left[\frac{13^2+3}{12}\right]+\left[\frac{9^2+3}{12}\right]+\left[\frac{5^2+3}{12}\right]$$
$$=37+24+14+7+2=84$$

2.7 Ferrers 图

Ferrers 图是研究拆分的一种有效工具. 设正整数 n 的一个k 拆分为 $n=n_1+n_2+\cdots+n_k$ ($n_1\geqslant n_2\geqslant\cdots\geqslant n_k$),在第一条水平线上画 n_1 个点,第二条水平线上画 n_2 个点,…,第 k 条水平线上画 n_k 个点,且这 k 条水平线上的第一个点均在同一竖线上,其余各点依次与上行各点对齐,这样得到的点阵图叫作正整数 n 的 k 拆分的 **Ferrers 图**.

例如,16 的 5 拆分 $16=6+4+3+2+1$ 的 Ferrers 图如图 2.7.1 所示.

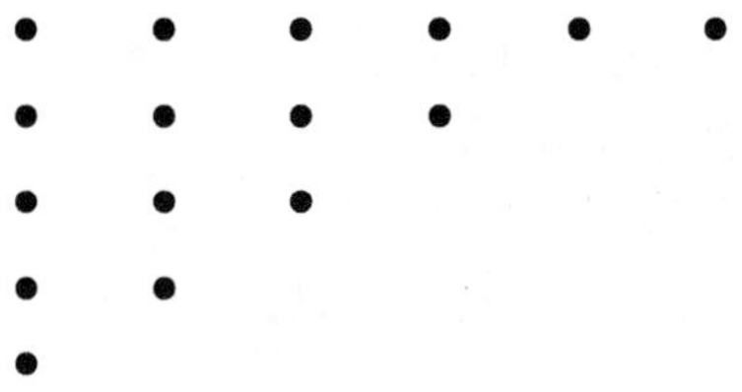

图 2.7.1

反过来,对于 n 的一个 Ferrers 图,又可按上述规则对应于 n 的唯一的一个拆分. 所以 n 的拆分同它的 Ferrers 图之间是一一对应的.

把一个 Ferrers 图的各行改成列,但其相对位置不变,这样又得到一个新的 Ferrers 图,叫作原 Ferrers 图的**共轭图**. 例如,图 2.7.1 所对应的共轭图如图 2.7.2 所示.

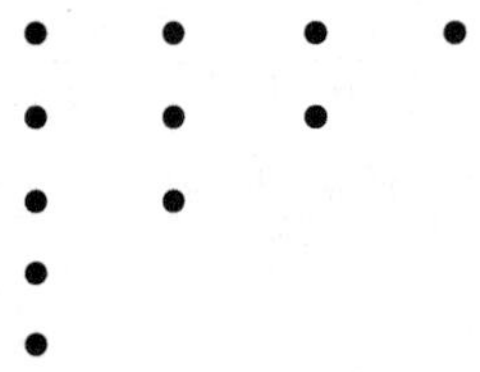

图　2.7.2

共轭 Ferrers 图所对应的拆分叫作原拆分的**共轭拆分**. 例如,图 2.7.2 所对应的 16 的拆分 $16=5+4+3+2+1+1$ 是图 2.7.1 所对应的 16 的拆分 $16=6+4+3+2+1$ 的共轭拆分. 若 n 的一个拆分与其共轭拆分相同,则该拆分称为 n 的**自共轭拆分**. 例如,$15=5+4+3+2+1$ 即为 15 的一个自共轭拆分.

利用 Ferrers 图研究正整数的拆分可以导出下面的定理.

定理 2.7.1　n 的 k 拆分的个数等于 n 的最大分量为 k 的拆分数.

证明　n 的 k 拆分的共轭拆分即是最大分量为 k 的拆分,而 n 的 k 拆分与其共轭拆分一一对应,因此两者的数目相等. 证毕.

定理 2.7.2　n 的自共轭拆分的个数等于 n 的各分量都是奇数且两两不等的拆分的个数.

证明　设 n 的一个分量为奇数且两两不相等的拆分为

$$n=(2n_1+1)+(2n_2+1)+\cdots+(2n_k+1)$$

其中,$n_1>n_2>\cdots>n_k\geqslant 0$.

由该拆分,我们构造 n 的一个自共轭拆分的 Ferrers 图:在第一行与第一列各画 n_1+1 个点,共 $2n_1+1$ 个点;接着在第二行与第二列再各画 n_2+1 个点,共 $2n_2+1$ 个点,此时,第二行与第二列中加上第一行与第一列已画的点,都已有 n_2+2 个点;…;在第 k 行与第 k 列再画 n_k+1 个点,共 $2n_k+1$ 个点. 因为 $n_1>n_2>\cdots>n_k$,所以如此画出的 n 个点的点阵图的每一行都不比下一行的点数少,因而是 n 的一个拆分的 Ferrers 图. 且由上面的构造法知,该 Ferrers 图是对称的,所以其对应的拆分是自共轭的. 例如,用上述方法由拆分 $20=9+7+3+1=(2\times4+1)+(2\times3+1)+(2\times1+1)+(2\times0+1)$ 构造的 Ferrers 图如图 2.7.3 所示. 对应的自共轭拆分为 $20=5+5+4+4+2$.

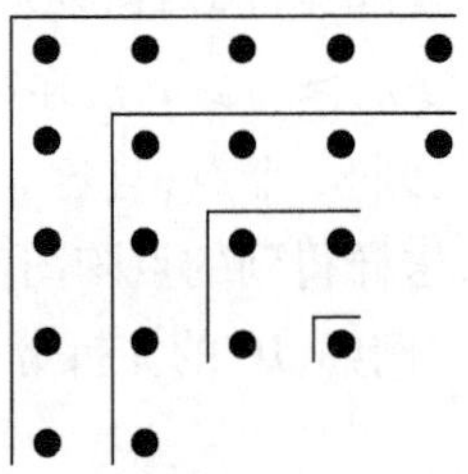

图　2.7.3

显然,上面建立的 n 的分量为奇数且两两不等的拆分与 n 的自共轭拆分一一对应,因此两者的数目相等. 证毕.

定理 2.7.3　n 的分量两两不等的拆分的个数等于 n 的各分量都是奇数的拆分的个数.

证明　在 n 的各分量都为奇数的一个拆分中,假设数 $2k+1$ 出现 P 次,我们将 P 写成 2 的幂次和的形式

$$P=2^{t_1}+2^{t_2}+\cdots+2^{t_i}\quad(t_1>t_2>\cdots>t_i)$$

显然,这种表示法是唯一的. 我们将 n 的这个拆分对应着一个新的拆分:原拆分中的 P 个分量 $2k+1$ 对应新拆分中的 i 个分量

$$2^{t_1}\times(2k+1),2^{t_2}\times(2k+1),\cdots,2^{t_i}\times(2k+1)$$

在新的拆分中,各分量均为 $2^j\times(2k+1)$ 的形式,且参数 k 和 j 中至少必有一个不同,故新的拆分中各分量互不相同.

显然,上述方法建立的两类拆分是一一对应的,因而两者的数目相等. 证毕.

例如,36 = 11 + 11 + 9 + 5,其中

$$11+11=2^1\times 11,\quad 9=2^0\times 9,\quad 5=2^0\times 5$$

故 $36=(2^1\times 11)+(2^0\times 9)+(2^0\times 5)=22+9+5$.

再例如,36 = 5 + 5 + 3 + 3 + 3 + 3 + 3 + 3 + 1 + 1 + 1 + 1 + 1 + 1 + 1 + 1

其中

$$2\times 5=2^1\times 5,\quad 6\times 3=(2^2+2^1)\times 3,\quad 8\times 1=2^3\times 1$$

故 $36=(2^1\times 5)+(2^2\times 3)+(2^1\times 3)+(2^3\times 1)=10+12+6+8$.

下面来构造正整数 n 的拆分数 a_n(n 为任意正整数)的生成函数.

设有一大堆相同的对象——第一小堆,单个对象一捆,每捆用一个 x 表示;第二小堆,两个对象一捆,每捆用一个 x^2 表示;…;第 k 小堆,k 个对象一捆,每捆用一个 x^k 表示;…成捆的对象不能解开. 现从这一大堆对象中任取 n 个对象,每小堆中的对象都可以重复取,其不同的取法恰为正整数 n 的拆分数 a_n. 若把这一大堆对象形式地记为

$$\begin{pmatrix} x^0 \\ x^1 \\ x^2 \\ \vdots \end{pmatrix}\begin{pmatrix} (x^2)^0 \\ (x^2)^1 \\ (x^2)^2 \\ \vdots \end{pmatrix}\cdots\begin{pmatrix} (x^k)^0 \\ (x^k)^1 \\ (x^k)^2 \\ \vdots \end{pmatrix}\cdots$$

同时用加号表示“或”,用乘号表示“与”,这样 $a_n(n=0,1,2,\cdots)$ 的生成函数为

$$\begin{aligned} g(x) &= (1+x+x^2+\cdots)(1+x^2+x^4+\cdots)\cdots(1+x^k+x^{2k}+\cdots)\cdots \\ &= \frac{1}{1-x}\frac{1}{1-x^2}\cdots\frac{1}{1-x^k}\cdots \\ &= \frac{1}{(1-x)(1-x^2)\cdots(1-x^k)\cdots} \end{aligned}$$

另外,设 $P_k(n)$ 为正整数 n 的 k 拆分数. 构造生成函数

$$\begin{aligned} F(x) = &[(yx^1)^0+(yx^1)^1+(yx^1)^2+\cdots]\cdot[(yx^2)^0+(yx^2)^1+(yx^2)^2+\cdots]\cdot\cdots\cdot \\ &[(yx^t)^0+(yx^t)^1+(yx^t)^2+\cdots]\cdot\cdots\cdot[(yx^n)^0+(yx^n)^1+(yx^n)^2+\cdots] \end{aligned}$$

则 $F(x)$ 的右端展开式中 y^kx^n 项一一对应正整数 n 的 k 拆分.

例如:右端展开式中 y^5x^9 项对应于9的5拆分(见表2.7.1).

表 2.7.1

y^5x^9 项	9的5拆分
$(yx^5)^1(yx^1)^4$	5 + 1 + 1 + 1 + 1
$(yx^4)^1(yx^2)^1(yx^1)^3$	4 + 2 + 1 + 1 + 1
$(yx^3)^2(yx^1)^3$	3 + 3 + 1 + 1 + 1
$(yx^3)^1(yx^2)^2(yx^1)^2$	3 + 2 + 2 + 1 + 1
$(yx^2)^3(yx^1)^2$	2 + 2 + 2 + 1 + 1

因此 $P_k(n)$ 的生成函数为

$$F(x)=[(yx^1)^0+(yx^1)^1+(yx^1)^2+\cdots]\cdot[(yx^2)^0+(yx^2)^1+(yx^2)^2+\cdots]\cdot\cdots\cdot$$

$$[(yx^t)^0+(yx^t)^1+(yx^t)^2+\cdots]\cdot\cdots\cdot[(yx^n)^0+(yx^n)^1+(yx^n)^2+\cdots]$$
$$=\frac{1}{(1-yx)(1-yx^2)\cdots(1-yx^n)}$$

在上式中令 $y=1$,即得正整数 n 的拆分数的生成函数.

一般地,令 $P(n,k;W,R)$ 为正整数 n 的 k 拆分数,且其所有分量在 R 中,所有分量重数在 W 中,则 $P(n,k;W,R)$ 的生成函数为

$$F(x)=\sum_{n,k}P(n,k;W,R)x^ny^k=\prod_{r\in R}(\sum_{k\in W}y^kx^{kr})$$

例如,设 $W=\{0,1\}$,$R=\{1,2,3,\cdots\}$,则 $P(n,k;W,R)$ 的生成函数为

$$F(x)=\sum_{n,k}P(n,k;W,R)x^ny^k=\prod_{r\in R}(1+yx^r)$$

例 2.7.1　设有1g、2g、3g 和 4g 的砝码各一枚,问能称出哪几种质量?

解　设 a_n 表示用所给砝码称出 n 克质量的方案数,则 a_n 的生成函数为

$$\begin{aligned}g(x)&=(1+x)(1+x^2)(1+x^3)(1+x^4)\\&=1+x+x^2+2x^3+2x^4+2x^5+2x^6+2x^7+x^8+x^9+x^{10}\end{aligned}$$

可以称出 1 ~ 10g 的质量. 比如,称 6g 的质量有两种方法,称 8g 的质量只有一种方法等.

例 2.7.2　求用1元、2元、5元的邮票可贴出不同邮资的方案数.

解　设 a_n 表示贴出 n 元邮资的方案数. 由于邮票可以重复,故 a_n 的生成函数为

$$\begin{aligned}g(x)&=(1+x+x^2+x^3+\cdots)(1+x^2+x^4+x^6+\cdots)\cdot(1+x^5+x^{10}+x^{15}+\cdots)\\&=\frac{1}{1-x}\cdot\frac{1}{1-x^2}\cdot\frac{1}{1-x^5}\\&=1+x+2x^2+2x^3+3x^4+4x^5+5x^6+6x^7+\cdots\end{aligned}$$

由此可见能贴出 0 元,1 元,2 元,3 元,…的邮资方案. 比如,6 元的方案有 5 种,7 元的方案有 6 种,等等.

习　题　二

1. 求下列每个序列的生成函数:

(1) 0,2,2,2,2,2,2,0,0,0,…;

(2) 0,0,0,1,1,1,1,1,…;

(3) 0,1,0,0,1,0,0,1,0,0,1,0,…;

(4) 2,4,8,16,32,64,128,256,…;

(5) $C_7^0,C_7^1,C_7^2,\cdots,C_7^7,0,0,0,\cdots$;

(6) 2,−2,2,−2,2,−2,2,−2,…;

(7) 1,1,0,1,1,1,1,1,1,…;

(8) 0,0,0,1,2,3,4,5,….

2. 求关于序列 $\{a_n\}$ 的生成函数,其中:

(1) $a_n=5,n=0,1,2,\cdots$;

(2) $a_n=3^n,n=0,1,2,\cdots$;

(3) $a_n=2$,其中,$a_0=a_1=a_2=0,n=3,4,5,\cdots$;

(4) $a_n=2n+3,n=0,1,2\cdots$;

(5) $a_n = C_8^n, n = 0,1,2,\cdots$;

(6) $a_n = C_{n+4}^n, n = 0,1,2,\cdots$.

3. 已知数列$\{a_n\}$的生成函数为$A(x) = \dfrac{2+3x-6x^2}{1-2x}$,求$a_n$.

4. 试确定数列$0,1,0,\dfrac{1}{3},0,\dfrac{1}{5},0,\dfrac{1}{7},\cdots$的生成函数.

5. 在$(1+x^5+x^7)^{50}$中,项x^{31}的系数是多少?

6. 运用生成函数求出换100元的方案数:

(1) 用10元、20元和50元纸币;

(2) 用5元、10元、20元和50元的纸币;

(3) 用5元、10元、20元和50元的纸币,并且每种纸币至少使用1张;

(4) 用5元、10元和20元的纸币,并且每种纸币至少使用1张但不超过4张.

7. 有相同的红球2个,相同的黄球2个,相同的白球4个,从中任取5个,有多少种取法?

8. 确定方程$x_1+x_2+\cdots+x_k=n$的非负奇整数解的个数h_n的生成函数.

9. 令h_n表示方程$3x_1+4x_2+2x_3+5x_4=n$的非负整数解的个数,求$h_n(n=0,1,2,\cdots)$的生成函数.

10. 求方程$x_1+x_2+x_3=1$的整数解的个数,要求x_1,x_2,x_3均大于-5.

11. 求下列各数列$\{a_n\}$的指数生成函数:

(1) $a_n=2$; (2) $a_n=(-1)^n$; (3) $a_n=3^n$;

(4) $a_n=n+1$; (5) $a_n=\dfrac{1}{n+1}$; (6) $a_n=3^n-3\times 2^n$.

12. 确定n位数码全是奇数,且数字1和3出现偶数次的数码个数.

13. 求n位四进制数中2和3出现偶数次的数码个数.

14. 用0,1,2,3,4五个数字,可组成多少个6位数?要求0必须出现一次,1出现2次或3次,2出现1次或不出现,3没有限制,4出现奇数次.

15. 求下列级数的和:

(1) $1^3+2^3+\cdots+n^3$; (2) $1^4+2^4+\cdots+n^4$;

(3) $1\times2\times3+2\times3\times4+3\times4\times5+\cdots+(n-1)n(n+1)$.

16. 确定用红色、白色和蓝色对$1\times n$的棋盘方格涂色的方法数为h_n,其中红色方格的个数为偶数且至少有一个蓝色方格.

17. 求下列序列的生成函数:

(1) $1,\dfrac{1}{1!},\dfrac{1}{2!},\cdots,\dfrac{1}{n!},\cdots$;

(2) $0!,1!,2!,3!,\cdots,n!,\cdots$.

18. 对正整数n进行拆分,使得拆分后的整数都是2的幂,其拆分数记作P_n,并证明对任意正整数n,有$p_n=1$.

19. 求不定方程$x_1+x_2+x_3=14$满足条件$x_1\leqslant8,x_2\leqslant8,x_3\leqslant8$的非负整数解的个数.

20. 求由直线$x+3y=12,x=0,y=0$所围成的三角形内(包括边界)的整点(横坐标和纵坐标均是整数的点)的个数.

21. 求平面直角坐标系中,以$A(5,0),B(0,5),C(-5,0),D(0,-5)$为顶点的正方形内(包括边界)的整点的个数.

22. 求重集$S=\{4\cdot a,4\cdot b,3\cdot c,3\cdot d\}$的7组合的个数.

23. 用数字1,2,3,4构造6位数,每个数字在6位数中出现的次数不得大于2,问可构造出多少个不同的6位数?

24. 令重集 $S=\{\infty\cdot e_1,\infty\cdot e_2,\cdots,\infty\cdot e_k\}$，确定序列 $h_0,h_1,h_2,\cdots,h_n,\cdots$ 的指数生成函数，其中 $h_0=1$，并对 $n\geqslant 1$ 有：

(1) h_n 等于 S 的 n 排列数，其中每个物体出现奇数次；

(2) h_n 等于 S 的 n 排列数，其中每个物体至少出现 4 次；

(3) h_n 等于 S 的 n 排列数，其中 e_1 至少出现 1 次，e_2 至少出现 2 次，…，e_k 至少出现 k 次；

(4) h_n 等于 S 的 n 排列数，其中 e_1 至多出现 1 次，e_2 至多出现 2 次，…，e_k 至多出现 k 次.

25. 确定所有数字至少是 4 的 n 位数的个数，其中 4 和 6 每个都出现偶数次，5 和 7 每个至少出现一次，8 和 9 没有限制.

26. 求满足下列条件的序列个数：

(1) 包含偶数个 0 偶数个 1 的 n 位三进制序列的个数；

(2) 包含偶数个 0 奇数个 1 的 n 位三进制序列的个数；

(3) 包含奇数个 0 奇数个 1 的 n 位三进制序列的个数.

27. 设递推关系 $(n+1)a_{n+1}=a_n+\frac{1}{n!}(n\geqslant 0)$，初始条件 $a_0=1$.

(1) 设 $G(x)$ 是关于 $\{a_n\}$ 的生成函数，证明：$G'(x)=G(x)+\mathrm{e}^x$ 且 $G(0)=1$；

(2) 由(1)证明：$[\mathrm{e}^{-x}G(x)]'=1$，且断定 $G(x)=x\mathrm{e}^x+\mathrm{e}^x$；

(3) 使用(2)找出关于 a_n 的显式公式.

28. 应用公式 $(1-t^2)^{-n}=(1+t)^{-n}(1-t)^{-n}$ 证明下列恒等式：

(1) $\sum\limits_{k=0}^{2s}(-1)^k C_{n+k-1}^{k}C_{n+2s-k-1}^{2s-k}=C_{n+s-1}^{s}$；

(2) $\sum\limits_{k=0}^{2s+1}(-1)^k C_{n+k-1}^{k}C_{n+2s-k}^{2s+1-k}=0$.

29. 应用公式 $(1-4t)^{-1}=\left[(1-4t)^{-\frac{1}{2}}\right]^2$ 证明：$4^n=\sum\limits_{k=0}^{n}C_{2k}^{k}C_{2n-2k}^{n-k}$.

30. 以 $D(n,k)$ 表示由 $1,2,\cdots,n$ 组成的恰有 $k(0\leqslant k\leqslant n)$ 个元素保位（即 k 放在第 k 位）的全排列数，并令 $D_n(x)=\sum\limits_{k=0}^{n}D(n,k)x^k$，证明：

(1) $D(n,k)=\frac{n!}{k!}\sum\limits_{i=0}^{n-k}\frac{(-1)^i}{i!}$；

(2) $D_n(x)=n!\sum\limits_{k=0}^{n}\frac{(x-1)^k}{k!}$；

(3) $D_n(x)=nD_{n-1}(x)+(x-1)^n$.

31. 设序列 $\{a_n\}$ 的生成函数为 $\frac{4-3x}{(1-x)(1+x-x^3)}$，且 $b_0=a_0,b_1=a_1-a_0,b_2=a_2-a_1,\cdots,b_n=a_n-a_{n-1},\cdots$，求数列 $\{b_n\}$ 的生成函数.

第3章 递推关系

3.1 递推关系的建立

当某个对象难以用明确的方式来定义时，常常用这个对象来定义它自身，这种过程称为**递归**.

可以用递归来定义序列、函数和集合，例如，命题演算的合式公式和谓词演算的合式公式采用的就是递归定义. 当然，对于显式的序列也可由递归定义给出. 例如，递归定义序列 $a_n = 2^n (n=0,1,2,\cdots)$：指定初始值 $a_0 = 1$；再指定从该序列前面一项来求当前项的规则，即

$$a_{n+1} = 2a_n \quad (n=0,1,2,\cdots)$$

再比如，递归定义 $F(n) = n!$：指定初始值 $F(0)=1$，再给出从$F(n)$求 $F(n+1)$的规则，即

$$F(n+1) = (n+1)F(n)$$

一个序列的递归定义指定了一个或几个初始值，以及由前若干项确定后项的规则. 我们称前者为**初始条件**，后者为**递推关系**. 比如，递归定义序列 a^n：

$$\begin{cases} \text{初始值 } a_0 = 1 & \text{——初始条件} \\ \text{规则 } a_n = a \cdot a^{n-1} & \text{——递推关系} \end{cases}$$

定义 3.1.1 数列$\{a_n\}(n=0,1,2,\cdots)$的**递推关系**是一个由 $a_0, a_1, a_2, \cdots, a_{n-1}$中的一些或全部确定 a_n 的等式. 数列$\{a_n\}(n=0,1,2,\cdots)$的初始条件是对数列的有限个元素给定的确定值. 如果一个序列的项满足递推关系，这个序列就叫作递推关系的解.

例 3.1.1 确定序列$\{a_n\}$是否为递推关系 $a_n = 2a_{n-1} - a_{n-2}(n=2,3,4,\cdots)$的解. 其中：

(1) $a_n = 3n, n=0,1,2,\cdots$；

(2) $a_n = 2^n, n=0,1,2,\cdots$；

(3) $a_n = 5, n=0,1,2,\cdots$.

解 (1)对于 $n\geqslant 2$，可以看出

$$2a_{n-1} - a_{n-2} = 2\times 3(n-1) - 3(n-2) = 3n = a_n$$

于是$\{a_n\}$是递推关系的解，其中 $a_n = 3n$.

(2)假设对每个非负整数 n，$a_n = 2^n$，注意 $a_0=1, a_1=2, a_2=4$，因为

$$2a_1 - a_0 = 2\times 2 - 1 = 3 \neq a_2$$

不难看出，序列$\{a_n\}$中 $a_n = 2^n$ 不是该递推关系的解.

(3)对于 $n\geqslant 2$，有

$$2a_{n-1} - a_{n-2} = 2\times 5 - 5 = 5 = a_n$$

因此，序列$\{a_n\}$是递推关系的解，其中 $a_n = 5$.

下面再通过几个例题来说明如何建立递推关系.

例 3.1.2　有一个小孩要爬上有 n 个台阶的楼梯，他一步可以爬一个台阶或者两个台阶. 把小孩爬上这 n 个台阶楼梯的不同方案数记作 a_n，求 a_n 的递推关系.

解　爬 n 个台阶的方法可分为两种：

(1) 先爬 1 个台阶，后 $n-1$ 个台阶有 a_{n-1} 种爬法；

(2) 先爬 2 个台阶，后 $n-2$ 个台阶有 a_{n-2} 种爬法.

由加法原则
$$a_n = a_{n-1} + a_{n-2}$$
又显然有 $a_0 = 1, a_1 = 1$，所以
$$\begin{cases} a_n = a_{n-1} + a_{n-2} & \text{——递推关系} \\ a_0 = 1, a_1 = 1 & \text{——初始条件} \end{cases}$$

例 3.1.3　在信道上传输由 a、b、c 三个字母组成的长度为 n 的字符串，若字符串中有两个 a 连续出现，则信道就不能传输. 令 a_n 表示信道可以传输的长度为 n 的字符串的个数，求 a_n 满足的递推关系.

解　信道上能够传输的长度为 $n(n \geqslant 2)$ 的字符串分成四类：

(1) 最左边字符为 b，这类字符串有 a_{n-1} 个；

(2) 最左边字符为 c，此类字符串有 a_{n-1} 个；

(3) 最左边两个字符为 ab，此类字符串有 a_{n-2} 个；

(4) 最左边两个字符为 ac，此类字符串有 a_{n-2} 个.

由加法原则知
$$a_n = 2a_{n-1} + 2a_{n-2}$$
容易求得 $a_1 = 3, a_2 = 8$，从而得到递推关系
$$\begin{cases} a_n = 2a_{n-1} + 2a_{n-2} \\ a_1 = 3, a_2 = 8 \end{cases}$$

例 3.1.4　用 a_n 表示包含偶数个 0 和偶数个 1 的 n 位三进制序列的个数；b_n 表示包含偶数个 0 和奇数个 1 的 n 位三进制序列的个数：c_n 表示包含奇数个 0 和偶数个 1 的 n 位三进制序列的个数. 求关于 a_n、b_n、c_n 的递推关系.

解　包含偶数个 0 和偶数个 1 的 n 位三进制序列可分为三类：

(1) 左边第一位数字是 0，其余 $n-1$ 位数字含奇数个 0 和偶数个 1，故此类序列有 c_{n-1} 个；

(2) 左边第一位数字是 1，其余 $n-1$ 位数字含偶数个 0 和奇数个 1，此类序列有 b_{n-1} 个；

(3) 左边第一位数字是 2，其余 $n-1$ 位数字含偶数个 0 和偶数个 1，此类序列有 a_{n-1} 个.

由加法原则知
$$a_n = a_{n-1} + b_{n-1} + c_{n-1}$$

包含偶数个 0 奇数个 1 的 n 位三进制序列可分为三类：

(1) 左边第一位数字为 0，其余 $n-1$ 位数字含奇数个 0 和奇数个 1，此类数列有 $3^{n-1} - a_{n-1} - b_{n-1} - c_{n-1}$ 个；

(2) 左边第一位数字为 1，其余 $n-1$ 位数字含偶数个 0 和偶数个 1，此类数列有 a_{n-1} 个；

(3) 左边第一位数字为 2，其余 $n-1$ 位数字含偶数个 0 奇数个 1，此类数列有 b_{n-1} 个. 由加法原则知
$$\begin{aligned} b_n &= 3^{n-1} - a_{n-1} - b_{n-1} - c_{n-1} + a_{n-1} + b_{n-1} \\ &= 3^{n-1} - c_{n-1} \end{aligned}$$

类似于 b_n，$c_n = a_{n-1} + 3^{n-1} - a_{n-1} - b_{n-1} - c_{n-1} + c_{n-1}$
$= 3^{n-1} - b_{n-1}$

所以
$$\begin{cases} a_n = a_{n-1} + b_{n-1} + c_{n-1} \\ b_n = 3^{n-1} - c_{n-1} \\ c_n = 3^{n-1} - b_{n-1} \\ a_1 = 1, b_1 = 1, c_1 = 1 \end{cases}$$

例 3.1.5（Fibonacci 问题） 在一年之初把性别相反的一对新生兔子放进围栏．从第二个月开始，母兔每月生出一对性别相反的小兔．每对新生兔也从它们第二个月大开始每月生一对性别相反的小兔，求一年后围栏内兔子的对数．

解 开始时一对兔子在第一个月期间成熟，因此第二个月开始时围栏中还是只有一对兔子．在第二个月期间，原先的一对兔子生下一对小兔，于是第三个月开始时围栏中有两对兔子．在第三个月期间新生的一对小兔正在成熟，只有原先的一对小兔生小兔，因此，在第四个月开始时围栏中将有 $2+1=3$ 对兔子．我们令 f_n 表示在第 n 个月开始（或第 $n-1$ 个月的月底）时围栏内的兔子对数．在第 n 个月开始时，围栏内的兔子可以分成两部分：在第 $n-1$ 个月开始已有的那些兔子和第 $n-1$ 个月期间出生的新兔．由于有一个月的成熟过程，在第 $n-1$ 个月期间出生的新兔的对数等于第 $n-2$ 个月开始时存在的兔子对数．这样，在第 n 月开始时围栏中存在的兔子对数为

$$f_{n-1} + f_{n-2}$$

即
$$f_n = f_{n-1} + f_{n-2} \quad (n \geqslant 3)$$

所以
$$\begin{cases} f_n = f_{n-1} + f_{n-2} \\ f_1 = 1, f_2 = 1 \end{cases}$$

利用这个关系式和已经算出的 f_1、f_2、f_3 和 f_4 的值，得出

$$f_5 = f_4 + f_3 = 3 + 2 = 5$$
$$f_6 = f_5 + f_4 = 5 + 3 = 8$$
$$f_7 = f_6 + f_5 = 8 + 5 = 13$$
$$f_8 = f_7 + f_6 = 13 + 8 = 21$$
$$f_9 = f_8 + f_7 = 21 + 13 = 34$$
$$f_{10} = f_9 + f_8 = 34 + 21 = 55$$
$$f_{11} = f_{10} + f_9 = 55 + 34 = 89$$
$$f_{12} = f_{11} + f_{10} = 89 + 55 = 144$$
$$f_{13} = f_{12} + f_{11} = 144 + 89 = 233$$

因此，一年以后围栏内有 233 对兔子．

定义 $f_0 = 0$，于是 $f_2 = 1 = 1 + 0 = f_1 + f_0$，满足递推关系和初始条件

$$\begin{cases} f_n = f_{n-1} + f_{n-2} & (n \geqslant 2) \\ f_0 = 0, f_1 = 1 \end{cases}$$

的数列 $f_0, f_1, f_2, \cdots$ 叫作 **Fibonacci 序列**；序列的项叫作 **Fibonacci 数**；该递推关系叫作 **Fibonacci 递归.**

例 3.1.6(Hanoi 问题)　现有 A、B、C 三根立柱以及 n 个大小不等的中空圆盘,这些圆盘按上小下大套在 A 柱上,需要把这几个圆盘从 A 柱搬到 C 柱,并保持原来的顺序不变,要求每次只能从一根柱上拿一个圆盘放在另一根柱上,且不允许大盘放在小盘上,求至少要搬动的次数 a_n.

解　整个搬动过程可以分三个阶段:

(1)将 A 柱上面的 $n-1$ 个盘子按要求搬到 B 柱上,最少需要搬动 a_{n-1}次;

(2)把 A 柱上最下面的一个盘子搬到 C 柱上,搬动 1 次;

(3)再把 B 柱上的 $n-1$ 个盘子按要求搬到 C 柱上,最少需搬动 a_{n-1}次.

由加法原则知

$$a_n = a_{n-1} + 1 + a_{n-1} = 2a_{n-1} + 1$$

又显然有 $a_1 = 1$,所以 $\begin{cases} a_n = 2a_{n-1} + 1 \\ a_1 = 1 \end{cases}$.

可以使用**迭代方法**求解这个递推关系:

$$\begin{aligned} a_n &= 2a_{n-1} + 1 \\ &= 2(2a_{n-2} + 1) = 2^2 a_{n-2} + 2 + 1 \\ &= 2^2(2a_{n-3} + 1) + 2 + 1 = 2^3 a_{n-3} + 2^2 + 2 + 1 \\ &\vdots \\ &= 2^{n-1} a_1 + 2^{n-2} + 2^{n-3} + \cdots + 2 + 1 \\ &= 2^{n-1} + 2^{n-2} + 2^{n-3} + \cdots + 2 + 1 = 2^n - 1 \end{aligned}$$

用迭代方法找出了具有初始条件 $a_1 = 1$ 的递推关系 $a_n = 2a_{n-1} + 1$ 的解,这个公式可以用数学归纳法证明.

另一方面,对于任意的常数 A,把 $a_n = A \cdot 2^n - 1$ 分别代入 $a_n = 2a_{n-1} + 1$ 的左右两边,得:左边 $= A \cdot 2^n - 1$,右边 $= 2(A \cdot 2^{n-1} - 1) + 1 = A \cdot 2^n - 1$,即左边 = 右边,因此 $a_n = A \cdot 2^n - 1$ 也是 $a_n = 2a_{n-1} + 1$ 的解. 后面将知道 $a_n = A \cdot 2^n - 1$(A 为任意常数)叫作递推关系 $a_n = 2a_{n-1} + 1$ 的**通解**.

例 3.1.7　构造集合{1,2,…,n}的全排列,但元素 1 不排在第 1 位,元素 2 不排在第 2 位,…,元素 n 不排在第 n 位,这样的全排列称为集合{1,2,…,n}的**错排**,集合{1,2,…,n}的错排的个数简称为集合{1,2,…,n}的**错排数**,记作 D_n.

解　比如,集合{4,3,2,5,6,…,n,1}的错排,即为集合{4,3,2,5,6,…,n,1}的全排列,且元素 4 不排在第 1 位,元素 3 不排在第 2 位,元素 2 不排在第 3 位,元素 5 不排在第 4 位,元素 6 不排在第 5 位,…,元素 n 不排在第 $n-1$ 位,元素 1 不排在第 n 位. 虽然集合{1,2,…,n}与集合{4,3,2,5,6,…,n,1}的错排不相同,但它们的错排数均为 D_n.

集合{1,2,…,n}的错排可划分为表 3.1.1 所列的 $n-1$ 类.

表　3.1.1

第一位	第二位	第三位	…	第 n 位
2	1	构造集合{3,4,…,n}的错排,有 D_{n-2} 个		
	非 1	构造集合{1,3,4,…,n}的错排,有 D_{n-1} 个		

（续）

<table>
<tr><th>第一位</th><th>第二位</th><th>第三位</th><th>…</th><th>第 n 位</th></tr>
<tr><td rowspan="2">3</td><td></td><td>1</td><td colspan="2">构造集合{2,4,5,…,n}的错排</td></tr>
<tr><td></td><td>非 1</td><td colspan="2">构造集合{2,1,4,5,…,n}的错排</td></tr>
<tr><td>⋮</td><td>⋮</td><td></td><td></td><td></td></tr>
<tr><td rowspan="2">n</td><td colspan="3">构造集合{2,3,4,…,$n-1$}的错排</td><td>1</td></tr>
<tr><td colspan="3">构造集合{2,3,4,…,$n-1$,1}的错排</td><td>非 1</td></tr>
</table>

因此，$D_n=(n-1)(D_{n-2}+D_{n-1})$（显然，初始条件 $D_1=0, D_0=1$）

从而

$$\begin{aligned}D_n-nD_{n-1}&=-[D_{n-1}-(n-1)D_{n-2}]\\&=(-1)^2[D_{n-2}-(n-2)D_{n-3}]\\&=(-1)^3[D_{n-3}-(n-3)D_{n-4}]\\&=\cdots=(-1)^{n-1}(D_1-D_0)=(-1)^n\end{aligned}$$

即 $D_n=nD_{n-1}+(-1)^n$.

设 $D_n(n=0,1,2,\cdots)$ 的指数生成函数为 $A(x)$，则

$$\begin{aligned}A(x)&=D_0+D_1x+D_2\frac{x^2}{2!}+D_3\frac{x^3}{3!}+\cdots+D_n\frac{x^n}{n!}+\cdots\\&=D_0+[D_0+(-1)^1]x+[2D_1+(-1)^2]\frac{x^2}{2!}+\\&\quad[3D_2+(-1)^3]\frac{x^3}{3!}+\cdots+[nD_{n-1}+(-1)^n]\frac{x^n}{n!}+\cdots\\&=x\left[D_0+D_1x+D_2\frac{x^2}{2!}+D_3\frac{x^3}{3!}+\cdots+D_{n-1}\frac{x^{n-1}}{(n-1)!}+\cdots\right]+\\&\quad\left[1-x+\frac{x^2}{2!}-\frac{x^3}{3!}+\cdots+(-1)^n\frac{x^n}{n!}+\cdots\right]=xA(x)+e^{-x}\end{aligned}$$

所以

$$\begin{aligned}A(x)&=\frac{e^{-x}}{1-x}\\&=\left[1-x+\frac{x^2}{2!}-\frac{x^3}{3!}+\cdots+(-1)^n\frac{x^n}{n!}+\cdots\right](1+x+x^2+x^3+\cdots)\\&=\sum_{n=0}^{\infty}\left[\frac{1}{0!}-\frac{1}{1!}+\frac{1}{2!}-\frac{1}{3!}+\cdots+(-1)^n\frac{1}{n!}+\cdots\right]x^n\\&=\sum_{n=0}^{\infty}n!\left[\frac{1}{0!}-\frac{1}{1!}+\frac{1}{2!}-\frac{1}{3!}+\cdots+(-1)^n\frac{1}{n!}+\cdots\right]\frac{x^n}{n!}\end{aligned}$$

故 $D_n=n!\left[\frac{1}{0!}-\frac{1}{1!}+\frac{1}{2!}-\frac{1}{3!}+\cdots+(-1)^n\frac{1}{n!}+\cdots\right]$.

3.2　常系数线性齐次递推关系

递推关系和初始条件唯一地确定了一个序列，这是由于一个递推关系和初始条件一起提供了这个序列的递归定义. 前面我们已经看到，可以用迭代方法解某些递推关系，而对于常系

数线性齐次递推关系,我们可以用一种系统的方法明确地求解.

定义 3.2.1　一个**常系数 k 阶线性齐次递推关系**是形如

$$a_n = c_1 a_{n-1} + c_2 a_{n-2} + \cdots + c_k a_{n-k} \tag{3.2.1}$$

的递推关系,其中 $c_1, c_2, \cdots, c_k$ 是实数常数,$c_k \neq 0$.

比如,$a_n = 1.11a_{n-1}$是1阶线性齐次递推关系;$a_n = a_{n-1} + a_{n-2}$是2阶线性齐次递推关系;$a_n = a_{n-5}$是5阶线性齐次递推关系. 而 $a_n = a_{n-1} + a_{n-1}^2$不是线性的;$a_n = 2a_{n-1} + 1$ 不是齐次的;$a_n = na_{n-1}$不是常系数的.

由数学归纳法可以证明递推关系(3.2.1)加上 k 个初始条件

$$a_0 = h_0, a_1 = h_1, \cdots, a_{k-1} = h_{k-1}$$

可以唯一地确定一个数列 $a_0, a_1, a_2, \cdots$.

类似如微分方程的情形,递推关系(3.2.1)的解有如下形式:

$$a_n = x^n$$

其中,x 为待定系数.

把 $a_n = x^n$ 代入递推关系(3.2.1),得

$$x^n = c_1 x^{n-1} + c_2 x^{n-2} + \cdots + c_k x^{n-k}$$

显然,$x = 0$ 是上式的平凡解,这个解通常不是所要求的,设 $x \neq 0$,用 x^{n-k}除上式两边,得

$$x^k = c_1 x^{k-1} + c_2 x^{k-2} + \cdots + c_k$$

即

$$x^k - c_1 x^{k-1} - c_2 x^{k-2} \cdots - c_k = 0 \tag{3.2.2}$$

定义 3.2.2　方程(3.2.2)叫作递推关系(3.2.1)的**特征方程**. 它的 k 个根 $x_1, x_2, \cdots, x_k$(可能有重根)叫作该递推关系的**特征根**,其中 $x_i(i = 1, 2, \cdots, k)$为复数.

定理 3.2.1　令 q 为一非零复数,当且仅当 q 是方程(3.2.2)的一个根,$a_n = q^n$ 是递推关系(3.2.1)的解.

证明　$a_n = q^n$ 为递推关系(3.2.1)的解,当且仅当

$$q^n = c_1 q^{n-1} + c_2 q^{n-2} + \cdots + c_k q^{n-k}$$

即

$$q^n - c_1 q^{n-1} - c_2 q^{n-2} - \cdots - c_k q^{n-k} = 0$$

对所有的 $n \geqslant k$ 成立. 由于假设 $q \neq 0$,可以消去 q^{n-k}. 于是,这些方程(对于 $n \geqslant k$)等价于一个方程

$$q^k - c_1 q^{k-1} - c_2 q^{k-2} - \cdots - c_k = 0$$

我们得出 $a_n = q^n$ 是递推关系(3.2.1)的解,当且仅当 q 是方程(3.2.2)的根. 证毕.

定理 3.2.2　设 $h_1(n)$和 $h_2(n)$是递推关系(3.2.1)的解,则它们的线性组合 $A_1h_1(n) + A_2h_2(n)$也是递推关系(3.2.1)的解,其中 A_1 和 A_2 均为常数.

证明　由于 $h_1(n)$和 $h_2(n)$都是递推关系(3.2.1)的解,则

$$h_1(n) = c_1 h_1(n-1) + c_2 h_1(n-2) + \cdots + c_k h_1(n-k)$$

$$h_2(n) = c_1 h_2(n-1) + c_2 h_2(n-2) + \cdots + c_k h_2(n-k)$$

所以

$$A_1h_1(n) + A_2h_2(n) = c_1[A_1h_1(n-1) + A_2h_2(n-1)] + c_2[A_1h_1(n-2) + A_2h_2(n-2)] + \cdots + c_k[A_1h_1(n-k) + A_2h_2(n-k)]$$

即 $A_1h_1(n) + A_2h_2(n)$是递推关系(3.2.1)的解. 证毕.

定理 3.2.3 若 $h_1(n), h_2(n), \cdots, h_k(n)$ 是递推关系(3.2.1)的解，则它们的线性组合

$$A_1h_1(n) + A_2h_2(n) + \cdots + A_kh_k(n)$$

也是递推关系(3.2.1)的解，其中 $A_1, A_2, \cdots, A_k$ 为常数.

定理 3.2.4 如果特征方程(3.2.2)有 k 个不同的根(可以有共轭复根) $x_1, x_2, \cdots, x_k$，则

$$a_n = A_1x_1^n + A_2x_2^n + \cdots + A_kx_k^n \tag{3.2.3}$$

是下述意义下的递推关系(3.2.1)的通解：无论给定 $a_0, a_1, a_2, \cdots, a_{k-1}$ 什么初值，都存在常数 $A_1, A_2, \cdots, A_k$，使得式(3.2.3)是满足递推关系(3.2.1)和初始条件的唯一序列.

证明 在递推关系(3.2.1)中，由于 $c_k \neq 0$，故 0 不是特征方程(3.2.2)的根. 现已知特征方程(3.2.2)有 k 个不同的非零根(可以有共轭复根) $x_1, x_2, \cdots, x_k$，于是

$$a_n = x_1^n, a_n = x_2^n, \cdots, a_n = x_k^n$$

是递推关系的 k 个不同的解. 由定理 3.2.3 知，对任意的常数 $A_1, A_2, \cdots, A_k$，有

$$a_n = A_1x_1^n + A_2x_2^n + \cdots + A_kx_k^n$$

也是递推关系(3.2.1)的解.

递推关系(3.2.1)有 k 个初始条件 $a_i = h_i (i = 0, 1, \cdots, k-1)$，把初始条件代入上式，得

$$\begin{aligned}
h_0 &= a_0 = A_1x_1^0 + A_2x_2^0 + \cdots + A_kx_k^0 \\
h_1 &= a_1 = A_1x_1^1 + A_2x_2^1 + \cdots + A_kx_k^1 \\
h_2 &= a_2 = A_1x_1^2 + A_2x_2^2 + \cdots + A_kx_k^2 \\
&\vdots \\
h_{k-1} &= a_{k-1} = A_1x_1^{k-1} + A_2x_2^{k-1} + \cdots + A_kx_k^{k-1}
\end{aligned}$$

这是一个关于 $A_1, A_2, \cdots, A_k$ 的线性方程组，且其系数行列式为范德蒙(Vandermonde)行列式，即

$$D = \begin{vmatrix} 1 & 1 & \cdots & 1 \\ x_1 & x_2 & \cdots & x_k \\ x_1^2 & x_2^2 & \cdots & x_k^2 \\ \vdots & \vdots & & \vdots \\ x_1^{k-1} & x_2^{k-1} & \cdots & x_k^{k-1} \end{vmatrix} = \prod_{1 \leqslant i < j \leqslant k} (x_j - x_i)$$

由于 $x_1, x_2, \cdots, x_k$ 互异且均不为零，因此系数行列式 $D \neq 0$，于是关于 $A_1, A_2, \cdots, A_k$ 的线性方程组对于 k 个初始条件 $a_0, a_1, \cdots, a_{k-1}$ 的每种选择都有唯一解. 证毕.

例 3.2.1 求递推关系 $f_n = f_{n-1} + f_{n-2}$ 满足初始条件 $f_0 = 0, f_1 = 1$ 的解.

解 这个递推关系的特征方程为 $x^2 - x - 1 = 0$，解得它的两个根为

$$x_1 = \frac{1+\sqrt{5}}{2}, \quad x_2 = \frac{1-\sqrt{5}}{2}$$

所以

$$f_n = A_1 \times \left(\frac{1+\sqrt{5}}{2}\right)^n + A_2 \times \left(\frac{1-\sqrt{5}}{2}\right)^n$$

是这个递推关系的通解，把 $f_0 = 0, f_1 = 1$ 代入上式得

$$\begin{cases} A_1 + A_2 = 0 \\ \dfrac{1+\sqrt{5}}{2}A_1 + \dfrac{1-\sqrt{5}}{2}A_2 = 1 \end{cases}$$

解这个线性方程组,得

$$\begin{cases} A_1 = \dfrac{1}{\sqrt{5}} \\ A_2 = -\dfrac{1}{\sqrt{5}} \end{cases}$$

因此

$$f_n = \frac{1}{\sqrt{5}}\left(\frac{1+\sqrt{5}}{2}\right)^n - \frac{1}{\sqrt{5}}\left(\frac{1-\sqrt{5}}{2}\right)^n$$

为所求递推关系的解.

这就是著名的 Fibonacci 序列. 虽然 Fibonacci 数都是整数,可是这些整数的显式公式却包含无理数$\sqrt{5}$. 而所有这些$\sqrt{5}$又都奇迹般地消失了.

另外,在定理3.2.4中,若特征方程(3.2.2)的k个不同非零根中有共轭复根,则可以类似常微分方程的情形做如下简化:

设特征方程(3.2.2)有两个共轭复根$x_1=\rho e^{i\theta}$,$x_2=\rho e^{-i\theta}$,此时$x_1^n=\rho^n e^{in\theta}$,$x_2^n=\rho^n e^{-in\theta}$都是递推关系(3.2.1)的解. 由定理3.2.2知

$$\frac{1}{2}x_1^n + \frac{1}{2}x_2^n = \frac{1}{2}\rho^n e^{in\theta} + \frac{1}{2}\rho^n e^{-in\theta} = \rho^n \cos n\theta$$

$$\frac{1}{2}x_1^n - \frac{1}{2}x_2^n = \frac{1}{2}\rho^n e^{in\theta} - \frac{1}{2}\rho^n e^{-in\theta} = \rho^n \sin n\theta$$

也都是递推关系(3.2.1)的解. 因此,可以用

$$A_1\rho^n \cos n\theta + A_2\rho^n \sin n\theta$$

来代替定理3.2.4通解(3.2.3)中的$A_1x_1^n + A_2x_2^n$部分.

例3.2.2　求递推关系$a_n = a_{n-1} - a_{n-2}$满足初始条件$a_1=1$,$a_2=0$的解.

解　该递推关系的特征方程为$x^2-x+1=0$,解得方程的两个根为

$$x_1 = \frac{1+\sqrt{3}i}{2} = e^{i\frac{\pi}{3}},\quad x_2 = \frac{1-\sqrt{3}i}{2} = e^{-i\frac{\pi}{3}}$$

所以,该递推关系的通解为

$$a_n = A_1\cos\frac{n\pi}{3} + A_2\sin\frac{n\pi}{3}$$

把初始条件$a_1=1$,$a_2=0$代入上式,得

$$\begin{cases} A_1\cos\dfrac{\pi}{3} + A_2\sin\dfrac{\pi}{3} = 1 \\ A_1\cos\dfrac{2\pi}{3} + A_2\sin\dfrac{2\pi}{3} = 0 \end{cases}$$

解得 $\begin{cases} A_1 = 1 \\ A_2 = \dfrac{\sqrt{3}}{3} \end{cases}$,故该递推关系的满足初始条件的解为

$$a_n = \cos\frac{n\pi}{3} + \frac{\sqrt{3}}{3}\sin\frac{n\pi}{3}$$

值得注意的是,递推关系(3.2.1)的特征方程(3.2.2)的k个根$x_1,x_2,\cdots,x_k$中若有相同

的,即方程(3.2.2)有重根,则

$$a_n = A_1 x_1^n + A_2 x_2^n + \cdots + A_k x_k^n$$

不是递推关系(3.2.1)的通解. 例如,对于递推关系

$$a_n = 4a_{n-1} - 4a_{n-2}(n \geqslant 2)$$

初始条件 $a_0 = 1, a_1 = 3$,其特征方程为 $x^2 - 4x + 4 = 0$,显然2是该方程的二重根. 若令

$$a_n = A_1 \times 2^n + A_2 \times 2^n = (A_1 + A_2) \times 2^n = A \times 2^n$$

把初始条件 $a_0 = 1, a_1 = 3$ 代入上式,得 $\begin{cases} A = 1 \\ 2A = 3 \end{cases}$.

显然,这两个方程是矛盾的,即无法选择常数 A 满足初始条件. 因此 $a_n = A \times 2^n$ 不是给定递推关系的解.

下面来讨论特征方程有重根时递推关系(3.2.1)的解法.

设 $f(x)$ 是 x 的多项式,令 $\delta f(x) = xf'(x)$,其中 $f'(x)$ 表示 $f(x)$ 的导数,且令

$$\delta^0 f(x) = f(x), \quad \delta^k f(x) = \delta(\delta^{k-1} f(x)) \quad (k \geqslant 1)$$

定理3.2.5 设 $f(x)$ 是 x 的多项式,$q \neq 0$ 是方程 $f(x) = 0$ 的 $m(m \geqslant 2)$ 重根,则 q 是方程 $\delta^t f(x) = 0$ 的 $m - t(0 \leqslant t \leqslant m-1)$ 重根.

证明 因为 q 是方程 $f(x) = 0$ 的 m 重根,所以

$$f(x) = (x-q)^m h(x)$$

其中,$h(x)$ 是 x 的多项式,且 $(x-q) \nmid h(x)$,于是

$$\begin{aligned} \delta f(x) &= xf'(x) \\ &= x[m(x-q)^{m-1} h(x) + (x-q)^m h'(x)] \\ &= x(x-q)^{m-1}[mh(x) + (x-q)h'(x)] \end{aligned}$$

因为 $(x-q) \nmid mh(x)$,且 $q \neq 0$,所以

$$(x-q) \nmid x[mh(x) + (x-q)h'(x)]$$

从而 $(x-q)^{m-1} \mid \delta f(x)$,但 $(x-q)^m \nmid \delta f(x)$,所以 q 是方程 $\delta f(x) = 0$ 的 $m-1$ 重根. 反复应用此结论即知 q 是 $\delta^t f(x) = 0$ 的 $m-t$ 重根 $(0 \leqslant t \leqslant m-1)$. 证毕.

定理3.2.6 设 $q(q \neq 0)$ 是递推关系(3.2.1)的特征方程(3.2.2)的 $m(m \geqslant 2)$ 重根,则

$$a_n = n^t q^n (t = 0, 1, 2, \cdots, m-1)$$

都是递推关系(3.2.1)的解.

证明 递推关系(3.2.1)的特征方程(3.2.2)为

$$x^k - c_1 x^{k-1} - c_2 x^{k-2} - \cdots - c_k = 0$$

令

$$f(x) = x^k - c_1 x^{k-1} - c_2 x^{k-2} - \cdots - c_k$$

显然,$q(q \neq 0)$ 为方程 $f(x) = 0$ 的 $m(m \geqslant 2)$ 重根,从而 q 是方程 $x^{n-k} f(x) = 0 (n > k)$ 的 m 重根. 由定理3.2.5知,q 是方程 $\delta^t[x^{n-k} f(x)] = 0$ 的 $m-t(0 \leqslant t \leqslant m-1)$ 重根,而

$$\delta^t[x^{n-k} f(x)] = n^t x^n - c_1(n-1)^t x^{n-1} - c_2(n-2)^t x^{n-2} - \cdots - c_k(n-k)^t x^{n-k}$$

所以

$$n^t q^n - c_1(n-1)^t q^{n-1} - c_2(n-2)^t q^{n-2} - \cdots - c_k(n-k)^t q^{n-k} = 0$$

即

$$n^t q^n = c_1(n-1)^t q^{n-1} + c_2(n-2)^t q^{n-2} + \cdots + c_k(n-k)^t q^{n-k}$$

因此,$a_n = n^t q^n \quad (0 \leqslant t \leqslant m-1)$ 是递推关系(3.2.1)的解. 证毕.

定理3.2.7 设 $x_1, x_2, \cdots, x_t (t < k)$ 是递推关系(3.2.1)的特征方程(3.2.2)的 t 个互异的

根,且不妨设 x_t 为 $m(m=k-t+1)$ 重根,则

$$a_n=A_1x_1^n+A_2x_2^n+\cdots+A_{t-1}x_{t-1}^n+A_tx_t^n+A_{t+1}nx_t^n+A_{t+2}n^2x_t^n+\cdots+A_kn^{m-1}x_t^n$$

是递推关系(3.2.1)的通解.

例 3.2.3　求递推关系 $a_n=-2a_{n-2}-a_{n-4}$ 满足初始条件 $a_0=0,a_1=1,a_2=2,a_3=3$ 的解.

解　该递推关系的特征方程为

$$x^4+2x^2+1=0$$

$$(x^2+1)^2=0$$

因此,i 和 -i 分别为特征方程的二重根,从而递推关系的通解为

$$a_n=A_1\cos\frac{n\pi}{2}+A_2n\cos\frac{n\pi}{2}+A_3\sin\frac{n\pi}{2}+A_4n\sin\frac{n\pi}{2}$$

把初始条件 $a_0=0,a_1=1,a_2=2,a_3=3$ 代入上式,得

$$\begin{cases}A_1=0\\A_3+A_4=1\\-A_1-2A_2=2\\-A_3-3A_4=3\end{cases},\quad\text{所以}\quad\begin{cases}A_1=0\\A_2=-1\\A_3=3\\A_4=-2\end{cases}$$

因此,所求递推关系的解为

$$a_n=-n\cos\frac{n\pi}{2}+3\sin\frac{n\pi}{2}-2n\sin\frac{n\pi}{2}$$

3.3　常系数线性非齐次递推关系

定义 3.3.1　形如

$$a_n=c_1a_{n-1}+c_2a_{n-2}+\cdots+c_ka_{n-k}+F(n)\tag{3.3.1}$$

的递推关系称为**常系数线性非齐次递推关系**,其中 $c_1,c_2,\cdots,c_k$ 是实数常数,$F(n)$ 是只依赖于 n 且不恒为 0 的函数,且

$$a_n=c_1a_{n-1}+c_2a_{n-2}+\cdots+c_ka_{n-k}\tag{3.3.2}$$

称作**相伴的齐次递推关系**.

定理 3.3.1　若 $a_n=x_n$ 为递推关系(3.3.1)相伴的齐次递推关系(3.3.2)的通解,$a_n=y_n$ 为递推关系(3.3.1)的一个特解,则 $a_n=x_n+y_n$ 为递推关系(3.3.1)的通解.

证明　由已知,有

$$x_n=c_1x_{n-1}+c_2x_{n-2}+\cdots+c_kx_{n-k}$$

$$y_n=c_1y_{n-1}+c_2y_{n-2}+\cdots+c_ky_{n-k}+F(n)$$

两式相加得

$$x_n+y_n=c_1(x_{n-1}+y_{n-1})+c_2(x_{n-2}+y_{n-2})+\cdots+c_k(x_{n-k}+y_{n-k})+F(n)$$

所以,$a_n=x_n+y_n$ 为递推关系(3.3.1)的解.

反之,任给递推关系(3.3.1)的一个解 $a_n=a_n^*$,与上类似,可以证明 $a_n=a_n^*-y_n$ 是递推关系(3.3.2)的解,从而 a_n 可以表示成 x_n 与 y_n 的和. 证毕.

为了求递推关系(3.3.1)的解,由定理 3.3.1 知,可以利用离散模拟求解非齐次微分方程的方法,即先求相伴的齐次递推关系(3.3.2)的通解,再求递推关系(3.3.1)的一个特解,最后

将通解和特解联合,确定在通解中出现的常数值,使得联合解满足初始条件.

主要的困难(除求解特征方程的根困难外)是找出递推关系(3.3.1)的一个特解.

例3.3.1　求递推关系 $a_n=3a_{n-1}+2n$ 的通解和满足初始条件 $a_1=3$ 的解.

解　先考虑相伴的齐次递推关系

$$a_n=3a_{n-1}\quad(n\geqslant 2)$$

其特征方程为

$$x-3=0$$

显然,其特征根为 $x=3$.

因此,相伴的齐次递推关系的通解为 $a_n=a\times 3^n(n\geqslant 2)$,其中 a 为常数.

现求 $a_n=3a_{n-1}+2n$ 的一个特解. 由于 $F(n)=2n$ 是 n 的一次多项式,解的一个合理尝试是 n 的线性函数,比如说 $a_n=bn+c$,其中 b 和 c 为常数. 为确定是否存在这种形式的解,假设 $a_n=bn+c$ 是递推关系 $a_n=3a_{n-1}+2n$ 的一个解,则

$$bn+c=3[b(n-1)+c]+2n$$

即

$$(2b+2)n+(2c-3b)=0$$

所以 $2b+2=0$ 且 $2c-3b=0$,从而 $b=-1,c=-\frac{3}{2}$.

这样,$a_n=-n-\frac{3}{2}$ 为递推关系 $a_n=3a_{n-1}+2n$ 的一个特解. 由定理3.3.1知,递推关系 $a_n=3a_{n-1}+2n$ 的通解为

$$a_n=a\times 3^n-n-\frac{3}{2}\quad(n\geqslant 2)$$

其中,a 为常数.

把初始条件 $a_1=3$ 代入上式,求得 $a=\frac{11}{6}$,故递推关系

$$a_n=3a_{n-1}+2n$$

满足初始条件 $a_1=3$ 的解为

$$a_n=\frac{11}{6}\times 3^n-n-\frac{3}{2}\quad(n\geqslant 2)$$

例3.3.2　求递推关系 $h_n=3h_{n-1}+3^n(n\geqslant 1)$ 满足初始条件 $h_0=2$ 的解.

解　相伴的齐次递推关系的通解是 $h_n=a\times 3^n(n\geqslant 1)$,其中 a 为常数. 我们首先尝试将 $h_n=P\times 3^n$ 作为一个特解,代入则得到

$$P\times 3^n=3P\times 3^{n-1}+3^n$$

消元后有 $P=P+1$,这是不可能的.

因此,再尝试 $h_n=P\times n\times 3^n$ 作为一个特解,代入并得到

$$P\times n\times 3^n=3\times P\times(n-1)\times 3^{n-1}+3^n$$

消元后得 $P=1$,于是 $h_n=n\times 3^n$ 是一个特解.

所以,递推关系 $h_n=3h_{n-1}+3^n(n\geqslant 1)$ 的通解为

$$h_n=a\times 3^n+n\times 3^n\quad(n\geqslant 1)$$

其中,a 为常数.

把初始条件 $h_0=2$ 代入上式得 $a=2$,因此,递推关系

$$h_n=3h_{n-1}+3^n \quad (n\geqslant 1)$$

满足初始条件 $h_0=2$ 的解为

$$h_n=(2+n)\times 3^n \quad (n\geqslant 1)$$

常系数线性非齐次递推关系(3.3.1),对于一般的 $F(n)$,没有普遍的解法,只有在某些简单情况下,可以用特定系数法求得其特解. 下面给出有关某些简单情况的一个定理.

定理 3.3.2 设常系数线性非齐次递推关系 $a_n=c_1a_{n-1}+c_2a_{n-2}+\cdots+c_ka_{n-k}+F(n)$,其中 $c_1,c_2,\cdots,c_k$ 是实数常数,且

$$F(n)=(b_tn^t+b_{t-1}n^{t-1}+\cdots+b_1n+b_0)S^n$$

其中,$b_0,b_1,\cdots,b_t$ 和 S 是实数常数.

当 S 是相伴的线性齐次递推关系的特征方程的 $m(m\geqslant 0)$ 重根时,存在一个下述形式的特解:

$$a_n=n^m(P_tn^t+P_{t-1}n^{t-1}+\cdots+P_1n+P_0)S^n$$

其中,$P_0,P_1,\cdots,P_t$ 为待定系数.

注意,定理 3.3.2 中,$S=1$ 时一定要小心处理.

例 3.3.3 解递推关系 $a_n=a_{n-1}+n(n\geqslant 2)$,$a_1=1$.

解 相伴的齐次递推关系 $a_n=a_{n-1}$ 的特征方程为 $x-1=0$,显然,其特征根为 $x=1$. 因此,其通解为 $a_n=a\times 1^n=a(n\geqslant 2)$,其中 a 为常数.

由定理 3.3.2,由于 $F(n)=n=n\times 1^n$ 且 $S=1$ 是相伴齐次递推关系的特征方程的一重根,因而存在一个形如 $a_n=n\times(P_1n+P_0)$ 的特解,其中 P_0,P_1 为待定系数. 把它代入递推关系得

$$P_1n^2+P_0n=P_1(n-1)^2+P_0(n-1)+n$$

化简得

$$n(2P_1-1)+(P_0-P_1)=0$$

从而 $2P_1-1=0$ 且 $P_0-P_1=0$ 即 $P_1=P_0=\dfrac{1}{2}$,于是

$$a_n=n\left(\frac{1}{2}n+\frac{1}{2}\right)=\frac{1}{2}n^2+\frac{1}{2}n$$

是一个特解. 所以递推关系 $a_n=a_{n-1}+n(n\geqslant 2)$ 的通解为

$$a_n=a+\frac{1}{2}n^2+\frac{1}{2}n \quad (n\geqslant 2)$$

其中,a 为常数.

将初始条件 $a_1=1$ 代入上式,得 $a=0$. 因此,递推关系

$$a_n=a_{n-1}+n \quad (n\geqslant 2)$$

满足初始条件 $a_1=1$ 的解为

$$a_n=\frac{1}{2}n^2+\frac{1}{2}n=\frac{n(n+1)}{2}$$

例 3.3.4 确定线性非齐次递推关系

$$a_n=6a_{n-1}-9a_{n-2}+F(n)$$

的一个特解形式,其中(1)$F(n)=n^22^n$;　(2)$F(n)=(n^2+1)3^n$.

解 相伴的齐次递推关系为

$$a_n=6a_{n-1}-9a_{n-2}$$

其特征方程为 $x^2-6x+9=0$，显然 $x=3$ 是其二重根.

(1)由于 $F(n)=n^2 2^n$ 且 $S=2$ 不是特征方程的根(即零重根)，因此

$$a_n=(P_2n^2+P_1n+P_0)2^n$$

是它的一个特解形式，其中 P_0,P_1,P_2 为待定系数.

(2)由于 $F(n)=(n^2+1)3^n$ 且 $S=3$ 是特征方程的二重根，因此取特解形式为

$$a_n=n^2(P_2n^2+P_1n+P_0)3^n$$

其中，P_0,P_1,P_2 为待定系数.

例 3.3.5 解 Hanoi 问题的递推关系，即 $a_n=2a_{n-1}+1$，其中 $a_1=1$.

解 相伴齐次递推关系 $a_n=2a_{n-1}$ 的特征方程为 $x-2=0$，显然，其特征根为 $x=2$. 因此，其通解为 $a_n=a\times 2^n(n\geqslant 2)$，其中 a 为常数.

由定理 3.3.2，由于 $F(n)=1=1\times 1^n$ 且 $S=1$ 不是相伴齐次递推关系的特征方程的根，因而存在一个形如 $a_n=b$ 的特解，其中 b 为常数. 把它代入递推关系 $a_n=2a_{n-1}+1$ 得 $b=2b+1$，即 $b=-1$，于是 $a_n=-1$ 是 $a_n=2a_{n-1}+1$ 的一个特解. 所以递推关系 $a_n=2a_{n-1}+1$ 的通解为

$$a_n=a\times 2^n-1(n\geqslant 2)$$

其中，a 为常数.

把初始条件 $a_1=1$ 代入上式得 $1=2a-1$，从而 $a=1$，故 $a_n=2a_{n-1}+1$ 的满足初始条件 $a_1=1$ 的解为 $a_n=2^n-1$.

定理 3.3.3 若 $a_n^{(1)}$ 和 $a_n^{(2)}$ 分别是递推关系 $a_n=c_1a_{n-1}+c_2a_{n-2}+\cdots+c_ka_{n-k}+F_1(n)$ 与 $a_n=c_1a_{n-1}+c_2a_{n-2}+\cdots+c_ka_{n-k}+F_2(n)$ 的解，其中 $c_1,c_2,\cdots,c_k$ 是实数常数，$F_1(n)$ 与 $F_2(n)$ 是只依赖于 n 且不恒为 0 的函数，则 $a_n=a_n^{(1)}+a_n^{(2)}$ 为递推关系

$$a_n=c_1a_{n-1}+c_2a_{n-2}+\cdots+c_ka_{n-k}+F_1(n)+F_2(n)$$

的解.

例 3.3.6 求递推关系

$$a_n=3a_{n-1}+3\times 2^n-4n$$

的通解，并求满足初始条件 $a_1=8$ 的解.

解 相伴齐次递推关系 $a_n=3a_{n-1}$ 的特征方程为 $x-3=0$，显然，其特征根为 $x=3$. 因此，$a_n=3a_{n-1}$ 的通解为 $a_n=a\times 3^n$，其中 a 为常数.

先求 $a_n=3a_{n-1}+3\times 2^n$ 的特解 $a_n^{(1)}$. 令 $a_n^{(1)}=b\times 2^n$，其中 b 为常数，则 $b\times 2^n=3b\times 2^{n-1}+3\times 2^n$， $2b=3b+6$，即 $b=-6$.

因此 $a_n^{(1)}=-6\times 2^n$ 是 $a_n=3a_{n-1}+3\times 2^n$ 的一个特解.

再求 $a_n=3a_{n-1}-4n$ 的特解 $a_n^{(2)}$. 令 $a_n^{(2)}=cn+d$，其中 c 与 d 均为常数，则

$$cn+d=3[c(n-1)+d]-4n$$

即

$$cn+d=(3c-4)n+3d-3c$$

所以 $\begin{cases}3c-4=c\\3d-3c=d\end{cases}$，即 $\begin{cases}c=2\\d=3\end{cases}$.

因此，$a_n^{(2)}=2n+3$ 是 $a_n=3a_{n-1}-4n$ 的一个特解.

从而 $a_n=a_n^{(1)}+a_n^{(2)}=-6\times 2^n+2n+3$ 是原递推关系 $a_n=3a_{n-1}+3\times 2^n-4n$ 的一个特解.

这样,我们得到 $a_n=3a_{n-1}+3\times2^n-4n$ 的通解为

$$a_n=a\times3^n-6\times2^n+2n+3$$

其中,a 为常数.

再把 $a_1=8$ 代入上式得

$$8=a\times3-6\times2+2\times1+3$$

求得 $a=5$,故

$$a_n=3a_{n-1}+3\times2^n-4n$$

满足初始条件 $a_1=8$ 的解为

$$a_n=5\times3^n-6\times2^n+2n+3$$

3.4　递推关系的解法补充

3.4.1　生成函数法

例 3.4.1　解递推关系

$$\begin{cases}a_n=a_{n-1}+b_{n-1}+c_{n-1}\\ b_n=3^{n-1}-c_{n-1}\\ c_n=3^{n-1}-b_{n-1}\end{cases}$$

初始条件 $a_0=1,b_0=c_0=0$.

解　设 $a_n,b_n,c_n(n=0,1,2,\cdots)$ 的生成函数分别为

$$A(x),B(x),C(x)$$

$$\begin{aligned}A(x)&=a_0+a_1x+a_2x^2+a_3x^3+\cdots\\&=a_0+(a_0+b_0+c_0)x+(a_1+b_1+c_1)x^2+(a_2+b_2+c_2)x^3+\cdots\\&=a_0+x(a_0+a_1x+a_2x^2+\cdots)+x(b_0+b_1x+b_2x^2+\cdots)+x(c_0+c_1x+c_2x^2+\cdots)\\&=a_0+xA(x)+xB(x)+xC(x)\\&=1+xA(x)+xB(x)+xC(x)\\B(x)&=b_0+b_1x+b_2x^2+b_3x^3+\cdots\\&=b_0+(3^0-c_0)x+(3^1-c_1)x^2+(3^2-c_2)x^3+\cdots\\&=b_0+x(3^0+3^1x+3^2x^2+\cdots)-x(c_0+c_1x+c_2x^2+\cdots)\\&=b_0+x\cdot\frac{1}{1-3x}-xC(x)=\frac{x}{1-3x}-xC(x)\end{aligned}$$

同理, $C(x)=\dfrac{x}{1-3x}-xB(x)$.

所以

$$\begin{cases}A(x)=1+xA(x)+xB(x)+xC(x) & (1)\\ B(x)=\dfrac{x}{1-3x}-xC(x) & (2)\\ C(x)=\dfrac{x}{1-3x}-xB(x) & (3)\end{cases}$$

由式(2)与式(3),得

$$B(x)=C(x)=\frac{x(1-x)}{(1-x^2)(1-3x)}=\frac{x}{(1+x)(1-3x)}$$

$$=\frac{\frac{1}{4}}{(1-3x)}-\frac{\frac{1}{4}}{(1+x)}$$

$$=\frac{1}{4}\sum_{k=0}^{\infty}(3x)^k-\frac{1}{4}\sum_{k=0}^{\infty}(-1)^k x^k$$

$$=\frac{1}{4}\sum_{k=0}^{\infty}[3^k-(-1)^k]x^k$$

所以

$$b_n=c_n=\frac{1}{4}[3^n-(-1)^n]$$

再由式(1),得

$$A(x)=\frac{1+xB(x)+xC(x)}{1-x}=\frac{1}{1-x}+\frac{2xB(x)}{1-x}$$

$$=\frac{1}{1-x}+\frac{2x}{1-x}\frac{x}{(1+x)(1-3x)}$$

$$=\frac{1}{1-x}+\frac{x}{1-x}\left(\frac{\frac{1}{2}}{1-3x}-\frac{\frac{1}{2}}{1+x}\right)$$

$$=\frac{1}{1-x}+\frac{\frac{1}{2}x}{(1-x)(1-3x)}-\frac{\frac{1}{2}x}{(1-x)(1+x)}$$

$$=\frac{1}{1-x}+\frac{\frac{1}{4}}{1-3x}-\frac{\frac{1}{4}}{1-x}-\left(\frac{\frac{1}{4}}{1-x}-\frac{\frac{1}{4}}{1+x}\right)$$

$$=\frac{\frac{1}{4}}{1-3x}+\frac{\frac{1}{2}}{1-x}+\frac{\frac{1}{4}}{1+x}$$

$$=\frac{1}{4}\sum_{k=0}^{\infty}(3x)^k+\frac{1}{2}\sum_{k=0}^{\infty}x^k+\frac{1}{4}\sum_{k=0}^{\infty}(-x)^k$$

$$=\frac{1}{4}\sum_{k=0}^{\infty}[3^k+2+(-1)^k]x^k$$

所以

$$a_n=\frac{1}{4}[3^n+2+(-1)^n]$$

例 3.4.2 解递推关系 $D_n=(n-1)(D_{n-1}+D_{n-2})$,其中初始条件 $D_0=1,D_1=0$.

解 由 $D_n=(n-1)(D_{n-1}+D_{n-2})$可得

$$\begin{aligned}D_n-nD_{n-1}&=-[D_{n-1}-(n-1)D_{n-2}]\\&=(-1)^2[D_{n-2}-(n-2)D_{n-3}]\\&=\cdots=(-1)^{n-1}(D_1-D_0)=(-1)^n\end{aligned}$$

即 $D_n=nD_{n-1}+(-1)^n$.

设 $D_n(n=0,1,2,\cdots)$的指数生成函数为 $A(x)$,则

$$A(x)=D_0+D_1x+\frac{1}{2!}D_2x^2+\frac{1}{3!}D_3x^3+\cdots$$

$$=D_0+[D_0+(-1)]x+\frac{1}{2!}[2D_1+(-1)^2]x^2+\frac{1}{3!}[3D_2+(-1)^3]x^3+\cdots$$

$$=x\left(D_0+D_1x+\frac{1}{2!}D_2x^2+\frac{1}{3!}D_3x^3+\cdots\right)+\left(1-x+\frac{1}{2!}x^2-\frac{1}{3!}x^3+\cdots\right)$$

$$=xA(x)+e^{-x}$$

所以

$$A(x)=\frac{e^{-x}}{1-x}$$

$$=\left(1-x+\frac{1}{2!}x^2-\frac{1}{3!}x^3+\cdots\right)(1+x+x^2+x^3+\cdots)$$

$$=\sum_{k=0}^{\infty}\left[\frac{1}{0!}-\frac{1}{1!}+\frac{1}{2!}-\frac{1}{3!}+\cdots+(-1)^k\frac{1}{k!}\right]\cdot k!\cdot\frac{x^k}{k!}$$

故

$$D_n=\left[\frac{1}{0!}-\frac{1}{1!}+\frac{1}{2!}-\frac{1}{3!}+\cdots+(-1)^n\frac{1}{n!}\right]\cdot n!$$

例 3.4.3　解递推关系 $a_n-3a_{n-1}-10a_{n-2}=28\times5^n$，其中初始条件 $a_0=25$，$a_1=120$.

解　令

$$D(x)=1-3x-10x^2$$

则

$$G(x)=a_0+a_1x+a_2x^2+a_3x^3+\cdots$$

$$D(x)G(x)=(1-3x-10x^2)(a_0+a_1x+a_2x^2+a_3x^3+\cdots)$$

$$=a_0+(a_1-3a_0)x+(a_2-3a_1-10a_0)x^2+(a_3-3a_2-10a_1)x^3+\cdots$$

$$=25+(120-75)x+28\times5^2x^2+28\times5^3x^3+\cdots$$

$$=25+45x+\frac{28\times5^2x^2}{1-5x}$$

$$=\frac{25-80x+475x^2}{1-5x}$$

$$G(x)=\frac{25-80x+475x^2}{(1-5x)^2(1+2x)}=\frac{20}{(1-5x)^2}-\frac{10}{1-5x}+\frac{15}{1+2x}$$

$$=20\sum_{k=0}^{\infty}(k+1)(5x)^k-10\sum_{k=0}^{\infty}(5x)^k+15\sum_{k=0}^{\infty}(-2x)^k$$

$$=\sum_{k=0}^{\infty}[20(k+1)5^k-10\times5^k+15\times(-2)^k]x^k$$

故 $a_n=(20n+20)\times5^n-10\times5^n+15\times(-2)^n$.

例 3.4.4　解递推关系 $(n-1)a_n-(n-2)a_{n-1}-2a_{n-2}=0$，其中 $a_0=0$，$a_1=1$.

解　令 $A(x)=a_1+a_2x+a_3x^2+a_4x^3+\cdots+a_nx^{n-1}+\cdots$ 两边对 x 求导得

$$A'(x)=2a_3x+3a_4x^2+\cdots+(n-1)a_nx^{n-2}+\cdots$$

$$(1-x)A'(x)=2a_3x+(3a_4-2a_3)x^2+\cdots+[(n-1)a_n-(n-2)a_{n-1}]x^{n-2}+\cdots$$

$$=2a_1x+2a_2x^2+\cdots+2a_{n-2}x^{n-2}+\cdots$$

$$=2x(a_1+a_2x+\cdots+a_{n-2}x^{n-3}+\cdots)$$

$$=2xA(x)$$

所以

$$\frac{A'(x)}{A(x)}=\frac{2x}{1-x}=-2+\frac{2}{1-x}$$

$$\int_0^x \frac{A'(y)}{A(y)}\mathrm{d}y=\int_0^x\left(-2+\frac{2}{1-y}\right)\mathrm{d}y$$

$$\ln A(x)=-2x-2\ln|1-x|$$

$$\ln A(x)+\ln(1-x)^2=-2x$$

$$\ln[A(x)(1-x)^2]=-2x$$

即

$$A(x)=\frac{\mathrm{e}^{-2x}}{(1-x)^2}=\left[\sum_{k=0}^{\infty}(-2)^k\frac{x^k}{k!}\right]\left[\sum_{k=0}^{\infty}(k+1)x^k\right]$$

$$=\sum_{k=0}^{k}\left[\sum_{t=0}^{\infty}(k-t+1)(-2)^t\cdot\frac{1}{t!}\right]x^k$$

因此

$$a_{n+1}=\sum_{t=0}^{k}(n-t+1)(-2)^t\cdot\frac{1}{t!}$$

3.4.2　迭代法

例 3.4.5　用迭代法解 Hanoi 问题的递推关系，即 $a_n=2a_{n-1}+1$，其中 $a_1=1$.

解

$$\begin{aligned}a_n&=2a_{n-1}+1=2(2a_{n-2}+1)+1\\&=2^2a_{n-2}+2+1=2^2(2a_{n-3}+1)+2+1\\&=2^3a_{n-3}+2^2+2+1\\&\vdots\\&=2^{n-1}a_1+2^{n-2}+2^{n-3}+\cdots+2^2+2+1\\&=2^{n-1}+2^{n-2}+\cdots+2^2+2+1=2^n-1\end{aligned}$$

例 3.4.6　用迭代法解递推关系 $h_n=(4n-6)h_{n-1}$，其中初始条件 $h_1=1$.

解

$$\begin{aligned}h_n&=(4n-6)h_{n-1}\\&=(4n-6)[4(n-1)-6]h_{n-2}\\&=(4n-6)[4(n-1)-6][4(n-2)-6]h_{n-3}\\&\vdots\\&=(4n-6)[4(n-1)-6][4(n-2)-6]\cdots(4\times3-6)(4\times2-6)h_1\\&=2^{n-1}(2n-3)(2n-5)(2n-7)\cdots3\times1\\&=\frac{2^{n-1}\times(2n-2)!}{(2n-2)(2n-4)(2n-6)(2n-8)\cdots4\times2}\\&=\frac{2^{n-1}\times(2n-2)!}{2^{n-1}\times(n-1)!}=\frac{(2n-2)!}{(n-1)!}\end{aligned}$$

例 3.4.7　用迭代法解递推关系 $a_n=\frac{n+1}{2n}a_{n-1}+1$，其中 $a_0=1$.

解　令

$$\begin{aligned}a_n&=\frac{n+1}{2n}\cdot\frac{n}{2(n-1)}\cdot\frac{n-1}{2(n-2)}\cdot\cdots\cdot\frac{3}{2\times2}\cdot\frac{2}{2\times1}b_n\\&=\frac{n+1}{2^n}b_n\end{aligned}$$

则
$$\begin{aligned} b_n &= \frac{a_n \times 2^n}{n+1} = \frac{2^n}{n+1}\left(\frac{n+1}{2n}a_{n-1}+1\right) \\ &= \frac{2^{n-1}}{n}a_{n-1} + \frac{2^n}{n+1} = b_{n-1} + \frac{2^n}{n+1} \\ &= b_{n-2} + \frac{2^{n-2}}{n-1} + \frac{2^n}{n+1} \\ &= b_{n-3} + \frac{2^{n-3}}{n-2} + \frac{2^{n-2}}{n-1} + \frac{2^n}{n+1} \\ &\vdots \\ &= b_0 + \frac{2^1}{2} + \frac{2^2}{3} + \cdots + \frac{2^{n-3}}{n-2} + \frac{2^{n-2}}{n-1} + \frac{2^n}{n+1} \end{aligned}$$

而 $b_0=1$，所以 $b_n = \sum\limits_{k=0}^{n} \frac{2^k}{k+1}$，从而

$$a_n = \frac{n+1}{2^n}\left(\sum_{k=0}^{n} \frac{2^k}{k+1}\right)$$

一般地，若 $a_n = f(n)a_{n-1} + g(n)$，其中 $f(n)$ 与 $g(n)$ 为 n 的函数，令

$$a_n = f(n)f(n-1)\cdots f(1)b_n$$

则有 $b_n = b_{n-1} + \dfrac{g(n)}{f(n)f(n-1)\cdots f(1)}$.

3.4.3　置换法

例 3.4.8　用置换法解 Hanoi 问题的递推关系 $a_n = 2a_{n-1}+1$，其中，$a_1=1$.

解　由 $a_n = 2a_{n-1}+1$ 得

$$a_n + 1 = 2(a_{n-1}+1)$$

令 $b_n = a_n + 1$，则 $b_n = 2b_{n-1}$，且 $b_1 = 2$.

很容易求得 $b_n = 2^n$，故 $a_n = 2^n - 1$.

例 3.4.9　解递推关系 $a_n - \dfrac{a_{n-1}}{n} = \dfrac{1}{n!}$.

解　令 $a_n = \dfrac{b_n}{n!}$，则 $\dfrac{b_n}{n!} - \dfrac{b_{n-1}}{n!} = \dfrac{1}{n!}$，从而 $b_n - b_{n-1} = 1$，于是问题化成线性常系数的递推关系.

例 3.4.10　求解递推关系 $a_n = 3a_{n-1}^2$，其中 $a_0 = 1$.

解　由于 $a_n = 3a_{n-1}^2$，则 $\lg a_n = \lg 3 + 2\lg a_{n-1}$；令 $b_n = \lg a_n$，则 $b_n = 2b_{n-1} + \lg 3$，且 $b_0 = 0$. 不难解得 $b_n = (2^n - 1)\lg 3$，从而 $a_n = 3^{2^n - 1}$.

例 3.4.11　解递推关系 $a_n - ne^{n^2}a_{n-1} = 0$，其中 $a_0 = 1$.

解　由 $a_n - ne^{n^2}a_{n-1} = 0$ 得 $a_n = ne^{n^2}a_{n-1}$，从而

$$\ln a_n = \ln n + n^2 + \ln a_{n-1}$$

令 $b_n = \ln a_n$，则 $b_n = b_{n-1} + \ln n + n^2$，且 $b_0 = 0$.

先解递推关系 $b_n = b_{n-1} + \ln n$，$b_0 = 0$，得

$$b_n^{(1)} = \ln n!$$

再解递推关系 $b_n=b_{n-1}+n^2, b_0=0$，得

$$b_n^{(2)}=\frac{n(n+1)(2n+1)}{6}$$

从而

$$b_n=\ln n!+\frac{n(n+1)(2n+1)}{6}$$

故

$$a_n=n!+\exp\left[\frac{n(n+1)(2n+1)}{6}\right]$$

3.4.4 归纳法

例 3.4.12 求解递推关系 $h_n=h_{n-1}+n^3$，其中 $h_0=0$.

解 迭代后有 $h_n=0^3+1^3+2^3+\cdots+n^3$，计算得到

$$h_0=0^3=0=0^2=(0+0)^2$$

$$h_1=0^3+1^3=1=1^2=(0+1)^2$$

$$h_2=0^3+1^3+2^3=9=3^2=(0+1+2)^2$$

$$h_3=0^3+1^3+2^3+3^3=36=6^2=(0+1+2+3)^2$$

$$h_4=0^3+1^3+2^3+3^3+4^3=100=10^2=(0+1+2+3+4)^2$$

一个合理的假设为

$$\begin{aligned}h_n&=(0+1+2+3+\cdots+n)^2\\&=\left[\frac{n(n+1)}{2}\right]^2=\frac{n^2(n+1)^2}{4}\end{aligned}$$

这个公式可通过归纳法验证如下：

设它对整数 n 成立，证明它对 $n+1$ 也成立，即

$$\begin{aligned}h_{n+1}&=h_n+(n+1)^3=\frac{n^2(n+1)^2}{4}+(n+1)^3\\&=\frac{(n+1)^2[n^2+4(n+1)]}{4}=\frac{(n+1)^2(n+2)^2}{4}\end{aligned}$$

因此，根据数学归纳法有

$$h_n=\frac{n^2(n+1)^2}{4}\quad(n\geqslant 0)$$

3.4.5 相加消去法

例 3.4.13 解递推关系 $a_n=a_{n-1}+n$，其中 $a_0=1$.

解 $a_1=a_0+1$

$a_2=a_1+2$

$a_3=a_2+3$

$\vdots$

$a_{n-1}=a_{n-2}+n-1$

$a_n=a_{n-1}+n$

把上述等式左右两边分别相加，得

$$a_n=a_0+1+2+3+\cdots+(n-1)+n$$

故 $a_n=1+\dfrac{n(n+1)}{2}$.

3.5 Fibonacci 数与 Catalan 数

3.5.1 Fibonacci 数

满足以下递推关系和初始条件

$$\begin{cases} f_n = f_{n-1} + f_{n-2} & (n \geqslant 2) \\ f_0 = 0, f_1 = 1 \end{cases}$$

的数列 $f_0, f_1, f_2, \cdots$ 叫作 **Fibonacci 序列**,序列的项叫作 **Fibonacci 数**. 由计算可知,Fibonacci 序列的前几项是

0,1,1,2,3,5,8,13,21,34,55,89,144,233,377,…

且 Fibonacci 数满足公式

$$f_n = \frac{1}{\sqrt{5}}\left(\frac{1+\sqrt{5}}{2}\right)^n - \frac{1}{\sqrt{5}}\left(\frac{1-\sqrt{5}}{2}\right)^n \quad (n \geqslant 0)$$

由于

$$\left| f_n - \frac{1}{\sqrt{5}}\left(\frac{1+\sqrt{5}}{2}\right)^n \right| = \left| \frac{1}{\sqrt{5}}\left(\frac{1-\sqrt{5}}{2}\right)^n \right| < \frac{1}{\sqrt{5}} < \frac{1}{2}$$

所以 Fibonacci 数 f_n 最接近于 $\frac{1}{\sqrt{5}}\left(\frac{1+\sqrt{5}}{2}\right)^n$,且当 n 为偶数时 f_n 等于 $\frac{1}{\sqrt{5}}\left(\frac{1+\sqrt{5}}{2}\right)^n$ 的整数部分;n 为奇数时 f_n 等于 $\frac{1}{\sqrt{5}}\left(\frac{1+\sqrt{5}}{2}\right)^n$ 的整数部分加 1. 换句话说,求 f_n 时,实际上并不需要计算 $\frac{1}{\sqrt{5}}\left(\frac{1-\sqrt{5}}{2}\right)^n$.

Fibonacci 序列有很多有趣的性质,下面列举几个.

(1) $f_{n+m} = f_n f_{m-1} + f_{n+1} f_m = f_m f_{n-1} + f_{m+1} f_n$

证明　设 $f_n (n = 0, 1, 2, \cdots)$ 的生成函数为 $F(x)$,则

$$\begin{aligned} F(x) &= f_0 + f_1 x + f_2 x^2 + f_3 x^3 + \cdots \\ &= x + \sum_{n=2}^{\infty} f_n x^n \\ &= x + \sum_{n=2}^{\infty} (f_{n-1} + f_{n-2}) x^n \\ &= x + \sum_{n=2}^{\infty} f_{n-1} x^n + \sum_{n=2}^{\infty} f_{n-2} x^n \\ &= x + x \sum_{n=1}^{\infty} f_n x^n + x^2 \sum_{n=0}^{\infty} f_n x^n \\ &= x + x \sum_{n=0}^{\infty} f_n x^n + x^2 \sum_{n=0}^{\infty} f_n x^n \\ &= x + xF(x) + x^2 F(x) \end{aligned}$$

即

$$F(x) = \frac{x}{1 - x - x^2}$$

$$\begin{aligned}\sum_{n=0}^{\infty} f_{n+m}x^{n+m} &= F(x) - (f_0 + f_1x + f_2x^2 + \cdots + f_{m-1}x^{m-1}) \\ &= \left[1 - \frac{f_0 + f_1x + f_2x^2 + \cdots + f_{m-1}x^{m-1}}{F(x)}\right]F(x) \\ &= \left[1 - \frac{(1-x-x^2)(f_0 + f_1x + f_2x^2 + \cdots + f_{m-1}x^{m-1})}{x}\right]F(x) \\ &= (f_mx^{m-1} + f_{m-1}x^m)F(x)\end{aligned}$$

比较两边 x^{n+m}项的系数即得证.

(2) Fibonacci 序列的项的部分和为

$$S_n = f_0 + f_1 + f_2 + \cdots + f_n = f_{n+2} - 1$$

证明 $n=0$ 时,$S_0 = f_0 = 0$,$f_2 - 1 = 1 - 1 = 0$,显然公式成立. 设 $n \geqslant 1$ 时,假设公式对 n 成立,证明用 $n+1$ 代替 n 时,公式也成立.

$$\begin{aligned}S_{n+1} &= f_0 + f_1 + f_2 + \cdots + f_n + f_{n+1} \\ &= (f_{n+2} - 1) + f_{n+1} \\ &= f_{n+2} + f_{n+1} - 1 \\ &= f_{n+3} - 1\end{aligned}$$

因此,由数学归纳法知,公式成立.

(3) 当且仅当 n 能被 3 整除时,Fibonacci 数是偶数.

证明 设 f_0、f_1、f_2 依次是偶数、奇数、奇数,于是接下来的三个数依次是

奇数 + 奇数 = 偶数

奇数 + 偶数 = 奇数

偶数 + 奇数 = 奇数

也就是说,Fibonacci 序列的性质依次为偶数,奇数,奇数,偶数,奇数,奇数,…

(4) 设 m 和 n 为正整数,若 m 能被 n 整除,则 f_m 也能被 f_n 整除.

证明 设 $m = nk$,其中 k 为自然数,下面对 k 进行归纳证明.

$k=0$ 时,$f_m = f_0 = 0 = 0 \times f_n$,结论成立.

设 $k \geqslant 1$ 时,f_m 能被 f_n 整除对 k 成立,即 $f_m = f_{nk} = qf_n$(其中 q 为自然数). 证明以 $k+1$ 代替 k 时,结论也成立.

$$\begin{aligned}f_m &= f_{n(k+1)} = f_{nk+n} \\ &= f_{n-1}f_{nk} + f_nf_{nk+1} \quad [\text{性质(1)}] \\ &= f_{n-1}qf_n + f_nf_{nk+1} \\ &= (qf_{n-1} + f_{nk+1})f_n\end{aligned}$$

因此,由数学归纳法知,结论成立.

3.5.2 Catalan 数

Catalan 数是为纪念比利时数学家 Catalan(1814—1894)而以他的名字命名的. 下面,先看一个源于 Catalan 数研究的实例.

例 3.5.1 将凸 $n+1$ 边形用不相交的对角线对其进行三角剖分,求所有不同的三角剖分方案数 C_n. 所谓凸 n 边形,其主要特点是其内任意两点的连线线段都在该 n 边形内. 例如,正

五边形有如图3.5.1所示的5种三角剖分方案,即 $C_4=5$.

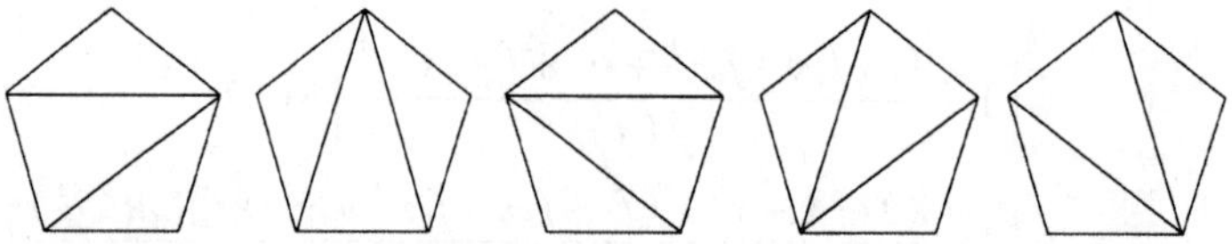

图 3.5.1

解 由于三角形区域没有对角线不能进一步再分,显然有 $C_2=1$. 现令 $n\geqslant3$,考虑具有 $n+1\geqslant4$ 条边的凸边形,设其顶点依次为 $V_1,V_2,\cdots,V_{n+1}$,固定一条边 V_1V_{n+1},再另取一个顶点 $V_k(k=2,3,4,\cdots,n)$,作 $\triangle V_1V_kV_{n+1}$,它将多边形分为两个较小的凸多边形. 一个是凸 k 边形,其剖分数为 C_{k-1},另一个是 $n-k+2$边形,其剖分数为 C_{n-k+1}(见图3.5.2a). 由乘法原则和加法原则知

$$C_n=C_1C_{n-1}+C_2C_{n-2}+\cdots+C_{n-1}C_1 \tag{3.5.1}$$

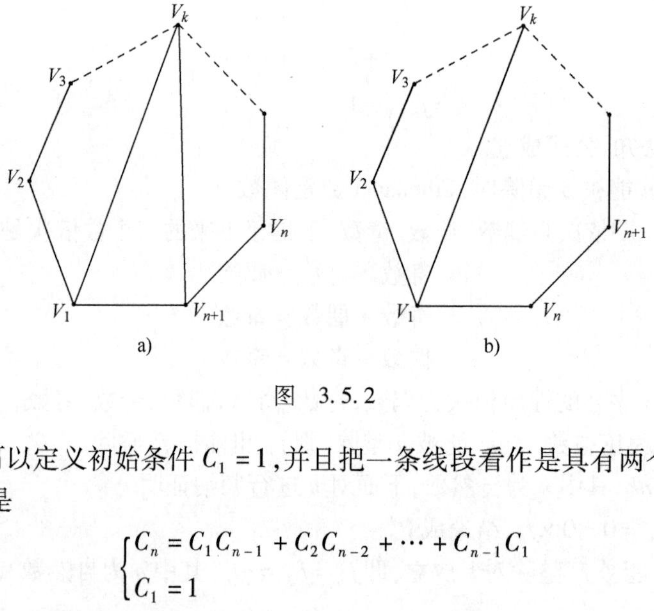

图 3.5.2

由于 $C_2=1$,我们可以定义初始条件 $C_1=1$,并且把一条线段看作是具有两个顶点且没有内部的一个多边形,于是

$$\begin{cases}C_n=C_1C_{n-1}+C_2C_{n-2}+\cdots+C_{n-1}C_1\\C_1=1\end{cases}$$

令 $C_n(n=1,2,3,\cdots)$的生成函数为

$$g(x)=C_1x+C_2x^2+\cdots+C_nx^n+\cdots$$

将 $g(x)$自乘,得

$$\begin{aligned}g(x)g(x)&=C_1C_1x^2+(C_1C_2+C_2C_1)x^3+(C_1C_3+C_2C_2+C_3C_1)x^4+\cdots+\\&\quad(C_1C_{n-1}+C_2C_{n-2}+\cdots+C_{n-1}C_1)x^n+\cdots\\&=x^2+C_3x^3+C_4x^4+\cdots+C_nx^n+\cdots\\&=C_2x^2+C_3x^3+C_4x^4+\cdots+C_nx^n+\cdots\\&=g(x)-C_1x=g(x)-x\end{aligned}$$

即
$$g^2(x)-g(x)+x=0$$

解得
$$g_1(x)=\frac{1+\sqrt{1-4x}}{2},\quad g_2(x)=\frac{1-\sqrt{1-4x}}{2}.$$

由于 $g(0)=0$，而 $g_1(0)\neq 0$，$g_2(0)=0$，因此舍去 $g_1(x)$，得

$$g(x)=\frac{1-\sqrt{1-4x}}{2}=\frac{1}{2}-\frac{1}{2}(1-4x)^{\frac{1}{2}}$$

由牛顿二项式定理

$$(1+y)^{\frac{1}{2}}=1+\sum_{n=1}^{\infty}\frac{(-1)^{n-1}}{n\times 2^{2n-1}}\mathrm{C}_{2n-2}^{n-1}y^n \quad (|y|<1)$$

用 $(-4x)$ 代替 y，得

$$\begin{aligned}(1-4x)^{\frac{1}{2}}&=1+\sum_{n=1}^{\infty}\frac{(-1)^{n-1}}{n\times 2^{2n-1}}\mathrm{C}_{2n-2}^{n-1}(-1)^n4^nx^n\\&=1+\sum_{n=1}^{\infty}(-1)^{2n-1}\frac{2}{n}\mathrm{C}_{2n-2}^{n-1}x^n\\&=1-2\sum_{n=1}^{\infty}\frac{1}{n}\mathrm{C}_{2n-2}^{n-1}x^n \quad (|x|<1/4)\end{aligned}$$

因此

$$g(x)=\frac{1}{2}-\frac{1}{2}(1-4x)^{\frac{1}{2}}=\sum_{n=1}^{\infty}\frac{1}{n}\mathrm{C}_{2n-2}^{n-1}x^n$$

从而 $\mathrm{C}_n=\frac{1}{n}\mathrm{C}_{2n-2}^{n-1}(n\geqslant 1)$.

把满足递推关系

$$\begin{cases}C_n=C_1C_{n-1}+C_2C_{n-2}+\cdots+C_{n-1}C_1\\C_1=1\end{cases}$$

的序列 $C_n(n=1,2,3,\cdots)$ 称为 **Catalan 序列**，其中 $C_n=\frac{1}{n}\mathrm{C}_{2n-2}^{n-1}(n=1,2,3,\cdots)$ 称为第 n 个 **Catalan 数**. 前几个 Catalan 数为

$$1,1,2,5,14,42,132,429,1430,4862,\cdots$$

值得一提的是，Catalan 数列还满足某个一阶变系数的线性递推关系. 下面从另一个角度考察凸 n 边形的对角线三角剖分方案数，以得到这个线性递推关系.

如图 3.5.2b 所示，连接凸 n 边形的两个顶点 V_1 与 V_k $(k=3,4,\cdots,n-1)$，将多边形一分为二，对应的剖分数为 $C_{k-1}C_{n-k+1}(k=3,4,\cdots,n-1)$. 由加法原则，从 V_1 引出的各对角线的三角剖分数为

$$C_2C_{n-2}+C_3C_{n-3}+C_4C_{n-4}+\cdots+C_{n-2}C_2$$

由对称性，从其他任一顶点引出的各对角线的剖分数也是如此.
于是，对每个顶点都计算一次，得

$$n(C_2C_{n-2}+C_3C_{n-3}+C_4C_{n-4}+\cdots+C_{n-2}C_2) \tag{3.5.2}$$

若按对角线统计，由于每一条对角线有两个端点，对每条对角线都计算一次，则由式(3.5.2)，得

$$\frac{n}{2}(C_2C_{n-2}+C_3C_{n-3}+C_4C_{n-4}+\cdots+C_{n-2}C_2) \tag{3.5.3}$$

请注意每个凸 n 边形的一种三角剖分方案都一一对应着 $n-3$ 条对角线的一种布局，因此式(3.5.3)将剖分方案数重复计算了 $n-3$ 次，故

$$(n-3)C_{n-1}=\frac{n}{2}(C_2C_{n-2}+C_3C_{n-3}+C_4C_{n-4}+\cdots+C_{n-2}C_2) \tag{3.5.4}$$

由式(3.5.1),得

$$C_n-2C_{n-1}=C_2C_{n-2}+C_3C_{n-3}+\cdots+C_{n-2}C_2$$

与式(3.5.4)比较,得

$$(n-3)C_{n-1}=\frac{n}{2}(C_n-2C_{n-1})$$

整理得 $nC_n=(4n-6)C_{n-1}$,令 $b_n=nC_n$,因此

$$b_n=\frac{4n-6}{n-1}(n-1)C_{n-1}=\frac{4n-6}{n-1}b_{n-1}$$

于是
$$\frac{b_n}{b_{n-1}}=\frac{4n-6}{n-1}=\frac{(2n-2)(2n-3)}{(n-1)^2}$$

从而
$$\begin{aligned}b_n&=\frac{b_n}{b_{n-1}}\cdot\frac{b_{n-1}}{b_{n-2}}\cdot\cdots\cdot\frac{b_3}{b_2}\cdot\frac{b_2}{b_1}\cdot b_1\\&=\frac{(2n-2)(2n-3)}{(n-1)^2}\cdot\frac{(2n-4)(2n-5)}{(n-2)^2}\cdot\cdots\cdot\frac{4\times3}{2^2}\cdot\frac{2\times1}{1^2}\cdot1\\&=\frac{(2n-2)!}{[(n-1)!]^2}=\mathrm{C}_{2n-2}^{n-1}\end{aligned}$$

故 $C_n=\frac{b_n}{n}=\frac{1}{n}\mathrm{C}_{2n-2}^{n-1}$.

Catalan 数出现在许多计数问题中,下面来讨论其中的某些计数问题.

例 3.5.2　n 个 $+1$ 和 n 个 -1 构成的序列

$$a_1,a_2,a_3,\cdots,a_{2n}$$

其部分和满足 $a_1+a_2+\cdots+a_k\geqslant0(k=1,2,\cdots,2n)$ 的数列的个数等于第 $n+1$ 个 Catalan 数

$$C_{n+1}=\frac{1}{n+1}\mathrm{C}_{2(n+1)-2}^{(n+1)-1}=\frac{1}{n+1}\mathrm{C}_{2n}^{n}\quad(n\geqslant0)$$

证明　n 个 $+1$ 和 n 个 -1 的序列的总个数为

$$\mathrm{P}(2n;n,n)=\frac{(2n)!}{n!n!}=\mathrm{C}_{2n}^{n}$$

再设满足题意条件的序列的个数为 A_n,否则为 B_n,则

$$A_n+B_n=\mathrm{C}_{2n}^{n}$$

下面先计算 B_n.

考虑 n 个 $+1$ 和 n 个 -1 不满足题意条件的序列. 因为此类序列不满足题意条件,所以存在一个最小的正整数 k 使得部分和

$$a_1+a_2+\cdots+a_k<0$$

因为 k 是最小的,所以在 a_k 前面存在相等个数的 $+1$ 和 -1,并且有

$$a_1+a_2+\cdots+a_{k-1}=0 \text{ 和 } a_k=-1$$

特别地,k 是一个奇整数.

现在把此类序列中前 k 项中的每一项的符号都反过来,其余的项不变,得到有$(n+1)$个 $+1$ 和$(n-1)$个 -1 的新序列. 这个过程是可逆的:给定$(n+1)$个 $+1$ 和$(n-1)$个 -1 的序

列，当 +1 的个数超过 −1 的个数的时候就存在第一个实例(因为 +1的个数多于 −1 的个数). 此时把这部分的 +1 和 −1 的符号倒过来，其余项不变，结果就得到 n 个 +1 和 n 个 −1 的不满足题意条件的序列. 这样，不满足题意条件的序列与 $(n+1)$ 个 +1和 $(n-1)$ 个 −1 的序列一一对应，因此

$$B_n = \mathrm{P}(2n;n+1,n-1) = \frac{(2n)!}{(n+1)!(n-1)!}$$

从而

$$\begin{aligned} A_n &= \frac{(2n)!}{n!n!} - \frac{(2n)!}{(n+1)!(n-1)!} \\ &= \frac{(2n)!}{n!(n-1)!}\left(\frac{1}{n} - \frac{1}{n+1}\right) \\ &= \frac{(2n)!}{n!(n-1)!} \cdot \frac{1}{n(n+1)} \\ &= \frac{1}{n+1}\mathrm{C}_{2n}^{n} \end{aligned}$$

例 3.5.3 设 A 是一个具有乘法运算的代数系统，且该乘法不满足结合律，用 xy 表示 x 与 y 的积. 如果 $x_1,x_2,\cdots,x_n \in A$，且这 n 个元素依上面列出的顺序所能得到的一切可能的积彼此不同，将其个数记为 $f(n)$，求 $f(n)$.

解 比如，$x_1,x_2,x_3 \in A$，则符合题意的积有两个：$(x_1x_2)x_3$与 $x_1(x_2x_3)$. 故 $f(n)=2$.

在 $x_1x_2\cdots x_n$ 的某些字母间加上括号，但不改变字母间的相互位置关系，使得这 n 个字母间的乘法按所加括号指明的运算方式进行运算，那么 $f(n)$ 就是加括号的方案的个数. 最外层的两对括号形如 $(x_1x_2\cdots x_r)(x_{r+1}x_{r+2}\cdots x_n)$，而且当 $r=1$ 或 $r=n-1$ 时 $(r=1,2,\cdots,n-1)$，简记为

$$(x_1)(x_2\cdots x_{n-1}x_n) = x_1(x_2\cdots x_{n-1}x_n)$$

或

$$(x_1x_2\cdots x_{n-1})(x_n) = (x_1x_2\cdots x_{n-1})x_n$$

依题意，在前一个括号 $(x_1x_2\cdots x_r)$ 中有 $f(r)$ 种加括号的方案，在后一个括号 $(x_{r+1}x_{r+2}\cdots x_n)$ 中有 $f(n-r)$ 种加括号的方案. 当 r 遍历 $1,2,\cdots,n-1$ 时，有

$$\begin{cases} f(n) = f(1)f(n-1) + f(2)f(n-2) + \cdots + f(n-1)f(1) \\ f(1) = 1 \end{cases}$$

故 $f(n)$ 正是第 n 个 Catalan 数，即 $f(n) = \frac{1}{n}\mathrm{C}_{2n-2}^{n-1}$

例 3.5.4 求证：有 n 个叶子的完全二叉树的个数为第 n 个 Catalan 数.

证明 将完全二叉树的 n 个叶子从左至右分别标为 $x_1,x_2,\cdots,x_n$.

设 v 是完全二叉树的一个分枝点，若 v 的左右儿子分别为 x_1 与 x_2，则把 v 标记为 (x_1x_2). 例如，$n=4$ 时的对应关系如图 3.5.3 所示.

因此，有 4 个叶子的完全二叉树一一对应例 3.5.3 在序列 $x_1x_2x_3x_4$ 的字母间加括号(且不改变字母间的相互位置关系)以规定其运算顺序的方案

$$\begin{cases} (x_1)(x_2x_3x_4)\begin{cases} x_1(x_2(x_3x_4)) \\ x_1((x_2x_3)x_4) \end{cases} \\ (x_1x_2)(x_3x_4) \\ (x_1x_2x_3)(x_4)\begin{cases} (x_1(x_2x_3))x_4 \\ ((x_1x_2)x_3)x_4 \end{cases} \end{cases}$$

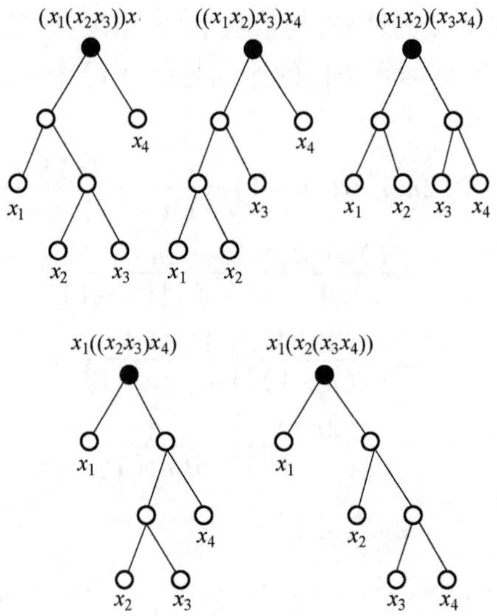

图　3.5.3

一般地，有 n 个叶子的完全二叉树一一对应例 3.5.3 在序列 $x_1x_2\cdots x_n$ 的字母间加括号（且不改变字母间的相互位置关系）以规定其运算顺序的方案. 因此，有 n 个叶子的完全二叉树的个数为第 n 个 Catalan 数.

例 3.5.5　求证：具有 n 个节点的所有不同的二叉树的个数是 Catalan 数 C_{n+1}.

证明　二叉树与计算机算法关系密切，在算法研究中引出了二叉树的计数问题.

令 b_n 表示 n 个节点的二叉树总数，容易看出，$b_0 = b_1 = 1$. 图 3.5.4 给出了 3 个节点的所有不同的二叉树. 对于 n 个节点的二叉树，设其左子树有 $k(k=0,1,2,\cdots,n-1)$ 个节点，则右子树有 $n-1-k$ 个节点. 于是作为根的左子树的所有可能的二叉树的数目是 b_k，作为根的右子树的所有可能的二叉树的数目为 b_{n-1-k}. 因此，由乘法原则和加法原则知

$$b_n = b_0b_{n-1} + b_1b_{n-2} + \cdots + b_{n-1}b_0$$

令 $b_n = r_{n+1}$，则有

$$r_{n+1} = r_1r_n + r_2r_{n-1} + \cdots + r_nr_1$$

再与式(3.5.1)比较得 $r_n = C_n$，所以 $b_n = C_{n+1}$.

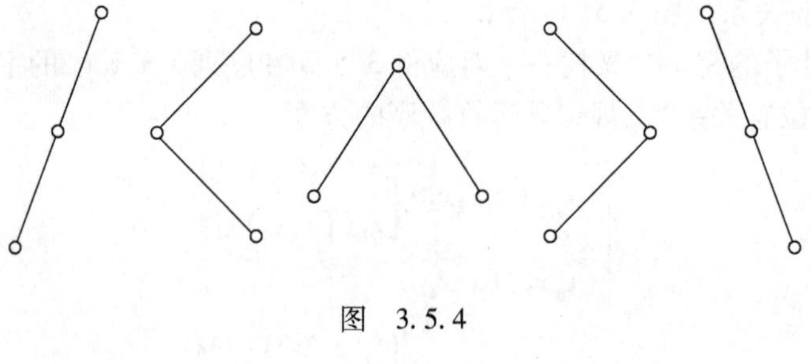

图　3.5.4

3.6 差分序列和 Stirling 数

3.6.1 差分

设任一数列

$$h_0, h_1, h_2, \cdots, h_n, \cdots \tag{3.6.1}$$

由 $\Delta h_n = h_{n+1} - h_n (n \geqslant 0)$ 定义数列(3.6.1)的**一阶差分序列**

$$\Delta h_0, \Delta h_1, \Delta h_2, \cdots, \Delta h_n, \cdots$$

由 $\Delta^2 h_n = \Delta(\Delta h_n) = \Delta h_{n+1} - \Delta h_n (n \geqslant 0)$ 定义数列(3.6.1)的**二阶差分序列**

$$\Delta^2 h_0, \Delta^2 h_1, \Delta^2 h_2, \cdots, \Delta^2 h_n, \cdots$$

更一般地,由

$$\Delta^k h_n = \Delta(\Delta^{k-1} h_n) = \Delta^{k-1} h_{n+1} - \Delta^{k-1} h_n \quad (k \geqslant 1, n \geqslant 0)$$

递归定义数列(3.6.1)的 ***k* 阶差分序列**

$$\Delta^k h_0, \Delta^k h_1, \Delta^k h_2, \cdots, \Delta^k h_n, \cdots$$

并定义一个数列的 **0 阶差分序列**就是它本身,也就是说 $\Delta^0 h_n = h_n (n \geqslant 0)$. 另外,我们称 Δ 为**差分算子**.

数列(3.6.1)的**差分表**是通过将每个 $k = 0, 1, 2, \cdots$ 阶差分序列列成一行而得到,如下所示:

$$\begin{array}{ccccccccccc} h_0 & & h_1 & & h_2 & & h_3 & & h_4 & & \cdots \\ & \Delta h_0 & & \Delta h_1 & & \Delta h_2 & & \Delta h_3 & & \cdots & \\ & & \Delta^2 h_0 & & \Delta^2 h_1 & & \Delta^2 h_2 & & \cdots & & \\ & & & \Delta^3 h_0 & & \Delta^3 h_1 & & \cdots & & & \\ & & & & & \cdots & & & & & \end{array}$$

例如,令数列 $h_0, h_1, h_2, \cdots, h_n, \cdots$ 由 $h_n = 2n^2 + 3n + 1\ (n \geqslant 0)$ 确定. 该序列的差分表为

$$\begin{array}{ccccccccccccccc} 1 & & 6 & & 15 & & 28 & & 45 & & 66 & & 91 & & \cdots \\ & 5 & & 9 & & 13 & & 17 & & 21 & & 25 & & \cdots & \\ & & 4 & & 4 & & 4 & & 4 & & 4 & & \cdots & & \\ & & & 0 & & 0 & & 0 & & 0 & & \cdots & & & \\ & & & & & & & \cdots & & & & & & & \end{array}$$

定理 3.6.1 令序列的一般项是 n 的 p 次多项式,即

$$h_n = a_p n^p + a_{p-1} n^{p-1} + \cdots + a_1 n + a_0 \quad (n \geqslant 0)$$

则对所有的 $n \geqslant 0$, $\Delta^{p+1} h_n = 0$.

证明 用数学归纳法证明.

若 $p = 0$,则有 $h_n = a_0 (n \geqslant 0)$,进而

$$\Delta h_n = h_{n+1} - h_n = a_0 - a_0 = 0 \quad (n \geqslant 0)$$

假设 $p \geqslant 1$,当一般项为 n 的至多 $p-1$ 次多项式时定理成立时,有

$$\Delta h_n = [a_p(n+1)^p + a_{p-1}(n+1)^{p-1} + \cdots + a_1(n+1) + a_0] - (a_p n^p + a_{p-1}n^{p-1} + \cdots + a_1 n + a_0)$$

由二项式定理,得

$$\begin{aligned} a_p(n+1)^p - a_p n^p &= a_p(\mathrm{C}_p^p n^p + \mathrm{C}_p^{p-1}n^{p-1} + \mathrm{C}_p^{p-2}n^{p-2} + \cdots + \mathrm{C}_p^0 n^0) - a_p n^p \\ &= a_p(\mathrm{C}_p^{p-1}n^{p-1} + \mathrm{C}_p^{p-2}n^{p-2} + \cdots + \mathrm{C}_p^0 n^0) \end{aligned}$$

从这个计算中可以断定,n 的 p 次幂在 Δh_n 中消去了,且 Δh_n 是 n 的至多 $p-1$ 次多项式. 根据归纳假设

$$\Delta^p(\Delta h_n) = 0 \quad (n \geqslant 0)$$

由于 $\Delta^{p+1}h_n = \Delta^p(\Delta h_n)$,现在推出

$$\Delta^{p+1}h_n = 0 \quad (n \geqslant 0)$$

因此,根据归纳法定理成立. 证毕.

现在,假设 g_n 和 f_n 分别是两个序列的一般项,而另一个序列由 $h_n = g_n + f_n (n \geqslant 0)$ 定义,则

$$\begin{aligned} \Delta h_n &= h_{n+1} - h_n = (g_{n+1} + f_{n+1}) - (g_n + f_n) \\ &= (g_{n+1} - g_n) + (f_{n+1} - f_n) = \Delta g_n + \Delta f_n \end{aligned}$$

更一般地,可以归纳出

$$\Delta^k h_n = \Delta^k g_n + \Delta^k f_n \quad (k \geqslant 0)$$

若 a 和 b 是常数,则对每一个整数 $k \geqslant 0$,有

$$\Delta^k(ag_n + bf_n) = a\Delta^k g_n + b\Delta^k f_n \quad (n \geqslant 0) \tag{3.6.2}$$

式(3.6.2)中的性质叫作差分的**线性性**.

例如,若数列 $\{g_n\}(n \geqslant 0)$ 的差分表是

```
1     3     7     13     21     …
   2     4     6      8      …
      2     2     2      …
         0     0     …
```

数列 $\{f_n\}$ $(n \geqslant 0)$ 的差分表是

```
-2    -2     0     4     10     …
    0     2     4     6      …
       2     2     2      …
          0     0     …
```

令 $h_n = 2g_n + 3f_n (n \geqslant 0)$,则将 g_n 的差分表的各项乘以2并将 f_n 的差分表的各项乘以3,然后再相加即得 h_n 的差分表的各项,其结果为

```
-4     0     14     38     72     …
    4     14     24     34     …
       10     10     10     …
           0      0     …
```

设 $\{h_n\}$ $(n \geqslant 0)$ 是任一数列,令

$$\mathrm{E}h_n = h_{n+1} \quad (n \geqslant 0)$$

$$\mathrm{E}^k h_n = \mathrm{E}(\mathrm{E}^{k-1}h_n) = \mathrm{E}^{k-1}h_{n+1} \quad (n \geqslant 0)$$

一般地,有 $E^k h_n = h_{n+k}(n\geqslant 0)$,E 称为**移位算子**. 令

$$Ih_n = h_n \quad (n\geqslant 0)$$

$$I^k h_n = I(I^{k-1}h_n) = I^{k-1}h_n \quad (n\geqslant 0)$$

一般地,有 $I^k h_n = h_n(n\geqslant 0)$,I 称为**恒等算子**.

设 α,β 是差分算子、移位算子或恒等算子,$\{h_n\}$ $(n\geqslant 0)$是任一数列,定义

$$(\alpha\pm\beta)h_n = \alpha h_n \pm \beta h_n \quad (n\geqslant 0)$$

$$\alpha\beta h_n = \alpha(\beta h_n) \quad (n\geqslant 0)$$

其中,$\alpha+\beta,\alpha-\beta,\alpha\beta$ 分别称为 α 与 β 的**和**、**差**、**积**.

定理 3.6.2 设 α 是差分算子、移位算子或恒等算子,则

(1) $\alpha I = I\alpha = \alpha$;

(2) $\Delta = E - I, E = \Delta + I$.

证明 设$\{h_n\}(n\geqslant 0)$是任一数列.

(1)因为 $\alpha I h_n = \alpha(Ih_n) = \alpha h_n(n\geqslant 0)$,所以 $\alpha I = \alpha$. 同理可证 $I\alpha = \alpha$.

(2)因为

$$\Delta h_n = h_{n+1} - h_n = Eh_n - Ih_n = (E-I)h_n \quad (n\geqslant 0)$$

所以 $\Delta = E - I$,同理可证 $E = \Delta + I$. 证毕.

定理 3.6.3(牛顿公式) (约定 $\Delta^0 = E^0 = I^0 = I$)

(1) $E^k = (\Delta + I)^k = \sum\limits_{j=0}^{k} C_k^j \Delta^j \quad (k=0,1,2,\cdots)$;

(2) $\Delta^k = (E - I)^k = \sum\limits_{j=0}^{k} (-1)^{k-j} C_k^j E^j \quad (k=0,1,2,\cdots)$.

证明 (1)即要证明对任一数列$\{h_n\}$ $(n\geqslant 0)$,有

$$E^k h_n = \sum_{j=0}^{k} C_k^j \Delta^j h_n \quad (k=0,1,2,\cdots)$$

当 $k=0,1$ 时,等式显然成立.

假设 $k=s$ 时,等式成立,则当 $k=s+1$ 时,有

$$\begin{aligned}
E^k h_n &= E^{s+1}h_n = E(E^s h_n)\\
&= E\Big(\sum_{j=0}^{s} C_s^j \Delta^j h_n\Big)\\
&= (\Delta + I)\Big(\sum_{j=0}^{s} C_s^j \Delta^j h_n\Big)\\
&= \Delta \sum_{j=0}^{s} C_s^j \Delta^j h_n + I\sum_{j=0}^{s} C_s^j \Delta^j h_n\\
&= \sum_{j=0}^{s} C_s^j \Delta^{j+1} h_n + \sum_{j=0}^{s} C_s^j \Delta^j h_n\\
&= \sum_{j=1}^{s+1} C_s^{j-1} \Delta^j h_n + \sum_{j=1}^{s+1} C_s^j \Delta^j h_n + \Delta^0 h_n\\
&= \sum_{j=1}^{s+1} (C_s^{j-1} + C_s^j)\Delta^j h_n + \Delta^0 h_n
\end{aligned}$$

$$= \sum_{j=1}^{s+1} C_{s+1}^{j} \Delta^{j} h_n + \Delta^0 h_n$$

$$= \sum_{j=0}^{s+1} C_{s+1}^{j} \Delta^{j} h_n = \sum_{j=0}^{k} C_{k}^{j} \Delta^{j} h_n$$

所以，当 $k=s+1$ 时，等式仍成立. 由数学归纳法，对一切非负整数 n，等式成立.

(2)即要证对任一数列 $\{h_n\}$ $(n \geqslant 0)$ 有

$$\Delta^k h_n = \sum_{j=0}^{k} (-1)^{k-j} C_k^j E^j h_n \quad (k=0,1,2,\cdots)$$

由(1)知，对任一取定的非负整数 n，有

$$E^k h_n = \sum_{j=0}^{k} C_k^j \Delta^j h_n \quad (k=0,1,2,\cdots)$$

由二项式反演公式，得

$$\Delta^k h_n = \sum_{j=0}^{k} (-1)^{k-j} C_k^j E^j h_n \quad (k=0,1,2,\cdots)$$

证毕.

对任一取定的非负整数 n，由牛顿公式，有

$$\Delta^k h_n = \sum_{j=0}^{k} (-1)^{k-j} C_k^j E^j h_n$$

$$= \sum_{j=0}^{k} (-1)^{k-j} C_k^j h_{n+j} \quad (k=0,1,2,\cdots)$$

在上式中取 $n=0$，有

$$\Delta^k h_0 = \sum_{j=0}^{k} (-1)^{k-j} C_k^j h_j \quad (k=0,1,2,\cdots) \tag{3.6.3}$$

式(3.6.3)给出了由 $h_0, h_1, \cdots, h_n$ 求 $\Delta^k h_0$ 的方法.

对任一取定的非负整数 k，由牛顿公式，有

$$h_{n+k} = E^k h_n = \sum_{j=0}^{k} C_k^j \Delta^j h_n \quad (k=0,1,2,\cdots)$$

在上式中取 $n=0$，有

$$h_k = \sum_{j=0}^{k} C_k^j \Delta^j h_0 \quad (k=0,1,2,\cdots) \tag{3.6.4}$$

由差分表的定义知，一个序列 $h_0, h_1, h_2, \cdots, h_n, \cdots$ 的差分表由它的 0 行上的元素确定. 而式(3.6.4)说明，差分表也可以沿左边，即第 0 条对角线上的元素确定.

例如，考虑具有一般项

$$h_n = n^3 + 3n^2 - 2n + 1 \quad (n \geqslant 0)$$

的序列，计算差分得到

$$\begin{array}{ccccccc} 1 & & 3 & & 17 & & 49 \\ & 2 & & 14 & & 32 & \\ & & 12 & & 18 & & \\ & & & 6 & & & \end{array}$$

由于 h_n 是 n 的三次多项式，它的差分表的第 0 条对角线是

$$1,2,12,6,0,0,\cdots$$

因此,根据式(3.6.4),h_n 的另一种写法是

$$h_n = 1C_n^0 + 2C_n^1 + 12C_n^2 + 6C_n^3 \tag{3.6.5}$$

为什么要用这种方式表示 h_n 呢?下面是其中的一个原因.

假设我们要求部分和

$$\sum_{k=0}^{n} h_k = h_0 + h_1 + \cdots + h_n$$

利用式(3.6.5),得到

$$\sum_{k=0}^{n} h_k = 1\sum_{k=0}^{n} C_k^0 + 2\sum_{k=0}^{n} C_k^1 + 12\sum_{k=0}^{n} C_k^2 + 6\sum_{k=0}^{n} C_k^3$$

由1.7节中的例1.7.4知

$$C_{n+1}^{k+1} = \sum_{l=0}^{n} C_l^k \quad (n\text{ 与 }k\text{ 均为正整数})$$

$$\sum_{k=0}^{n} h_k = 1C_{n+1}^1 + 2C_{n+1}^2 + 12C_{n+1}^3 + 6C_{n+1}^4$$

这是一个非常简单的求部分和公式.

上述过程可以用来计算其一般项为 n 的多项式的任意序列的部分和.

定理 3.6.4 设序列 $h_0,h_1,h_2,\cdots,h_n,\cdots$有一个差分表,该表的第0条对角线等于 $b_0,b_1,b_2,\cdots,b_p,0,0,\cdots$,则

$$\sum_{k=0}^{n} h_k = b_0C_{n+1}^1 + b_1C_{n+1}^2 + \cdots + b_pC_{n+1}^{p+1}$$

证明 由式(3.6.4),有

$$h_n = b_0C_n^0 + b_1C_n^1 + \cdots + b_pC_n^p$$

利用公式 $C_{n+1}^{k+1} = \sum_{l=0}^{n} C_l^k$ (n 与 k 均为正整数),有

$$\sum_{k=0}^{n} h_k = b_0\sum_{k=0}^{n} C_k^0 + b_1\sum_{k=0}^{n} C_k^1 + \cdots + b_p\sum_{k=0}^{n} C_k^p = b_0C_{n+1}^1 + b_1C_{n+1}^2 + \cdots + b_pC_{n+1}^{p+1}$$

证毕.

例 3.6.1 求前 n 个正整数的四次方的和.

解 令 $h_n = n^4(n\geqslant 0)$,计算差分得到

$$\begin{array}{ccccccccc}
0 & & 1 & & 16 & & 81 & & 256 \\
 & 1 & & 15 & & 65 & & 175 & \\
 & & 14 & & 50 & & 110 & & \\
 & & & 36 & & 60 & & & \\
 & & & & 24 & & & &
\end{array}$$

因为 h_n 是一个4次多项多式,其差分表的第0条对角线等于0,1,14,36,24,0,0,$\cdots$,因此

$$\begin{aligned}
1^4 + 2^4 + 3^4 + \cdots + n^4 &= \sum_{k=0}^{n} k^4 = 0C_{n+1}^1 + 1C_{n+1}^2 + 14C_{n+1}^3 + 36C_{n+1}^4 + 24C_{n+1}^5 \\
&= \frac{1}{30}n(n+1)(2n+1)(3n^2+3n-1)
\end{aligned}$$

例 3.6.2　求 $\sum_{k=0}^{n} k(k-1)(k+2)$.

解　令 $h_n = n(n-1)(n+2)(n \geqslant 0)$,则 h_n 是 n 的三次多项式且计算差分,得到

$$\begin{array}{ccccccccc} 0 & & 0 & & 8 & & 30 & & 72 \\ & 0 & & 8 & & 22 & & 42 & \\ & & 8 & & 14 & & 20 & & \\ & & & 6 & & 6 & & & \\ & & & & 0 & & & & \end{array}$$

所以

$$\begin{aligned} \sum_{k=0}^{n} k(k-1)(k+2) &= 0\mathrm{C}_{n+1}^{1} + 0\mathrm{C}_{n+1}^{2} + 8\mathrm{C}_{n+1}^{3} + 6\mathrm{C}_{n+1}^{4} \\ &= \frac{n(n^2-1)(3n+10)}{12} \\ &= \frac{1}{4}n^4 + \frac{5}{6}n^3 - \frac{1}{4}n^2 - \frac{5}{6}n \end{aligned}$$

3.6.2　Stirling 数

令 $h_n = n^p (n \geqslant 0)$,由定理3.6.1 和式(3.6.4)知,$h_n$ 的差分表的第0条对角线有形式 $b(p,0), b(p,1), b(p,2), \cdots, b(p,p), 0, 0, \cdots$,且

$$n^p = b(p,0)\mathrm{C}_n^0 + b(p,1)\mathrm{C}_n^1 + \cdots + b(p,p)\mathrm{C}_n^p \tag{3.6.6}$$

若 $p=0$,则 $h_n = 1$ 是一个常数,式(3.6.6)简化为 $n^0 = 1 = 1\mathrm{C}_n^0 = 1$,特别有 $b(0,0) = 1$;若 $p \geqslant 1$,则 $b(p,0) = 0$. 引入新的表达式,令

$$[n]_k = \begin{cases} n(n-1)\cdots(n-k+1) & k \geqslant 1 \\ 1 & k = 0 \end{cases}$$

显然,$[n]_k = \mathrm{P}_n^k$,即为 n 个元素集合的 k 排列数. 同时还有

$$[n]_{k+1} = (n-k)[n]_k$$

由于

$$\mathrm{C}_n^k = \frac{n(n-1)\cdots(n-k+1)}{k!} = \frac{[n]_k}{k!}$$

所以 $[n]_k = k!\mathrm{C}_n^k$,因此式(3.6.6)可以改为

$$\begin{aligned} n^p &= b(p,0)\frac{[n]_0}{0!} + b(p,1)\frac{[n]_1}{1!} + \cdots + b(p,p)\frac{[n]_p}{p!} \\ &= \sum_{k=0}^{n} b(p,k)\frac{[n]_k}{k!} = \sum_{k=0}^{n} \frac{b(p,k)}{k!}[n]_k \end{aligned}$$

我们引入数 $s(p,k) = \frac{b(p,k)}{k!}(0 \leqslant k \leqslant p)$,则式(3.6.6)变为

$$\begin{aligned} n^p &= s(p,0)[n]_0 + s(p,1)[n]_1 + \cdots + s(p,p)[n]_p \\ &= \sum_{k=0}^{p} s(p,k)[n]_k \end{aligned}$$

刚刚引入的数 $s(p,k)$ 叫作**第二类 Stirling 数**.

由于

$$s(p,0) = \frac{b(p,0)}{0!} = b(p,0)$$

因此
$$s(p,0)=\begin{cases}1 & p=0\\0 & p\geqslant 1\end{cases}$$

再比较式(3.6.6)两边 n^p 项系数,得

$$s(p,p)=\frac{b(p,p)}{p!}=1\quad(p\geqslant 0)$$

下面证明第二类 Stirling 数满足类 Pascal 型递推关系.

定理 3.6.5 如果 $1\leqslant k\leqslant p-1$,则

$$s(p,k)=ks(p-1,k)+s(p-1,k-1)$$

证明 我们有 $n^{p-1}=\sum_{k=0}^{p-1}s(p-1,k)[n]_k$,因此

$$\begin{aligned}n^p&=n\cdot n^{p-1}\\&=n\sum_{k=0}^{p-1}s(p-1,k)[n]_k\\&=\sum_{k=0}^{p-1}s(p-1,k)n[n]_k\\&=\sum_{k=0}^{p-1}s(p-1,k)(n-k+k)[n]_k\\&=\sum_{k=0}^{p-1}s(p-1,k)(n-k)[n]_k+\sum_{k=0}^{p-1}ks(p-1,k)[n]_k\\&=\sum_{k=0}^{p-1}s(p-1,k)[n]_{k+1}+\sum_{k=1}^{p-1}ks(p-1,k)[n]_k\\&=\sum_{k=1}^{p}s(p-1,k-1)[n]_k+\sum_{k=1}^{p-1}ks(p-1,k)[n]_k\\&=s(p-1,p-1)[n]_p+\sum_{k=1}^{p-1}(s(p-1,k-1)+ks(p-1,k))[n]_k\end{aligned}$$

而 $n^p=\sum_{k=0}^{p}s(p,k)[n]_k$,对于满足 $1\leqslant k\leqslant p-1$ 的每一个 k,比较上述两式中 $[n]_k$ 项的系数,得到

$$s(p,k)=ks(p-1,k)+s(p-1,k-1)$$

证毕.

由递推关系和初始条件

$$\begin{cases}s(p,k)=ks(p-1,k)+s(p-1,k-1) & (1\leqslant k\leqslant p-1)\\s(p,0)=0(p\geqslant 1)\text{和 }s(p,p)=1(p\geqslant 0)\end{cases}$$

确定了第二类 Stirling 数 $s(p,k)$ 的序列. 正如对二项式系数所做的那样,可以构造这些 Stirling 数的类 Pascal 三角形(见表 3.6.1). 三角形左右两条边上的那些项由初始值给出,其余的每一项为$s(p,k)$,通过用 k 乘以该项的直接上方元素,并将结果加上该项的直接左上方的元素而得到.

第二类 Stirling 数的组合意义:

(1)集合的划分 将 p 个元素的集合恰好划分成 k 块的所有不同划分的数目为 $s(p,k)$.

(2)分配问题 将 p 个不同的球,放入 k 个相同的盒子中,要求各盒非空,不同的放法数目

为 $s(p,k)$.

表 3.6.1　$s(p,k)$ 的三角形

$s(p,k)$		k								
		0	1	2	3	4	5	6	7	…
p	0	1								
	1	0	1							
	2	0	1	1						
	3	0	1	3	1					
	4	0	1	7	6	1				
	5	0	1	15	25	10	1			
	6	0	1	31	90	65	15	1		
	7	0	1	63	301	350	140	21	1	
	⋮	⋮	⋮	⋮	⋮	⋮	⋮	⋮	⋮	⋮

事实上,将 p 个不同的球放入 k 个相同的盒子中,要求各盒非空,其不同的放法数目设为 $s^*(p,k)$,容易得到

$$s^*(p,p)=1 \quad (p\geqslant 0),s^*(p,0)=0 \quad (p\geqslant 1)$$

把 $1,2,\cdots,p$ 个不同的球放入 k 个相同的盒子中,要求各盒非空,可分为两类:

1)球 p 单独放在一个盒子中. 此时问题转化为将 $1,2,\cdots,p-1$ 个不同的球放入 $k-1$ 个相同的盒子中,要求各盒非空,因而有 $s^*(p-1,k-1)$ 种放法.

2)球 p 不单独放在一个盒子中. 此时问题可分两步解决:先将 $1,2,\cdots,p-1$ 个不同的球放入 k 个相同的盒子中,要求各盒非空,有 $s^*(p-1,k)$ 种放法;再将球 p 加入这 k 个盒中任一个,有 k 种加入方法. 由乘法原则,共有 $ks^*(p-1,k)$ 种放法.

综合1)与2),由加法原则有

$$s^*(p,k)=s^*(p-1,k-1)+ks^*(p-1,k)$$

因而 $s^*(p,k)=s(p,k)$.

定理 3.6.6　对每一个满足 $0\leqslant k\leqslant p$ 的整数 k,都有

$$s(p,k)=\frac{1}{k!}\sum_{t=0}^{p}(-1)^t C_k^t (k-t)^p$$

证明　令 $s^{\#}(p,k)$ 表示将 p 个不同的球放入 k 个不同的盒子中,要求盒子非空的方案数. 该问题可转化为:先将 p 个不同的球放入 k 个相同的盒子中,要求盒子非空,有 $s(p,k)$ 种放法;再对这 k 个相同的盒子进行不同的编号,有 $k!$ 种编号方法. 因此,由乘法原则,有 $s^{\#}(p,k)=k!s(p,k)$,即

$$s(p,k)=\frac{s^{\#}(p,k)}{k!}$$

p 个不同的球放入 k 个不同的盒子中,每个盒中可放多个,也可以不放,其方案集记作 E,则 $|E|=k^p$.

p 个不同的球放入 k 个不同的盒子中,且第 i 个盒子为空,其方案集记作 A_i,则

$$s^{\#}(p,k)=|\bar{A}_1\cap\bar{A}_2\cap\cdots\cap\bar{A}_k|$$

令整数 t 满足 $1\leqslant t\leqslant k$. 集合 E 中有多少个方案属于 $A_1\cap A_2\cap\cdots\cap A_t$? 此时第 $1,2,\cdots,t$ 个盒子均为空,而剩下的第 $t+1,\cdots,k$ 个盒子可以空也可以不空,因此该方案数为 $(k-t)^p$. 无论假设哪 t 个盒子是空的,相同的结论都成立,即对 $\{1,2,\cdots,k\}$ 的每一个 t 组合 $i_1,i_2,\cdots,i_t$,均有

$$|A_{i_1}\cap A_{i_2}\cap\cdots\cap A_{i_t}|=(k-t)^p$$

因此,由容斥原理,有

$$s^{\#}(p,k)=\sum_{t=0}^{k}(-1)^t C_k^t(k-t)^p$$

即

$$s(p,k)=\frac{1}{k!}\sum_{t=0}^{k}(-1)^t C_k^t(k-t)^p$$

证毕.

下面介绍用生成函数求第二类 Stirling 数 $s(p,k)$ 的显式公式.

设 $s(p,k)(p=0,1,2,\cdots)$ 的生成函数为 $B_k(x)(k\geqslant 1,B_0(x)=1)$,即

$$\begin{aligned}B_k(x)&=s(0,k)+s(1,k)x+s(2,k)x^2+\cdots+s(p,k)x^p+\cdots\\&=[s(0,k-1)+ks(0,k)]x+[s(1,k-1)+ks(1,k)]x^2+\cdots+\\&\quad[s(p-1,k-1)+ks(p-1,k)]x^p+\cdots\\&=x[s(0,k-1)+s(1,k-1)x+s(2,k-1)x^2+\cdots+s(p,k-1)x^p+\cdots]+\\&\quad kx[s(0,k)+s(1,k)x+s(2,k)x^2+\cdots+s(p,k)x^p+\cdots]\\&=xB_{k-1}(x)+kxB_k(x)\end{aligned}$$

于是,$B_k(x)=\dfrac{x}{1-kx}B_{k-1}(x)$.

从而,

$$\begin{aligned}B_k(x)&=\frac{x}{1-kx}B_{k-1}(x)\\&=\frac{x}{1-kx}\,\frac{x}{1-(k-1)x}B_{k-2}(x)\\&=\frac{x}{1-kx}\,\frac{x}{1-(k-1)x}\,\frac{x}{1-(k-2)x}B_{k-3}(x)\\&\ \ \vdots\\&=\frac{x}{1-kx}\,\frac{x}{1-(k-1)x}\,\frac{x}{1-(k-2)x}\cdots\frac{x}{1-x}B_0(x)\\&=\frac{x^k}{(1-x)(1-2x)\cdots(1-kx)}\end{aligned}$$

设

$$\frac{1}{(1-x)(1-2x)\cdots(1-kx)}=\sum_{t=1}^{k}\frac{a_t}{1-tx}$$

对于固定的 $t(t=1,2,\cdots,k)$,为求出 a_t,两边乘 $(1-tx)$ 并令 $x=\dfrac{1}{t}$,得

$$\begin{aligned}a_t&=\frac{1}{\left(1-\frac{1}{t}\right)\left(1-\frac{2}{t}\right)\cdots\left(1-\frac{t-1}{t}\right)\left(1-\frac{t+1}{t}\right)\cdots\left(1-\frac{k}{t}\right)}\\&=(-1)^{k-t}\frac{t^{k-1}}{(t-1)!(k-t)!}\end{aligned}$$

故
$$s(p,k)=\sum_{t=1}^{k}(-1)^{k-t}\frac{t^{k-1}}{(t-1)!(k-t)!}t^{p-k}$$
$$=\sum_{t=1}^{k}(-1)^{k-t}\frac{t^{p-1}}{(t-1)!(k-t)!}$$

p 个元素集合的划分的个数记作 $b(p)(p=0,1,2,\cdots)$［称其为**Bell 数**,并取 $b(0)=1$］,则

$$b(p)=\sum_{k=1}^{M}\sum_{t=1}^{k}(-1)^{k-t}\frac{t^{p-1}}{(t-1)!(k-t)!}$$（当 $k>p$ 时,有 $s(p,k)=0$,故 M 可取大于 p 的任意整数）
$$=\sum_{t=1}^{M}\frac{t^{p-1}}{(t-1)!}\sum_{k=t}^{M}(-1)^{k-t}\frac{1}{(k-t)!}$$
$$=\sum_{t=1}^{M}\frac{t^{p-1}}{(t-1)!}\sum_{s=0}^{M-t}(-1)^{s}\frac{1}{s!}$$

固定 p 和 t,当 $M\to\infty$ 时,$\sum_{s=0}^{M-t}(-1)^{s}\frac{1}{s!}\to e^{-1}$. 于是得到 Bell 数的著名公式 $b(p)=\frac{1}{e}\sum_{t=1}^{M}\frac{t^{p-1}}{(t-1)!}$. 虽然不能用它来计算 $b(p)$,但是却可由它导出 Bell 数的一个简单而优美的生成函数.

设 Bell 数 $b(p)(p=0,1,2,\cdots)$的指数生成函数为 $B(x)$,即
$$B(x)=1+\sum_{p=1}^{\infty}b(p)\frac{x^{p}}{p!}=1+\sum_{p=1}^{\infty}\left(\frac{1}{e}\sum_{t=1}^{\infty}\frac{t^{p-1}}{(t-1)!}\right)\frac{x^{p}}{p!}$$

于是
$$B(x)-1=\frac{1}{e}\sum_{p=1}^{\infty}\frac{x^{p}}{p!}\sum_{t=1}^{\infty}\frac{t^{p-1}}{(t-1)!}=\frac{1}{e}\sum_{t=1}^{\infty}\frac{1}{t!}\sum_{p=1}^{\infty}\frac{(tx)^{p}}{p!}$$
$$=\frac{1}{e}\sum_{t=1}^{\infty}\frac{e^{tx}-1}{t!}=\frac{1}{e}(e^{e^{x}}-e)=e^{e^{x}-1}-1$$

故
$$B(x)=\sum_{p=0}^{\infty}b(p)\frac{x^{p}}{p!}=e^{e^{x}-1}$$

两边取自然对数,得
$$\ln\left(\sum_{p=0}^{\infty}b(p)\frac{x^{p}}{p!}\right)=e^{x}-1$$

两边微分并同时乘以 x,得
$$\frac{\sum_{p=0}^{\infty}\frac{pb(p)x^{p}}{p!}}{\sum_{p=0}^{\infty}\frac{b(p)x^{p}}{p!}}=xe^{x}$$

于是 $\sum_{p=0}^{\infty}\frac{pb(p)x^{p}}{p!}=xe^{x}\sum_{p=0}^{\infty}\frac{b(p)x^{p}}{p!}$

比较上式两边 x^{p} 项的系数,得
$$b(p)=\sum_{k=0}^{\infty}C_{p-1}^{k}b(k)\quad(p=1,2,\cdots)[b(0)=1]$$

反之,已知 Bell 数递归$\begin{cases}b(n)=\sum_{k=0}^{\infty}C_{n-1}^{k}b(k)\\ b(0)=1\end{cases}$,下面求实数列 $b(n)(n=0,1,2,\cdots)$的指数

生成函数.

设

$$B(x)=b(0)+b(1)\frac{x}{1!}+b(2)\frac{x^2}{2!}+b(3)\frac{x^3}{3!}+\cdots+b(n)\frac{x^n}{n!}+\cdots$$

则

$$B'(x)=b(1)+b(2)\frac{x}{1!}+b(3)\frac{x^2}{2!}+b(4)\frac{x^3}{3!}+\cdots+b(n+1)\frac{x^n}{n!}+\cdots$$

又

$$\begin{aligned}e^xB(x)&=\left(1+\frac{x}{1!}+\frac{x^2}{2!}+\cdots+\frac{x^n}{n!}+\cdots\right)\left[b(0)+b(1)\frac{x}{1!}+b(2)\frac{x^2}{2!}+\cdots+b(n)\frac{x^n}{n!}+\cdots\right]\\&=\sum_{n=0}^{\infty}\left[\frac{b(0)}{0!}\frac{1}{n!}+\frac{b(1)}{1!}\frac{1}{(n-1)!}+\cdots+\frac{b(k)}{k!}\frac{1}{(n-k)!}+\cdots+\frac{b(n)}{n!}\frac{1}{0!}\right]x^n\\&=\sum_{n=0}^{\infty}\left[\sum_{k=0}^{\infty}C_n^kb(k)\right]\frac{x^n}{n!}=\sum_{n=0}^{\infty}b(n+1)\frac{x^n}{n!}\end{aligned}$$

故

$$B'(x)=e^xB(x)$$

于是

$$B(x)=Ae^{e^x}\quad(A\text{ 为待定系数})$$

代入条件 $B(0)=b(0)=1$,得 $A=e^{-1}$,因此

$$B(x)=\frac{1}{e}\cdot e^{e^x}=e^{e^x-1}$$

第二类 Stirling 数指出如何用 $[n]_0,[n]_1,\cdots,[n]_p$ 写出 n^p.

第一类 Stirling 数的作用则相反,它告诉我们如何用 $n^0,n^1,\cdots,n^p$ 写出 $[n]_p$. 由定义

$$[n]_p=n(n-1)(n-2)\cdots(n-p+1)\tag{3.6.7}$$

有

(1) $[n]_0=1$

(2) $[n]_1=n$

(3) $[n]_2=n(n-1)=n^2-n$

(4) $[n]_3=n(n-1)(n-2)=n^3-3n^2+2n$

(5) $[n]_4=n(n-1)(n-2)(n-3)=n^4-6n^3+11n^2-6n$

一般地,式(3.6.7)右边的乘积有 p 个因子,其展开式是 n 的 p 次多项式,且其系数的符号正负相间. 也就是说

$$\begin{aligned}[n]_p&=s_1(p,p)n^p-s_1(p,p-1)n^{p-1}+\cdots+\\&\quad(-1)^{p-1}s_1(p,1)n^1+(-1)^ps_1(p,0)n^0\\&=\sum_{k=0}^{p}(-1)^{p-k}s_1(p,k)n^k\end{aligned}\tag{3.6.8}$$

式中系数 $s_1(p,k)\ (0\leqslant k\leqslant p)$ 叫作**第一类 Stirling 数.**

由式(3.6.7)与式(3.6.8)容易推出

$$s_1(p,0)=0\quad(p\geqslant1)\text{ 和 }s_1(p,p)=1\quad(p\geqslant0)$$

定理 3.6.7 如果 $1\leqslant k\leqslant p-1$,则

$$s_1(p,k)=(p-1)s_1(p-1,k)+s_1(p-1,k-1)$$

证明

$$\begin{aligned}[n]_p&=(n-p+1)[n]_{p-1}\\&=(n-p+1)\sum_{k=0}^{p-1}(-1)^{p-1-k}s_1(p-1,k)n^k\\&=\sum_{k=0}^{p-1}(-1)^{p-1-k}s_1(p-1,k)n^{k+1}+\sum_{k=0}^{p-1}(-1)^{p-k}(p-1)s_1(p-1,k)n^k\\&=\sum_{k=0}^{p}(-1)^{p-k}s_1(p-1,k-1)n^k+\sum_{k=0}^{p-1}(-1)^{p-k}(p-1)s_1(p-1,k)n^k\end{aligned}$$

而

$$[n]_p=\sum_{k=0}^{p}(-1)^{p-k}s_1(p,k)n^k$$

比较上述两个表达式中 n^k 的系数,得

$$s_1(p,k)=s_1(p-1,k-1)+(p-1)s_1(p-1,k)(1\leqslant k\leqslant p-1)$$

证毕.

定理 3.6.8　第一类 Stirling 数 $s_1(p,k)$ 是将 p 个不同的物体排成 k 个非空的圆排列的方法数.

证明　把 p 个不同的物体放入 k 个相同的盒子中,要求盒子非空,然后将每个盒子中的元素排成一个非空圆排列,定理证明即为求其不同的方法数.

令 $s_1^{\#}(p,k)$ 表示把 p 个人排成 k 个非空的圆排列的方法数,有 $s_1^{\#}(p,p)=1\ (p\geqslant 0)$. 因为有 p 个人和 p 个非空圆排列,那么每个圆排列就只能包含一个人. 同时还有 $s_1^{\#}(p,0)=0$ $(p\geqslant 1)$. 因此数 $s_1^{\#}(p,k)$ 与第一类 Stirling 数满足相同的初始条件. 下面证明 $s_1^{\#}(p,k)$ 与 $s_1(p,k)$ 满足相同的递推关系.

将 $1,2,\cdots,p$ 这 p 个人排成 k 个非空的圆排列可分为两种类型:第一种是 p 单独构成一个圆排列,这种方法共有 $s_1^{\#}(p-1,k-1)$ 个;第二种是 p 至少和一个别的人构成一个圆排列,此时先把 $1,2,\cdots,p-1$ 排成 k 个非空的圆排列,再把 p 放在 $1,2,\cdots,p-1$ 中任一人的左边,因此,第二种类型共有 $(p-1)s_1^{\#}(p-1,k)$ 种方法. 于是

$$s_1^{\#}(p,k)=s_1^{\#}(p-1,k-1)+(p-1)s_1^{\#}(p-1,k)$$

因此,$s_1(p,k)=s_1^{\#}(p,k)$. 证毕.

习　题　三

1. 给出序列 $\{a_n\}$ 的递归定义,$n=1,2,3,\cdots$,其中:

(1) $a_n=6n$;　(2) $a_n=2n+1$;　(3) $a_n=10^n$;　(4) $a_5=5$.

2. 一个人在银行的储蓄账户上存了 10000 元,年利息是 11%,那么在 30 年后账户上将有多少钱?

3. 求关于 a_n 的递推关系. 其中 a_n 是通过对 $n+1$ 个数 $x_0,x_1,x_2,\cdots,x_n$ 的乘积中加括号来规定乘法的次序的方式数. 例如,$a_3=5$,因为对 x_0,x_1,x_2,x_3 有 5 种加括号的方式来确定乘法的次序:

$$[(x_0\cdot x_1)\cdot x_2]\cdot x_3,[x_0\cdot(x_1\cdot x_2)]\cdot x_3,(x_0\cdot x_1)\cdot(x_2\cdot x_3),$$
$$x_0\cdot[(x_1\cdot x_2)\cdot x_3],x_0\cdot[x_1\cdot(x_2\cdot x_3)]$$

4. 确定平面一般位置上的 n 个相互交叠的圆所形成的区域数. 其中相互交叠是指每两个圆相交在不同的两个点上;一般位置是指不存在有一个公共点的三个圆.

5. 找出不含两个连续 0 的 n 位二进制串的递推关系和初始条件. 有多少个这样的 5 位二进制串?

6. 计算机系统可以把一个十进制数字串作为一个编码字,如果它包含偶数个0,就是有效的. 设 a_n 是有效的 n 位编码字的个数. 找出一个关于 a_n 的递推关系.

7. 用迭代方法求下面每个递推关系和初始条件的解:

(1) $a_n=3a_{n-1}, a_0=2$;　(2) $a_n=a_{n-1}+2, a_0=3$;

(3) $a_n=a_{n-1}+n, a_0=1$;　(4) $a_n=a_{n-1}+2n+3, a_0=4$;

(5) $a_n=2a_{n-1}-1, a_0=1$;　(6) $a_n=3a_{n-1}+1, a_0=1$;

(7) $a_n=na_{n-1}, a_0=5$;　(8) $a_n=2na_{n-1}, a_0=1$.

8. 一台出售邮票簿的售货机只接受1美元硬币、1美元纸币以及5美元纸币.

(1)投 n 美元到这台售货机的方式数记作 a_n,这里要考虑硬币和纸币的投入次序,求 a_n 的递推关系.

(2)初始条件是什么?

(3)一本邮票簿需10美元,有多少种付款方式?

9. 确定选择排序算法的复杂度.

选择排序　该算法将 $s_1, s_2, \cdots, s_n$ 排序. 其过程是从序列中选出最大的置于最后位置,再对其余元素继续重复此过程.

输入:$s_1, s_2, \cdots, s_n$ 和序列的长度 n.

输出:以递增顺序排列的 $s_1, s_2, \cdots, s_n$.

(1) **procedure** selection-sort(s, n)

(2) **if** $n=1$ **then** 结束

(3) max-index: = 1

(4) **for** i: = 2 **to** n **do**

(5) **if** s_i > max-index **then**

(6) max-index: = i

(7) swap(s_i, smax-index) {将最大的元素置于尾部}

(8) **call** selection-sort(s, $n-1$)

(9) **end** selection-sort

10. 确定折半查找算法的时间复杂性.

折半查找　该算法从一个以升序排序的序列中查找特定值,找到则返回序号,否则返回0.

输入:以升序排序的序列 $s_i, s_{i+1} \cdots, s_j$, ($i \geqslant 1$),要查找的值key,以及 i, j.

输出:当 s_k = key 时,输出索引 k,若序列中没有等于key的,则输出0.

(1) **procedure** binary-search(s, i, j, key)

(2) **if** $i > j$ **then** {没有找到}

(3) **return**(0)

(4) k: = $\left\lfloor \frac{i+j}{2} \right\rfloor$

(5) **if** key = s_k **then** {找到}

(6) **return** (k)

(7) **if** key < s_k **then** {查找左半部分}

(8) j: = $k-1$

(9) **else** {查找右半部分}

(10) i: = $k+1$

(11) **return** (binary-search(s, i, j, key))

(12) **end** binary-search

11. 求证:$a_n=11^{n+2}+12^{2n+1}$ ($n \geqslant 0$)能被133整除.

12. 核反应堆中有α和β两种粒子，每秒钟内一个α粒子可反应产生三个β粒子，而一个β粒子又可反应产生一个α粒子和两个β粒子. 若在时刻 $t=0$ 时反应堆中只有一个α粒子，问 $t=100\text{s}$ 时反应堆中将有多少个α粒子？多少个β粒子？共有多少个粒子？

13. n 个人聚餐后去取大衣，他们取大衣时选中哪一件是随机的，结果每个人拿的都不是自己的大衣. 用 D_n 表示 n 个人都拿错大衣的不同情况数. 求 $D_1, D_2, D_3, \cdots$ 满足的递推关系.

14. 求解下列具有给定初始条件的递推关系：

(1) $a_n = a_{n-1} + 6a_{n-2}(n \geqslant 2), a_0 = 3, a_1 = 6$；

(2) $a_n = 7a_{n-1} - 10a_{n-2}(n \geqslant 2), a_0 = 2, a_1 = 1$；

(3) $a_n = 6a_{n-1} - 8a_{n-2}(n \geqslant 2), a_0 = 4, a_1 = 10$；

(4) $a_n = 2a_{n-1} - a_{n-2}(n \geqslant 2), a_0 = 4, a_1 = 1$；

(5) $a_n = a_{n-2}(n \geqslant 2), a_0 = 5, a_1 = -1$；

(6) $a_n = -6a_{n-1} - 9a_{n-2}(n \geqslant 2), a_0 = 3, a_1 = -3$；

(7) $a_{n+2} = -4a_{n+1} + 5a_n(n \geqslant 0), a_0 = 2, a_1 = 8$；

(8) $a_n = -4a_{n-1} - 4a_{n-2}(n \geqslant 2), a_0 = 0, a_1 = 1$.

15. 用递推关系求下列和：

(1) $s_n = 1 + 2 + 3 + \cdots + n$；

(2) $s_n = 1 + 2^2 + 3^2 + \cdots + n^2$；

(3) $s_n = 1 + 2^3 + 3^3 + \cdots + n^3$；

(4) $s_n = 1 \times (1+2) + 2 \times (2+2) + 3 \times (3+2) + \cdots + n(n+2)$；

(5) $s_n = 1 \times 2 \times 3 + 2 \times 3 \times 4 + \cdots + n(n+1)(n+2)$；

(6) $s_n = 2 \times (2-1) + 3 \times (3-1) + \cdots + n(n-1)$.

16. 求 $G(x) = \dfrac{1}{(1-x)(1-x^2)(1-x^3)}$ 中 x^n 的系数 a_n.

17. 10个数字(0～9)和4个四则运算符+、-、×、÷组成的14个元素，求由其中的 n 个元素的排列构成一算术表达式的个数.

18. n 条直线将平面分成多少个区域？假定无三线共点，且两两相交.

19. 求 n 位十进制正数中出现偶数个5的数的个数.

20. 求下列 n 阶行列式的值：

$$(1)\ d_n = \begin{vmatrix} 2 & 1 & 0 & 0 & \cdots & 0 \\ 1 & 2 & 1 & 0 & \cdots & 0 \\ 0 & 1 & 2 & 1 & \cdots & 0 \\ \vdots & \vdots & \vdots & \vdots & & \vdots \\ 0 & 0 & 0 & 0 & \cdots & 2 \end{vmatrix};\quad (2)\ d_n = \begin{vmatrix} 1 & 1 & 0 & 0 & \cdots & 0 & 0 \\ 1 & 1 & 1 & 0 & \cdots & 0 & 0 \\ 0 & 1 & 1 & 1 & \cdots & 0 & 0 \\ \vdots & \vdots & \vdots & \vdots & & \vdots & \vdots \\ 0 & 0 & 0 & 0 & \cdots & 1 & 1 \end{vmatrix}.$$

21. 设有 n 条椭圆曲线，两两相交于两点，任意3条椭圆曲线不相交于一点，试问这样的 n 个椭圆将平面分隔成多少部分？

22. 一个圆域，依圆心等分成 n 个扇形部分，用 k 种颜色对这 n 个域进行着色，要求相邻的域不同色，试问有多少种着色方案？

23. 求 n 位二进制数中最后3位为010图像的个数. 即求 n 位由0和1组成的符号串 $b_1b_2\cdots b_n$ 从左向右扫描，一旦出现010图像的，便从这个图像后面一位开始重新扫描. 例如，00101001010是长度为11的最后3位为010的二进制数，而不是长度为11的最后3位为010的图像，因为从左向右扫描结果是2～4位，7～9位出现了010，而不是最后3位出现010.

24. 求 n 位二进制数中最后3位才第1次出现010图像的数的个数.

25. 设有地址从1～n 的单元，用以储存随机的数据，每一数据占两个连续的单元，而且存放的地址也是完全随机的,因而可能出现两个数据间留出的是一个单元,不能储存其他数据的情况. 求这 n 个单元留下空单元的平均数 a_n.

26. n 个元素应有 $n!$ 个不同的全排列,若一个排列使得所有的元素都不在原来的位置上,则称这个排列为**错排**. 例如,123 的错排有 312 和 231,以 1,2,3,4 这 4 个数的错排为例,分析其结构,找出其规律.

27. 数 1,2,3,…,9 的全排列中,求偶数在原来位置上,其余都不在原来位置上的错排数目.

28. 证明下列涉及 Fibonacci 数和二项式系数的恒等式:

$$f_{n+1} = C_n^0 + C_{n-1}^1 + \cdots + C_{n-k}^k$$

其中,n 是正整数,且 $k = [\frac{n}{2}]$($[n]$为小于等于 n 的最大整数).

29. 求递推关系 $a_n = 4a_{n-1} - 4a_{n-2} + (n+1)2^n$ 的通解.

30. 求递推关系 $a_n = 7a_{n-1} - 16a_{n-2} + 12a_{n-3} + n4^n$ 的具有$a_0 = -2, a_1 = 0, a_2 = 5$ 的解.

31. 求递推关系 $a_n = 4a_{n-1} - 3a_{n-2} + 2^n + n + 3$ 具有 $a_0 = 1, a_1 = 4$ 的解.

32. 求解递推关系$\begin{cases} a_n = 3a_{n-1} + 2b_{n-1} \\ b_n = a_{n-1} + 2b_{n-1} \end{cases}$,其初始条件 $a_0 = 1, b_0 = 2$.

33. 设$f_0, f_1, f_2, \cdots, f_n \cdots$表示 Fibonacci 序列,通过用小的 n 值为下列每一个表达式赋值,猜测一般公式,然后用数学归纳法和 Fibonacci 递归证明它们:

(1)$f_1 + f_3 + \cdots + f_{2n-1}$;　　(2)$f_0 + f_2 + \cdots + f_{2n}$;

(3)$f_0 - f_1 + f_2 - \cdots + (-1)^n f_n$;　　(4)$f_0^2 + f_1^2 + f_2^2 + \cdots + f_n^2$.

34. 证明下列关于 Fibonacci 数的结论:

(1)f_n 是偶数,当且仅当 n 可被 3 整除;

(2)f_n 能被 3 整除,当且仅当 n 可被 4 整除;

(3)f_n 能被 4 整除,当且仅当 n 可被 6 整除;

(4)f_n 能被 5 整除,当且仅当 n 可被 5 整除;

(5)通过考察 Fibonacci 序列,做出当f_n 被 7 整除时的猜测,然后证明之.

35. 令 m 和 n 为正整数,它们的最大公因数是 d,证明:Fibonacci 数 f_m 和 f_n 的最大公因数是 Fibonacci 数 f_d.

36. 有 $2n$ 个人排成一列进入剧场. 入场费 50 美分,$2n$ 个人中的 n 个人有 50 美分硬币,n 个人有 1 美元的纸币. 剧院售票处用一个空的现金售票机开始售票. 有多少种列队方法使得只要有 1 美元的人买票,售票处就有 50 美分硬币找零?

37. 设 $h_n = 3^n (n \geqslant 0)$,求 $\Delta^k h_n (k \geqslant 1)$.

38. 求 $\sum_{k=0}^{n} (-1)^{n-k} C_n^k \sin(kx + \alpha)$,其中 α 为常数.

39. 试求一数列$\{h_n\}(n \geqslant 0)$,使其前 5 项依次是 1,3,7,13,21,其通项 h_n 是 n 的多项式且次数最低.

40. 证明:n 个元素集合 A 到 m 个元素集合 $B(n \geqslant m)$ 的满射函数的个数为$n!s(n,m)$,其中 $s(n,m)$ 为第二类 Stirling 数.

41. 将 n 个球放入 k 个盒子,试分情况讨论其放法的数目.

42. 证明第二类 Stirling 数满足:

(1)$s(p, p-1) = C_p^2$;　　(2)$s(p, 2) = 2^{p-1} - 1$.

第4章　容斥原理

4.1　引言

前面用加法原则解集合的计数问题时，一般要求将计数的集合划分为若干互不相交的子集，且这些子集都比较容易计数. 然而，在很多实际的计数问题中，要找到容易计数且又两两不相交的子集并非易事. 为此，本章将引入又一个高级计数工具——容斥原理.

由于讨论过程中要涉及有关集合的概念及性质，下面先给出集合论中一些简单的结论.

关于集合的运算：

(1)集合 A 与 B 的并　$A\cup B=\{x\mid x\in A\vee x\in B\}$

(2)集合 A 与 B 的交　$A\cap B=\{x\mid x\in A\wedge x\in B\}$

(3)集合 A 与 B 的差　$A-B=\{x\mid x\in A\wedge x\notin B\}$

(4)集合 A 的绝对差　$\bar{A}=E-A$，其中 E 表示全集

集合运算的性质：

(1)对合律　$\overline{(\bar{A})}=A$

(2)等幂律　$A\cap A=A,\ A\cup A=A$

(3)交换律　$A\cap B=B\cap A,\ A\cup B=B\cup A$

(4)结合律　$(A\cap B)\cap C=A\cap(B\cap C)$

$(A\cup B)\cup C=A\cup(A\cup B)$

(5)分配律　$A\cap(B\cup C)=(A\cap B)\cup(A\cap C)$

$A\cup(B\cap C)=(A\cup B)\cap(A\cup C)$

(6)吸收律　$A\cap(A\cup B)=A,\ A\cup(A\cap B)=A$

(7)否定律　$A\cap\bar{A}=\emptyset,\ A\cup\bar{A}=E$

(8)零律　$A\cap\emptyset=\emptyset,\ A\cup E=E$

(9)同一律　$A\cap E=A,\ A\cup\emptyset=A$

(10)德摩根(De Morgan)律　$\overline{A\cup B}=\bar{A}\cap\bar{B},\ \overline{A\cap B}=\bar{A}\cup\bar{B}$

对于有限集合 A，其元素个数记为 $|A|$，亦称为 A 的基数. 显然有 $|\bar{A}|=|E|-|A|$.

例 4.1.1　计算 1 ~ 600(包括 1 与 600)中，不能被 6 整除的整数个数.

解　令 $E=\{1,2,3,\cdots,600\}$

$A=\{x\mid x\in E$ 且 x 能被 6 整除$\}$

由于每连续 6 个整数的第 6 个整数都能被 6 整除，因而

$$|A|=\left[\frac{600}{6}\right]=100$$

从而

$$\bar{A}=|E|-|A|=600-100=500$$

为方便，以后可以把 $A\cap B$ 简记为 AB.

另外，由维恩（John Venn）图很容易验证下面的定理.

定理 4.1.1 设 A、B、C 为有限集合，则有

(1) $|A\cup B| = |A| + |B| - |A\cap B|$

(2) $|A\cup B\cup C| = |A| + |B| + |C| - |AB| - |AC| - |BC| + |ABC|$

4.2 容斥原理的概念

定理 4.2.1（容斥原理） 设 $A_1, A_2, \cdots, A_n$ 均为有限集合，则

$$
\begin{aligned}
&|A_1\cup A_2\cup\cdots\cup A_n| \\
&= \sum_{i=1}^{n}|A_i| - \sum_{1\leq i<j\leq n}|A_iA_j| + \sum_{1\leq i<j<k\leq n}|A_iA_jA_k| - \cdots + (-1)^{n-1}|A_1A_2\cdots A_n|
\end{aligned}
$$

证明 用数学归纳法证明

(1) 当 $n=2$ 时，由定理 4.1.1 知，结论成立.

(2) 设对 $n-1$ 时，结论成立，即

$$
\begin{aligned}
&|A_1\cup A_2\cup\cdots\cup A_{n-1}| \\
&= \sum_{i=1}^{n-1}|A_i| - \sum_{1\leq i<j\leq n-1}|A_iA_j| + \sum_{1\leq i<j<k\leq n-1}|A_iA_jA_k| - \cdots + (-1)^{n-2}|A_1A_2\cdots A_{n-1}|
\end{aligned}
$$

(3) 对于 n，有

$$
\begin{aligned}
|A_1\cup A_2\cup\cdots\cup A_{n-1}\cup A_n| &= |(A_1\cup A_2\cup\cdots\cup A_{n-1})\cup A_n| \\
&= |A_1\cup A_2\cup\cdots\cup A_{n-1}| + |A_n| - |A_n\cap(A_1\cup A_2\cdots\cup A_{n-1})| \\
&= |A_1\cup A_2\cup\cdots\cup A_{n-1}| + |A_n| - |A_1A_n\cup A_2A_n\cup\cdots\cup A_{n-1}A_n| \\
&= \sum_{i=1}^{n}|A_i| - \sum_{1\leq i<j\leq n}|A_iA_j| + \sum_{1\leq i<j<k\leq n}|A_iA_jA_k| - \\
&\quad \cdots + (-1)^{n-1}|A_1A_2\cdots A_n|
\end{aligned}
$$

证毕.

定理 4.2.2 设 $A_1, A_2, \cdots, A_n$ 为有限集 E 的子集，则

$$
\begin{aligned}
|\bar{A}_1\bar{A}_2\cdots\bar{A}_n| = |E| - \sum_{i=1}^{n}|A_i| + \sum_{1\leq i<j\leq n}|A_iA_j| - \\
\sum_{1\leq i<j<k\leq n}|A_iA_jA_k| + \cdots + (-1)^{n}|A_1A_2\cdots A_n|
\end{aligned}
$$

证法一 $|\bar{A}_1\bar{A}_2\cdots\bar{A}_n| = |\overline{A_1\cup A_2\cup\cdots\cup A_n}|$

$= |E| - |A_1\cup A_2\cup\cdots\cup A_n|$

证法二 设与 E 中元素有关的性质集合 $p=\{p_1, p_2, \cdots, p_n\}$，令 A_i 是由 E 中具有性质 p_i 的所有元素构成的子集，那么 $E-A_i$ 即为 E 中不具有性质 p_i 的所有元素. $A_iA_jA_k$ 表示 E 中同时具有性质 p_i、p_j、p_k 的元素构成的子集，那么 $\bar{A}_1\bar{A}_2\cdots\bar{A}_n$ 是 E 中不具有 p 中任何性质的元素之集合.

定理 4.2.2 中等式的左边是 E 中不具有性质集 p 中任何一种性质的元素个数. 因此，要

证明定理中的等式成立,只要证明对 E 中任何一个元素 a,若 a 不具备 p 中任何一个性质,则 a 在等式右边被统计一次,否则,a 被统计0次.

首先,设 $a\in E$ 且 a 不具有 p 中任何性质,则 $a\notin A_i$,当然 a 更不属于若干个 A_i 的交. 因此,a 在右边被统计的次数为

$$1-0+0-\cdots+(-1)^n\cdot 0=1$$

其次,设 $b\in E$ 且 b 同时具有 p 中的 k 种性质,那么子集 $A_1,A_2,\cdots,A_n$ 中必有某 k 个都含有元素 b,从而 b 在 $|E|$ 中被统计一次,在 $\sum\limits_{i=1}^{n}|A_i|$ 中被统计 k 次,在 $\sum\limits_{1\leqslant i<j\leqslant n}|A_iA_j|$ 中被统计 C_k^2 次,…. 因此,统计的总次数为

$$\begin{aligned}&C_k^0-C_k^1+C_k^2-\cdots+(-1)^kC_k^k+\cdots+(-1)^{k+1}C_k^{k+1}+\cdots+(-1)^nC_k^n\\=&C_k^0-C_k^1+C_k^2-\cdots+(-1)^kC_k^k\\=&(1-1)^k=0\end{aligned}$$

证毕.

例 4.2.1　求1~250之间(包括1和250)能被2或3或5整除的整数的个数.

解　设 $E=\{1,2,\cdots,250\}$

$A_1=\{x\mid x\in E$ 且 x 能被2整除$\}$

$A_2=\{x\mid x\in E$ 且 x 能被3整除$\}$

$A_3=\{x\mid x\in E$ 且 x 能被5整除$\}$

问题即为求

$$|A_1\cup A_2\cup A_3|=|A_1|+|A_2|+|A_3|-|A_1A_2|-|A_1A_3|-|A_2A_3|+|A_1A_2A_3|$$

而

$$|A_1|=\left[\frac{250}{2}\right]=125\qquad |A_2|=\left[\frac{250}{3}\right]=83$$

$$|A_3|=\left[\frac{250}{5}\right]=50\qquad |A_1A_2|=\left[\frac{250}{2\times3}\right]=41$$

$$|A_1A_3|=\left[\frac{250}{2\times5}\right]=25\qquad |A_2A_3|=\left[\frac{250}{3\times5}\right]=16$$

$$|A_1A_2A_3|=\left[\frac{250}{2\times3\times5}\right]=8$$

所以

$$|A_1\cup A_2\cup A_3|=125+83+50-41-25-16+8=184$$

例 4.2.2　确定重集 $T=\{3\cdot a,4\cdot b,5\cdot c\}$ 的10组合的个数.

解法一　令 E 表示重集$\{\infty\cdot a,\infty\cdot b,\infty\cdot c\}$的所有10组合组成的集合,则

$$|E|=C_{10+3-1}^{10}=C_{12}^{10}=66$$

令

$A_1=\{x\mid x\in E$ 且 x 中不少于4个 $a\}$

$A_2=\{x\mid x\in E$ 且 x 中不少于5个 $b\}$

$A_3=\{x\mid x\in E$ 且 x 中不少于6个 $c\}$

问题等价于求

$$|\bar A_1\bar A_2\bar A_3|=|E|-|A_1|-|A_2|-|A_3|+|A_1A_2|+|A_1A_3|+|A_2A_3|-|A_1A_2A_3|$$

由于A_1中的每个10组合都至少包含4个a,因而$|A_1|$即为重集$\{\infty\cdot a,\infty\cdot b,\infty\cdot c\}$的6组合的个数,所以

$$|A_1| = C_{6+3-1}^{6} = C_8^6 = 28$$

同理

$$|A_2| = C_{5+3-1}^{5} = C_7^5 = 21$$

$$|A_3| = C_{4+3-1}^{4} = C_6^4 = 15$$

$$|A_1A_2| = C_{1+3-1}^{1} = C_3^1 = 3$$

$$|A_1A_3| = C_{0+3-1}^{0} = C_2^0 = 1$$

$$|A_2A_3| = 0$$

$$|A_1A_2A_3| = 0$$

于是

$$|\overline{A}_1\overline{A}_2\overline{A}_3| = 66-28-21-15+3+1+0-0=6$$

解法二 把n个相同的球放入标号为a、b、c的三个不同盒中,且盒a中最多放3个,盒b中最多放4个,盒c中最多放5个,其不同的方案数记作a_n,则$a_n(n=0,1,2,\cdots)$的生成函数为

$$\begin{aligned}F(x) &= (x^0+x^1+x^2+x^3)(x^0+x^1+x^2+x^3+x^4)(x^0+x^1+x^2+x^3+x^4+x^5)\\&=\frac{1-x^4}{1-x}\frac{1-x^5}{1-x}\frac{1-x^6}{1-x}\\&=\frac{1-x^4-x^5-x^6+x^9+x^{10}+x^{11}-x^{15}}{(1-x)^3}\\&=(1-x^4-x^5-x^6+x^9+x^{10}+x^{11}-x^{15})(1+C_3^1x+C_4^2x^2+\cdots+C_{k+2}^kx^k+\cdots)\end{aligned}$$

故$a_n = C_{10+2}^{10}-C_{6+2}^{6}-C_{5+2}^{5}-C_{4+2}^{4}+C_{1+2}^{1}+C_{0+2}^{0}=6$

例4.2.3 把n个不相同的球放入k个不同的盒中,要求每个盒子非空,求其不同的方案数a_n.

解法一 $a_n(n=0,1,2,\cdots)$的生成函数为

$$\begin{aligned}F(x) &= \left(\frac{x^1}{1!}+\frac{x^2}{2!}+\frac{x^3}{3!}+\cdots\right)^k = (e^x-1)^k = (-1)^k(1-e^x)^k\\&=(-1)^k\sum_{t=0}^{k}(-1)^{k-t}C_k^t e^{(k-t)x}\end{aligned}$$

由于$C_k^t(-e^x)^{k-t}$的$\frac{x^n}{n!}$项的系数为$(-1)^{k-t}C_k^t(k-t)^n$,故

$$a_n = \sum_{t=0}^{k}(-1)^t C_k^t (k-t)^n$$

解法二 把n个不同的球放入k个不同的盒中,每个盒子的容量不限,其不同的方案的集合记作E,则$|E| = k^n$.

令$A_i(i=1,2,3,\cdots,k)$表示n个不同球放入k个不同盒中,且第i个盒子为空的方案的集合. 于是问题等价于求

$$|\overline{A}_1\overline{A}_2\cdots\overline{A}_k| = |E| - |A_1\cup A_2\cup\cdots\cup A_k|$$

$A_1A_2\cdots A_t(t=1,2,3,\cdots,k)$表示把$n$个不同的球放入$k$个不同的盒中,且盒1,盒2,…,盒$t$均空,其余盒子的容量不限的方案集,等价于把$n$个不同的球放入$k-t$个不同的盒中,且盒子的容量不限的方案集. 于是

$$|A_1A_2\cdots A_t| = (k-t)^n (t=1,2,3,\cdots,k)$$

故
$$a_n = |\overline{A}_1\overline{A}_2\cdots\overline{A}_k| = |E| - |A_1\cup A_2\cup\cdots\cup A_k|$$
$$= \sum_{t=0}^{k}(-1)^t C_k^t (k-t)^n$$

例 4.2.4　有 n 个人,他们先把自己的帽子都放入一个暗室中. 然后,每个人再从中各取一顶帽子,没有人能取到自己帽子的概率是多少?

解　令这 n 个人各自任取一顶帽子的不同取法的集合为 E,则 $|E| = n!$.

令 $A_i = \{x \mid x\in E$,且 x 使第 i 个人取到了自己的帽子$\}(i=1,2,\cdots,n)$,显然

$$|A_i| = (n-1)! \quad (i=1,2,\cdots,n)$$
$$|A_iA_j| = (n-2)!(i=1,2,\cdots,n-1;i<j)$$
$$\vdots$$
$$|A_{i_1}A_{i_2}\cdots A_{i_k}| = (n-k)!(i_1=1,2,\cdots,n-k+1;k=1,2,\cdots,n;i_1<i_2<\cdots<i_k)$$
$$|A_1A_2\cdots A_n| = 0! = 1$$

没有人取到自己帽子的取法的数目为

$$|\overline{A}_1\overline{A}_2\cdots\overline{A}_n| = |E| - \sum_{i=1}^{n}|A_i| + \sum_{1\leqslant i<j\leqslant n}|A_iA_j| - \cdots + (-1)^n|A_1A_2\cdots A_n|$$
$$= n! - C_n^1(n-1)! + C_n^2(n-2)! - \cdots + (-1)^n C_n^n 0!$$
$$= n! - \frac{n!}{1!(n-1)!}(n-1)! + \frac{n!}{2!(n-2)!}(n-2)! - \cdots + (-1)^n\frac{n!}{0!n!}0!$$
$$= \left[1 - 1 + \frac{1}{2!} - \cdots + (-1)^n\frac{1}{n!}\right]n!$$

于是所求概率为

$$p = \frac{|\overline{A}_1\overline{A}_2\cdots\overline{A}_n|}{|E|} = 1 - 1 + \frac{1}{2!} - \frac{1}{3!} + \cdots + (-1)^n\frac{1}{n!}$$

又因为
$$e^x = 1 + x + \frac{x^2}{2!} + \cdots + \frac{x^n}{n!} + \cdots$$

所以
$$e^{-1} = 1 - 1 + \frac{1}{2!} - \frac{1}{3!} + \cdots + (-1)^n\frac{1}{n!} + \cdots$$

因此 $p\approx e^{-1} = 0.3679\cdots$

另外,对集合$\{1,2,3,\cdots,n\}$作全排列,但元素 1 不排在第一位,元素 2 不排在第二位,$\cdots$,元素 n 不排在第 n 位,这样的全排列称为**错排**. 本例已求得集合$\{1,2,3,\cdots,n\}$的错排数为

$$D_n = n!\left[\frac{1}{0!} - \frac{1}{1!} + \frac{1}{2!} - \cdots + (-1)^n\frac{1}{n!}\right]$$

例 4.2.5　求不超过120的素数的个数.

解　因 $11^2 = 121$,故不超过 120 的合数必然是 2,3,5,7 的倍数,而且不超过 120 的合数的因子不可能都超过 11.

设 $E = \{1,2,3,\cdots,120\}$

$A_i = \{x \mid x\in E$ 且 x 是数 i 的倍数$\}$, $i=2,3,5,7$

则
$$|A_2| = \left[\frac{120}{2}\right] = 60 \qquad |A_3| = \left[\frac{120}{3}\right] = 40$$

$$|A_5| = \left[\frac{120}{5}\right] = 24 \qquad |A_7| = \left[\frac{120}{7}\right] = 17$$

$$|A_2A_3| = \left[\frac{120}{2\times 3}\right] = 20 \qquad |A_2A_5| = \left[\frac{120}{2\times 5}\right] = 12$$

$$|A_2A_7| = \left[\frac{120}{2\times 7}\right] = 8 \qquad |A_3A_5| = \left[\frac{120}{3\times 5}\right] = 8$$

$$|A_3A_7| = \left[\frac{120}{3\times 7}\right] = 5 \qquad |A_5A_7| = \left[\frac{120}{5\times 7}\right] = 3$$

$$|A_2A_3A_5| = \left[\frac{120}{30}\right] = 4 \qquad |A_2A_3A_7| = \left[\frac{120}{42}\right] = 2$$

$$|A_2A_5A_7| = \left[\frac{120}{70}\right] = 1 \qquad |A_3A_5A_7| = \left[\frac{120}{105}\right] = 1$$

$$|A_2A_3A_5A_7| = \left[\frac{120}{210}\right] = 0$$

因此
$$\begin{aligned}|\bar{A}_2\bar{A}_3\bar{A}_5\bar{A}_7| &= 120-(60+40+24+17)+(20+12+8+8+5+3)-\\ &\quad (4+2+1+1)=27\end{aligned}$$

但是,这27个数未包含2,3,5,7本身,却将非素数1含在其中,故所求素数个数为27+4-1=30.

到目前为止,我们已经解决了如何计算有限集 E 中具有某些性质的元素个数,以及不具备某些性质的元素个数. 下面讨论如何计算 E 中恰好具有 k 个性质的元素的个数,即容斥原理更一般的情形.

设 E 为一有限集合,与 E 中元素有关的性质集合记为

$$p=\{p_1,p_2,\cdots,p_n\}$$

A_i 为 E 中具有性质 p_i 的所有元素构成的子集,令

$$q_0 = |E|$$

$$q_1 = \sum_{i=1}^{n} |A_i|$$

$$q_2 = \sum_{1\leqslant i<j\leqslant n} |A_iA_j|$$

$$q_3 = \sum_{1\leqslant i<j<k\leqslant n} |A_iA_jA_k|$$

$$\vdots$$

$$q_n = |A_1A_2\cdots A_n|$$

再令 $N[k]$ 表示 E 中恰好具有 $k(k=0,1,2,\cdots,n)$ 种性质的元素个数,例如

$$N[0] = |\bar{A}_1\bar{A}_2\cdots\bar{A}_n|$$

$$N[1] = |A_1\bar{A}_2\bar{A}_3\cdots\bar{A}_n| + |\bar{A}_1A_2\bar{A}_3\cdots\bar{A}_n| + \cdots + |\bar{A}_1\bar{A}_2\bar{A}_3\cdots\bar{A}_{n-1}A_n|$$

那么,有以下结论:

定理 4.2.3 (**Jordan 公式**)

$$\begin{aligned}N[k] &= q_k - C_{k+1}^{k}q_{k+1} + C_{k+2}^{k}q_{k+2} - \cdots + (-1)^{n-k}C_n^k q_n\\ &= q_k - C_{k+1}^{1}q_{k+1} + C_{k+2}^{2}q_{k+2} - \cdots + (-1)^{n-k}C_n^{n-k} q_n\end{aligned}$$

证明 只要证明 E 中每个恰好具有 k 个性质的元素,在定理等式右端被统计一次,而对于

性质少于 k 或大于 k 的元素,则统计了 0 次.

设 $a\in E$ 且 a 具有 j 种性质,分三种情况予以讨论:

(1)$j<k$,a 具有的性质不到 k 种,显然 a 没有被统计上,因为定理等式右边中 $q_{k+r}(r=0,1,\cdots,n-k)$ 统计的是至少具有 $k+r$ 种性质的元素.

(2)$j=k$,则 a 在 q_k 中只出现一次,且当 $i>k$ 时,a 在 q_i 中同样不可能被统计.

(3)$j>k$,那么,在 q_k 中 a 被统计了 C_j^k 次,在 q_{k+1} 中 a 被统计了 C_j^{k+1} 次,…,在 q_j 中 a 被统计了 $C_j^j=1$ 次,在 $q_{j+1},q_{j+2},\cdots,q_n$ 中 a 均被统计 0 次. 所以,a 在定理等式右边总共被统计的次数为

$$\begin{aligned}
&C_j^k-C_{k+1}^kC_j^{k+1}+C_{k+2}^kC_j^{k+2}-\cdots+(-1)^{j-k}C_j^kC_j^j\\
&=C_j^kC_{j-k}^{j-k}-C_j^kC_{j-k}^{j-(k+1)}+C_j^kC_{j-k}^{j-(k+2)}-\cdots+(-1)^{j-k}C_j^kC_{j-k}^{j-j}\quad(C_j^rC_r^k=C_j^kC_{j-k}^{j-r})\\
&=C_j^k[C_{j-k}^0-C_{j-k}^1+C_{j-k}^2-\cdots+(-1)^{j-k}C_{j-k}^{j-k}]\quad(C_j^k=C_j^{j-k})\\
&=C_j^k(1-1)^{j-k}=0
\end{aligned}$$

证毕.

在所讨论的问题中,如果性质 $p_1,p_2,\cdots,p_n$ 是对称的,即具有 k 个性质的事物的个数不依赖于这 k 个性质的选取,总是等于同一个数值,不妨记作 R_k. 例如

$$\begin{aligned}
R_1&=|A_1|=|A_2|=\cdots=|A_n|\\
R_2&=|A_1A_2|=|A_1A_3|=\cdots=|A_{n-1}A_n|\\
R_3&=|A_1A_2A_3|=|A_1A_2A_4|=\cdots=|A_{n-2}A_{n-1}A_n|\\
&\ \vdots\\
R_n&=|A_1A_2\cdots A_n|
\end{aligned}$$

另外,记 $R_0=|E|$,并称子集 $A_1,A_2,\cdots,A_n$ 具有**对称性质**,那么有 $q_k=C_n^kR_k$.

定理 4.2.4(对称筛)　若子集 $A_1,A_2,\cdots,A_n$ 具有对称性质,则有

(1) $|A_1\cup A_2\cup\cdots\cup A_n|=\sum\limits_{i=1}^{n}(-1)^{i-1}C_n^iR_i$;

(2)$N[0]=\sum\limits_{i=0}^{n}(-1)^iC_n^iR_i$;

(3)$N[k]=\sum\limits_{i=0}^{n-k}(-1)^iC_{k+i}^iC_n^{k+i}R_{k+i}$.

例 4.2.6　设某单位共有 11 人,其中 7 人会英语,5 人会德语,2 人既会英语又会德语,求恰好会一种语言的人数.

解　设 $E=\{1,2,3,\cdots,11\}$

$A_1=\{x\mid x\in E$ 且 x 会英语$\}$

$A_2=\{x\mid x\in E$ 且 x 会德语$\}$

则

$$\begin{aligned}
q_0&=11\\
q_1&=|A_1|+|A_2|=12\\
q_2&=|A_1A_2|=2
\end{aligned}$$

因此,$N[1]=q_1-C_2^1q_2=12-2\times2=8$,即有 8 人恰好会一种语言.

例 4.2.7　对原始自然排列 $1,2,3,\cdots,n$ 重新作各种排列,求恰有 m 个元素在其原来自身

位置的排列数.

解　集合$\{1,2,3,\cdots,n\}$的所有全排列的集合记作E,$A_i=\{x\mid x\in E$且x使得数i排在第i个位置$\}$,$i=1,2,\cdots,n$. 则

$$R_1=|A_1|=|A_2|=\cdots=|A_n|=(n-1)!$$
$$R_2=|A_1A_2|=|A_1A_3|=\cdots=|A_{n-1}A_n|=(n-2)!$$
$$R_3=|A_1A_2A_3|=|A_1A_2A_4|=\cdots=|A_{n-2}A_{n-1}A_n|$$
$$=(n-3)!$$
$$\vdots$$
$$R_n=|A_1A_2A_3\cdots A_n|=(n-n)!=0!$$

于是由定理4.2.4知

$$\begin{aligned}N[m]&=\sum_{i=0}^{n-m}(-1)^i\mathrm{C}_{m+i}^{i}\mathrm{C}_n^{m+i}R_{m+i}\\&=\sum_{i=0}^{n-m}(-1)^i\frac{(m+i)!}{i!m!}\frac{n!}{(m+i)!(n-m-i)!}(n-m-i)!\\&=\sum_{i=0}^{n-m}(-1)^i\frac{n!}{i!m!}\\&=\frac{n!}{m!}\left[1-\frac{1}{1!}+\frac{1}{2!}-\cdots+(-1)^{n-m}\frac{1}{(n-m)!}\right]\\&=\frac{n!}{m!}\frac{D_{n-m}}{(n-m)!}=\mathrm{C}_n^mD_{n-m}\end{aligned}$$

这正是,从n个元素中任取m个元素保持不动,有C_n^m种取法;其余$n-m$个元素进行错排,有D_{n-m}种方法. 由乘法原则共有$\mathrm{C}_n^mD_{n-m}$种排法.

特别地,当$m=0$时,即为n个元素的错排问题,此时$\mathrm{C}_n^mD_{n-m}=\mathrm{C}_n^0D_{n-0}=D_n$.

4.3　有禁区的排列与车多项式

给定5个字母a_1,a_2,a_3,a_4,a_5,由它们组成不允许重复的5排列,但要求a_1不能排在第1、5位置,a_2不能排在第2、3位置,a_3不能排在3、4位置,a_4不能排在第2位,a_5不能排在第5位. 这个有禁区的5元排列问题一一对应5个棋子在5×5的棋盘上的一种布局. 如图4.3.1a所示,其中的小圆圈显示这5个棋子的一种布局,带阴影线的格子表示**禁区**. 所以**有禁区的n元排列**问题与n个棋子在带有禁区的$n\times n$**棋盘**B上的布局一一对应. 规则是当某棋子布到棋盘上的某个小方格时,则这个格子所在的行和列上的其他小方格不再允许布上别的棋子.

定理4.3.1　设B为有禁区的n元排列问题的棋盘,$r_k(B)$[$k=0,1,2,\cdots,n$;规定$r_0(B)=1$]是从棋盘B的不同行不同列中取k个小阴影方块的不同方法的数目,则这个有禁区的n元排列的个数为

$$N(B)=r_0(B)n!-r_1(B)(n-1)!+r_2(B)(n-2)!-\cdots+(-1)^nr_n(B)0!$$

证明　n个元素的全排列集合记作E,显然$|E|=n!$.

令$A_i=\{x\mid x\in E$,且x使第i个元素排在禁区$\}(i=1,2,\cdots,n)$.

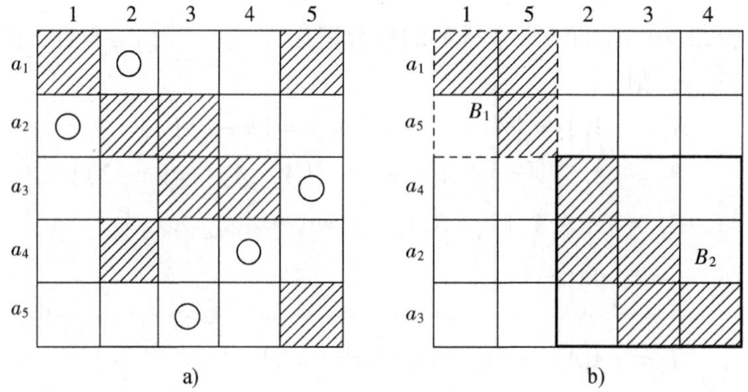

图 4.3.1

a)棋盘 B　b)分离棋盘 B

n 个元素中,至少有 k 个元素排在禁区,显然有 $r_k(B)$ 种方案,而剩下的 $n-k$ 个元素作无限制排列,有 $(n-k)!$ 种方案,由乘法原则知

$$\sum |A_{i_1}A_{i_2}\cdots A_{i_k}| = r_k(B)(n-k)! \quad (1\leqslant i_1<i_2<\cdots<i_k\leqslant n)$$

于是　$|\bar{A}_1\bar{A}_2\cdots\bar{A}_n|$

$$= |E| - \sum_{i=1}^{n}|A_i| + \sum_{1\leqslant i<j\leqslant n}|A_iA_j| - \sum_{1\leqslant i<j<k\leqslant n}|A_iA_jA_k| + (-1)^n|A_1A_2\cdots A_n|$$

$$= r_0(B)n! - r_1(B)(n-1)! + r_2(B)(n-2)! - r_3(B)(n-3)! + \cdots + (-1)^n r_n(B)0!$$

证毕.

定义 4.3.1　设 B 为有禁区的 n 元排列问题的棋盘,$r_k(B)(k=0,1,2,\cdots,n$;规定 $r_0(B)=1)$ 是从 B 的不同行不同列中取 k 个小阴影方块的方案数目,则称多项式

$$R(x,B) = r_0(B) + r_1(B)x + r_2(B)x^2 + \cdots + r_n(B)x^n$$

为棋盘 B 的**车多项式**.

对有禁区的 n 元排列问题进行计数,关键是求出 $r_k(B)(k=0,1,2,\cdots,n)$. 为计算 $r_k(B)$,棋盘 B 中小阴影方块的数目和位置又起着重要作用. 为方便,可把棋盘 B 的行和列进行适当交换,使得小阴影方块相对地集中.

若棋盘 B 可分为两个小棋盘 B_1 和 B_2,且 B_1 中的任一小阴影方块与 B_2 中任一小阴影方块都不在同一行,也不在同一列中,这样的两个子棋盘 B_1 和 B_2 称为**不相交**的.

如图 4.3.1a 所示的棋盘 B,可分为如图 4.3.1b 所示的两个不相交的子棋盘 B_1 与 B_2.

引理 4.3.1　设有禁区的 n 元排列问题的棋盘为 B,且棋盘 B 被分成两个不相交的子棋盘 B_1 与 B_2,则

$$r_k(B) = r_k(B_1)r_0(B_2) + r_{k-1}(B_1)r_1(B_2) + \cdots + r_0(B_1)r_k(B_2) \quad (k=0,1,2,\cdots,n)$$

证明　从棋盘 B 中不同行不同列地取 k 个小阴影方块可按如下步骤完成:先从棋盘 B_1 中不同行不同列地取 $t(0\leqslant t\leqslant k)$ 个小阴影方块,有 $r_t(B_1)$ 种取法;再从棋盘 B_2 中不同行不同列地取 $k-t$ 个小阴影方块,有 $r_{k-t}(B_2)$ 种取法,由乘法原则与加法原则知

$$r_k(B) = r_k(B_1)r_0(B_2) + r_{k-1}(B_1)r_1(B_2) + \cdots + r_0(B_1)r_k(B_2) \quad (k=0,1,2,\cdots,n)$$

证毕.

定理4.3.2 设有禁区的 n 元排列问题的棋盘为 B,且棋盘 B 被分成两个不相交的子棋盘 B_1 与 B_2,则

$$R(x,B)=R(x,B_1)R(x,B_2)$$

证明 由引理4.3.1与多项式乘法直接得证.

推论4.3.1 设有禁区的 n 元排列问题的棋盘 B 被分成 m 个两两互不相交的子棋盘 $B_1,B_2,\cdots,B_m$,则

$$R(x,B)=R(x,B_1)R(x,B_2)\cdots R(x,B_m)$$

另一方面,关于有禁区的 n 元排列问题的棋盘 B,取定棋盘 B 中某个小阴影方块 s,做子棋盘 B_s 与 B_s^*. 其中,B_s:从 B 中删去 s 所在的小阴影方块;B_s^*:从 B_s 中删去 s 所在行与所在列的各个小阴影方块.

例如,对图4.3.2a所示棋盘 B,做子棋盘 B_s 与 B_s^*,分别如图4.3.2b、c所示.

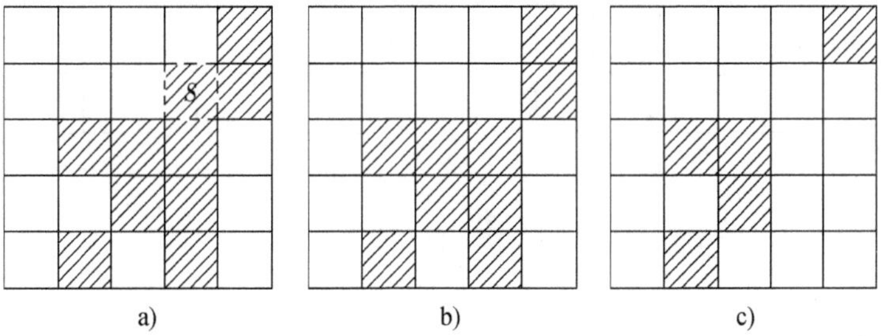

图 4.3.2

a)棋盘 B b)子棋盘 B_s c)子棋盘 B_s^*

定理4.3.3 B 为有禁区的 n 元排列问题的棋盘,s 为棋盘 B 中某个小阴影方块,子棋盘 B_s 与 B_s^* 如前所述,则

(1)$r_k(B)=r_k(B_s)+r_{k-1}(B_s^*)$;

(2)$R(x,B)=R(x,B_s)+xR(x,B_s^*)$.

证明 (1)从棋盘 B 中不同行不同列地取 k 个小阴影方块,可分为两种情况:第一种,这 k 个小阴影方块不含 s,此时从子棋盘 B_s 中不同行不同列地取 k 个小阴影方块,有 $r_k(B_s)$ 种取法;第二种,这 k 个小阴影方块含 s,则从子棋盘 B_s^* 中不同行不同列地取另外$k-1$个小阴影方块,有 $r_{k-1}(B_s^*)$ 种取法,由加法原则,有

$$r_k(B)=r_k(B_s)+r_{k-1}(B_s^*)$$

$$\begin{aligned}(2)R(x,B)&=\sum_{k=0}^{n}r_k(B)x^k\\&=\sum_{k=0}^{n}[r_k(B_s)+r_{k-1}(B_s^*)]x^k\\&=\sum_{k=0}^{n}r_k(B_s)x^k+x\sum_{k=0}^{n}r_{k-1}(B_s^*)x^{k-1}\\&=R(B_s,x)+xR(B_s^*,x)\end{aligned}$$

证毕.

例4.3.1 有6名教师 a_1,a_2,a_3,a_4,a_5,a_6,另有6门课程 b_1,b_2,b_3,b_4,b_5,b_6,要分配每名

教师负责一门课程，且 a_1 不胜任 b_1 和 b_4；a_2 不胜任 b_2 和 b_3；a_3 不胜任 b_3；a_4 不胜任 b_2 和 b_5；a_5 不胜任 b_1 和 b_4；a_6 不胜任 b_6. 问这样的工作分配方法有几种？

解　这是一个有禁区的 6 元排列问题，其对应的棋盘 B 如图 4.3.3a 所示，把棋盘 B 做行与列的适当交换，让小阴影方块相对集中，并选定小阴影方块 S，如图 4.3.3b 所示. 做图 4.3.3b 所示棋盘的子棋盘 B_s 与 B_s^*. 关于 B_s 再做不相交的子棋盘 B_1, B_2, B_3, B_4，如图 4.3.4a 所示；关于 B_s^* 做不相交子棋盘 B_1^* 与 B_2^*，如图 4.3.4b 所示.

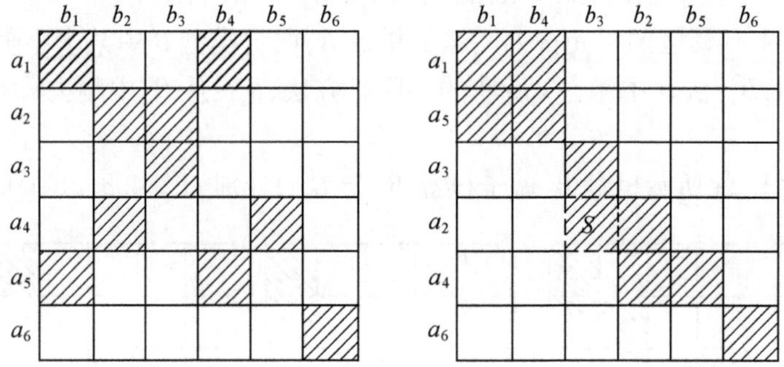

a)　　b)

图　4.3.3

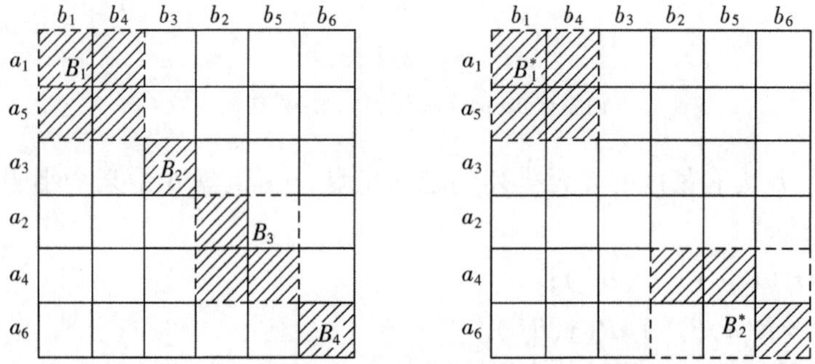

a)　　b)

图　4.3.4

a) 棋盘 B_s　b) 棋盘 B_s^*

关于 B_s 有

(1) $r_1(B_1)=4, r_2(B_1)=2, r_3(B_1)=r_4(B_1)=0, R(x,B_1)=1+4x+2x^2$；

(2) $r_1(B_2)=1, R(x,B_2)=1+x$；

(3) $r_1(B_3)=3, r_2(B_3)=1, r_3(B_3)=0, R(x,B_3)=1+3x+x^2$；

(4) $r_1(B_4)=1, R(x,B_4)=1+x$.

所以由推论 4.3.1 有

$$
\begin{aligned}
R(x,B_s) &= R(x,B_1)R(x,B_2)R(x,B_3)R(x,B_4) \\
&= (1+4x+2x^2)(1+x)(1+3x+x^2)(1+x) \\
&= 1+9x+30x^2+47x^3+37x^4+14x^5+2x^6
\end{aligned}
$$

关于 B_s^* 有：

(1) $r_1(B_1^*)=4, r_2(B_1^*)=2, r_3(B_1^*)=r_4(B_1^*)=0, R(x,B_1^*)=1+4x+2x^2$；

(2) $r_1(B_2^*)=3, r_2(B_2^*)=2, r_3(B_2^*)=0, R(x,B_2^*)=1+3x+2x^2$.

所以由推论 4.3.1 有

$$\begin{aligned}R(x,B_s^*)&=R(x,B_1^*)R(x,B_2^*)\\&=(1+4x+2x^2)(1+3x+2x^2)\\&=1+7x+16x^2+14x^3+4x^4\end{aligned}$$

于是，由定理 4.3.3 有

$$\begin{aligned}R(x,B)&=R(x,B_s)+xR(x,B_s^*)\\&=1+10x+37x^2+63x^3+51x^4+18x^5+2x^6\end{aligned}$$

因此，再由定理 4.3.1 知，满足题意的工作分配方法的数目为

$$6!-10\times5!+37\times4!-63\times3!+51\times2!-18\times1!+2\times0!=116$$

例 4.3.2（错排问题） 对集合 $\{1,2,3,\cdots,n\}$ 做全排列，但每个全排列中所有元素都不在原来的位置上，即元素 1 不排在第一位，元素 2 不排在第二位，…，元素 n 不排在第 n 位，这样的全排列称为错排. 求集合 $\{1,2,3,\cdots,n\}$ 的错排数 D_n.

解 错排问题可以看作有禁区的 n 元排列问题，其对应的棋盘 B 为 $n\times n$ 棋盘，且以对角线上的小方格为禁区，如图 4.3.5 所示.

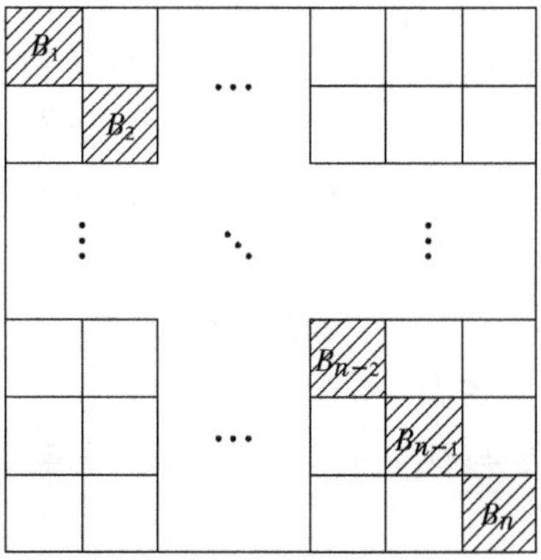

图 4.3.5 错排问题的棋盘 B

分离棋盘 B 为 n 个不相交的子棋盘 $B_1,B_2,\cdots,B_n$，它们依次为棋盘 B 的对角线上的 n 个小阴影方块，显然有

$$r_1(B_i)=1, r_k(B_i)=0, (k=2,3,\cdots,n; i=1,2,\cdots,n)$$

从而

$$R(x,B_i)=1+x \quad (i=1,2,\cdots,n)$$

于是

$$\begin{aligned}R(x,B)&=R(x,B_1)R(x,B_2)\cdots R(x,B_n)\\&=(1+x)^n\\&=1+C_n^1x+C_n^2x^2+\cdots+C_n^nx^n\end{aligned}$$

因此

$$\begin{aligned}D_n&=n!-C_n^1\cdot(n-1)!+C_n^2\cdot(n-2)!-\cdots+(-1)^nC_n^n\cdot(n-n)!\\&=n!\left[1-\frac{1}{1!}+\frac{1}{2!}-\cdots+(-1)^n\frac{1}{n!}\right]\end{aligned}$$

关于$\{1,2,\cdots,n\}$的错排数D_n，它满足一些便于求其值的关系. 下面先讨论第一个关系式

$$D_n=(n-1)(D_{n-2}+D_{n-1})\quad (n=3,4,5,\cdots) \tag{4.3.1}$$

其中，初始值$D_1=0, D_2=1$.

可以用组合证明方法验证式(4.3.1). 令$n\geqslant 3$，并考虑$\{1,2,\cdots,n\}$的D_n个错排. 这些错排按$2,3,\cdots,n$中哪个在排列的第一个位置而被划分成$n-1$部分. 显然，每一部分都包含相同个数的错排. 这样，$D_n=(n-1)d_n$，其中d_n是2位于错排第一个位置上的个数. 这些错排的形式为

$$2i_2i_3\cdots i_n,\quad i_2\neq 2, i_3\neq 3,\cdots,i_n\neq n$$

上述d_n个错排按照$i_2=1$还是$i_2\neq 1$又被进一步划分成两个子排列. 令d_n'是形为

$$21i_3i_4\cdots i_n,\quad i_3\neq 3,\cdots,i_n\neq n$$

的错排数，显然d_n'与$\{3,4,\cdots,n\}$的错排数相等，即$d_n'=D_{n-2}$. 令d_n''是形为

$$2i_2i_3i_4\cdots i_n,\quad i_2\neq 1, i_3\neq 3,\cdots,i_n\neq n$$

的错排数，而d_n''又与$\{1,3,4,\cdots,n\}$的错排数相等，即$d_n''=D_{n-1}$.

于是

$$d_n=d_n'+d_n''=D_{n-2}+D_{n-1}$$

从而

$$D_n=(n-1)d_n=(n-1)(D_{n-2}+D_{n-1})$$

把式(4.3.1)变形为

$$D_n-nD_{n-1}=-[D_{n-1}-(n-1)D_{n-2}]\quad (n\geqslant 3)$$

并递归地应用上述公式，得

$$\begin{aligned}D_n-nD_{n-1}&=-[D_{n-1}-(n-1)D_{n-2}]\\&=(-1)^2[D_{n-2}-(n-2)D_{n-3}]\\&=(-1)^3[D_{n-3}-(n-3)D_{n-4}]\\&\ \ \vdots\\&=(-1)^{n-2}(D_2-2D_1)\end{aligned}$$

由于$D_2=1$和$D_1=0$，这样就得到了错排数D_n的更简单的递归关系

$$D_n=nD_{n-1}+(-1)^{n-2}, n=3,4,\cdots$$

或等价地

$$D_n=nD_{n-1}+(-1)^n, n=2,3,4,\cdots \tag{4.3.2}$$

前面所讨论的是存在某些绝对禁位的排列，下面再考虑存在某些相对禁位的排列.

令Q_n表示$\{1,2,\cdots,n\}$中没有$12,23,\cdots,(n-1)n$这些模式出现的全排列数：

$n=1$时，1是一个允许排列；

$n=2$时，21是一个允许排列；

$n=3$时，有三个允许排列213，321，132；

$n=4$时，其允许排列为

4132，4321，4213，3214，3241，2143，

2431，2413，3142，1324，1432.

因此，$Q_1=1, Q_2=1, Q_3=3, Q_4=11$.

定理 4.3.4　对于$n\geqslant 1$，有

$$Q_n=n!-C_{n-1}^1\cdot(n-1)!+C_{n-1}^2\cdot(n-2)!-C_{n-1}^3\cdot(n-3)!+\cdots+(-1)^{n-1}C_{n-1}^{n-1}\cdot 1!$$

证明 令 E 为 $\{1,2,\cdots,n\}$ 的全部 $n!$ 个全排列的集合，$A_i=\{x \mid x\in E$，且 x 中出现模式 $i(i+1)\}$，$i=1,2,\cdots,n-1$，则

$$Q_n=|\bar{A}_1\cap\bar{A}_2\cap\cdots\cap\bar{A}_{n-1}|$$

一个排列在 A_i 中，当且仅当模式 $i(i+1)$ 在该排列中出现. 于是，A_i 中的一个排列可以看成 $n-1$ 个符号

$$\{1,2,\cdots,i-1,i(i+1),i+2,\cdots,n\}$$

的全排列，因此

$$|A_i|=(n-1)!,\quad i=1,2,\cdots,n-1$$

下面计算 $|A_i\cap A_j|$，不妨设 $j>i$.

当 $j=i+1$ 时，$A_i\cap A_j$ 中的一个排列出现模式

$$i(i+1),(i+1)(i+2)$$

此时，$A_i\cap A_j$ 中的一个排列可以看成 $n-2$ 符号

$$\{1,2,\cdots,i-1,i(i+1)(i+2),i+3,\cdots,n\}$$

的一个全排列，因而

$$|A_i\cap A_j|=(n-2)!$$

当 $j\neq i+1$ 时，$A_i\cap A_j$ 中的一个排列出现模式

$$i(i+1),j(j+1)$$

此时，$A_i\cap A_j$ 中的一个排列可以看成 $n-2$ 符号

$$\{1,2,\cdots,i-1,i(i+1),i+2,\cdots,j-1,j(j+1),j+2,\cdots,n\}$$

的一个全排列，于是也有

$$|A_i\cap A_j|=(n-2)!$$

更一般地，包含 $12,23,\cdots,(n-1)n$ 中的 k 个特定模式的排列可以看成 $n-k$ 符号的排列. 这样，对 $\{1,2,\cdots,n-1\}$ 中的每一个 k 组合 $\{i_1,i_2,\cdots,i_k\}$ 有

$$|A_{i_1}\cap A_{i_2}\cap\cdots\cap A_{i_k}|=(n-k)!$$

由于对每一个 $k=1,2,\cdots,n-1$，存在 $\{1,2,\cdots,n-1\}$ 的 C_{n-1}^k 个 k 组合，应用定理 4. 2. 2 便得到定理中的公式. 证毕.

另外，还可证明 Q_n 与错排数 D_n 有关系式

$$Q_n=D_n+D_{n-1}\quad(n\geqslant 2)$$

4.4 Möbius 反演及可重圆排列

在正整数集上引进一个数论函数，称为 Möbius 函数.

对任意正整数 n，若 $n>1$，则 n 可唯一分解为素数幂的乘积

$$n=p_1^{t_1}p_2^{t_2}\cdots p_r^{t_r}\tag{4.4.1}$$

其中，$p_1,p_2,\cdots,p_r$ 是不同的素数，$t_i\geqslant 1(1\leqslant i\leqslant r)$. 定义 Möbius **函数 $\boldsymbol{\mu}(\boldsymbol{n})$** 为

$$\mu(n)=\begin{cases}1 & n=1\\ 0 & \text{式(4. 4. 1)中有某个 } t_i>1\\ (-1)^r & \text{式(4. 4. 1)中 } t_1=t_2=\cdots=t_r=1\end{cases}$$

例如，$30=2\times3\times5$，$18=3^2\times2$，$121=11^2$，于是

$$\mu(30)=(-1)^3=-1$$
$$\mu(18)=0,\mu(121)=0$$

引理 4.4.1　对任意正整数 n，有

$$\sum_{d\mid n}\mu(d)=\begin{cases}1 & n=1\\ 0 & n>1\end{cases} \tag{4.4.2}$$

证明　若 $n=1$，则 $d=1$ 是 n 仅有的一个因数，而 $\mu(1)=1$，故式(4.4.2)成立.

若 $n>1$，则 n 有分解式(4.4.1)，令 $n^*=p_1p_2\cdots p_r$，显然，n^* 的每个因数都是 n 的因数. 若 n 的某个因数 d 不是 n^* 的因数，则 d 在作形如式(4.4.1)的素因数分解时，必有某个因子的次数大于等于2，所以 $\mu(d)=0$. 因此有

$$\begin{aligned}\sum_{d\mid n}\mu(d)&=\sum_{d\mid n^*}\mu(d)\\&=1+\sum_{1\leqslant k\leqslant r}\ \sum_{1\leqslant i_1<\cdots<i_k\leqslant r}\mu(p_{i_1}\cdots p_{i_k})\\&=\sum_{0\leqslant k\leqslant r}\ \sum_{1\leqslant i_1<\cdots<i_k\leqslant r}(-1)^k\\&=\sum_{0\leqslant k\leqslant r}(-1)^k\mathrm{C}_r^k\\&=(1-1)^r=0\end{aligned}$$

证毕.

定理 4.4.1（Möbius 反演定理）　设 $f(n)$ 和 $g(n)$ 是定义在正整数集上的两个函数，若对任意正整数 n，有

$$f(n)=\sum_{d\mid n}g(d)=\sum_{d\mid n}g\left(\frac{n}{d}\right) \tag{4.4.3}$$

则可将 g 表示为 f 的函数

$$g(n)=\sum_{d\mid n}\mu(d)f\left(\frac{n}{d}\right) \tag{4.4.4}$$

反之，从式(4.4.4)可以得出式(4.4.3).

证明　对 n 的每个因数 d，有 $\frac{n}{d}$ 是正整数，于是有

$$f\left(\frac{n}{d}\right)=\sum_{d'\mid\frac{n}{d}}g(d')$$

所以

$$\begin{aligned}\sum_{d\mid n}\mu(d)f\left(\frac{n}{d}\right)&=\sum_{d\mid n}\mu(d)\Big[\sum_{d'\mid\frac{n}{d}}g(d')\Big]\\&=\sum_{d\mid n}\sum_{d'\mid\frac{n}{d}}\mu(d)g(d')\\&=\sum_{d'\mid n}\sum_{d\mid\frac{n}{d'}}\mu(d)g(d')\\&=\sum_{d'\mid n}g(d')\Big[\sum_{d\mid\frac{n}{d'}}\mu(d)\Big]\end{aligned}$$

由式(4.4.2)知

$$\sum_{d \mid \frac{n}{d'}} \mu(d) = \begin{cases} 1 & \frac{n}{d'} = 1 \\ 0 & \frac{n}{d'} > 1 \end{cases}$$

于是
$$\sum_{d \mid n} \mu(d) f\left(\frac{n}{d}\right) = \sum_{d' \mid n} g(d') \left[\sum_{d \mid \frac{n}{d'}} \mu(d)\right] = g(n)$$

同理,由式(4.4.4)可证得式(4.4.3). 证毕.

例 4.4.1 $1 \sim n$ 中,与 n 互质的数的个数 $\varphi(n)$ 称作 **Euler 函数**. Euler 函数 $\varphi(n)$ 满足

$$\varphi(n) = n \sum_{d \mid n} \frac{\mu(d)}{d} \tag{4.4.5}$$

并由 Möbius 反演定理可得

$$n = \sum_{d \mid n} \varphi(d) = \sum_{d \mid n} \varphi\left(\frac{n}{d}\right) \tag{4.4.6}$$

证明 先证式(4.4.5):

如果 $n = 1$,等式显然成立.

如果 $n > 1$,设 n 有形如式(4.4.1)的展开式,令

$$n_1 = p_1 p_2 \cdots p_r$$

则
$$\begin{aligned} n \sum_{d \mid n} \frac{\mu(d)}{d} &= n \sum_{d \mid n_1} \frac{\mu(d)}{d} \\ &= n\left[1 + \sum_{1 \leqslant k \leqslant r} \sum_{1 \leqslant i_1 < \cdots < i_k \leqslant r} \frac{\mu(p_{i_1} p_{i_2} \cdots p_{i_k})}{p_{i_1} p_{i_2} \cdots p_{i_k}}\right] \\ &= n\left[1 + \sum_{1 \leqslant k \leqslant r} \sum_{1 \leqslant i_1 < \cdots < i_k \leqslant r} \frac{(-1)^k}{p_{i_1} p_{i_2} \cdots p_{i_k}}\right] \\ &= \varphi(n) \end{aligned}$$

下面用 Möbius 反演定理由式(4.4.5)导出式(4.4.6).

因为
$$\varphi(n) = n \sum_{d \mid n} \frac{\mu(d)}{d} = \sum_{d \mid n} \mu(d) \left(\frac{n}{d}\right)$$

由定理 4.4.1 知

$$n = \sum_{d \mid n} \varphi(d) = \sum_{d \mid n} \varphi\left(\frac{n}{d}\right)$$

例如,当 $n = 20$ 时,整除 20 的正整数有 1,2,4,5,10,20,根据定义:

$$\mu(1) = 1, \mu(2) = -1, \mu(4) = 0$$
$$\mu(5) = -1, \mu(10) = 1, \mu(20) = 0$$
$$n \sum_{d \mid n} \frac{\mu(d)}{d} = 20\left(\frac{1}{1} - \frac{1}{2} + 0 - \frac{1}{5} + \frac{1}{10} + 0\right) = 8 = \varphi(20)$$

另一方面,有

$$\begin{aligned} \sum_{d \mid 20} \varphi(d) &= \varphi(1) + \varphi(2) + \varphi(4) + \varphi(5) + \varphi(10) + \varphi(20) \\ &= 1 + 1 + 2 + 4 + 10 \times \frac{1}{2} \times \frac{4}{5} + 20 \times \frac{1}{2} \times \frac{4}{5} \\ &= 4 + 4 + 4 + 8 = 20 \end{aligned}$$

例 4.4.2(可重圆排列问题)　设集合 $A=\{a_1,a_2,\cdots,a_m\}$,已知把下面 m 个不同的线排列:

$$
\begin{aligned}
&a_1a_2a_3\cdots a_{m-2}a_{m-1}a_m\\
&a_2a_3a_4\cdots a_{m-1}a_ma_1\\
&a_3a_4a_5\cdots a_ma_1a_2\\
&\vdots\\
&a_ma_1a_2\cdots a_{m-3}a_{m-2}a_{m-1}
\end{aligned}
$$

中的每一个首尾顺时针相连得到的是同一个圆排列,因而集合 A 的 m 圆排列数为

$$\frac{m!}{m}=(m-1)!$$

下面考虑从集合 $A=\{a_1,a_2,\cdots,a_m\}$ 中,可重复地取 n 个元素构成圆排列的个数.

设 $d\mid n$,取 A 中不同的元素 $a_1,a_2,\cdots,a_d$ 重复$\frac{n}{d}$次构成 d 个不同的线排列

$$
\begin{aligned}
&a_1a_2a_3\cdots a_da_1a_2\cdots a_d\cdots a_1a_2\cdots a_d\\
&a_2a_3\cdots a_da_1a_2\cdots a_d\cdots a_1a_2\cdots a_da_1\\
&\vdots\\
&a_da_1a_2\cdots a_d\cdots a_1a_2\cdots a_da_1a_2a_3\cdots a_{d-1}
\end{aligned}
$$

把这 d 个不同的线排列中的每一个首尾顺时针相连得到的是同一个可重圆排列.

一个圆排列中所含元素的个数称为该圆排列的**长度**(重复出现的元素按其重复出现次数统计). 长度为 n 的可重圆排列简称为 ***n* 可重圆排列**. 一个可重圆排列如果可由某个长度为 k 的线排列在圆周上重复若干次而产生,则把 k 中的最小者称为该圆排列的**周期**. 因此,任何一个圆排列必有一个周期,而且周期必是圆排列长度的因子. 不重的 m 圆排列可看作长度和周期都等于 m 的特殊可重圆排列.

将周期为 d 的 n 可重圆排列的个数记为 $M(d)$,则周期是 d 的全部 n 可重圆排列所对应的 n 可重线排列的个数是 $dM(d)$. 对所有的周期进行求和,便得到

$$\sum_{d\mid n}dM(d)=m^n$$

其中,m^n 是集合 A 所有元素的 n 可重线排列的个数,和式遍取 n 的所有因子(包括 1 与 n 本身).

令

$$f(n)=m^n,g(n)=nM(n)$$

利用 Möbius 反演公式可得

$$nM(n)=g(n)=\sum_{d\mid n}\mu(d)m^{\frac{n}{d}}$$

即

$$M(n)=\frac{1}{n}\sum_{d\mid n}\mu(d)m^{\frac{n}{d}}$$

它表示以 d 为周期的 n 可重圆排列的个数.

若用 $T(n)$ 表示长度为 n 的所有 n 可重圆排列的个数,那么

$$T(n)=\sum_{d\mid n}M(d)$$

可以证明

$$T(n)=\sum_{d\mid n}\frac{m^d}{d}\sum_{d_1\mid\frac{n}{d}}\frac{\mu(d_1)}{d_1}=\frac{1}{n}\sum_{d\mid n}\varphi(d)m^{\frac{n}{d}}$$

其中，$\varphi(d)$为 Euler 函数.

4.5 鸽巢原理

鸽巢原理是一个极其初等而又应用广泛的重要组合学原理，其道理通俗易懂，且正确性显而易见. 它能够用来解决各种有趣的问题，常常得出一些令人惊奇的结论，在数学历史上起了很重要的作用.

定理 4.5.1（简单形式） 如果 $n+1$ 个物体被放进 n 个盒子，那么至少有一个盒子包含两个或更多的物体.

证明 如果这 n 个盒子中的每一个都至多含有一个物体，那么物体的总数最多是 n. 既然我们有 $n+1$ 个物体，于是某个盒子就必然包含至少两个物体. 证毕.

注意，鸽巢原理只是简单地断言存在一个盒子，该盒中有两个或两个以上的物体，但它并没有指出是哪个盒子，要想知道是哪一个盒子，则只能逐个检查每一个盒子. 所以，鸽巢原理只能用来证明某种安排的存在性，而对于找出这种安排却毫无帮助.

例 4.5.1 在 13 个人中，有两个人的生日在同一月份.

例 4.5.2 从 10 对夫妇中任意选出 11 人，其中至少有两人是夫妻.

解 考虑 10 个盒子，其中一个盒子对应一对夫妇. 我们选出 11 人并把他们中的每一个人放到他们配偶所在的那个盒子中去，那么至少有一个盒子中含有两个人，即至少有两人是夫妻.

例 4.5.3 给定 m 个整数 $a_1, a_2, \cdots, a_m$. 证明：必存在整数 k 和 l，$0 \leqslant k < l \leqslant m$，使得 $m \mid (a_{k+1} + a_{k+2} + \cdots + a_l)$.

证明 构造部分和序列

$$
\begin{aligned}
s_1 &= a_1 \\
s_2 &= a_1 + a_2 \\
s_3 &= a_1 + a_2 + a_3 \\
&\vdots \\
s_m &= a_1 + a_2 + a_3 + \cdots + a_m
\end{aligned}
$$

则有如下两种情况：

（1）存在整数 $t(1 \leqslant t \leqslant m)$，使得 $m \mid s_t$，此时，取 $k=0, l=t$ 即满足题意.

（2）对每个 $s_i(1 \leqslant i \leqslant m)$，均有 $m \nmid s_i$. 此时，令 $s_i \equiv r_i \pmod m$，显然

$$1 \leqslant r_i \leqslant m-1 \quad (1 \leqslant i \leqslant m)$$

这样，m 个余数 $r_1, r_2, \cdots, r_m$ 只能取值于 $1, 2, \cdots, m-1$ 这 $m-1$ 个数，因而 $r_1, r_2, \cdots, r_m$ 中必有两个相等，不妨设为

$$r_k = r_l = r \quad (1 \leqslant k < l \leqslant m)$$

即

$$s_k = a_1 + a_2 + \cdots + a_k = bm + r \quad (b\text{ 为整数})$$

$$s_l = a_1 + a_2 + \cdots + a_k + a_{k+1} + a_{k+2} + \cdots + a_l = cm + r \quad (c\text{ 为整数})$$

两式相减得

$$a_{k+1} + a_{k+2} + \cdots + a_l = (c-b)m = dm \quad (d\text{ 为整数})$$

即
$$m \mid (a_{k+1}+a_{k+2}+\cdots+a_l)$$
证毕.

例 4.5.4 从整数 $1,2,\cdots,200$ 中选取 101 个整数,证明:在所选的这些整数之间至少存在两个整数,其中的一个可以被另一个整除.

证明 我们知道,任一整数都可以唯一地写成 $2^k \times a$ 的形式,其中 k 为非负整数且 a 为奇数. 设 $a_1,a_2,\cdots,a_{101}$ 表示被选出的 101 个整数. 对任一整数 $a_i(i=1,2,\cdots,101)$,都可以唯一地写成如下形式:
$$a_i = 2^{s_i} \times r_i \quad (i=1,2,\cdots,101)$$
其中,s_i 为非负整数,r_i 为奇数.

由于 $1 \leqslant a_i \leqslant 200$,所以 $r_i(i=1,2,\cdots,101)$ 只能取 $1,3,5,\cdots,199$ 这 100 个奇数,而 $r_1,r_2,\cdots,r_{101}$ 共有 101 项. 由鸽巢原理知,存在 $1 \leqslant i < j \leqslant 100$,使 $r_i = r_j$,从而
$$\frac{a_j}{a_i} = \frac{2^{s_j} \times r_j}{2^{s_i} \times r_i} = 2^{s_j - s_i}\text{为整数}$$
因此,a_j 能被 a_i 整除.

例 4.5.5(中国余式定理) 令 m 和 n 为互素的正整数,并令 a 和 b 为两整数,且 $0 \leqslant a \leqslant m-1$ 及 $0 \leqslant b \leqslant n-1$. 于是,存在一个正整数 x,使得 x 除以 m 的余数为 a,且 x 除以 n 的余数为 b,即 x 可以写成 $x=pm+a$ 且 $x=qn+b$ 的形式,这里 p 和 q 都是整数.

证明 考虑 n 个整数 $a,m+a,2m+a,\cdots,(n-1)m+a$.

假设其中有两个除以 n 有相同的余数 r,令它们为 $im+a$ 和 $jm+a$,其中 $0 \leqslant i < j \leqslant n-1$. 因此存在两个整数 q_i 和 q_j,使得
$$im+a = q_i n + r$$
$$jm+a = q_j n + r$$
两式相减得
$$(j-i)m = (q_j - q_i)n$$
因而,n 是 $(j-i)m$ 的一个因子. 又由于 n 与 m 互素,因此,n 是 $j-i$ 的因子. 然而,$0 \leqslant i < j \leqslant n-1$ 意味着 $0 < j-i \leqslant n-1$,也就说,n 不可能是 $j-i$ 的因子,这就产生了矛盾,因而假设错误. 于是
$$a,m+a,2m+a,\cdots,(n-1)m+a$$
这 n 个整数除以 n 都有不同的余数. 根据鸽巢原理,n 个数 $0,1,2,\cdots,n-1$ 中的每一个作为余数都要出现. 也就是说,对整数 $p(0 \leqslant p \leqslant n-1)$,有某个适当的整数 q,使得
$$pm+a = qn+b$$
因此,$x=pm+a$ 且 $x=qn+b$ 具有所要求的性质.

定理 4.5.2(加强形式) 令 $q_1,q_2,\cdots,q_n$ 为正整数. 如果将
$$q_1+q_2+\cdots+q_n-n+1$$
个物体放入 n 个盒子内,那么,或者第一个盒子至少含有 q_1 个物体,或者第二个盒子至少含有 q_2 个物体,…,或者第 n 个盒子至少含有 q_n 个物体.

证明 若对所有的 $i(i=1,2,\cdots,n)$,第 i 个盒子最多只有 q_i-1 个物体,则 n 个盒子中最多有
$$(q_1-1)+(q_2-1)+\cdots+(q_n-1) = q_1+q_2+\cdots+q_n-n$$

个物体,该数比所分发的物体总数少1. 因此,对于某一个 $i(i=1,2,\cdots,n)$,第 i 个盒子至少包含 q_i 个物体. 证毕.

在定理4.5.2中,令

$$q_1=q_2=\cdots=q_n=2$$

则得到鸽巢原理的简单形式. 在定理4.5.2中,令

$$q_1=q_2=\cdots=q_n=r$$

则得到推论4.5.1.

推论4.5.1 令 r 为正整数,若将 $n(r-1)+1$ 个物体放入 n 个盒子中,则至少有一个盒子中有 r 个物体.

推论4.5.1也可如推论4.5.2所述.

推论4.5.2 设 $m_1,m_2,\cdots,m_n$ 是 n 个整数,且

$$\frac{m_1+m_2+\cdots+m_n}{n}>r-1$$

则 $m_1,m_2,\cdots,m_n$ 中至少有一个数不小于 r.

例4.5.6 设有大小两只圆盘,每个都划分成大小相等的200个小扇形,在大盘上任选100个小扇形漆成黑色,其余的100个小扇形漆成白色,而将小盘上的200个小扇形任意漆成黑色或白色. 现将大小两只圆盘的圆心重合,转动小盘使小盘上的每个扇形含在大盘上的小扇形之内. 证明:有一个位置使小盘上至少有100个小扇形同大盘上相应的小扇形同色.

解 使大小两盘圆心重合,固定大盘,转动小盘,则有200个不同的位置使小盘上的每个小扇形含在大盘上的小扇形中. 由于大盘上的200个小扇形中有100个漆成黑色,100个漆成白色,所以,小盘上每个小扇形在200个可能的重合位置上恰好有100次与大盘上的小扇形同色. 由定理4.5.2知,此时

$$q_1=q_2=\cdots=q_{200}=100,n=200$$

因此,存在某个位置,该位置使小盘上至少有100个小扇形同大盘上相应的扇形同色.

例4.5.7 证明:任意 $mn+1$ 个不同实数 $a_1,a_2,a_3,\cdots,a_{mn+1}$ 组成的序列中必存在一个 $(m+1)$ 项的递增子序列或 $(n+1)$ 项的递减子序列.

证明 针对每一个 $a_i(i=1,2,\cdots,mn+1)$,以 a_i 为首项,向后寻找递增子序列,最长子序列的项数(即长度)记为 t_i. 若 a_i 之后每一项都比 a_i 小,则 $t_i=1$;若 a_i 之后有一项比 a_i 大,则 $t_i=2$;若 a_i 之后有两项比 a_i 大,则 $t_i=3$,等等. 因此 $1\leqslant t_i\leqslant mn+1$.

若存在某个 $t_i\geqslant m+1$,则问题得证. 否则,所有

$$1\leqslant t_i\leqslant m\quad(i=1,2,\cdots,mn+1)$$

由推论4.5.1知,此时问题即为把 $mn+1$ 个物体 $t_1,t_2,\cdots,t_{mn+1}$ 放入 m 个盒子 $1,2,\cdots,m$ 中,因而 $t_1,t_2,\cdots,t_{mn+1}$ 中至少有 $n+1$ 个相等,不妨设为

$$t_{k_1}=t_{k_2}=\cdots=t_{k_{n+1}}$$

且
$$1\leqslant k_1<k_2<\cdots<k_{n+1}\leqslant mn+1$$

那么,必有 $a_{k_1}>a_{k_2}>\cdots>a_{k_{n+1}}$,从而构成 $n+1$ 个递减子序列.

事实上,若 $k_i<k_j$ 时,有 $a_{k_i}<a_{k_j}$,则 $t_{k_i}-t_{k_j}\geqslant 1$,即 $t_{k_i}>t_{k_j}$,矛盾.

特例 $m=n$,实际问题为:不同高度的 n^2+1 个人随意排成一行,那么从前向后总能从中挑出 $n+1$ 个人,让他们出列后,他们恰好是由低向高(或由高向低)排列的.

例 4.5.8　证明：对任意正整数 n，必存在仅由数字 0、3 和 7 组成的正整数，该正整数能被 n 整除.

证法一　构造 $a_t = 37\underbrace{00\cdots0}_{2t个0},\quad t=0,1,2,\cdots,n(n-1)$

令
$$a_t \equiv r_t (\bmod\ n)$$
其中，
$$0 \leqslant r_t < n,\quad t=0,1,2,\cdots,n(n-1)$$

由推论 4.5.1 知，此即相当于把 $n(n-1)+1$ 个物体 $r_0,r_1,r_2,\cdots,r_{n(n-1)}$ 放入 n 个盒子 $0,1,2,\cdots,n-1$，因而 $r_0,r_1,r_2,\cdots,r_{n(n-1)}$ 中至少有 n 个相等，不妨设为
$$r_{k_1} = r_{k_2} = \cdots = r_{k_n}$$
且
$$0 \leqslant k_1 < k_2 < \cdots < k_n \leqslant n(n-1)$$
令
$$a = \sum_{i=1}^{n} a_{k_i}$$
则 $n \mid a$，而 a 恰好仅由数字 0、3 和 7 组成.

证法二　构造 $a_t = \underbrace{3737\cdots37}_{t对“37”},\quad t=0,1,2,\cdots,n$

令
$$a_t \equiv r_t (\bmod\ n),\quad 0 \leqslant r_t < n, t=1,2,\cdots,n$$

若有某个 $r_k=0$，那么 $n \mid a_k$，结论成立. 否则，所有 $r_t \neq 0$，即
$$1 \leqslant r_t < n,\quad t=1,2,\cdots,n$$

由鸽巢原理的简单形式知，必有某两个 r_t 相等，不妨设为
$$r_i = r_j,\quad 1 \leqslant i < j \leqslant n$$
从而
$$n \mid (a_j - a_i)$$
而
$$a_j - a_i = \underbrace{3737\cdots3700\cdots0}_{j-i对“37”,i对0}$$
故命题得证.

4.6　Ramsey 数

对于正整数 m 和 $n(m \geqslant 2, n \geqslant 2)$，存在一个正整数 p，如果 p 阶完全图 K_p 的每条边任意地以红色或蓝色染色，那么，或者有一个红色的 K_m，或者有一个蓝色的 K_n. 我们形象地记为 $K_p \to K_m, K_n$（读作"K_p 箭指 K_m, K_n"）. 如果 $K_p \to K_m, K_n$，那么对任意正整数 $q \geqslant p$，均有 $K_q \to K_m, K_n$. 使得 $K_p \to K_m, K_n$ 成立的最小正整数 p 称为 **Ramsey 数 $r(m,n)$**. 英国逻辑学家 Frank Ramsey 首先研究了上述问题，并最终证明了 $r(m,n)$ 的上界存在，因而以他的名字命名，称为拉姆齐（Ramsey）数.

显然，可以通过交换红色和蓝色的位置得到
$$r(m,n) = r(n,m)$$

下面证明**平凡 Ramsey 数** $r(m,2)=m, r(2,n)=n$. 事实上，只要对 $r(2,n)(n \geqslant 2)$ 进行如下讨论：如果将 K_{n-1} 的边全染蓝色，那么 K_{n-1} 既不含红色 K_2 也不含蓝色 K_n，从而 $r(2,n) > n-1$；如果任意地用红色或蓝色染 K_n 的边，那么或者全部边染上蓝色，得到一个蓝色 K_n；或者其中某条边染成红色，得到一个红色 K_2，从而 $r(2,n) \leqslant n$. 因此 $r(2,n)=n$.

已探明的非平凡 Ramsey 数 $r(m,n)$ 或它的界见表 4.6.1.

表 4.6.1

m \ n	3	4	5	6	7	8	9	10
3	6	9	14	18	23	28	36	40/43
4		18	25	35/41	49/59	53/84	69/115	80/149
5			43/49	58/87	80/143	95/216	114/316	? /442
6				102/165	? /298	? /495	? /780	? /1171
7					126/540	? /1031	? /1713	? /2826
8						282/1870	282/3583	? /6090
9							374/6625	565/12715
10								458/23854
11	46/51	96/191						798/?
12	51/60	106/238						
13	59/69	118/291						
14	66/78	129/349						
15	73/89	134/417						

注：? 表示目前还无结果.

例 4.6.1 求证：$r(3,3)=6$.

证明 证明 $r(3,3)=6$ 的方法给出了在 Ramsey 理论中某些共同的证明技巧，我们论述如下.

设 K_6 的边已被任一种方式涂成红色或蓝色. 考虑 K_6 的任一顶点 p，它关联 5 条边. 由于这 5 条边的每一条都被涂成红色或是蓝色，由鸽巢原理的加强形式知，与 p 关联的 5 条边中必有三条同色，不妨设它们是三条红边 pA，pB 与 pC. 再看三角形 ABC，如果它有一条红边，设为 AB，则三角形 pAB 是一个红色 K_3；如果三角形 ABC 没有红边，则三角形 ABC 是一个蓝色 K_3.

因此，或者得到一个红色 K_3，或者得到一个蓝色 K_3. 由此可得 $r(3,3)\leqslant 6$.

对于 K_5，可以给出一种涂色方法，使得染色后的 K_5 中既无红色 K_3 又无蓝色 K_3，如图 4.6.1 所示，其中实边代表红色，虚边代表蓝色. 于是可得 $r(3,3)\geqslant 6$.

定理 4.6.1 对于任意正整数 $m(m\geqslant 2)$ 和 $n(n\geqslant 2)$，如果 $r(m,n-1)$ 和 $r(m-1,n)$ 存在，则 $r(m,n)$ 也存在，且

$$r(m,n)\leqslant r(m,n-1)+r(m-1,n)$$

且当 $r(m,n-1)$ 与 $r(m-1,n)$ 都是偶数时，不等式严格成立.

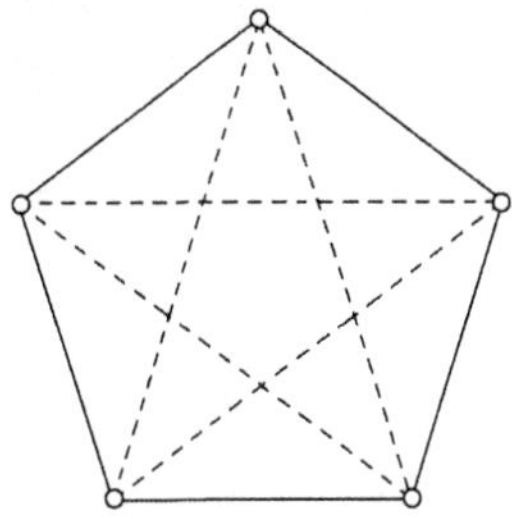

图 4.6.1

证明 令 $t=r(m,n-1)+r(m-1,n)$，完全图 K_t 的边已被任一种方式涂成红色或蓝色. 设 p 为完全图 K_t 的任一顶点，由鸽巢原理的加强形式知，与顶点 p 关联的 $r(m,n-1)+r(m-1,n)-1$ 条边中，或者至少有 $r(m-1,n)$ 条为红边，或者至少有 $r(m,n-1)$ 条为蓝边.

(1) 若与顶点 p 关联的边中至少有 $r(m-1,n)$ 条红边，将至少 $r(m-1,n)$ 条红边的顶点集(且不含顶点 p)记作 s，显然 $|s|\geqslant r(m-1,n)$. 考察由 s 构成的完全图 K_s，由于 $r(m-1,n)$ 存在，从而 K_s 中或者有一个红色 K_{m-1}，或者有一个蓝色 K_n. 若 K_s 中有一个红色 K_{m-1}，则 K_{m-1} 加上顶点 p 当然可以构成 K_t 的一个红色 K_m；若 K_s 中有一个蓝色 K_n，由于 K_s 为 K_t 的子图，则 K_t 中当然有一个蓝色 K_n.

(2)若与顶点 p 关联的边中至少有 $r(m,n-1)$ 条蓝边,将至少 $r(m,n-1)$ 条蓝边的顶点集(且不含顶点 p)记作 s,显然 $|s|\geqslant r(m,n-1)$. 考察由 s 构成的完全图 K_s,由于 $r(m,n-1)$ 存在,从而 K_s 中或者有一个红色 K_m,或者有一个蓝色 K_{n-1}. 若 K_s 中有一个红色 K_m,由于 K_s 为 K_t 的子图,则 K_t 中当然有一个红色 K_m;若 K_s 中有一个蓝色 K_{n-1},则 K_{n-1} 加上顶点 p 构成 K_t 的一个蓝色 K_n.

综合(1)与(2)得

$$r(m,n)\leqslant r(m,n-1)+r(m-1,n)$$

若 $r(m,n-1)$ 与 $r(m-1,n)$ 均为偶数,此时令

$$t=r(m,n-1)+r(m-1,n)-1$$

完全图 K_t 的边已被任一种方式涂成红色或蓝色. 设 p 为完全图 K_t 的任一顶点,与顶点 p 关联的 $r(m,n-1)+r(m-1,n)-2$ 条边中,若至少有 $r(m-1,n)$ 条红边,那么类似于(1)的证明可得 K_t 中或者含一个红色 K_m,或者含一个蓝色 K_n;若与顶点 p 关联的边中红边少于 $r(m-1,n)$ 条,下面我们证明此时红边最多有 $r(m-1,n)-2$ 条. 事实上,假设有 $r(m-1,n)-1$ 条红边,由于顶点 p 的任意性,则 K_t 中红边条数为

$$\frac{t[r(m-1,n)-1]}{2}=\frac{[r(m-1,n)+r(m,n-1)-1][r(m-1,n)-1]}{2}$$

这是不可能的,因为 $r(m-1,n)$ 与 $r(m,n-1)$ 均为偶数. 从而与顶点 p 关联的边中至少有 $r(m,n-1)$ 条蓝边,由类似于(2)的证明仍可得 K_t 中或者含有一个红色 K_m,或者含有一个蓝色 K_n. 因此

$$r(m,n)\leqslant r(m,n-1)+r(m-1,n)-1$$

证毕.

定理 4.6.2　对任意两个正整数 m 和 n,有

$$r(m,n)\leqslant C_{m+n-2}^{m-1}$$

证明　因为 $r(m,2)=m,r(2,n)=n$,所以定理对 $m=2,n=2$ 时是成立的.

假定定理对于 (m',n'),使得 $2\leqslant m'+n'<m+n$ 时成立,其中 $m>2,n>2$. 有

$$\begin{aligned}r(m,n)&\leqslant r(m-1,n)+r(m,n-1)\\&\leqslant C_{m+n-3}^{m-2}+C_{m+n-3}^{m-1}\\&=(m+n-3)!\left[\frac{1}{(m-2)!(n-1)!}+\frac{1}{(m-1)!(n-2)!}\right]\\&=(m+n-3)!\frac{m+n-2}{(m-1)!(n-1)!}\\&=\frac{(m+n-2)!}{(m-1)!(n-1)!}\\&=C_{m+n-2}^{m-1}\end{aligned}$$

证毕.

定理 4.6.3　对任意正整数 $n\geqslant 3$,有

$$r(3,n)\leqslant\frac{n^2+3}{2}$$

证明　当 $n=3$ 时,$r(3,n)=6$,而 $\frac{n^2+3}{2}=6$,所以定理成立.

假设对于 $n-1$，有 $r(3,n-1)\leqslant\frac{(n-1)^2+3}{2}\quad(n\geqslant4)$

从而

$$r(3,n)\leqslant r(2,n)+r(3,n-1)=n+r(3,n-1)$$
$$\leqslant n+\frac{(n-1)^2+3}{2}=\frac{n^2+4}{2}$$

为了完成定理证明，还要证明 $r(3,n)\leqslant\frac{n^2+4}{2}$ 严格不等式成立.

如果 n 是奇数，则 n^2+4 是奇数，从而 $r(3,n)<\frac{n^2+4}{2}$.

如果 n 是偶数，当 $r(3,n-1)<\frac{(n-1)^2+3}{2}$ 时，则 $r(3,n)<\frac{n^2+4}{2}$；当 $r(3,n-1)=\frac{(n-1)^2+3}{2}$ 时，由于 n 为偶数，则 $r(3,n-1)=\frac{(n-1)^2+3}{2}=\frac{n^2}{2}-n+2$ 是偶数，从而也有 $r(3,n)<\frac{n^2+4}{2}$. 证毕.

定理 4.6.4 对任意正整数 $n\geqslant3$，有 $r(n,n)>[2^{n/2}]$.

证明 设 $p=[2^{n/2}]$（$[n]$ 为不大于 n 的最大整数），考察完全图 K_p，并把 K_p 看作标记图（即 K_p 的所有顶点是有标记的）. 用红色或蓝色对 K_p 的边进行着色，由于把 K_p 看作标记图，因而共有 $2^{C_p^2}$ 种不同着色方案. 而这 $2^{C_p^2}$ 种不同着色方案中共有 $C_p^n\cdot2^{C_p^2-C_n^2}$ 种不同方案中含有同色 K_n，从而最多有 $2C_p^n\cdot2^{C_p^2-C_n^2}$ 种不同方案或者含有红色 K_n，或者含有蓝色 K_n.

由于 $p\leqslant2^{n/2}$，所以 $p^n\leqslant2^{n^2/2}$.

又因为 $n\geqslant3$，故 $2^{n^2/2}<\frac{1}{2}n!2^{C_n^2}$.

因此

$$2C_p^n2^{C_p^2-C_n^2}=2\cdot\frac{p!}{n!(p-n)!}\cdot2^{C_p^2-C_n^2}$$
$$<2\cdot\frac{p^n}{n!}\cdot2^{C_p^2-C_n^2}$$
$$\leqslant2\cdot\frac{2^{n^2/2}}{n!}\cdot2^{C_p^2-C_n^2}$$
$$<2\cdot\frac{\frac{1}{2}n!2^{C_n^2}}{n!}\cdot2^{C_p^2-C_n^2}=2^{C_p^2}$$

也就是说，对完全图 K_p 的边用红色或蓝色染色，则至少存在一种染色方案，使得 K_p 中既不含红色 K_n 也不含蓝色 K_n. 因此 $r(n,n)>p=[2^{n/2}]$. 证毕.

Ramsey 数可以推广到一般情形.

已知 k 维空间上的具有 n 个顶点的完全图，从这 n 个顶点中任取 $t(t\geqslant2)$ 个顶点及其相邻的边结合在一起，称作 ***t* 级边**（当 $t=2$ 时，就是普通的边；$t=3$ 时，是三角形；$t=4$ 时，是四面体等）. 把这 n 个顶点与其所有的 t 级边组成的图叫作 ***t* 级完全图**，记作 K_n^t. Ramsey 数的一般形式可叙述如下：给定正整数 $t\geqslant2$ 及正整数 $q_1,q_2,\cdots,q_m\geqslant t$，存在一个正整数 p，使得

$$K_p^t\to K_{q_1}^t,K_{q_2}^t,\cdots,K_{q_m}^t$$

也就是说,存在一个整数 p 使得如果将 t 级完全图 K_p^t 中的每一个 t 级边任意指定 m 种颜色 $C_1,C_2,\cdots,C_m$ 中的一种,或者存在一个 t 级完全子图 $K_{q_1}^t$,其所有的边都被指定颜色 C_1;或者存在一个 t 级完全子图 $K_{q_2}^t$,其所有的边都被指定颜色 C_2;…;或者存在一个 t 级完全子图 $K_{q_m}^t$,其所有的边都被指定颜色 C_m. 最小的这样的正整数 p 称为**广义 Ramsey 数** $r_t(q_1,q_2,\cdots,q_m)$.

特别地,当 $t=1$ 时,$r_1(q_1,q_2,\cdots,q_m)=q_1+q_2+\cdots+q_m-m+1$,因此广义 Ramsey 数是鸽巢原理加强形式的推广.

若令 $R(m)=r_2\underbrace{(3,3,\cdots,3)}_{m\text{个}3}$,目前已知

$$R(1)=3,R(2)=6,R(3)=17$$

定理 4.6.5 $R(m)\leqslant m[R(m-1)-1]+2$.

证明 令 $n=m[R(m-1)-1]+2$,对完全图 K_n 的边用 m 种颜色染色后,从其顶点 v_1 引出 $m[R(m-1)-1]+1$ 条边,由鸽巢原理知,至少有 $R(m-1)$ 条边为同一种颜色,不妨设边 $v_1v_2,v_1v_3,\cdots,v_1v_{R(m-1)+1}$ 均为红色,$v_2,v_3,\cdots,v_{R(m-1)+1}$ 构成一个完全图 $K_{R(m-1)}$,则有:

(1) 若 $K_{R(m-1)}$ 中有一条红边,不妨设为 v_2v_3,则三角形 $v_1v_2v_3$ 就是一个同色三角形;

(2) 若 $K_{R(m-1)}$ 中没有红色边,则它的边只有 $m-1$ 种不同的颜色,根据 $R(m-1)$ 的定义知,这个 $K_{R(m-1)}$ 中有一个同色三角形. 证毕.

推论 4.6.1 $R(m)\leqslant m!\left(1+\frac{1}{1!}+\frac{1}{2!}+\cdots+\frac{1}{m!}\right)+1$.

证明 用数学归纳法证明.

当 $m=1$ 时,$R(1)=3\leqslant(1+1)+1$,不等式成立.

设 $m=k-1$ 时命题成立,即

$$R(k-1)\leqslant(k-1)!\left[1+\frac{1}{1!}+\frac{1}{2!}+\cdots+\frac{1}{(k-1)!}\right]+1$$

当 $m=k$ 时,有

$$\begin{aligned}R(k)&\leqslant k[R(k-1)-1]+2\\&\leqslant k\cdot(k-1)!\left[1+\frac{1}{1!}+\frac{1}{2!}+\cdots+\frac{1}{(k-1)!}\right]+2\\&=k!\left(1+\frac{1}{1!}+\frac{1}{2!}+\cdots+\frac{1}{k!}-\frac{1}{k!}\right)+2\\&=k!\left(1+\frac{1}{1!}+\frac{1}{2!}+\cdots+\frac{1}{k!}\right)+1\end{aligned}$$

因此,由归纳法原理知,命题成立. 证毕.

推论 4.6.2 $R(m)\leqslant[m!\mathrm{e}]+1$,其中 $[n]$ 为不大于 n 的最大整数.

证明 因为 $m!\mathrm{e}=m!\sum\limits_{k=0}^{m}\frac{1}{k!}=m!\sum\limits_{k=0}^{\infty}\frac{1}{k!}+m!\sum\limits_{k=m+1}^{\infty}\frac{1}{k!}$,而当 $m\geqslant1$ 时,有

$$\begin{aligned}m!\sum_{k=m+1}^{\infty}\frac{1}{k!}&=\frac{1}{m+1}+\sum_{i=2}^{\infty}\frac{1}{(m+1)(m+2)\cdots(m+i)}\\&<\frac{1}{m+1}+\sum_{i=2}^{\infty}\frac{1}{(m+i-1)(m+i)}\\&=\frac{1}{m+1}+\sum_{i=2}^{\infty}\left(\frac{1}{m+i-1}-\frac{1}{m+i}\right)=\frac{2}{m+1}\leqslant1\end{aligned}$$

所以$[m!e]=m!\left(1+\frac{1}{1!}+\frac{1}{2!}+\cdots+\frac{1}{m!}\right)$. 证毕.

推论 4.6.3　$R(m)\leqslant 3\times m!$.

证明　当$m=1$时,$R(1)=3=3\times 1!$,结论成立.

设$m=k-1$时命题成立,即$R(k-1)\leqslant 3\times(k-1)!$.

当$m=k\geqslant 2$时,有

$$\begin{aligned}R(k)&\leqslant k[R(k-1)-1]+2\\&\leqslant k[3\times(k-1)!-1]+2\\&=3\times k!-(k-2)\\&\leqslant 3\times k!\end{aligned}$$

由归纳法原理知,命题成立. 证毕.

习　题　四

1. 求1~1000中不能被5、6和8整除的整数的个数.

2. 0~99999中有多少含有数字2、5和8的整数?

3. 满足$1\leqslant x_1\leqslant 5,-2\leqslant x_2\leqslant 4,0\leqslant x_3\leqslant 5,3\leqslant x_4\leqslant 9$的方程$x_1+x_2+x_3+x_4=18$的整数解的个数是多少?

4. 求方程$x_1+x_2+x_3=20$的整数解的个数,其中$2\leqslant x_1\leqslant 10,0\leqslant x_2\leqslant 7,3\leqslant x_3\leqslant 8$.

5. 求重集$\{5\cdot a,5\cdot b,\infty\cdot c\}$的11组合数,且要求组合中至少含有一个$a$.

6. 把n个不同的球放入r个不同的盒子中,要求盒子非空,求不同的方案数.

7. 用26个英文字母构造不允许重复的全排列,要求排除dog,god,gum,depth,thing字样的出现,求满足这些条件的排列数.

8. 求1~n中与n互质的数的个数$\varphi(n)$(称作Euler函数).

9. 在集合$\{1,2,\cdots,n\}$的全排列$a_1a_2\cdots a_n$中,要求$a_k+1\neq a_k(k=1,2,\cdots,n-1)$,试求这种全排列数$Q_n$.

10. 在重集$\{4\cdot x,3\cdot y,2\cdot z\}$的全排列中,求不出现$xxxx,yyy,zzz$图像的全排列数.

11. 举办一个8人参加的舞会,其中有4位先生和4位女士. 每人都戴着面具且外观上互不相同. 如果将面具集中后,再随意地分发给每人一个,试求:

(1)每位先生都拿到自己的面具,而女士无一人拿到自己面具的方案数;

(2)先生们没有一位拿到自己面具的方案数;

(3)8人中只有4位没拿到自己面具的方案数.

12. 证明第4.3节中的数Q_n可以改写成形式

$$Q_n=(n-1)!\left[n-\frac{n-1}{1!}+\frac{n-2}{2!}-\frac{n-3}{3!}+\cdots+\frac{(-1)^{n-1}}{(n-1)!}\right]$$

13. 验证恒等式

$$(-1)^k\frac{n-k}{k!}=(-1)^k\frac{n}{k!}+(-1)^{k-1}\frac{1}{(k-1)!}$$

并用它证明第4.3节中的关系式$Q_n=D_n+D_{n-1}\quad(n=2,3,\cdots)$.

14. 计算$\{1,2,3,4,5,6\}$的全排列$i_1i_2i_3i_4i_5i_6$的个数,其中$i_1\neq 1,5;i_2\neq 2,3,5;i_4\neq 4;i_6\neq 5,6$.

15. 计算$\{1,2,3,4,5,6\}$的全排列$i_1i_2i_3i_4i_5i_6$的个数,其中$i_1\neq 1,2,3;i_2\neq 1;i_3\neq 1;i_5\neq 5,6;i_6\neq 5,6$.

16. 8个女孩围坐在旋转木马上. 她们有多少种方法改变座位,使得每个女孩前面的女孩都与原先的不同?

17. 8个男孩脸朝里围坐在旋转木马上,使得每一个男孩都面对另一个男孩. 能够有多少种方法改变座

位使得每人面对的男孩不同？

18. 重集$\{3\cdot a,4\cdot b,2\cdot c,1\cdot d\}$存在多少圆排列，对每种类型字母，该类型的所有字母不连续出现？

19. 重集$\{2\cdot a,3\cdot b,4\cdot c,5\cdot d\}$存在多少圆排列，对每种类型字母，该类型的所有字母不连续出现？

20. 假定有限集合E上有n个性质$A_1,A_2,\cdots,A_n$，令正整数m满足$0\leqslant m\leqslant n$，定义$\alpha(0)=|E|$，当$m>0$时，$\alpha(m)=\sum|A_{i_1}A_{i_2}\cdots A_{i_m}|$．其中，$\sum$是对所有的组合$\{i_1,i_2,,i_m\}$而求和；$\beta(m)$是集合$E$中恰好具有$m$个性质的元素的个数.

以$n=4,m=2$为例：

$\alpha(2)=|A_1A_2|+|A_1A_3|+|A_1A_4|+|A_2A_3|+|A_2A_4|+|A_3A_4|$

$\beta(2)=|A_1A_2\bar{A}_3\bar{A}_4|+|A_1\bar{A}_2A_3\bar{A}_4|+|A_1\bar{A}_2\bar{A}_3A_4|+|\bar{A}_1A_2A_3\bar{A}_4|+|\bar{A}_1A_2\bar{A}_3A_4|+|\bar{A}_1\bar{A}_2A_3A_4|$

试证明**广义容斥原理**(Jordan 公式)，即

$$\beta(m)=\alpha(m)-C_{m+1}^{m}\alpha(m+1)+C_{m+2}^{m}\alpha(m+2)-\cdots+(-1)^{n-m}C_n^m\alpha(n)$$

21. 光明中学有 12 位教师，已知教数学的教师有 8 位，教物理的教师有 6 位，教化学的教师有 5 位，其中有 5 位既教数学又教物理，有 4 位兼教数学和化学，兼教物理和化学的教师有 3 位，有 3 位教师兼教数、理、化 3 门课，试问教数、理、化以外课的教师有几位？只教一门课的教师有几位？正好教两门课的教师有几位？

22. 如习题 4.22 图所示，求从点$O(0,0)$到点$P(10,5)$的非降路径中不通过AB,CD,EF,GH中任何一条路径的路径数．其中，A,B,C,D,E,F,G,H的坐标分别为$A(2,2)$，$B(3,2)$，$C(4,2)$，$D(5,2)$，$E(6,2)$，$F(6,3)$，$G(7,2)$，$H(7,3)$.

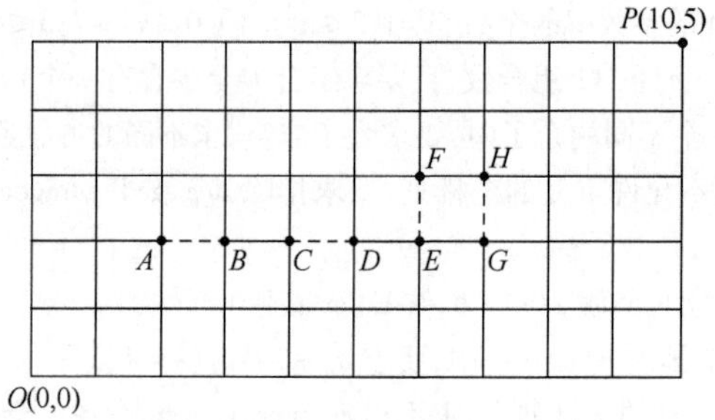

习题 4.22 图

23. (**ménage 问题**)n对夫妇参加宴会围圆桌就座，要求男女相间并且每对夫妇两人不得相邻，问有多少种就座方式？

24. 求$\mu(20)$，$\mu(105)$与$\mu(210)$，其中$\mu(n)$为 Möbius 函数.

25. 试求由$\sum\limits_{d\mid n}g(d)=5$所定义的数论函数$g(n)$.

26. 对任何正整数n，令$f(n)=\sum\limits_{d\mid n}\mu\left(\dfrac{n}{d}\right)$，其中，$\mu(n)$为 Möbius 函数，求$f(n)$.

27. 设集合$A=\{a_1,a_2,\cdots,a_m\}$，证明：集合A的所有n可重圆排列的总数目为$T(n)=\dfrac{1}{n}\sum\limits_{d\mid n}\varphi(d)m^{\frac{n}{d}}$，其中$\varphi(d)$为 Euler 函数.

28. 一个棋手有 11 周时间准备锦标赛，他决定每天至少下一盘棋，一周中下棋的次数不能多于 12 次．证明：在此期间有一些连续天中他正好下棋 21 次.

29. 证明：在边长为 1 的正方形内任取 5 点，则其中至少有两点，它们之间的距离不超过$\dfrac{\sqrt{2}}{2}$.

30. 证明：任意三个正整数，必有两个之和为偶数(其差也为偶数).

31. 证明：将正整数 1,2,3,…,65 随意分为四组，那么至少有一组，该组中最少存在一个数，是同组中某

两数之和或另一数的两倍.

32. 已知402个集合,每个集合都恰有20个元素,其中每两个集合都恰有一个公共元素. 求这402个集合的并集所含元素的个数.

33. 用鸽巢原理证明:有理数 m/n 展开的十进制小数最终是要循环的,例如,$34478/99900 = 0.34512512512512\cdots$.

34. 证明:如果在一个边长为1的等边三角形内任取5个点,则必有2个点,它们的距离不大于$\frac{1}{2}$.

35. 证明:对任意正整数 n,必存在由0和3组成的正整数,该正整数能被 n 整除.

36. 证明:在任意给出的2000个自然数 $a_1,a_2,\cdots,a_{2000}$ 中,必存在若干个数,它们的和能被2000整除.

37. 设 n 是大于1的奇数,证明:在 $2^1-1,2^2-1,\cdots,2^n-1$ 中必有一个数能被 n 整除.

38. 有17位学者,每人给其他人各写一封信,讨论三个问题中的某一个问题,且两人之间互相通信讨论的是同一个问题. 证明:至少有三位学者,他们之间通信讨论的是同一个问题.

39. 证明:$r_2(3,3,3)>16$.

40. 证明:将自然数 $\{1,2,\cdots,n\}$ 划分为 t 类,则当 n 充分大时,必有一类 s_j,它同时包含两个正整数 x、y 及其和 $x+y$.

41. 以 $g(m,n)$ 表示由 m 个元素集合 A 到 n 个元素集合 B 的满射的个数($m\geqslant n$). 运用容斥原理证明:

$$g(m,n) = \sum_{k=1}^{n}(-1)^{n-k}C_n^k k^m.$$

42. 运用容斥原理证明:

(1) $\sum_{k=0}^{m}(-1)^k C_m^k C_{n+m-k-1}^{n} = C_{n-1}^{m-1} \quad (n\geqslant 1, m\geqslant 1)$;

(2) $\sum_{k=0}^{m}(-1)^k C_m^k C_{n-k}^{r} = C_{n-m}^{r-m} \quad (n\geqslant r\geqslant m\geqslant 0)$;

(3) $\sum_{k=0}^{n}(-1)^k C_n^k (nt+1-kt)^m = 0$ (n,m,t 均是正整数,$n>m$).

43. 在平面直角坐标系中任取6个整点 $A_i=(x_i,y_i)(i=1,2,3,4,5,6)$,满足:

(1) $|x_i|\leqslant 2, |y_i|\leqslant 2 \quad (i=1,2,3,4,5,6)$;

(2)任何三点不在同一条直线上.

试证明:在以 $A_i(i=1,2,3,4,5,6)$ 为顶点的所有三角形中,必有一个三角形的面积不大于2.

44. 能否在 $n\times n(n\geqslant 3)$ 棋盘的每个方格填上数字1、2或3,使得每行、每列和每条对角线上的数字之和都不相同?

45. 设 $n(n\geqslant 2)$ 是正整数,$S=\{1,2,\cdots,n-1\}$,$A\subseteq S,B\subseteq S$,$|A|+|B|\geqslant n$,求证:必存在 $x\in A,y\in B$,使得 $x+y=n$.

第 5 章　Pólya 计数

5.1　关系

定义 5.1.1　设 A 和 B 为任意集合,A 与 B 的**笛卡儿积**记作 $A \times B$,且

$$A \times B = \{\langle a,b\rangle \mid a \in A, b \in B\}$$

特别地,若 $A = \emptyset$ 或 $B = \emptyset$,约定 $A \times B = \emptyset$.

例如,设 $A = \{1,2,3\}$,$B = \{a,b\}$,则

$$A \times B = \{\langle 1,a\rangle,\langle 1,b\rangle,\langle 2,a\rangle,\langle 2,b\rangle,\langle 3,a\rangle,\langle 3,b\rangle\}$$
$$B \times A = \{\langle a,1\rangle,\langle a,2\rangle,\langle a,3\rangle,\langle b,1\rangle,\langle b,2\rangle,\langle b,3\rangle\}$$
$$A \times A = \{\langle 1,1\rangle,\langle 1,2\rangle,\langle 1,3\rangle,\langle 2,1\rangle,\langle 2,2\rangle,\langle 2,3\rangle,\langle 3,1\rangle,\langle 3,2\rangle,\langle 3,3\rangle\}$$

定义 5.1.2　设 $A_1, A_2, \cdots, A_n$ 为任意集合,$A_1, A_2, \cdots, A_n$ 的**笛卡儿积**记作 $A_1 \times A_2 \times \cdots \times A_n$,且

$$A_1 \times A_2 \times \cdots \times A_n = \{\langle a_1, a_2, \cdots, a_n\rangle \mid a_1 \in A_1, a_2 \in A_2, \cdots, a_n \in A_n\}$$

特别地,$\underbrace{A \times A \times \cdots \times A}_{n\text{个}A} = A^n$.

例如,设 $A = \{1,2\}$, $B = \{a,b,c\}$, 则

$$A \times B \times A = \{\langle 1,a,1\rangle,\langle 1,a,2\rangle,\langle 1,b,1\rangle,\langle 1,b,2\rangle,\langle 1,c,1\rangle,\langle 1,c,2\rangle,\langle 2,a,1\rangle,\langle 2,a,2\rangle,\langle 2,b,1\rangle,\langle 2,b,2\rangle,\langle 2,c,1\rangle,\langle 2,c,2\rangle\}$$

$$A^3 = \{\langle 1,1,1\rangle,\langle 1,1,2\rangle,\langle 1,2,1\rangle,\langle 1,2,2\rangle,\langle 2,1,1\rangle,\langle 2,1,2\rangle,\langle 2,2,1\rangle,\langle 2,2,2\rangle\}$$

定义 5.1.3　设 A 与 B 为任意集合,$R \subseteq A \times B$, 称 R 为 A 到 B 的**二元关系**,简称为 A 到 B 的**关系**. R 中的任一**序偶**$\langle a,b\rangle$可记作$\langle a,b\rangle \in R$ 或 aRb.

把 $A \times B$ 的两个平凡子集 $A \times B$ 和 $\emptyset$,分别称为 A 到 B 的**全域关系**与**空关系**.

若 $R \subseteq A \times A$,这时称 R 为 A **上的关系**.

例如,设 $A = \{1,2,3,4,6,12\}$,R 为 A 上的整除关系,则

$$\begin{aligned} R &= \{\langle a,b\rangle \mid a,b \in A, a \mid b\} \\ &= \{\langle 1,1\rangle,\langle 1,2\rangle,\langle 1,3\rangle,\langle 1,4\rangle,\langle 1,6\rangle,\langle 1,12\rangle,\langle 2,2\rangle,\langle 2,4\rangle,\langle 2,6\rangle, \\ &\quad \langle 2,12\rangle,\langle 3,3\rangle,\langle 3,6\rangle,\langle 3,12\rangle,\langle 4,4\rangle,\langle 4,12\rangle,\langle 6,6\rangle,\langle 6,12\rangle,\langle 12,12\rangle\} \end{aligned}$$

例如,设 $A = \{1,2,3,4\}$,给出 A 上的一个关系 R,其中

$$\begin{aligned} R &= \left\{\langle a,b\rangle \mid a,b \in A, \frac{a-b}{2}\text{是整数}\right\} \\ &= \{\langle 1,1\rangle,\langle 1,3\rangle,\langle 2,2\rangle,\langle 2,4\rangle,\langle 3,1\rangle,\langle 3,3\rangle,\langle 4,2\rangle,\langle 4,4\rangle\} \end{aligned}$$

定义 5.1.4　设 I_A 为集合 A 上的关系,且 $I_A = \{\langle a,a\rangle \mid a \in A\}$,称 I_A 为 A 上的**恒等关系**.

例如,若 $A = \{1,2,3,4\}$, 则

$$I_A = \{\langle 1,1\rangle,\langle 2,2\rangle,\langle 3,3\rangle,\langle 4,4\rangle\}$$

定义 5.1.5　设 R 为集合 A 上的关系，如果对任意 $a\in A$，有 $\langle a,a\rangle\in R$，则称关系 R 在 A 上是**自反**的.

例如，设 $A=\{1,2,3,4\}$，下列关系均是自反的：

$$I_A = \{\langle 1,1\rangle,\langle 2,2\rangle,\langle 3,3\rangle,\langle 4,4\rangle\}$$
$$R_1 = \{\langle 1,1\rangle,\langle 1,2\rangle,\langle 1,3\rangle,\langle 1,4\rangle,\langle 2,2\rangle,\langle 2,4\rangle,\langle 3,3\rangle,\langle 4,4\rangle\}$$
$$R_2 = \{\langle 1,1\rangle,\langle 2,1\rangle,\langle 2,2\rangle,\langle 3,1\rangle,\langle 3,2\rangle\langle 3,3\rangle,\langle 4,1\rangle\langle 4,2\rangle,\langle 4,3\rangle,\langle 4,4\rangle\}$$
$$R_4 = \{\langle 1,1\rangle,\langle 2,2\rangle,\langle 3,3\rangle,\langle 4,4\rangle,\langle 4,3\rangle\}$$

定义 5.1.6　设 R 为集合 A 上的关系，如果对任意 $a,b\in A$，每当 $\langle a,b\rangle\in R$ 时，就有 $\langle b,a\rangle\in R$，则称关系 R 在 A 上是**对称**的.

例如，设 $A=\{1,2,3,4\}$，下列关系均是对称的：

$$I_A = \{\langle 1,1\rangle,\langle 2,2\rangle,\langle 3,3\rangle,\langle 4,4\rangle\}$$
$$R = \{\langle 1,1\rangle,\langle 1,2\rangle,\langle 2,1\rangle,\langle 2,3\rangle,\langle 3,2\rangle\}$$
$$S = \{\langle 2,4\rangle,\langle 4,2\rangle,\langle 4,3\rangle,\langle 3,4\rangle\}$$

定义 5.1.7　设 R 为集合 A 上的关系，如果对于任意 $a,\ b,\ c\in A$，每当 $\langle a,b\rangle\in R$，$\langle b,c\rangle\in R$ 时，就有 $\langle a,c\rangle\in R$，则称关系 R 在 A 上是**传递**的.

例如，设 $A=\{1,2,3\}$，下列关系均是传递的：

$$R_1 = \{\langle 1,2\rangle,\langle 2,2\rangle\}$$
$$R_2 = \{\langle 1,2\rangle\}$$
$$R_3 = \{\langle 1,1\rangle,\langle 1,2\rangle,\langle 1,3\rangle,\langle 2,1\rangle,\langle 2,2\rangle,\langle 2,3\rangle\}$$

定义 5.1.8　设 R 为集合 A 上的关系，如果对于任意 $a\in A$，都有 $\langle a,a\rangle\notin R$，则称 R 在 A 上是**反自反**的.

例如，实数集中的大于关系，日常生活中的父子关系都是反自反的. 再比如，若 $A=\{1,2,3\}$，$R=\{\langle 1,1\rangle,\langle 1,2\rangle,\langle 2,3\rangle\}$，则 R 既不是反自反的(因为 $\langle 1,1\rangle\in R$)，也不是自反的(因为 $\langle 2,2\rangle\notin R$，$\langle 3,3\rangle\notin R$).

定义 5.1.9　设 R 为集合 A 上的关系，对于任意 $a,b\in A$，每当 $\langle a,b\rangle\in R$ 和 $\langle b,a\rangle\in R$ 时，必有 $a=b$，则称 R 在 A 上是**反对称**的.

例如，实数集中的不大于关系 $\leqslant$ 与不小于关系 $\geqslant$，集合的包含关系 $\subseteq$，整数集中的整除关系 $|$ 等都是反对称的.

定义 5.1.10　设 R 为集合 A 上的关系，若 R 是自反的、对称的和传递的，则称 R 为**等价关系**. 对于任意 $a\in A$，集合 $[a]_R=\{x\mid x\in A,\langle x,a\rangle\in R\}$ 称为元素 a 形成的 R **等价类**.

例如，平面三角形集合中，三角形的相似关系是等价关系；北京市的居民集合中，住在同一区的关系也是等价关系.

定理 5.1.1　设 R 是集合 A 上的等价关系，对于 $a,b\in A$，有 $\langle a,b\rangle\in R$，当且仅当 $[a]_R=[b]_R$.

证明　设 $[a]_R=[b]_R$，因为 $a\in[a]_R$，从而 $a\in[b]_R$，即 $\langle a,b\rangle\in R$. 反之，若 $\langle a,b\rangle\in R$，设 $x\in[a]_R$，则

$$x\in[a]_R\Rightarrow\langle x,a\rangle\in R\Rightarrow\langle x,b\rangle\in R\Rightarrow x\in[b]_R$$

即
$$[a]_R \subseteq [b]_R$$
同理,设 $x \in [b]_R$,则
$$\begin{aligned} x \in [b]_R &\Rightarrow \langle x,b\rangle \in R \Rightarrow \langle b,x\rangle \in R \\ &\Rightarrow \langle a,x\rangle \in R \Rightarrow \langle x,a\rangle \in R \\ &\Rightarrow x \in [a]_R \end{aligned}$$
即
$$[b]_R \subseteq [a]_R$$
由此证得 $[a]_R = [b]_R$. 证毕.

例 5.1.1　设 I 为整数集,$R = \{\langle x,y\rangle \mid x,y \in I, x \equiv y (\bmod 3)\}$,证明:$R$ 是等价关系.

证明　(1)任意 $a \in I$,因为 $a - a = 0 = 3 \times 0$,所以 $\langle a,a\rangle \in R$,即 R 是自反的.

(2)设 $\langle a,b\rangle \in R$,则 $a \equiv b(\bmod 3)$,即 $a - b = 3k$(k 为整数),从而 $b - a = 3(-k)$($-k$ 为整数),故 $b \equiv a(\bmod 3)$,于是 $\langle b,a\rangle \in R$,即 R 是对称的.

(3)设 $\langle a,b\rangle \in R$,$\langle b,c\rangle \in R$,则 $a \equiv b(\bmod 3)$,$b \equiv c(\bmod 3)$,从而 $a - b = 3k_1$,$b - c = 3k_2$,其中,k_1,k_2 均为整数.

因此 $a - c = 3(k_1 + k_2)$　($k_1 + k_2$ 为整数),即 $a \equiv c(\bmod 3)$,因此 $\langle a,c\rangle \in R$,于是 R 是传递的.

综合(1)(2)(3)得 R 是等价关系.

另外,由 I 中的元素所产生的等价类是
$$\begin{aligned} [0]_R &= \{x \mid x \in I, \langle x,0\rangle \in R\} \\ &= \{x \mid x \in I, x = 3k, k \text{ 为整数}\} \\ &= \{\cdots, -6, -3, 0, 3, 6, \cdots\} \\ [1]_R &= \{x \mid x \in I, \langle x,1\rangle \in R\} \\ &= \{x \mid x \in I, x = 3k+1, k \text{ 为整数}\} \\ &= \{\cdots, -5, -2, 1, 4, 7, \cdots\} \\ [2]_R &= \{x \mid x \in I, \langle x,2\rangle \in R\} \\ &= \{x \mid x \in I, x = 3k+2, k \text{ 为整数}\} \\ &= \{\cdots, -4, -1, 2, 5, 8, \cdots\} \end{aligned}$$
同时,还可以看到
$$[0]_R = [3]_R = [-3]_R = \cdots$$
$$[1]_R = [4]_R = [-2]_R = \cdots$$
$$[2]_R = [5]_R = [-1]_R = \cdots$$

定理 5.1.2　设 A 为任意集合,则集合 A 上的划分一一对应集合 A 上的等价关系.

证明　(一)设 R 为 A 上的等价关系,下面我们证明 $S = \{[a]_R \mid a \in A\}$ 是集合 A 的划分.

(1)对于任意 $a \in A$,一定有 $a \in [a]_R$,故 $\bigcup\limits_{a \in A} [a]_R = A$.

(2)由等价类的定义知,$\forall a \in A$,显然 $[a]_R \subseteq A$,且 $[a]_R \neq \varnothing$.

(3)设 $a,b \in A$,且 $[a]_R \neq [b]_R$.

假设 $[a]_R \cap [b]_R \neq \varnothing$,则至少存在一个 $x \in A$,使得 $x \in [a]_R$,且 $x \in [b]_R$,从而 $\langle x,a\rangle \in R$,$\langle x,b\rangle \in R$.

又由 R 的传递性知 $\langle a,b\rangle \in R$,由定理 5.1.1 必有 $[a]_R = [b]_R$,这与题设矛盾. 因此

$[a]_R \cap [b]_R = \varnothing$.

(二)另一方面,设 $S = \{S_1, S_2, \cdots, S_m\}$ 是集合 A 的划分,下面证明 $R = (S_1 \times S_1) \cup (S_2 \times S_2) \cup \cdots \cup (S_m \times S_m)$ 是 A 上的等价关系.

(1) $\forall a \in A$,由于 S 是 A 的划分,则 S 中有且仅有一块 $S_i (i = 1, 2, \cdots, m)$,使得 $a \in S_i$,从而有 $\langle a, a\rangle \in S_i \times S_i$,当然有 $\langle a, a\rangle \in R$,故 R 是自反的.

(2)设 $\langle a, b\rangle \in R$,则至少存在一个 $S_i \times S_i (i = 1, 2, \cdots, m)$,使得 $\langle a, b\rangle \in S_i \times S_i$,从而 $\langle b, a\rangle \in S_i \times S_i$,故 $\langle b, a\rangle \in R$,即 R 是对称的.

(3)设 $\langle a, b\rangle \in R$, $\langle b, c\rangle \in R$,则至少存在 $S_i \times S_i$ 与 $S_j \times S_j (i, j = 1, 2, \cdots, m)$ 使得 $\langle a, b\rangle \in S_i \times S_i$, $\langle b, c\rangle \in S_j \times S_j$,从而 $b \in S_i \cap S_j$.

又由于 $S_i \cap S_j = \varnothing$,所以 $S_i = S_j$,故 $a, b, c \in S_i$,因此 $\langle a, c\rangle \in R$,即 R 是传递的. 证毕.

例 5.1.2　设 $A = \{1, 2, 3\}$,确定 A 上的全部等价关系.

解　由划分与等价关系的一一对应,得

划分 $S_1 = \{\{1, 2, 3\}\}$

$S_2 = \{\{1\}, \{2, 3\}\}$

$S_3 = \{\{2\}, \{1, 3\}\}$

$S_4 = \{\{3\}, \{1, 2\}\}$

$S_5 = \{\{1\}, \{2\}, \{3\}\}$

等价关系 $R_1 = A \times A$

$R_2 = \{\langle 1,1\rangle, \langle 2,2\rangle, \langle 2,3\rangle, \langle 3,2\rangle, \langle 3,3\rangle\}$

$R_3 = \{\langle 2,2\rangle, \langle 1,1\rangle, \langle 1,3\rangle, \langle 3,1\rangle, \langle 3,3\rangle\}$

$R_4 = \{\langle 3,3\rangle, \langle 1,1\rangle, \langle 1,2\rangle, \langle 2,1\rangle, \langle 2,2\rangle\}$

$R_5 = I_A$

定义 5.1.11　设 R 为集合 A 到集合 B 的关系,S 是集合 B 到集合 D 的关系,则 R 与 S 的**复合关系**记作 $S \circ R$,且

$$S \circ R = \{\langle a, d\rangle \mid a \in A, d \in D, (\exists b \in B)(aRb, bSd)\}$$

由 R 与 S 求得复合关系 $S \circ R$ 的过程称为关系 R 与 S 的**复合运算**.

例 5.1.3　设 $A = \{1, 2, 3, 4\}$, $B = \{a, b, c, d\}$,

$R = \{\langle 1,1\rangle, \langle 1,2\rangle, \langle 2,3\rangle, \langle 3,4\rangle, \langle 4,2\rangle, \langle 4,3\rangle, \langle 4,4\rangle\}$

$S = \{\langle 1,a\rangle, \langle 2,b\rangle, \langle 3,c\rangle, \langle 3,d\rangle, \langle 4,a\rangle, \langle 4,d\rangle\}$

$H = \{\langle a,2\rangle, \langle b,3\rangle, \langle b,4\rangle, \langle d,1\rangle, \langle d,2\rangle, \langle d,3\rangle\}$

求 $S \circ R, R \circ R, H \circ S, S \circ H, R \circ H$.

解　$S \circ R = \{\langle 1,a\rangle, \langle 1,b\rangle, \langle 2,c\rangle, \langle 2,d\rangle, \langle 3,a\rangle, \langle 3,d\rangle, \langle 4,a\rangle, \langle 4,b\rangle, \langle 4,c\rangle, \langle 4,d\rangle\}$

$R \circ R = \{\langle 1,1\rangle, \langle 1,2\rangle, \langle 1,3\rangle, \langle 2,4\rangle, \langle 3,2\rangle, \langle 3,3\rangle, \langle 3,4\rangle, \langle 4,2\rangle, \langle 4,3\rangle, \langle 4,4\rangle\}$

$H \circ S = \{\langle 1,2\rangle, \langle 2,3\rangle, \langle 2,4\rangle, \langle 3,1\rangle, \langle 3,2\rangle, \langle 3,3\rangle, \langle 4,1\rangle, \langle 4,2\rangle, \langle 4,3\rangle\}$

$S \circ H = \{\langle a,b\rangle, \langle b,a\rangle, \langle b,c\rangle, \langle b,d\rangle, \langle d,a\rangle, \langle d,b\rangle, \langle d,c\rangle, \langle d,d\rangle\}$

$R \circ H = \{\langle a,3\rangle, \langle b,2\rangle, \langle b,3\rangle, \langle b,4\rangle, \langle d,1\rangle, \langle d,2\rangle, \langle d,3\rangle, \langle d,4\rangle\}$

注意,$S \circ H \neq H \circ S$,即关系的复合运算不满足交换律. 习题五中的6(1)题将会证明关系的

复合运算满足结合律.

一般地,设 R 为集合 A 上的关系,即 $R\subseteq A\times A$,定义 R 的 **n 次幂**(记作 R^n,这里 n 为非负整数)为 $R^n=\underbrace{R\circ R\circ\cdots\circ R}_{n个R}$,并约定

$$R^0=I_A$$

递归定义 R 的 n 次幂(记作 R^n,这里 n 为非负整数)为

(1) $R^0=I_A$;

(2) $R^n=R^{n-1}\circ R$.

容易证明　① $R^m\circ R^n=R^{m+n}$(m 与 n 均为非负整数);

② $(R^m)^n=R^{mn}$(m 与 n 均为非负整数).

定义 5.1.12　设 R 为集合 A 到集合 B 的关系,将 R 中每个序偶的第一元素与第二元素的顺序互换,所得的关系称为 R 的**逆关系**,记作 R^{-1}. 即 $R^{-1}=\{\langle y,x\rangle \mid y\in B,x\in A,\langle x,y\rangle\in R\}$.

由关系 R 求得逆关系 R^{-1} 的过程称为关系的**逆运算**.

例 5.1.4　设 $A=\{1,2,3,4\}$,$B=\{a,b,c,d\}$,试求 R^{-1} 与 S^{-1}.

其中　$R=\{\langle 1,1\rangle,\langle 1,2\rangle,\langle 2,1\rangle,\langle 3,4\rangle,\langle 4,1\rangle,\langle 4,2\rangle,\langle 4,3\rangle\}$.

$S=\{\langle 1,a\rangle,\langle 1,b\rangle,\langle 2,c\rangle,\langle 3,a\rangle,\langle 3,b\rangle,\langle 3,c\rangle,\langle 4,d\rangle\}$

解　$R^{-1}=\{\langle 1,1\rangle,\langle 2,1\rangle,\langle 1,2\rangle,\langle 4,3\rangle,\langle 1,4\rangle,\langle 2,4\rangle,\langle 3,4\rangle\}$

$S^{-1}=\{\langle a,1\rangle,\langle b,1\rangle,\langle c,2\rangle,\langle a,3\rangle,\langle b,3\rangle,\langle c,3\rangle,\langle d,4\rangle\}$

例 5.1.5　设 R 为集合 A 上的关系,n 为正整数,则

$$(R^n)^{-1}=(R^{-1})^n$$

证明　$n=1$ 时,左边 $=R^{-1}=$ 右边.

假设 $n=k$ 时,结论成立,即 $(R^k)^{-1}=(R^{-1})^k$

当 $n=k+1$ 时,

$$\begin{aligned}(R^n)^{-1}&=(R^{k+1})^{-1}=(R^k\circ R)^{-1}=R^{-1}\circ(R^k)^{-1}\\&=R^{-1}\circ(R^{-1})^k=(R^{-1})^{k+1}=(R^{-1})^n\end{aligned}$$

由数学归纳法得证,结论成立.

定义 5.1.13　设 A 和 B 是任意两个集合,$f\subseteq A\times B$,如果对于每个 $x\in A$,有唯一 $y\in B$,使得 $\langle x,y\rangle\in f$,称关系 f 为 A 到 B 的**函数**(或**映射**),记作 $f:A\to B$. 且 $\langle x,y\rangle\in f$ 通常记作 $f(x)=y$,其中 x 称为**自变量**,y 称为在 f 作用下 x 的**象**(或**函数值**),并记 $f(A)=\{f(x)\mid x\in A\}$.

由函数的定义知,集合 A 到 B 的函数 f 是 A 到 B 的特殊关系,其特殊性在于要满足遍历性($\forall x\in A$)与单值性(唯一 $y\in B$). 同时,集合 A 称为函数 f 的**定义域**,$f(A)$ 称为这个函数 f 的**值域**,显然 $f(A)\subseteq B$.

定义 5.1.14　设函数 $f:A\to B$,对于任意 $x_1,x_2\in A$,每当 $x_1\neq x_2$ 时,都有 $f(x_1)\neq f(x_2)$,则称 f 是 A 到 B 的**入射**(或**单射**).

定义 5.1.15　设函数 $f:A\to B$,若 f 的值域 $f(A)=B$,则称 f 是 A 到 B 的**满射**.

定义 5.1.16　设函数 $f:A\to B$,若 f 既是单射又是满射,则称 f 是 A 到 B 的**双射**(或**一一对应函数**).

定义 5.1.17　设函数 $f:A\to A$,若对任意 $x\in A$,均有 $f(x)=x$,则称 f 为 A 上的**恒等函数**.

注意：A 上的恒等函数就是 A 上的恒等关系，仍记作 I_A，即 $I_A(x)=x$.

设函数 $f:A\to B$，函数 $g:B\to D$，容易证明复合关系 $g\circ f=\{\langle a,d\rangle \mid a\in A, d\in D, \exists b\in B(f(a)=b, g(b)=d)\}$ 是 A 到 D 的函数(见习题五中的 14 题)，把函数 $g\circ f:A\to D$ 称为函数 f 与 g 的**复合函数**. 由复合函数的定义，知 $g\circ f(a)=g(f(a))$. 另外，函数是特殊的关系，因而函数的复合运算满足结合律，因为关系的复合运算满足结合律.

设函数 $f:A\to B$，且 f 为双射，由习题五中的 13 题可以证明 f 的逆关系 f^{-1} 为 B 到 A 的双射，我们称 $f^{-1}:B\to A$ 为函数 f 的**逆函数**(或**反函数**).

例 5.1.6　设 $A=\{a,b,c,d\}$，$B=\{1,2,3,4\}$，

$f:A\to B$，且 $f=\{\langle a,1\rangle,\langle b,2\rangle,\langle c,3\rangle,\langle d,3\rangle\}$

$g:B\to B$，且 $g=\{\langle 1,2\rangle,\langle 2,3\rangle,\langle 3,4\rangle,\langle 4,4\rangle\}$

试求复合函数 $f\circ I_A, g\circ f, g\circ g, g\circ g\circ f$.

解　$f\circ I_A:A\to B$，且 $f\circ I_A=f$

$g\circ f:A\to B$，且 $g\circ f=\{\langle a,2\rangle,\langle b,3\rangle,\langle c,4\rangle,\langle d,4\rangle\}$

$g\circ g:B\to B$，且 $g\circ g=\{\langle 1,3\rangle,\langle 2,4\rangle,\langle 3,4\rangle,\langle 4,4\rangle\}$

$g\circ g\circ f:A\to B$，且 $g\circ g\circ f=\{\langle a,3\rangle,\langle b,4\rangle,\langle c,4\rangle,\langle d,4\rangle\}$

例 5.1.7　设 $\mathbf{R}$ 为实数集，f、g 与 h 均是 $\mathbf{R}$ 到 $\mathbf{R}$ 的函数，且

$$f(x)=2x+1, g(x)=3x+2, h(x)=x+3$$

试求复合函数 $f\circ g\circ h, f\circ f\circ f$ 及 $f\circ h\circ h$.

解　$f\circ g\circ h:\mathbf{R}\to\mathbf{R}$，且

$$f\circ g\circ h(x)=f(g(h(x)))=f(g(x+3))=f(3x+11)=6x+23$$

即 $f\circ g\circ h=\{\langle x,6x+23\rangle \mid x\in\mathbf{R}, \mathbf{R}\text{ 为实数集}\}$；

而 $f\circ f\circ f:\mathbf{R}\to\mathbf{R}$，且

$$f\circ f\circ f(x)=f(f(f(x)))=f(f(2x+1))=f(4x+3)=8x+7$$

即 $f\circ f\circ f=\{\langle x,8x+7\rangle \mid x\in\mathbf{R}, \mathbf{R}\text{ 为实数集}\}$；

又 $f\circ h\circ h:\mathbf{R}\to\mathbf{R}$，且

$$f\circ h\circ h(x)=f(h(h(x)))=f(h(x+3))=f(x+6)=x+13$$

即 $f\circ h\circ h=\{\langle x,x+13\rangle \mid x\in\mathbf{R}, \mathbf{R}\text{ 为实数集}\}$.

例 5.1.8　设 $A=\{a,b,c,d\}$，$B=\{1,2,3,4\}$，双射 $f:A\to B$，且 $f(a)=2, f(b)=1, f(c)=3, f(d)=4$，试求逆函数 f^{-1}，并求复合函数 $f\circ f^{-1}$ 及 $f^{-1}\circ f$.

解　由于 $f:A\to B$，且 $f=\{\langle a,2\rangle,\langle b,1\rangle,\langle c,3\rangle,\langle d,4\rangle\}$，所以

$f^{-1}:B\to A$，且 $f^{-1}=\{\langle 1,b\rangle,\langle 2,a\rangle,\langle 3,c\rangle,\langle 4,d\rangle\}$

$f\circ f^{-1}:B\to B$，且 $f\circ f^{-1}=\{\langle 1,1\rangle,\langle 2,2\rangle,\langle 3,3\rangle,\langle 4,4\rangle\}=I_B$

$f^{-1}\circ f:A\to A$，且 $f^{-1}\circ f=\{\langle a,a\rangle,\langle b,b\rangle,\langle c,c\rangle,\langle d,d\rangle\}=I_A$

例 5.1.9　设 $\mathbf{R}$ 为实数集，双射 $f:\mathbf{R}\to\mathbf{R}$ 且 $f(x)=3x+2$，求 f 的逆函数 f^{-1}，并求复合函数 $f\circ f^{-1}$.

解　由于双射 $f:\mathbf{R}\to\mathbf{R}$ 且 $f=\{\langle x,3x+2\rangle \mid x\in\mathbf{R}, \mathbf{R}\text{ 为实数集}\}$，所以 $f^{-1}:\mathbf{R}\to\mathbf{R}$ 且

$$
\begin{aligned}
f^{-1} &= \{\langle 3x+2, x\rangle \mid x \in \mathbf{R}, \mathbf{R}\text{ 为实数集}\} \\
&= \left\{\left\langle t, \frac{t-2}{3}\right\rangle \,\middle|\, t \in \mathbf{R}, \mathbf{R}\text{ 为实数集}\right\} \quad (\text{令 } 3x+2=t) \\
&= \left\{\left\langle x, \frac{x-2}{3}\right\rangle \,\middle|\, x \in \mathbf{R}, \mathbf{R}\text{ 为实数集}\right\}
\end{aligned}
$$

即$f^{-1}: \mathbf{R} \to \mathbf{R}$且$f^{-1}(x) = \dfrac{x-2}{3}$,其中$\mathbf{R}$为实数集.

而$f \circ f^{-1}: \mathbf{R} \to \mathbf{R}$($\mathbf{R}$为实数集)且

$$
f \circ f^{-1}(x) = f(f^{-1}(x)) = f\left(\frac{x-2}{3}\right) = 3 \times \frac{x-2}{3} + 2 = x
$$

5.2　二元运算及其性质

定义 5.2.1　对于集合A,一个从A^n到B的函数,称为集合A上的一个n**元运算**. 一个非空集合A连同若干个定义在该集合上的运算$f_1, f_2, \cdots, f_k$所组成的系统就称为一个**代数系统**,记作$\langle A, f_1, f_2, \cdots, f_k\rangle$.

本节我们将重点讨论**二元运算**. 设f是集合A上的二元运算,对于$\forall a, b \in A$,若$f(\langle a, b\rangle) = c$,通常记作$afb = c$,读作"$af$运算$b$等于$c$". 另外,集合$A$上的二元运算有时还可以用**运算表**的形式给出. 例如,设$A = \{1,2,3,4\}$,在A上定义的二元运算$*$与Δ见表 5.2.1.

表　5.2.1

$*$	1	2	3	4
1	1	2	3	4
2	2	3	4	1
3	3	4	1	2
4	4	3	2	1

Δ	1	2	3	4
1	a	b	c	d
2	1	2	1	2
3	3	a	b	b
4	a	b	3	4

定义 5.2.2　设$*$是定义在集合A上的二元运算,如果对于任意$x, y \in A$,都有$x * y \in A$,则称二元运算$*$在A上是**封闭**的.

例如,设$\mathbf{N}$为自然数集,$A = \{x \mid x = 2^n, n \in \mathbf{N}\}$,则普通乘法运算在$A$上封闭,但普通加法运算在$A$上不封闭.

定义 5.2.3　设$*$是定义在集合A上的二元运算,如果对于任意$x, y \in A$,都有$x * y = y * x$,则称二元运算$*$是**交换**的.

例如,设$\mathbf{Q}$是有理数集,$*$是$\mathbf{Q}$上的二元运算,对任意

$$
a, b \in \mathbf{Q}, \text{有 } a * b = a + b - a \cdot b
$$

显然$*$是交换的,因为

$$
a * b = a + b - a \cdot b = b + a - b \cdot a = b * a
$$

定义 5.2.4　设$*$是定义在集合A上的二元运算,如果对于任意$x, y, z \in A$都有$(x * y) * z = x * (y * z)$,则称二元运算$*$是**结合**的.

例如,设A是一个非空集合,Δ是A上的二元运算,对于任意$a, b \in A$,有$a \Delta b = b$. 由于对任意$a, b, c \in A$,有

$$(a\Delta b)\Delta c = b\Delta c = c$$
$$a\Delta(b\Delta c) = a\Delta c = c$$

所以$(a\Delta b)\Delta c = a\Delta(b\Delta c)$，即$\Delta$是结合的.

定义 5.2.5 设$*$和Δ是定义在集合A上的两个二元运算，如果对任意$x,y,z\in A$，都有

$$x*(y\Delta z) = (x*y)\Delta(x*z)$$
$$(y\Delta z)*x = (y*x)\Delta(z*x)$$

则称$*$运算关于Δ运算是**分配**的.

例如，设$A=\{1,2\}$，在A上定义两个二元运算$*$与Δ见表 5.2.2. 容易验证Δ运算关于$*$运算是分配的. 但$*$运算关于Δ运算却不是分配的，因为

$$2*(1\Delta 2) = 2*1 = 2$$
$$(2*1)\Delta(2*2) = 2\Delta 1 = 1$$

表 5.2.2

$*$	1	2
1	1	2
2	2	1

Δ	1	2
1	1	1
2	1	2

定义 5.2.6 设$*$与Δ是定义在集合A上的两个交换的二元运算，如果对于任意$x,y\in A$，都有

$$x*(x\Delta y) = x$$
$$x\Delta(x*y) = x$$

则称$*$运算与Δ运算满足**吸收律**.

例如，设$\mathbf{N}$为自然数集，在$\mathbf{N}$上定义两个二元运算$*$和Δ，对任意$x,y\in\mathbf{N}$有

$$x*y = \max\{x,y\}$$
$$x\Delta y = \min\{x,y\}$$

由于对任意$a,b\in\mathbf{N}$有

$$a*(a\Delta b) = a*\min\{a,b\} = \max\{a,\min\{a,b\}\} = a$$
$$a\Delta(a*b) = a\Delta\max\{a,b\} = \min\{a,\max\{a,b\}\} = a$$

所以$*$运算与Δ运算满足吸收律.

定义 5.2.7 设$*$是定义在集合A上的二元运算，如果对任意$x\in A$，有$x*x=x$，则称$*$运算是**等幂**的.

例如，集合A的幂集$P(A)$上的并运算$\cup$与交运算$\cap$均是等幂的.

定义 5.2.8 设$*$是定义在集合A上的一个二元运算，如果存在元素$e_l\in A$，对于任意元素$a\in A$，有$e_l*a=a$，则称e_l为A中关于$*$运算的**左幺元**；如果存在元素$e_r\in A$，对于任意元素$a\in A$，有$a*e_r=a$，则称e_r为A中关于$*$运算的**右幺元**；如果存在元素$e\in A$，它既是左幺元又是右幺元，则称e为A中关于$*$运算的**幺元**.

定理 5.2.1 设$*$是定义在集合A上的一个二元运算，且在A中有关于运算$*$的左幺元e_l和右幺元e_r，则$e_l=e_r=e$，且A中的幺元是唯一的.

证明 由于e_l和e_r分别是A中关于$*$运算的左幺元和右幺元，所以

$$e_r = e_l * e_r = e_l = e$$

假设另有一个幺元 e'，则 $e=e*e'=e'$.　　证毕.

定义 5.2.9　设 $*$ 是定义在集合 A 上的一个二元运算，如果存在元素 $\theta_l \in A$，对于任意元素 $a \in A$，有 $\theta_l * a=\theta_l$，则称 θ_l 为 A 中关于 $*$ 的**左零元**；如果存在元素 $\theta_r \in A$，对于任意的元素 $a \in A$，有 $a * \theta_r=\theta_r$，则称 θ_r 为 A 中关于 $*$ 的**右零元**；如果存在元素 $\theta \in A$，它既是左零元又是右零元，则称 θ 为 A 中关于 $*$ 的**零元**.

定理 5.2.2　设 $*$ 是定义在集合 A 上的一个二元运算，且在 A 中有关于运算 $*$ 的左零元 θ_l 和右零元 θ_r，则 $\theta_l=\theta_r=\theta$，且 A 中的零元唯一.

证明　由于 θ_l 和 θ_r 分别是 A 中关于 $*$ 运算的左零元和右零元，所以

$$\theta_l=\theta_l * \theta_r=\theta_r=\theta$$

假设另有一个零元 θ'，则 $\theta=\theta * \theta'=\theta'$.　　证毕.

定义 5.2.10　设代数系统 $\langle A, *\rangle$，$*$ 是定义在 A 上的一个二元运算，且 e 是 A 中关于运算 $*$ 的幺元. 如果对于 A 中的元素 a，存在元素 $x \in A$，使得 $x * a=e$，则称 x 为 a 的关于 $*$ 的**左逆元**；若存在元素 $y \in A$，使 $a * y=e$ 成立，则称 y 为 a 的关于 $*$ 的**右逆元**；若 A 中存在元素 b，它既是 a 的左逆元，又是 a 的右逆元，那么称 b 为 a 的关于 $*$ 的一个**逆元**.

定理 5.2.3　设代数系统 $\langle A, *\rangle$，$*$ 是 A 上的二元运算，A 中存在幺元 e，且 $*$ 是可结合的运算，对于 $a \in A$，若 a 有逆元，则逆元唯一，此时 a 的逆元记作 a^{-1}.

证明　设 x 与 y 均为 a 的逆元，则

$$x=x * e=x *(a * y)=(x * a) * y=e * y=y$$　　证毕.

定义 5.2.11　设代数系统 $\langle A, *\rangle$，$*$ 是定义在 A 上的二元运算，若存在元素 $a \in A$，使得 $a * a=a$，则称 a 为 A 中的**等幂元**.

例如，对于代数系统 $\langle \mathbf{R}, +\rangle$，其中 $\mathbf{R}$ 为实数集，$+$ 是普通的加法. 显然 0 是幺元，也是等幂元，且对于任意 $a \in \mathbf{R}$，a 都有唯一的逆元为 $-a$，即 $a^{-1}=-a$.

例 5.2.1　设代数系统 $\langle Z_k, +_k\rangle$，其中 $Z_k=\{0,1,2,\cdots,k-1\}$，$+_k$ 是定义在 Z_k 上的模 k 加法运算，定义如下：对于任意 $x, y \in Z_k$，有

$$x +_k y=\begin{cases} x+y & x+y<k \\ x+y-k & x+y \geqslant k \end{cases}$$

试问是否每个元素都有逆元.

解　对于任意 $a, b, c \in Z_k$，有

$$(a +_k b) +_k c=(a+b+c) \bmod k=a +_k (b +_k c)$$

所以 $+_k$ 是一个可结合的二元运算.

Z_k 中关于运算 $+_k$ 的幺元是 0，Z_k 中的每个元素都有唯一的逆元，即 0 的逆元为 0，每个非零元素 x 的逆元为 $k-x$.

例 5.2.2　设 I 为整数集，等价关系 $R=\{\langle x, y\rangle \mid x, y \in I, x \equiv y(\bmod 5)\}$，其等价类组成的集合记作 Z_5，即

$$Z_5=\{[0],[1],[2],[3],[4]\}$$

在 Z_5 上定义两个二元运算 $+_5$ 和 $\times_5$ 分别如下：

对于任意 $[i],[j] \in Z_5$，

$$[i] +_5 [j]=[(i+j) \bmod 5]$$

$$[i] \times_5 [j]=[(i \times j) \bmod 5]$$

试分别考察$\langle Z_5, +_5\rangle$和$\langle Z_5, \times_5\rangle$中每个元素的逆元.

解　对于任意$[i],[j],[k]\in Z_5$

$$([i]+_5[j])+_5[k]=[(i+j+k)\bmod 5]=[i]+_5([i]+_5[k])$$

$$([i]\times_5[j])\times_5[k]=[(i\times j\times k)\bmod 5]=[i]\times_5([i]\times_5[k])$$

即$+_5$和$\times_5$都是可结合的二元运算.

因为$[0]+_5[i]=[i]=[i]+_5[0]$,所以$[0]$是$+_5$的幺元;

又因为$[1]\times_5[i]=[i]=[i]\times_5[1]$,因此$[1]$是$\times_5$的幺元.

关于$+_5$运算,Z_5中每个元素都有唯一的逆元,且$[0]$的逆元为$[0]$,$[1]$与$[4]$互逆,$[2]$与$[3]$互逆.

关于$\times_5$运算,$[0]$是零元,它没有逆元;$[1]$的逆元是$[1]$;$[2]$与$[3]$互逆;$[4]$的逆元为$[4]$.

5.3　群与置换群

定义 5.3.1　设$\langle G, *\rangle$是一个代数系统,其中G是非空集合,$*$是G上的一个二元运算,如果

(1)运算$*$是封闭的;

(2)运算$*$是可结合的;

(3)存在幺元e;

(4)对于任意$a\in G$,a都有逆元a^{-1}.

则称$\langle G, *\rangle$为**群**.

例如,$\langle \mathbf{R}, +\rangle$与$\langle \mathbf{R}-\{0\}, \times\rangle$都是群,其中$\mathbf{R}$为实数集,+与×分别为普通加与普通乘.

定义 5.3.2　设$\langle G, *\rangle$为群,若$*$运算满足交换律,则称$\langle G, *\rangle$为 **Abel 群或交换群**.

由定理 5.2.3 知,群中任何元素的逆元必定是唯一的.

定理 5.3.1　设$\langle G, *\rangle$是群,对任意$a,b\in G$,方程

$$a*x=b \quad 及 \quad y*a=b$$

都有解,而且解是唯一的.

证明　显然$x=a^{-1}*b$是方程$a*x=b$的解. 假设另有一解x'满足$a*x'=b$,则

$$a*x=a*x'$$

$$a^{-1}*(a*x)=a^{-1}*(a*x')$$

$$(a^{-1}*a)*x=(a^{-1}*a)*x'$$

$$x=x'$$

即方程$a*x=b$只有唯一解$x=a^{-1}*b$.

同理可证方程$y*a=b$也只有唯一解$y=b*a^{-1}$. 证毕.

定理 5.3.2(消去律)　设$\langle G, *\rangle$是群,对于任意$a,b,c\in G$,如果$a*b=a*c$或$b*a=c*a$,则$b=c$.

证明　设$a*b=a*c$,则

$$a^{-1}*(a*b)=a^{-1}*(a*c)$$

$$(a^{-1}*a)*b=(a^{-1}*a)*c$$

$$b=c$$

证毕.

定理 5.3.3 群$\langle G,*\rangle$中只有唯一一个等幂元,且该等幂元为其幺元 e.

证明 因为 $e*e=e$,所以 e 为等幂元.

现假设 $a\in G,a\neq e$,且 $a*a=a$,则

$$\begin{aligned} a &= e*a \\ &= (a^{-1}*a)*a \\ &= a^{-1}*(a*a) \\ &= a^{-1}*a=e \end{aligned}$$

与假设 $a\neq e$ 相矛盾. 证毕.

定理 5.3.4 群$\langle G,*\rangle$的运算表中的任意两行(列)都不相同,且每行(列)中各个元素也互不相同.

证明 设 e 为幺元. 对任意 $a,b\in G$,且 $a\neq b$,总有

$$a*e=a\neq b=b*e \quad (e*a=a\neq b=e*b)$$

即元素 a 与 b 所在行(列)对应于元素 e 所在列(行)的两个元素分别为 a 与 b. 所以,在群$\langle G,*\rangle$的运算表中没有相同的行(列).

另外,对任意 $a\in G$,假设对应于元素 a 的那一行(列)中有两个相同的元素,即有

$$a*b_1=a*b_2,b_1\neq b_2 \quad (b_1*a=b_2*a,b_1\neq b_2)$$

由消去律得 $b_1=b_2$,这与 $b_1\neq b_2$ 矛盾. 证毕.

定理 5.3.5 设$\langle G,*\rangle$为群,对任意 $a,b\in G$,则

(1) $(a^{-1})^{-1}=a$;

(2) $(a*b)^{-1}=b^{-1}*a^{-1}$.

证明 (1)由于 a 与 a^{-1}互逆,即 a^{-1}的逆元为 a,所以$(a^{-1})^{-1}=a$.

(2)因为

$$\begin{aligned} &(a*b)*(b^{-1}*a^{-1}) \\ &= a*(b*b^{-1})*a^{-1} \\ &= a*e*a^{-1} \quad (e\text{ 为幺元}) \\ &= a*a^{-1}=e \end{aligned}$$

同理可证

$$(b^{-1}*a^{-1})*(a*b)=e$$

所以$(a*b)^{-1}=b^{-1}*a^{-1}$. 证毕.

设$\langle G,*\rangle$为群,对于任意 $a\in G$,我们把 $n(n>0)$个 a 的 $*$ 运算所得的元素记作 a^n(读作"a 的 n 次幂"),即

$$\underbrace{a*a*\cdots*a}_{n\text{个}a}=a^n$$

对于负整数 $-n(n>0)$,规定 $a^{-n}=(a^{-1})^n$,并约定 $a^0=e$,其中 e 为群的幺元.

由结合律可知,任意 $a,b\in G$,有

$$\begin{cases} a^m*a^n=a^{m+n} & n,m\text{ 为整数} \\ (a^m)^n=a^{nm} & n,m\text{ 为整数} \end{cases}$$

定义 5.3.3 设$\langle G,*\rangle$为群,如果 G 是无限集,则称$\langle G,*\rangle$为**无限群**;如果 G 是有限集,则称$\langle G,*\rangle$为**有限群**,G 中元素的个数通常称为该有限群的**阶数**,记作$|G|$.

定义 5.3.4 设$\langle G,*\rangle$为群,对任意 $a\in G$,如果存在正整数 k,使得 $a^k=e$(e 为幺元),则 a

称为**有限阶元素**. 满足 $a^k=e$ 的最小正整数 k 叫作元素 a 的**阶**. 如果不存在正整数 k 使得 $a^k=e$,则 a 称为**无限阶元素**.

在有限群 $\langle G,*\rangle$ 中,对任意 $a\in G$,由群的封闭性知,$a,a^2,a^3,\cdots$ 均为 G 的元素,又由于 G 为有限集,因此一定存在正整数 $k_1<k_2$,使得 $a^{k_1}=a^{k_2}$. 于是

$$a^{k_2-k_1}=e(e\text{ 为幺元}),k_2-k_1>0$$

即 a 是一个有限阶元素. 也就是说,有限群的每个元素都是有限阶元素.

如果一个群中的所有元素都是有限阶元素,那么这个群称为**周期群**. 有限群一定是周期群.

定义 5.3.5　设 $\langle G,*\rangle$ 为群,如果 G 中的每个元素都能表示成 G 中某个元素 a 的幂,则 $\langle G,*\rangle$ 称为由 a 生成的**循环群**,记作 $\langle a\rangle$. 其中 a 称为 $\langle a\rangle$ 的一个**生成元**.

根据元素的阶的性质,可知循环群共有两种类型:

(1)当生成元 a 是无限阶元素时,$\langle a\rangle$ 是一个无限循环群:

$$\langle a\rangle=\{\cdots,a^{-3},a^{-2},a^{-1},e,a,a^2,a^3,\cdots\}$$

(2)当生成元 a 是有限阶元素时,如果 a 的阶为 n,那么这时 $\langle a\rangle=\{e,a,a^2,\cdots,a^{n-1}\}$ 是一个 n 阶有限群.

定义 5.3.6　设 $S=\{a_1,a_2,\cdots,a_n\}$,若 f 是 S 到 S 的双射函数,则称 f 为 S 的一个 **n 元置换**,简称为**置换**,记作

$$f=\begin{pmatrix}a_1 & a_2 & \cdots & a_n\\ f(a_1) & f(a_2) & \cdots & f(a_n)\end{pmatrix}$$

由于 f 是集合 S 到 S 的双射函数,所以 $f(a_1),f(a_2)\cdots,f(a_n)$ 是 $a_1,a_2,\cdots,a_n$ 的一个排列,因而集合 S 一共有 $n!$ 个 n 元置换. 我们用 S_n 来表示集合 S 的这 $n!$ 个 n 元置换组成的集合.

例如,设 $S=\{1,2,3\}$,S 的 6 个置换分别为

$$f_1=\begin{pmatrix}1&2&3\\1&2&3\end{pmatrix}\quad f_2=\begin{pmatrix}1&2&3\\1&3&2\end{pmatrix}\quad f_3=\begin{pmatrix}1&2&3\\2&1&3\end{pmatrix}$$

$$f_4=\begin{pmatrix}1&2&3\\2&3&1\end{pmatrix}\quad f_5=\begin{pmatrix}1&2&3\\3&1&2\end{pmatrix}\quad f_6=\begin{pmatrix}1&2&3\\3&2&1\end{pmatrix}$$

即 $S_3=\{f_1,f_2,f_3,f_4,f_5,f_6\}$.

在 S_n 中把**置换的复合运算**$\circ$定义为函数的复合运算,即对

任意　$f,g\in S_n,f\circ g(i)=f(g(i))$.

例如,4 元置换

$$f=\begin{pmatrix}1&2&3&4\\2&4&1&3\end{pmatrix}\qquad g=\begin{pmatrix}1&2&3&4\\2&1&4&3\end{pmatrix}$$

则

$$f\circ g=\begin{pmatrix}1&2&3&4\\2&4&1&3\end{pmatrix}\circ\begin{pmatrix}1&2&3&4\\2&1&4&3\end{pmatrix}=\begin{pmatrix}1&2&3&4\\4&2&3&1\end{pmatrix}$$

$$g\circ f=\begin{pmatrix}1&2&3&4\\2&1&4&3\end{pmatrix}\circ\begin{pmatrix}1&2&3&4\\2&4&1&3\end{pmatrix}=\begin{pmatrix}1&2&3&4\\1&3&2&4\end{pmatrix}$$

置换的复合运算$\circ$有下列一些性质:

(1)满足封闭性 $f\circ g\in S_n$,任意 $f,g\in S_n$.

(2)满足结合律 $(f\circ g)\circ h=f\circ(g\circ h)$,任意 $f,g,h\in S_n$.

(3)***n* 元恒等置换** $e=\begin{pmatrix}a_1 & a_2 & a_3 & \cdots & a_n\\ a_1 & a_2 & a_3 & \cdots & a_n\end{pmatrix}$是 S_n 的幺元.

$$f\circ e=e\circ f=f,\text{任意} f\in S_n$$

(4)每个 n 元置换 f 在 S_n 中都有逆元 f^{-1}.

$$f=\begin{pmatrix}a_1 & a_2 & a_3 & \cdots & a_n\\ f(a_1) & f(a_2) & f(a_3) & \cdots & f(a_n)\end{pmatrix}$$

$$f^{-1}=\begin{pmatrix}f(a_1) & f(a_2) & f(a_3) & \cdots & f(a_n)\\ a_1 & a_2 & a_3 & \cdots & a_n\end{pmatrix}$$

因此,有下面的定理.

定理 5.3.6　设 S_n 是集合 $S=\{a_1,a_2,\cdots,a_n\}$ 的 $n!$ 个置换组成的集合,则代数系统 $\langle S_n,\circ\rangle$ 构成一个群,称为集合 S 的 ***n* 元对称群**,其中运算 $\circ$ 为 n 元置换的复合运算.

一般地,如果 n 元置换 f 把 n 个文字中的一部分 $i_1,i_2,\cdots,i_m(m\leqslant n)$ 做如下变换:

$$f(i_1)=i_2,f(i_2)=i_3,\cdots,f(i_{m-1})=i_m,f(i_m)=i_1$$

而把其余 $n-m$ 个文字保持不变,则称 f 为一个 ***m* 阶轮换**,简称为**轮换**,记作

$$f=(i_1i_2\cdots i_m)$$

其中,m 称为轮换的**长度**. 当 $m=1$ 时,f 为恒等置换;当 $m=2$ 时,f 只是把两个数字互换,而保持其余的数字不变,称为一个**对换**. 显然有

$$(i_1i_2\cdots i_m)=(i_2i_3\cdots i_mi_1)=\cdots=(i_mi_1i_2\cdots i_{m-1})$$

故不同的 m 阶轮换只有$\dfrac{m!}{m}=(m-1)!$个.

例如,$S=\{1,2,3,4\}$

$$f=\begin{pmatrix}1 & 2 & 3 & 4\\ 3 & 1 & 4 & 2\end{pmatrix}=(1342)$$

$$g=\begin{pmatrix}1 & 2 & 3 & 4\\ 4 & 1 & 3 & 2\end{pmatrix}=(142)$$

如果 $\alpha_1,\alpha_2,\cdots,\alpha_k$ 与 $\beta_1,\beta_2,\cdots,\beta_t$ 是各不相同的,两个轮换 $f=(\alpha_1\alpha_2\cdots\alpha_k)$ 与 $g=(\beta_1\beta_2\cdots\beta_t)$ 称为**不相交的**.

定义 5.3.7　设 f 为有限集 A 的置换,使 f^k 等于恒等置换的最小正整数 k 称为 f 的**阶**.

例如,设 $A=\{1,2,3,4,5,6,7,8\}$,

$$f=\begin{pmatrix}1 & 2 & 3 & 4 & 5 & 6 & 7 & 8\\ 3 & 5 & 4 & 2 & 8 & 6 & 7 & 1\end{pmatrix}$$

由于

$$f^5=\begin{pmatrix}1 & 2 & 3 & 4 & 5 & 6 & 7 & 8\\ 8 & 4 & 1 & 3 & 2 & 6 & 7 & 5\end{pmatrix}$$

$$f^6=\begin{pmatrix}1 & 2 & 3 & 4 & 5 & 6 & 7 & 8\\ 1 & 2 & 3 & 4 & 5 & 6 & 7 & 8\end{pmatrix}$$

所以 f 的阶为 6.

定理 5.3.7　集合 A 的 k 阶轮换$(i_1i_2\cdots i_k)$的阶为 k.

证明　记 A 上的恒等置换为(1)，当 $1\leqslant m<k$ 时，$(i_1i_2\cdots i_k)^m=(i_1i_{m+1}\cdots)\neq(1)$，而 $(i_1i_2\cdots i_k)^k=(1)$. 证毕.

定理 5.3.8　设 f 与 g 是集合 A 的不相交轮换，则 $f\circ g=g\circ f$.

证明　设 $f=(i_1i_2\cdots i_s)$，$g=(j_1j_2\cdots j_t)$是集合 A 的不相交轮换，任取 $a\in A$.

(1)若 $a\neq i_k,j_r(k=1,2,\cdots,s;r=1,2,\cdots,t)$，则

$$f\circ g(a)=f(g(a))=f(a)=a$$

$$g\circ f(a)=g(f(a))=g(a)=a$$

所以 $f\circ g(a)=g\circ f(a)$.

再由 a 的任意性得证 $f\circ g=g\circ f$.

(2)若 $a=i_k(k=1,2,\cdots,s)$，则 $a\neq j_r$ 且 $f(a)\neq j_r(r=1,2,\cdots,t)$，从而

$$f\circ g(a)=f(g(a))=f(a)$$

$$g\circ f(a)=g(f(a))=f(a)$$

所以 $f\circ g(a)=g\circ f(a)$.

再由 a 的任意性得证 $f\circ g=g\circ f$.

(3)若 $a=j_r(r=1,2,\cdots,t)$，同理可证 $f\circ g=g\circ f$. 证毕.

推论 5.3.1　设 $f_1,f_2,\cdots,f_r$ 是集合 A 的互不相交轮换，n 为正整数，则 $(f_1\circ f_2\circ\cdots\circ f_r)^n=f_1^{\,n}\circ f_2^{\,n}\circ\cdots\circ f_r^{\,n}$.

证明　$n=1$ 时，结论成立.

设 $n=k$ 时，结论成立，即

$$(f_1\circ f_2\circ\cdots\circ f_r)^k=f_1^{\,k}\circ f_2^{\,k}\circ\cdots\circ f_r^{\,k}$$

当 $n=k+1$ 时，

$$\begin{aligned}(f_1\circ f_2\circ\cdots\circ f_r)^n&=(f_1\circ f_2\circ\cdots\circ f_r)^{k+1}\\&=(f_1\circ f_2\circ\cdots\circ f_r)\circ(f_1\circ f_2\circ\cdots\circ f_r)^k\\&=(f_1\circ f_2\circ\cdots\circ f_r)\circ(f_1^{\,k}\circ f_2^{\,k}\circ\cdots\circ f_r^{\,k})\\&=f_1\circ f_2\circ\cdots\circ f_r\circ f_1^{\,k}\circ f_2^{\,k}\circ\cdots\circ f_r^{\,k}\\&=f_2\circ\cdots\circ f_r\circ f_1\circ f_1^{\,k}\circ f_2^{\,k}\circ\cdots\circ f_r^{\,k}\\&=f_2\circ\cdots\circ f_r\circ f_1^{\,k+1}\circ f_2^{\,k}\circ\cdots\circ f_r^{\,k}\\&=f_3\circ\cdots\circ f_r\circ f_1^{\,k+1}\circ f_2\circ f_2^{\,k}\circ\cdots\circ f_r^{\,k}\\&=f_3\circ\cdots\circ f_r\circ f_1^{\,k+1}\circ f_2^{\,k+1}\circ\cdots\circ f_r^{\,k}\\&\ \ \vdots\\&=f_1^{\,k+1}\circ f_2^{\,k+1}\circ\cdots\circ f_r^{\,k+1}\\&=f_1^{\,n}\circ f_2^{\,n}\circ\cdots\circ f_r^{\,n}\end{aligned}$$

由归纳法得证，结论成立.

例 5.3.1　设 $A=\{1,2,3,4,5,6,7,8\}$，轮换 $f=(34726)$，轮换 $g=(158)$，试求$(f\circ g)^{59}$

解　$(f\circ g)^{59}=f^{59}\circ g^{59}=f^4\circ g^2=(36274)\circ(185)$

$$=\begin{pmatrix}1&2&3&4&5&6&7&8\\1&7&6&3&5&2&4&8\end{pmatrix}\circ\begin{pmatrix}1&2&3&4&5&6&7&8\\8&2&3&4&1&6&7&5\end{pmatrix}$$

$$=\begin{pmatrix}1&2&3&4&5&6&7&8\\8&7&6&3&1&2&4&5\end{pmatrix}$$

定理 5.3.9　每个非轮换置换都可表示为不相交轮换的复合运算,并且除了轮换的排列次序外,表示法是唯一的.

证明　设 A 为 n 个元素的集合,f 是 A 的一个置换且 f 不是恒等置换,则 A 中至少存在一个元素 i_1 使得 $f(i_1)\neq i_1$.

设 $f(i_1)=i_2,f(i_2)=i_3,\cdots$. 由于 $|A|=n$,则存在最小正整数 k,使得 $f(i_k)=i_t(1\leqslant t<k)$. 假设 $t>1$,由于 $f^k(i_1)=f(i_k),f^t(i_1)=f(i_t)$. 从而 $f^k(i_1)=f^t(i_1)$,于是 $f^{-1}f^k(i_1)=f^{-1}f^t(i_1)$,即 $f^{k-1}(i_1)=f^{t-1}(i_1)$,因而 $f(i_{k-1})=f(i_{t-1})$. 这与 k 是最小正整数矛盾,故 $t=1$,即 $f(i_k)=f(i_1)$,于是得到一个轮换 $f_1=(i_1i_2\cdots i_k)$. 在 $A-\{i_1,i_2,\cdots,i_k\}$ 中重复上述步骤,便可得到 $f=f_1\circ f_2\circ\cdots\circ f_s$,且 $f_t(t=1,2,\cdots,s)$ 两两不相交.

假设另有 $f=g_1\circ g_2\circ\cdots\circ g_t$,且 $g_i(i=1,2,\cdots,r)$ 两两不相交. 任取 $a\in A$ 且 $f(a)\neq a$,则在 $f_1,f_2,\cdots,f_s$ 中存在唯一的 f_p,使得 $f_p(a)\neq a$;同理,在 $g_1,g_2,\cdots,g_t$ 中存在唯一的 g_q,使得 $g_q(a)\neq a$,于是有得 ${f_p}^m(a)=f^m(a)={g_q}^m(a)(m=0,1,2,\cdots)$.

由于 $f_p=(a\,f_p(a){f_p}^2(a)\cdots),g_q=(a\,g_q(a){g_q}^2(a)\cdots)$,因此 $f_p=g_q$.

重复上面的讨论可得 $s=r$,且在适当排列 $f_1,f_2,\cdots,f_s$ 的次序后,有 $f_t=g_t(t=1,2,\cdots,s)$. 从而唯一性得证. 证毕.

例如,$f=\begin{pmatrix}1&2&3&4&5&6&7&8\\3&1&5&4&2&8&7&6\end{pmatrix}$

$=(1352)\circ(4)\circ(68)\circ(7)$

$=(1352)(4)(68)(7)$(简便记法)

置换的这种表示法称为置换的**轮换表示法**. 为了简便起见,在轮换表示法中可以把一阶轮换省略不写. 这种省略形式的表示法,称为轮换表示法的**省略形式**. 例如,上例中置换 f 的轮换表示法的省略形式为 $f=(1352)(68)$.

定理 5.3.10　有限集 A 的不相交轮换复合运算的阶为各个轮换阶的最小公倍数.

证明　设 $f_1,f_2,\cdots,f_r$ 是集合 A 的互不相交轮换,它们的阶分别为 $k_1,k_2,\cdots,k_r$,且记 $k_1,k_2,\cdots,k_r$ 的最小公倍数为 t. 并记 A 的恒等置换为(1).

由于 $k_i\mid t(i=1,2,\cdots,r)$,故 $(f_1\circ f_2\circ\cdots\circ f_r)^t={f_1}^t\circ {f_2}^t\circ\cdots\circ {f_r}^t=(1)$. 另一方面,设 $(f_1\circ f_2\circ\cdots\circ f_r)^m=(1)$,则 ${f_1}^m\circ {f_2}^m\circ\cdots\circ {f_r}^m=(1)$. 而 ${f_1}^m,{f_2}^m,\cdots,{f_r}^m$ 仍是 A 的互不相交轮换,且互不相交轮换的复合运算不等于恒等置换(1),因此只有 ${f_i}^m=(1)(i=1,2,\cdots,r)$,而 $f_i(i=1,2,\cdots,r)$ 的阶为 k_i,所以 $k_i\mid m(i=1,2,\cdots,r)$,故 $t\mid m$. 证毕.

定理 5.3.11　每个置换都可以表示为一些对换的复合运算.

证明　每个轮换都可以表示为一些对换的复合运算. 如

$$(i_1i_2\cdots i_k)=(i_1i_2)\circ(i_2i_3)\circ\cdots\circ(i_{k-1}i_k)$$
$$=(i_1i_k)\circ(i_1i_{k-1})\circ\cdots\circ(i_1i_3)\circ(i_1i_2)$$

且 1 轮换(1) = (12)∘(12)等. 证毕.

例如，$f = \begin{pmatrix} 1 & 2 & 3 & 4 & 5 \\ 2 & 3 & 1 & 5 & 4 \end{pmatrix}$

$= (14)\circ(23)\circ(43)\circ(14)\circ(45)$

$= (13)\circ(12)\circ(45) = (12)\circ(23)\circ(45) = \cdots$

而

$$f = \begin{pmatrix} 1 & 2 & 3 & 4 & 5 \\ 2 & 3 & 1 & 5 & 4 \end{pmatrix} = (13)\circ(12)\circ(45)$$

实际上是把排列 12345 进行三次对换变成排列 23154，即

$$12345 \xrightarrow{4\text{与}5\text{对换位置}} 12354 \xrightarrow{1\text{与}2\text{对换位置}} 21354 \xrightarrow{1\text{与}3\text{对换位置}} 23154$$

这样，得到下面的定理.

定理 5.3.12 每个置换要么表示为奇数个对换的复合运算，要么表示为偶数个对换的复合运算.

证明 设 f 为集合 $\{1,2,\cdots,n\}$ 上的置换，且 $f = f_1\circ f_2\circ\cdots\circ f_s$，其中 $f_t(t=1,2,\cdots,s)$ 是对换，则 f 就是把排列 $12\cdots n$ 进行 s 次对换变成排列 $f(1)f(2)\cdots f(n)$. 由线性代数知识知，每进行一次对换都会改变排列的奇偶性，而排列 $12\cdots n$ 是偶排列，故 s 与排列 $f(1)f(2)\cdots f(n)$ 的奇偶性一致. 而一个排列要么是奇排列要么是偶排列，故 s 要么是奇数，要么是偶数. 证毕.

定义 5.3.8 一个置换若表示为奇数个对换的复合运算，则称其为**奇置换**，否则称其为**偶置换**.

性质 (1) 设 f 为集合 $\{1, 2, \cdots, n\}$ 上的置换，f 是奇(偶)置换，当且仅当排列 $f(1)f(2)\cdots f(n)$ 是奇(偶)排列.

(2) 恒等置换是偶置换；对换是奇置换.

(3) 两个奇(偶)置换的复合运算为偶置换；一个偶置换与一个奇置换的复合运算是奇置换.

(4) 奇(偶)置换的逆仍为奇(偶)置换.

(5) $n!$ 个 n 元置换中奇偶置换各半.

证明 (5) 设集合 $A=\{1,2,\cdots,n\}$，P 是集合 A 上的全部奇置换的集合，Q 是集合 A 上的全部偶置换的集合. 构造 $f:P\to Q$，且对任意 $t\in P$，$f(t) = t\circ(1,2)$.

由于奇置换与对换的复合运算是偶置换，偶置换与对换的复合运算是奇置换. 所以，任取奇置换 $x\in P$，存在唯一偶置换 $y\in Q$ 使得 $f(x) = y = x\circ(12)$，其中

$$y = \begin{pmatrix} 1 & 2 & 3 & \cdots & n \\ x(2) & x(1) & x(3) & \cdots & x(n) \end{pmatrix}$$

$$= \begin{pmatrix} 1 & 2 & 3 & \cdots & n \\ x(1) & x(2) & x(3) & \cdots & x(n) \end{pmatrix} \circ \begin{pmatrix} 1 & 2 & 3 & \cdots & n \\ 2 & 1 & 3 & \cdots & n \end{pmatrix} = x\circ(12)$$

因此，f 是 P 到 Q 的函数.

任取 $t,x\in P$ 且 $t\neq x$，假设 $f(t) = f(x)$，则 $t\circ(12) = x\circ(12)$，于是 $t\circ(12)\circ(21) = x\circ(12)\circ(21)$，从而 $t = x$，这与已知矛盾，故 $f(t)\neq f(x)$，即 f 是 P 到 Q 的单射.

任取 $y\in Q$，存在 $t = y\circ(21)\in P$，使得 $f(t) = f(y\circ(21)) = y\circ(21)\circ(12) = y$，所以 f 是 P

到 Q 的满射.

这就证明了 f 是 P 到 Q 的双射. 故 $n!$ 个 n 元置换中奇偶置换各半.

例 5.3.2　设集合 $A=\{1,2,3,4,5\}$, $f=\begin{pmatrix}1&2&3&4&5\\4&5&2&1&3\end{pmatrix}$, 问 f 是奇置换还是偶置换?

解一　排列 45213 中,由于 1 的逆序数为 3, 2 的逆序数为 2, 3 的逆序数为 2, 4 的逆序数为 0, 5 的逆序数为 0. 所以排列 45213 的逆序数 $=3+2+2+0+0=7$, 从而排列 45213 是奇排列,故 f 是奇置换.

解二　由于 $f=(14)(253)$, 再用集合 A 的基数减去 f 的不相交轮换的个数(1 轮换的个数也要算上). 由 $5-2=3$, 得 f 是奇置换.

定义 5.3.9　设 $S=\{a_1,a_2,\cdots,a_n\}$, G 为 S 的 n 元置换组成的集合, $\circ$ 为 n 元置换的复合运算,若代数系统 $\langle G,\circ\rangle$ 构成群,则称其为集合 S 的一个 ***n* 元置换群**,简称为**置换群**.

显然,集合 S 的 n 元对称群 $\langle S_n,\circ\rangle$ 的任意子群都是集合 S 的一个 n 元置换群.

例如,若 $G=\{e,(12),(34),(12)(34),(13)(24),(14)(23),(1324),(1423)\}$, 其中 e 为恒等置换,则 $\langle G,\circ\rangle$ 是集合 $S=\{1,2,3,4\}$ 的一个 8 阶 4 元置换群.

5.4　子群及其陪集

定义 5.4.1　设 $\langle G,*\rangle$ 是一个群, $H\subseteq G$, $H\neq\varnothing$, 如果 $\langle H,*\rangle$ 也构成群,则称 $\langle H,*\rangle$ 是 $\langle G,*\rangle$ 的一个**子群**.

任何群 $\langle G,*\rangle$ 都有两个明显的子群,一个是由幺元 e 组成的子群 $\langle\{e\},*\rangle$, 另一个是 $\langle G,*\rangle$ 本身,我们把这两个子群称为**平凡子群**,其余子群(如果存在的话)称为**非平凡子群**.

定理 5.4.1　设 $\langle H,*\rangle$ 是群 $\langle G,*\rangle$ 的子群,则

(1) $\langle H,*\rangle$ 的幺元就是 $\langle G,*\rangle$ 的幺元;

(2) H 中任一元素 a 在 H 中的逆元也就是 a 在 G 中的逆元.

证明　(1) 设 $\langle H,*\rangle$ 的幺元为 e_1, $\langle G,*\rangle$ 的幺元为 e, 任意 $a\in H\subseteq G$, 则

$$e_1*a=a=e*a$$

故 $e_1=e$;

(2) 任意 $a\in H\subseteq G$, 设 a 在 H 中的逆元为 x, 在 G 中的逆元为 y, 则

$$a*x=e=a*y\quad(e\text{ 为幺元})$$

故 $x=y$. 证毕.

定理 5.4.2　设 $\langle G,*\rangle$ 是群, $H\subseteq G$, $H\neq\varnothing$, 如果 H 是一个有限集,那么,只要运算 $*$ 在 H 上封闭, $\langle H,*\rangle$ 必定是 $\langle G,*\rangle$ 的子群.

证明　对任意 $a\in H$, 由于 $*$ 在 H 上封闭,则 $a,a^2,a^3,\cdots$ 都是 H 的元素. 又由于 H 是有限集,所以必存在正整数 $j>i$, 使得 $a^j=a^i$, 即

$$a^i=a^{i+(j-i)}=a^i*a^{j-i}=a^{j-i}*a^i$$

这就说明 a^{j-i} 是 $\langle G,*\rangle$ 的幺元,且这个幺元也在子集 H 中.

如果 $j-i>1$, 那么由

$$a^{j-i}=a*a^{j-i-1}=a^{j-i-1}*a$$

可知 a^{j-i-1} 是 a 的逆元,且

$$a^{j-i-1} \in H$$

如果 $j-i=1$,那么由

$$a^i = a * a^i = a^i * a$$

可知 a 就是幺元,而幺元是以自身为逆元的. 证毕.

定理 5.4.3　设 $\langle G, * \rangle$ 是群. $H \subseteq G, H \neq \varnothing$,如果对于任意 $a,b \in H$,有 $a * b^{-1} \in H$,则 $\langle H, * \rangle$ 为 $\langle G, * \rangle$ 的子群.

证明　(1)设 $\langle G, * \rangle$ 的幺元为 e. 任意 $a \in H \subseteq G$,所以 $e = a * a^{-1} \in H$ 且 $a * e = e * a = a$,故 e 为 $\langle H, * \rangle$ 的幺元;

(2)任意 $a \in H \subseteq G$,则 $a^{-1} = e * a^{-1} \in H$,即 H 中的任意元素 a 都有逆元 a^{-1};

(3)任意 $a,b \in H$,由(2)知 $b^{-1} \in H$,于是 $a * b = a * (b^{-1})^{-1} \in H$,即 $*$ 在 H 上封闭.

至于 $*$ 在 H 上的结合性是保持的. 因此 $\langle H, * \rangle$ 为 $\langle G, * \rangle$ 的子群. 证毕.

定义 5.4.2　设 $\langle H, * \rangle$ 是群 $\langle G, * \rangle$ 的子群,$a \in G$,称 $aH = \{a * h \mid h \in H\}$ 为 a 确定的 H 在 G 中的**左陪集**;称 $Ha = \{h * a \mid h \in H\}$ 为 a 确定的 H 在 G 中的**右陪集**.

左陪集的一些性质(对于右陪集类似):

(1) $|aH| = |H|$;

(2) $eH = H$;

(3) $aH = H$,当且仅当 $a \in H$;

(4) $a \in aH$;

(5)任意 $b \in aH$,则 $aH = bH$;

(6) $aH = bH$,当且仅当 $a^{-1} * b \in H$;

(7)任意两个左陪集 aH 与 bH,则 $aH = bH$ 或 $aH \cap bH = \varnothing$.

定理 5.4.4(Lagrange 定理)　设 $\langle H, * \rangle$ 是群 $\langle G, * \rangle$ 的子群,e 为幺元,那么

(1) $R = \{\langle x,y \rangle \mid x,y \in G, x * y^{-1} \in H\}$ 是 G 上的一个等价关系. 对于 $a \in G$,若记等价类 $[a]_R = \{x \mid x \in G$ 且 $\langle a,x \rangle \in R\}$,则 $[a]_R = Ha$;

(2)如果 G 是有限群,$|G| = n$,$|H| = m$,则 $m \mid n$.

证明　(1)对于任意 $a \in G$,必有 $a^{-1} \in G$,使 $a * a^{-1} = e \in H$,所以 $\langle a,a \rangle \in R$,即 R 自反.

设 $\langle a,b \rangle \in R$,则 $a * b^{-1} \in H$,从而

$$(a * b^{-1})^{-1} = b * a^{-1} \in H$$

所以 $\langle b,a \rangle \in R$,即 R 对称.

设 $\langle a,b \rangle, \langle b,c \rangle \in R$,则

$$a * b^{-1} \in H, b * c^{-1} \in H$$

从而

$$(a * b^{-1}) * (b * c^{-1}) = a * c^{-1} \in H$$

所以 $\langle a,c \rangle \in R$,即 R 传递. 这就证明了 R 是 G 上的一个等价关系.

对于 $a \in G$,任意 $x \in [a]_R \Leftrightarrow \langle x,a \rangle \in R \Leftrightarrow x * a^{-1} \in H$

而

$$x = x * e = x * (a^{-1} * a) = (x * a^{-1}) * a \in Ha$$

因此 $[a]_R = Ha$.

(2)设 $G = \{a_1, a_2, \cdots, a_n\}$,由于 R 为 G 上的等价关系,由定理 5.1.2 知,由 R 可唯一确定 G 的一个划分

$$S=\{[a_1]_R,[a_2]_R,\cdots,[a_k]_R\}\quad(k\leqslant n)$$

又由(1)知划分

$$S=\{Ha_1,Ha_2,\cdots,Ha_k\}\quad(k\leqslant n)$$

故

$$n=|G|=\sum_{i=1}^{k}|Ha_i|=k\cdot m$$

即 $m\mid n$. 证毕.

推论 5.4.1　有限群 $\langle G,*\rangle$ 中每个元素的阶都是群的阶 $|G|$ 的因子. 如果 $|G|=n$,则对于任意 $x\in G$,都满足 $x^n=e$(e 为幺元).

证明　设 a 是 G 中一个 m 阶元素,则

$$H=\langle a\rangle=\{a,a^2,a^3,\cdots,a^{m-1},a^m=e\}$$

是 $\langle G,*\rangle$ 的一个 m 阶子群,由定理 5.4.4,显然 $m\mid n$.

对任意 $a\in G$,设 a 的阶为 m,并设 $n=km$(k 为正整数),则

$$a^n=a^{km}=(a^m)^k=e^k=e$$

证毕.

5.5　Burnside 定理

问题(动正方形的 2 着色问题)　给定一个平面内位置固定的正方形(不妨称之为**定正方形**),用黑、白两种颜色对其四个顶点着色,由于各顶点的位置彼此不同,且每个顶点可用黑、白两色之一着色,因而有 $2^4=16$ 种不同的着色方案,如图 5.5.1 所示.

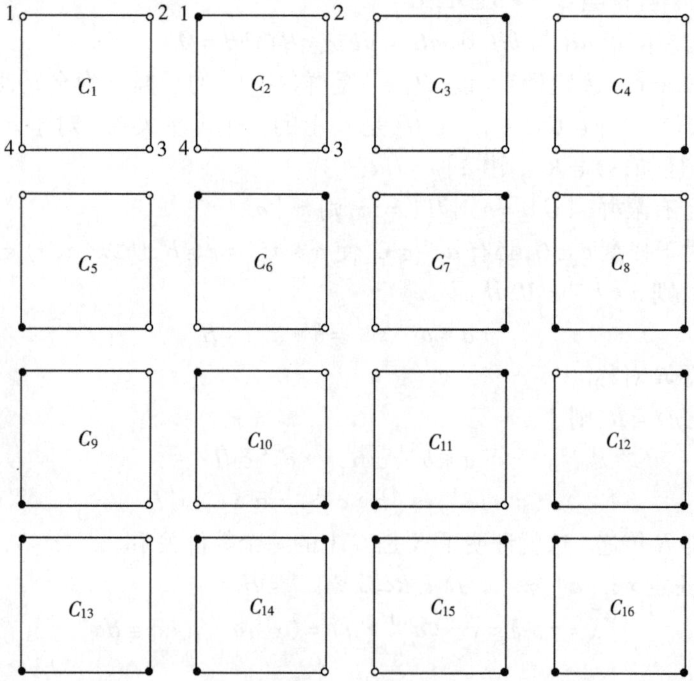

图　5.5.1

●—黑色　　○—白色

但是,若正方形可以在平面内绕对称中心自由旋转(此时称之为**动正方形**),且上述 16 种方案中经旋转能够重合的方案视为同一种方案,那么,这 16 种方案要划分成 6 部分:

$$\{C_1\},\{C_2,C_3,C_4,C_5\},\{C_6,C_7,C_8,C_9\},$$
$$\{C_{10},C_{11}\},\{C_{12},C_{13},C_{14},C_{15}\},\{C_{16}\}$$

在同一部分中的几种方案视为相同的(着色**等价**),而不同部分视为不同的方案(着色**不等价**),因此,动正方形有 6 种不同的 2 着色方案.

在实际应用中,关心的不是所有可能的着色方案数,而是特定变换下所产生的不等价方案的类数. 本章的目的就在于提出和阐明在特定变换下计算不等价着色的技术.

定义 5.5.1　设$\langle G,\circ\rangle$是集合 S 的一个置换群,称 $R=\{\langle a,b\rangle \mid a,b\in S,\pi(a)=b,\pi\in G\}$ 为由$\langle G,\circ\rangle$所诱导的 S 上的二元关系.

例如,$S=\{1,2,3,4\}$,$G=\{\pi_0,\pi_1,\pi_2,\pi_3\}$,其中

$$\pi_0=\begin{pmatrix}1&2&3&4\\1&2&3&4\end{pmatrix}\qquad \pi_1=\begin{pmatrix}1&2&3&4\\2&1&3&4\end{pmatrix}$$
$$\pi_2=\begin{pmatrix}1&2&3&4\\1&2&4&3\end{pmatrix}\qquad \pi_3=\begin{pmatrix}1&2&3&4\\2&1&4&3\end{pmatrix}$$

容易证明$\langle G,\circ\rangle$是集合 S 的置换群. 而由$\langle G,\circ\rangle$诱导的 S 上的二元关系为

$$R=\{\langle 1,1\rangle,\langle 1,2\rangle,\langle 2,1\rangle,\langle 2,2\rangle,\langle 3,3\rangle,\langle 3,4\rangle,\langle 4,3\rangle,\langle 4,4\rangle\}$$

定理 5.5.1　设$\langle G,\circ\rangle$是集合 S 的一个置换群,$R=\{\langle a,b\rangle \mid a,b\in S,\pi(a)=b,\pi\in G\}$是由$\langle G,\circ\rangle$诱导的 S 上的二元关系,则 R 为等价关系.

证明　对任意 $a\in S$,因为恒等置换 $\pi_0\in G$,因而 $\pi_0(a)=a$,所以$\langle a,b\rangle\in R$,即 R 自反.

设$\langle a,b\rangle\in R$,则存在 $\pi\in G$,使得 $\pi(a)=b$,又由于$\langle G,\circ\rangle$为群,所以必有 $\pi^{-1}\in G$,从而

$$\pi^{-1}(b)=\pi^{-1}(\pi(a))=a$$

所以$\langle b,a\rangle\in R$,即 R 对称.

设$\langle a,b\rangle\in R$,$\langle b,c\rangle\in R$,则存在 $\pi_1,\pi_2\in G$,使得 $\pi_1(a)=b$,$\pi_2(b)=c$,因为 $\pi_2\circ\pi_1\in G$,而

$$\pi_2\circ\pi_1(a)=\pi_2(\pi_1(a))=\pi_2(b)=c$$

所以$\langle b,c\rangle\in R$,即 R 传递的.

定义 5.5.2　设 π 为集合 S 的一个置换,$a\in S$,若 $\pi(a)=a$,则说 a 是 π 的一个**不变元**. 用 $\psi(\pi)$表示在置换 π 的作用下不变元的个数.

例如,$S=\{1,2,3,4\}$,S 的置换

$$\pi_0=\begin{pmatrix}1&2&3&4\\1&2&3&4\end{pmatrix}\qquad \pi_1=\begin{pmatrix}1&2&3&4\\2&1&3&4\end{pmatrix}$$

显然 1,2,3,4 均是 π_0 的不变元,3,4 均是 π_1 的不变元,所以

$$\psi(\pi_0)=4,\psi(\pi_1)=2$$

由定理 5.1.2 知,一个集合上的等价关系可以确定该集合上的一个划分,且这个划分中的每一块就是一个等价类.

给定一个集合 S 及 S 上的置换群$\langle G,\circ\rangle$,由$\langle G,\circ\rangle$诱导的 S 上的等价关系 R 必将产生 S

的一个划分,我们常常要计算划分中等价类的数目. Burnside 定理提出了一种计算方法.

定理 5.5.2　设$\langle G,\circ\rangle$是集合 S 的一个置换群,$x\in S$,令$G(x)=\{f\mid f\in G,f(x)=x\}$,则$\langle G(x),\circ\rangle$是$\langle G,\circ\rangle$的一个子群.

证明　显然 $G(x)\subseteq G$,又由于$\langle G,\circ\rangle$为有限群,且 $G(x)$中包含 S 的恒等置换,所以 $G(x)$为 G 的有限非空子集.

$$\forall f,g\in G(x)$$

则
$$f(x)=x\quad g(x)=x$$

于是
$$f\circ g(x)=f(g(x))=f(x)=x$$

因此$f\circ g\in G(x)$,即$\langle G(x),\circ\rangle$为$\langle G,\circ\rangle$的一个子群. 证毕.

定理 5.5.3　设$\langle G,\circ\rangle$是集合 S 的置换群,$R=\{\langle a,b\rangle\mid a,b\in S,f(a)=b,f\in G\}$为$\langle G,\circ\rangle$诱导的 S 上的等价关系,若$[x]$为 R 确定的 S 的划分的任一块,则

$$|G(x)|=\frac{|G|}{|[x]|}$$

其中,$G(x)=\{f\mid f\in G,f(x)=x\}$.

证明　$\forall x\in S$,设$[x]=\{x,x_1,x_2,\cdots,x_{k-1}\}$

由于
$$x_i\in[x]\quad(i=1,2,\cdots,k-1)$$

从而
$$\langle x,x_i\rangle\in R\quad(i=1,2,\cdots,k-1)$$

于是存在 $g_i\in G$,使得 $g_i(x)=x_i\quad(i=1,2,\cdots,k-1)$.

令 g_0 为恒等置换,并构造子群$\langle G(x),\circ\rangle$的左陪集

$$g_iG(x)=\{g_i\circ f\mid f\in G(x)\}\quad(i=0,1,2,\cdots,k-1)$$

显然
$$\bigcup_{i=0}^{k-1}g_iG(x)\subseteq G$$

下面证明 $G\subseteq\bigcup_{i=0}^{k-1}g_iG(x)$.

若$\forall g\in G$且 $g(x)=x'$,则$\langle x,x'\rangle\in R$,从而 $x'\in[x]$,于是存在某个 $g_i(0\leqslant i\leqslant k-1)$,使得 $g_i(x)=x'$,从而 $g(x)=g_i(x)$,故

$$g_i^{-1}\circ g(x)=g_i^{-1}(g(x))=g_i^{-1}(g_i(x))=g_0(x)=x$$

即
$$g_i^{-1}\circ g\in G(x)$$

从而
$$g_i\circ(g_i^{-1}\circ g)\in g_iG(x)$$

即
$$g\in g_iG(x)$$

因此 $G\subseteq\bigcup_{i=0}^{k-1}g_iG(x)$,于是 $G=\bigcup_{i=0}^{k-1}g_iG(x)$.

下面再证明

$$g_iG(x)\cap g_jG(x)=\varnothing\ (0\leqslant i<j\leqslant k-1)$$

假设 $g_iG(x)\cap g_jG(x)\neq\varnothing\ (0\leqslant i<j\leqslant k-1)$,则有

$$g\in g_iG(x),g\in g_jG(x)$$

从而存在 $h_1,h_2\in G(x)$,使得

$$g=g_i\circ h_1,g=g_j\circ h_2$$

故 $g_i\circ h_1=g_j\circ h_2$,从而 $g_i\circ h_1(x)=g_j\circ h_2(x)$. 而

$$g_i \circ h_1(x) = g_i(h_1(x)) = g_i(x)$$
$$g_j \circ h_2(x) = g_j(h_2(x)) = g_j(x)$$

所以 $g_i(x) = g_j(x)$，即 $g_i = g_j$，与已知矛盾，故

$$g_iG(x) \cap g_jG(x) = \varnothing (0 \leqslant i < j \leqslant k-1)$$

因此

$$|G| = \bigcup_{i=0}^{k-1} |g_iG(x)| = k|G(x)| = |[x]| \cdot |G(x)|$$

即 $|G(x)| = \dfrac{|G|}{|[x]|}$. 证毕.

定理 5.5.4(Burnside 定理)　设 $\langle G, \circ \rangle$ 是集合 S 的一个置换群，$R = \{\langle a, b\rangle \mid a, b \in S, f(a) = b, f \in G\}$ 是 $\langle G, \circ \rangle$ 诱导的 S 上的等价关系，则 R 确定的集合 S 的划分的块数为 $\dfrac{1}{|G|}\sum\limits_{f \in G}\psi(f)$，其中，$\psi(f)$ 为置换 f 作用下的不变元的个数.

证明　由定理 5.1.2 知，S 上的等价关系确定 S 的划分，且该划分的块即为等价类. 设该划分的块分别为 $A_1, A_2, \cdots, A_n$，并令

$$\delta(g, x) = \begin{cases} 1 & g(x) = x \\ 0 & g(x) \neq x \end{cases} \quad (x \in S \text{ 且 } g \in G)$$

于是

$$\begin{aligned}
\sum_{g \in G}\psi(g) &= \sum_{g \in G}\sum_{x \in S}\delta(g, x) = \sum_{x \in S}\sum_{g \in G}\delta(g, x) \\
&= \sum_{x \in S}|G(x)| \quad (G(x) = \{f \mid f \in G, f(x) = x\}) \\
&= \sum_{i=1}^{n}\sum_{x \in A_i}|G(x)| = \sum_{i=1}^{n}\sum_{x \in A_i}\frac{|G|}{|A_i|} \\
&= \sum_{i=1}^{n}|A_i| \cdot \frac{|G|}{|A_i|} = n \times |G| \\
&= (\text{划分的块数}) \times |G|
\end{aligned}$$

故划分的块数 $= \dfrac{1}{|G|}\sum\limits_{g \in G}\psi(g)$. 证毕.

例 5.5.1(动正方形的 2 着色问题)　用 Burnside 定理求动正方形的 2 着色的不等价方案数.

解　设正方形的顶点集 $A = \{1, 2, 3, 4\}$，如图 5.5.1 所示，$S = \{C_1, C_2, \cdots, C_{16}\}$ 为定正方形 2 着色的全部方案集.

由于动正方形通过绕对称中心旋转，使 S 中的一种方案与另一种方案重合，而这样的两种方案视为等价，于是把正方形绕对称中心顺时针旋转 0°、90°、180°、270°依次表示为置换

$$f_0 = \begin{pmatrix} 1 & 2 & 3 & 4 \\ 1 & 2 & 3 & 4 \end{pmatrix} \qquad f_1 = \begin{pmatrix} 1 & 2 & 3 & 4 \\ 4 & 1 & 2 & 3 \end{pmatrix}$$
$$f_2 = \begin{pmatrix} 1 & 2 & 3 & 4 \\ 3 & 4 & 1 & 2 \end{pmatrix} \qquad f_3 = \begin{pmatrix} 1 & 2 & 3 & 4 \\ 2 & 3 & 4 & 1 \end{pmatrix}$$

容易证明 $\langle G, \circ \rangle$ 为置换群，其中 $G = \{f_0, f_1, f_2, f_3\}$.

令

$$R = \{\langle a, b\rangle \mid a, b \in S, f(a) = b, f \in G\}$$

由定理5.5.1知,R为$\langle G,\circ\rangle$诱导的S上的等价关系,从而R确定S的一个划分(即把在旋转变换下视为等价的方案放在同一等价类中),于是由Burnside定理知,动正方形的2着色的不同方案数为

$$\frac{1}{|G|}\sum_{f\in G}\psi(f)$$

而
$$\psi(f_0)=16,\psi(f_1)=2,\psi(f_2)=4,\psi(f_3)=2$$

故
$$\frac{1}{|G|}\sum_{f\in G}\psi(f)=\frac{1}{|G|}\sum_{i=0}^{3}\psi(f_i)$$
$$=\frac{1}{4}\times(16+2+4+2)=6$$

例5.5.2　把两种颜色的4个中空珠子串在一个圆环上,问有多少种不等价的方案.

解　此问题等价于:用2种颜色对正方形的4个顶点着色,其全部方案集为$S=\{C_1,C_2,\cdots,C_{16}\}$,如图5.5.1所示.

但是,该正方形绕对称中心旋转,使S中的一种方案与另一种方案重合,这两种方案是等价的;同时,该正方形绕对称轴翻转(离开平面),使S中的一种方案与另一种方案重合,这样的两种方案也是等价的,于是把绕对称中心旋转及绕对称轴翻转依次表示为置换

$$f_0=\begin{pmatrix}1&2&3&4\\1&2&3&4\end{pmatrix}\qquad f_1=\begin{pmatrix}1&2&3&4\\4&1&2&3\end{pmatrix}$$

$$f_2=\begin{pmatrix}1&2&3&4\\3&4&1&2\end{pmatrix}\qquad f_3=\begin{pmatrix}1&2&3&4\\2&3&4&1\end{pmatrix}$$

$$f_4=\begin{pmatrix}1&2&3&4\\2&1&4&3\end{pmatrix}\qquad f_5=\begin{pmatrix}1&2&3&4\\4&3&2&1\end{pmatrix}$$

$$f_6=\begin{pmatrix}1&2&3&4\\3&2&1&4\end{pmatrix}\qquad f_7=\begin{pmatrix}1&2&3&4\\1&4&3&2\end{pmatrix}$$

容易证明,$\langle G,\circ\rangle$为置换群,其中

$$G=\{f_0,f_1,f_2,\cdots,f_7\}$$

令
$$R=\{\langle a,b\rangle\mid a,b\in S,f(a)=b,f\in G\}$$

R为$\langle G,\circ\rangle$诱导的S上的等价关系,于是R确定S的划分,即把S中在旋转或翻转下等价的方案放在同一等价类中,因而由Burnside定理知,所求不等价的方案数为

$$\frac{1}{|G|}\sum_{f\in G}\psi(f)$$

而
$$\psi(f_0)=16,\psi(f_1)=2,\psi(f_2)=4,\psi(f_3)=2$$
$$\psi(f_4)=4,\psi(f_5)=4,\psi(f_6)=8,\psi(f_7)=8$$

故
$$\frac{1}{|G|}\sum_{f\in G}\psi(f)=\frac{1}{8}\times(16+2+4+2+4+4+8+8)=6.$$

5.6　Pólya 定理

在置换群$\langle G,\circ\rangle$作用于着色集S的情形下,Burnside定理之所以能成功地应用于计数不

等价的方案数，与它能够求出 G 中置换 f 的不变元个数 $\psi(f)$ 有关. 然而，当问题规模较大时（如用 3 种颜色对正 10 边形的顶点着色，并考虑其中心对称与轴对称时，则有 $|S| = 3^{10}$，$|G| = 20$），其工作量之大是可想而知的. 正因如此，Burnside 定理在 1911 年提出后并没有得到广泛应用. 1937 年，Pólya 对 Burnside 定理做了重大改进，形成了 Pólya 定理. Pólya 定理不仅使计算 $\psi(f)$ 变得容易简便，而且还在化学、遗传学、图论、编码及计算机科学中得到广泛的应用.

在第 5.3 节中，我们讨论了置换的**轮换表示法**，例如

$$\begin{aligned} f &= \begin{pmatrix} 1 & 2 & 3 & 4 & 5 & 6 & 7 & 8 & 9 \\ 4 & 9 & 1 & 7 & 6 & 5 & 3 & 8 & 2 \end{pmatrix} \\ &= (1473)(29)(56)(8) \quad \text{（轮换表示法）} \end{aligned}$$

设 f 是 n 个元素集合 S 的一个置换，且 f 的轮换表示法（注意，此时不采用轮换表示法的省略形式）中 $k(k = 1,2,\cdots,n)$ 阶轮换有 e_k 个，由于 S 的各个元素恰好出现在 f 的轮换表示法的一个轮换中，所以 e_k 是非负整数且满足

$$1e_1 + 2e_2 + 3e_3 + \cdots + ne_n = n$$

我们称 n 元组 $\langle e_1, e_2, e_3, \cdots, e_n \rangle$ 为置换 f 的**型**，记作

$$\text{typ}(f) = \langle e_1, e_2, e_3, \cdots, e_n \rangle$$

显然，在 f 的轮换表示法中，**轮换的个数** $N(f) = e_1 + e_2 + \cdots + e_n$.

因为置换 f 的型仅取决于置换 f 在轮换表示法中轮换的阶数，并不取决于元素在哪个轮换中，所以不同的置换可以有相同的型. 在本节我们仅按型区分置换，对于具备型 $\text{typ}(f) = \langle e_1, e_2, \cdots, e_n \rangle$ 的每个置换 f，定义 f 的**单项式表示法**为

$$f = x_1^{e_1} x_2^{e_2} \cdots x_n^{e_n}$$

其中，$x_k(k = 1,2,\cdots,n)$ 对应一个 k 阶轮换.

例如，置换 $f = \begin{pmatrix} 1 & 2 & 3 & 4 & 5 & 6 & 7 & 8 & 9 \\ 4 & 9 & 1 & 7 & 6 & 5 & 3 & 8 & 2 \end{pmatrix}$

$$\begin{aligned} &= (1473)(29)(56)(8) \quad \text{（轮换表示法）} \\ &= x_1^1 x_2^2 x_4^1 \quad \text{（单项式表示法）} \end{aligned}$$

置换 $g = \begin{pmatrix} 1 & 2 & 3 & 4 & 5 & 6 & 7 & 8 & 9 \\ 5 & 2 & 4 & 3 & 6 & 8 & 9 & 1 & 7 \end{pmatrix}$

$$\begin{aligned} &= (1568)(2)(34)(79) \quad \text{（轮换表示法）} \\ &= x_1^1 x_2^2 x_4^1 \quad \text{（单项式表示法）} \end{aligned}$$

设 $\langle G, \circ \rangle$ 是 n 个元素集合 S 的一个置换群，给出 G 中每个置换的单项式表示法. 我们知道，G 中不同的置换可以有相同的型，把具有相同型的置换看作同类项加以合并，于是我们定义置换群 $\langle G, \circ \rangle$ 的**轮换指标**为

$$P_G(x_1, x_2, \cdots, x_n) = \frac{1}{|G|} \sum_{f \in G} x_1^{\ e_1} x_2^{\ e_2} \cdots x_n^{\ e_n}$$

显然，$x_1^{\ e_1} x_2^{\ e_2} \cdots x_n^{\ e_n}$ 的系数等于型为 $\langle e_1, e_2, \cdots, e_n \rangle$ 的 G 中置换的个数.

例如，$S = \{1,2,3,4,5,6\}$，$\langle G, \circ \rangle$ 为 S 的一个置换群，其中

$$f_0 = \begin{pmatrix} 1 & 2 & 3 & 4 & 5 & 6 \\ 1 & 2 & 3 & 4 & 5 & 6 \end{pmatrix} = (1)(2)(3)(4)(5)(6) = x_1^6$$

$$f_1=\begin{pmatrix}1&2&3&4&5&6\\1&3&5&4&2&6\end{pmatrix}=(1)(235)(4)(6)=x_1^3x_3^1$$

$$f_2=\begin{pmatrix}1&2&3&4&5&6\\1&5&2&4&3&6\end{pmatrix}=(1)(253)(4)(6)=x_1^3x_3^1$$

$$f_3=\begin{pmatrix}1&2&3&4&5&6\\6&2&3&4&5&1\end{pmatrix}=(16)(2)(3)(4)(5)=x_1^4x_2^1$$

$$f_4=\begin{pmatrix}1&2&3&4&5&6\\6&3&5&4&2&1\end{pmatrix}=(16)(235)(4)=x_1^1x_2^1x_3^1$$

$$f_5=\begin{pmatrix}1&2&3&4&5&6\\6&5&2&4&3&1\end{pmatrix}=(16)(253)(4)=x_1^1x_2^1x_3^1$$

所以
$$P_G(x_1,x_2,x_3,x_4,x_5,x_6)=\frac{1}{6}(x_1^6+2x_1^3x_3^1+x_1^4x_2^1+2x_1^1x_2^1x_3^1)$$

下面我们讨论置换的单项式表示法在计算不等价着色问题中的重要性.

例如,设 $A=\{1,2,\cdots,9\}$ 的置换 f 为

$$\begin{aligned}f&=\begin{pmatrix}1&2&3&4&5&6&7&8&9\\4&9&1&7&6&5&3&8&2\end{pmatrix}\\&=(1473)(29)(56)(8)\quad(\text{轮换表示法})\\&=x_1^1x_2^2x_4^1\quad(\text{单项式表示法})\end{aligned}$$

现用红、白、蓝三种颜色对 A 的元素进行着色,S 是由所有这样的着色方案构成的集合,显然 $|S|=3^9$,问在 f 作用下保持 S 中多少种着色方案不变？也即求 $\psi(f)$,其中 $\psi(f)$ 为集合 $\{a\,|\,f(a)=a,a\in S\}$ 的基数.

设 S 中的方案 a 在 f 的作用下保持不变,即 $f(a)=a$.

首先,考虑4阶轮换(1473),由于在 f 作用下,1变4,4变7,7变3,3变1,因此方案 a 中必有

1的颜色=4的颜色=7的颜色=3的颜色

同理,方案 a 中必有

2的颜色=9的颜色;

5的颜色=6的颜色;

8的颜色没有限制.

因而,(1473)这个整体可用红、白、蓝三色之一对它着色;(29)这个整体可用三色之一着色;(56)这个整体可用三色之一着色;8也有三种着色方法,由乘法原则,使 $f(a)=a$ 的方案 a 的个数为 $\psi(f)=3^4$,其中指数4为 f 中轮换的**个数**,且与轮换的阶数无关.

于是,我们得到下面定理.

定理5.6.1　用 k 种颜色对集合 A 的元素进行着色,S 为 A 的所有着色方案的集合,f 是集合 A 的一个置换,则在 f 作用下,保持 S 中 $k^{N(f)}$ 种方案不变,即 $\psi(f)=k^{N(f)}$,其中 $N(f)$ 为置换 f 中轮换的个数.

例5.6.1　用红色、白色、蓝色对正方形的顶点进行着色,且正方形在平面内绕其对称中心旋转后能重合的两种方案视为等价的,求不等价的方案数,并求轮换指标.

解　设正方形的顶点集 $A=\{1,2,3,4\}$,其所有着色方案数为 $|S|=4^3$,构造置换群

$\langle G,\circ\rangle$，其中

$$f_0=\begin{pmatrix}1&2&3&4\\1&2&3&4\end{pmatrix}=(1)(2)(3)(4)=x_1^4$$

$$f_1=\begin{pmatrix}1&2&3&4\\4&1&2&3\end{pmatrix}=(1432)=x_4^1$$

$$f_2=\begin{pmatrix}1&2&3&4\\3&4&1&2\end{pmatrix}=(13)(24)=x_2^2$$

$$f_3=\begin{pmatrix}1&2&3&4\\2&3&4&1\end{pmatrix}=(1234)=x_4^1$$

从而
$$\psi(f_0)=3^4,\psi(f_1)=3^1,\psi(f_2)=3^2,\psi(f_3)=3^1$$

故不等价的方案数为

$$\frac{1}{|G|}\sum_{f\in G}\psi(f)=\frac{1}{4}(81+3+9+3)=24$$

且 G 的轮换指标为

$$P_G(x_1,x_2,x_3,x_4)=\frac{1}{4}(x_1^4+x_2^2+2x_4^1)$$

定理 5.6.2(Pólya 定理)　设 $A=\{1,2,\cdots,n\}$，用 k 种颜色对 A 的元素进行着色. 令 S 是 A 的所有 k^n 种着色方案的集合，$\langle G,\circ\rangle$ 是 S 的一个置换群，且 G 的轮换指标为 $P_G(x_1,x_2,\cdots,x_n)$，则不等价的 k 着色方案的数目为 $P_G(k,k,\cdots,k)$.

证明　对 G 中任意置换 f，设

$$f={x_1}^{e_1}{x_2}^{e_2}\cdots{x_n}^{e_n}$$

即置换 f 的型 $\mathrm{typ}(f)=\langle e_1,e_2,\cdots,e_n\rangle$. 由定理 5.6.1 知

$$\psi(f)=k^{N(f)}=k^{e_1+e_2+\cdots+e_n}=k^{e_1}k^{e_2}\cdots k^{e_n}$$

再由 Burnside 定理知，所求不等价方案的数目为

$$\frac{1}{|G|}\sum_{f\in G}\psi(f)=\frac{1}{|G|}\sum_{f\in G}k^{e_1}k^{e_2}\cdots k^{e_n}=\frac{1}{|G|}\sum_{f\in G}P_G(k,k,\cdots,k)$$

证毕.

例 5.6.2　用 5 种颜色对正四面体的四个顶点进行着色，且正四面体在空间自由转动后能够重合的两种方案视为等价的，求不等价的着色方案数.

解　设正四面体的顶点集合为 $A=\{1,2,3,4\}$，如图 5.6.1 所示.

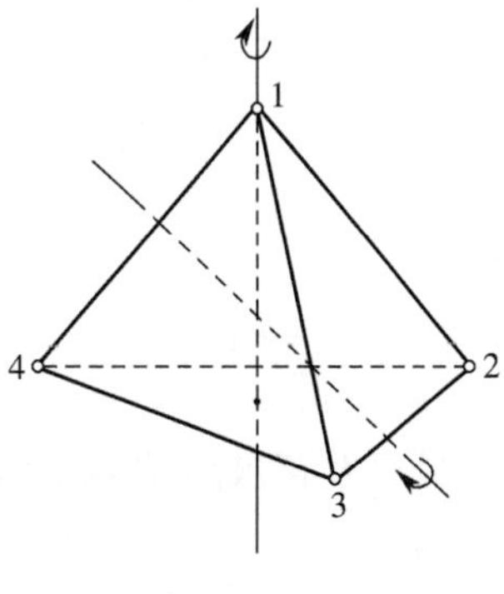

图　5.6.1

(1) 正四面体绕四个顶点的四条中心线分别按顺时针旋转 0°、120°、240°，将其表示为置换

$f_0=(1)(2)(3)(4)=x_1^4$　　$f_1=(1)(234)=x_1^1x_3^1$

$f_2=(1)(243)=x_1^1x_3^1$　　$f_3=(2)(143)=x_1^1x_3^1$

$f_4=(2)(134)=x_1^1x_3^1$　　$f_5=(3)(142)=x_1^1x_3^1$

$f_6=(3)(124)=x_1^1x_3^1$　　$f_7=(4)(132)=x_1^1x_3^1$

$f_8=(4)(123)=x_1^1x_3^1$

(2) 绕 14 边与 23 边的中心连线，13 边与 24 边的中心连

线,12 边与 34 边的中心连线分别翻转 180°,将其分别表示为置换

$$f_9=(14)(23)=x_2^2 \qquad f_{10}=(13)(24)=x_2^2$$

$$f_{11}=(12)(34)=x_2^2$$

容易证明$\langle G,\circ\rangle$为置换群,其中

$$G=\{f_0,f_1,f_2,\cdots,f_{11}\},$$

且
$$P_G(x_1,x_2,x_3,x_4)=\frac{1}{|G|}(x_1^4+8x_1^1x_3^1+3x_2^2)$$

$$=\frac{1}{12}(x_1^4+8x_1^1x_3^1+3x_2^2).$$

故所求不等价方案数为

$$P_G(k,k,k,k)=\frac{1}{12}(5^4+8\times5\times5+3\times5^2)=75$$

5.7　生成函数形式的 Pólya 定理

本节来讨论 Pólya 定理的生成函数形式. 为此,先看一个简单的问题:

用 a、b、c 三色对正 9 边形的 9 个顶点着色,要求 5 个顶点着色 a,2 个顶点着色 b,2 个顶点着色 c,且在置换 $f=(1)(29)(38)(47)(56)$ 作用下能够重合的方案视为等价的,用生成函数方法求 $\psi(f)$.

比如,指定置换 f 中的轮换(1)中元素 1 着色 a,轮换(29)中各元素均着色 a,轮换(38)中各元素均着色 a,轮换(47)中各元素着色 b,轮换(56)中各元素着色 c,如图 5.7.1a 所示. 显然这是符合要求的一种着色方案,且在 f 的作用下保持不变;再指定置换 f 中的轮换(1)中元素 1 着色 a,轮换(29)中各元素着色 c,轮换(38)中各元素着色 b,轮换(47)中各元素着色 a,轮换(56)中各元素着色 a,如图 5.7.1b 所示,这也是一种符要求的着色方案,且在 f 的作用下保持不变.

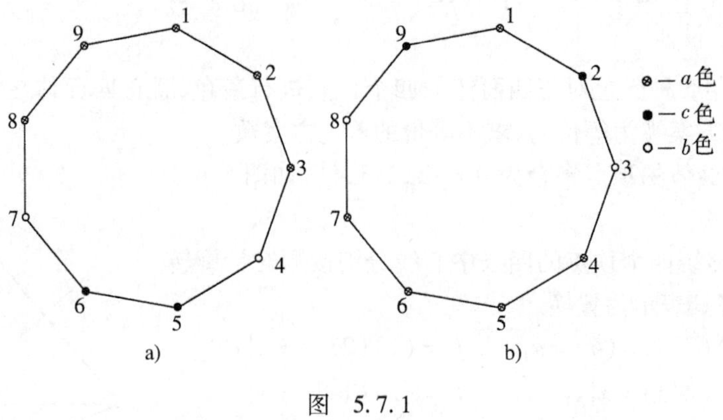

图　5.7.1

另一方面,对于置换 f 的单项式表示法 $f=x_1^1x_2^4$,给定一个生成函数形式

$$F(x_1,x_2)=x_1^1x_2^4$$

则生成函数

$$F(a+b+c,a^2+b^2+c^2)=(a+b+c)(a^2+b^2+c^2)^4$$
$$=(a+b+c)(a^2+b^2+c^2)(a^2+b^2+c^2)\cdot$$
$$(a^2+b^2+c^2)(a^2+b^2+c^2)$$

于是图 5.7.1a 的方案可对应于从生成函数 $F(a+b+c,a^2+b^2+c^2)$ 的第一括号取 a，第二括号取 a^2，第三括号取 a^2，第四括号取 b^2，第五括号取 c^2 所得的项 $aa^2a^2b^2c^2=a^5b^2c^2$；图 5.7.1b 的方案可对应于从生成函数 $F(a+b+c,a^2+b^2+c^2)$ 的第一括号取 a，第二括号取 c^2，第三括号取 b^2，第四括号取 a^2，第五括号取 a^2 所得的项 $ac^2b^2a^2a^2=a^5b^2c^2$. 同时，并不关心正 9 边形的具体哪个顶点着什么色，只关心某个方案中用了哪些颜色，因此，所求 $\psi(f)$ 为生成函数 $F(a+b+c,a^2+b^2+c^2)$ 的展开式中 $a^5b^2c^2$ 项的**系数**.

推广到一般情形，用 $a_1,a_2,\cdots,a_k$ 这 k 种颜色对集合 $A=\{1,2,\cdots,n\}$ 中的元素进行着色，要求有 t_1 个元素着色 a_1，t_2 个元素着色 a_2，…，t_k 个元素着色 a_k，这里 $t_1+t_2+\cdots+t_k=n$，且在 A 上置换 f 作用下能够重合的方案视为等价的. 一种着色方案在置换 f 作用下保持不变，当且仅当指定 f 的轮换表示法中每个轮换中的所有元素着相同色，设

$$f=x_1^{e_1}x_2^{e_2}\cdots x_n^{e_n}$$

给定对应于 f 的生成函数

$$F(x_1,x_2,\cdots,x_n)=x_1^{e_1}x_2^{e_2}\cdots x_n^{e_n}$$

则所求 $\psi(f)$ 为生成函数

$$F(a_1+a_2+\cdots+a_k,a_1^2+a_2^2+\cdots+a_k^2,\cdots,a_1^n+a_2^n+\cdots+a_k^n)$$
$$=(a_1+a_2+\cdots+a_k)^{e_1}(a_1^2+a_2^2+\cdots+a_k^2)^{e_2}\cdots(a_1^n+a_2^n+\cdots+a_k^n)^{e_n}$$

的展开式中 $a_1^{t_1}a_2^{t_2}\cdots a_k^{t_k}$ 项的系数.

于是，得到 Pólya 定理的生成函数形式：

定理 5.7.1　设 $A=\{1,2,\cdots,n\}$，用 k 种颜色 $a_1,a_2,\cdots,a_k$ 对 A 中的元素进行着色，要求有 t_1 个元素着色 a_1，t_2 个元素着色 a_2，…，t_k 个元素着色 a_k，其中 $t_1+t_2+\cdots+t_k=n$. 令 S 是 A 的全部这类着色方案的集合，$\langle G,\circ\rangle$ 是 S 的一个置换群，且 G 的轮换指标为 $P_G(x_1,x_2,\cdots,x_n)$，则不等价的着色方案数为生成函数 $P_G\left(\sum_{i=1}^{k}a_i,\sum_{i=1}^{k}a_i^2,\cdots,\sum_{i=1}^{k}a_i^n\right)$ 的展开式中 $a_1^{t_1}a_2^{t_2}\cdots a_k^{t_k}$ 项的系数. $P_G\left(\sum_{i=1}^{k}a_i,\sum_{i=1}^{k}a_i^2,\cdots,\sum_{i=1}^{k}a_i^n\right)$ 称为群 G 的**样本清单**.

取定理 5.7.1 中的 $a_1=a_2=\cdots=a_k=1$，即得定理 5.6.2，因此，定理 5.7.1 是定理 5.6.2 的推广.

例 5.7.1　用 a、b、c 三色对正八面体的六个顶点进行染色，要求两个顶点染 a 色，一个顶点染 b 色，三个顶点染 c 色，且正八面体在空间自由转动后能够重合的两种方案视为等价的，求其不等价的着色方案数.

解　设正八面体的顶点集为 $A=\{1,2,3,4,5,6\}$，如图 5.7.2 所示. 用 a、b、c 三色对 A 中元素进行着色，其中两个顶点染 a 色，一个顶点染 b 色，三个顶点染 c 色，其全部染色方案集记为 S. 把正八面体的空间自由转动表示为 A 上的置换如下：

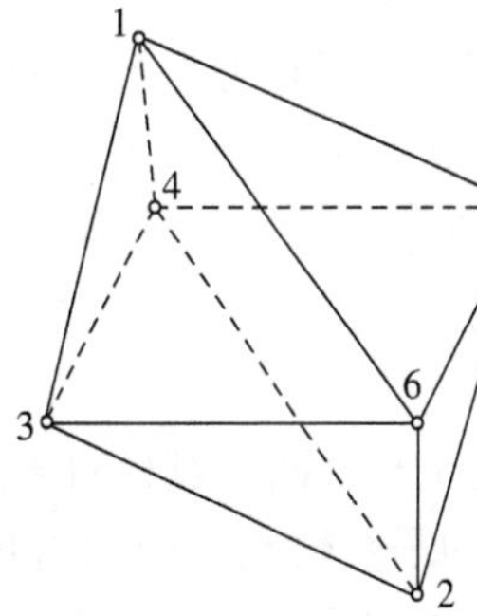

图　5.7.2

$f_0=(1)(2)(3)(4)(5)(6)=x_1^6$　　$f_1=(1)(2)(3654)=x_1^2x_4^1$

$f_2=(1)(2)(35)(46)=x_1^2x_2^2$　　$f_3=(1)(2)(3456)=x_1^2x_4^1$

$f_4=(3)(5)(1426)=x_1^2x_4^1$　　$f_5=(3)(5)(12)(46)=x_1^2x_2^2$

$f_6=(3)(5)(1624)=x_1^2x_4^1$　　$f_7=(4)(6)(1523)=x_1^2x_4^1$

$f_8=(4)(6)(12)(35)=x_1^2x_2^2$　　$f_9=(4)(6)(1325)=x_1^2x_4^1$

$f_{10}=(12)(36)(45)=x_2^3$　　$f_{11}=(12)(34)(56)=x_2^3$

$f_{12}=(16)(24)(35)=x_2^3$　　$f_{13}=(14)(26)(35)=x_2^3$

$f_{14}=(15)(32)(46)=x_2^3$　　$f_{15}=(13)(25)(46)=x_2^3$

$f_{16}=(143)(526)=x_3^2$　　$f_{17}=(134)(562)=x_3^2$

$f_{18}=(243)(651)=x_3^2$　　$f_{19}=(234)(615)=x_3^2$

$f_{20}=(236)(541)=x_3^2$　　$f_{21}=(263)(514)=x_3^2$

$f_{22}=(163)(524)=x_3^2$　　$f_{23}=(136)(542)=x_3^2$

容易证明$\langle G,\circ\rangle$为S的一个置换群，其中$G=\{f_0,f_1,\cdots,f_{23}\}$. G的轮换指标为

$$P_G(x_1,x_2,x_3,x_4)=\frac{1}{24}(x_1^6+6x_1^2x_4^1+3x_1^2x_2^2+6x_2^3+8x_3^2)$$

群G的样本清单为

$$P_G(a+b+c,a^2+b^2+c^2,a^3+b^3+c^3,a^4+b^4+c^4)$$
$$=\frac{1}{24}[(a+b+c)^6+6(a+b+c)^2(a^4+b^4+c^4)+3(a+b+c)^2(a^2+b^2+c^2)^2+$$
$$6(a^2+b^2+c^2)^3+8(a^3+b^3+c^3)^2]$$

求得a^2bc^3项的系数为

$$\frac{1}{24}\left(\frac{6!}{2!\times1!\times3!}+3\times4\right)=3$$

因此，满足题意的不等价方案数为3.

另外，由样本清单可知$a^2b^2c^2$项的系数为

$$\frac{1}{24}\left(\frac{6!}{2!\times2!\times2!}+3\times6+6\times6\right)=6$$

即说明用a、b、c三色对正八面体的顶点进行着色，且两个顶点染a色，两个顶点染b色，两个顶点染c色的不等价方案数为6.

例5.7.2　求4阶不同构的简单无向图的个数.

解　无环且无平行边的图称为简单图. 4阶无向简单图均是图5.7.3所示完全图K_4的子图. 用x与y两种颜色对K_4的边着色，令着色y的边从图中消去，就得到K_4的一个子图. 设K_4的边集为

$$A=\{e_1,e_2,e_3,e_4,e_5,e_6\}$$

用x与y两种颜色对K_4的边着色，其全部方案集记作S，因此K_4的子图恰是S中的着色方案，且K_4的两个子图是同构的，当且仅当作为S的着色方案是等价的.

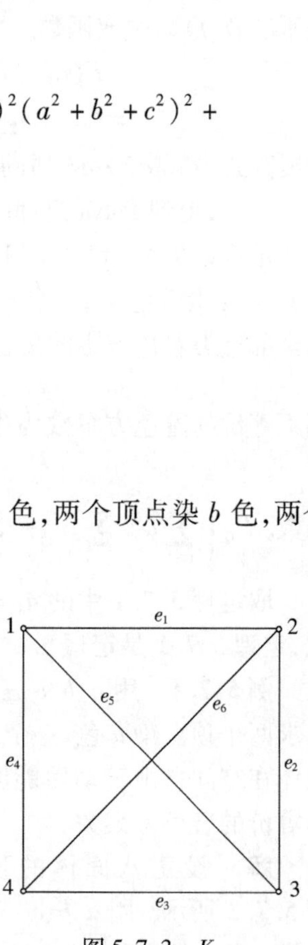

图5.7.3　K_4

图 5.7.3 关于顶点的置换群为对称群 S_4. 下面观察在 S_4 作用下,e_1,e_2,e_3,e_4,e_5,e_6 的变换. 例如,对应于置换(12),e_1 与 e_3 不变,e_2 变 e_5,e_4 变 e_6,e_5 变 e_2,e_6 变 e_4. 故置换(12)对应于边的置换为$(e_1)(e_3)(e_2e_5)(e_4e_6)$,如图 5.7.4 所示.

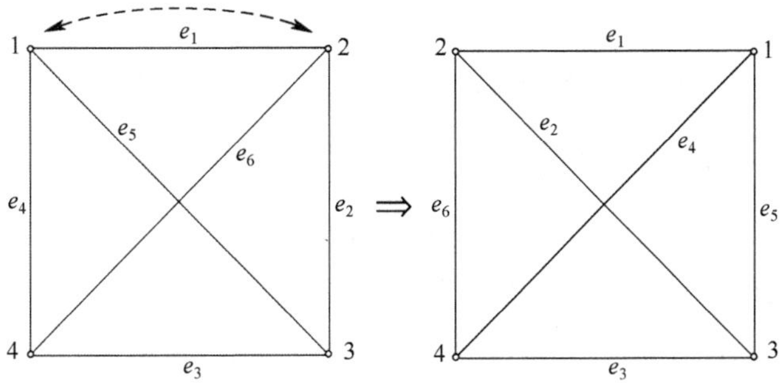

图　5.7.4

下面把群 S_4 所对应的边置换列于表 5.7.1 中.

表　5.7.1

S_4	G
(1)(2)(3)(4)	$(e_1)(e_2)(e_3)(e_4)(e_5)(e_6)=x_1^6$
(34)	$(e_1)(e_3)(e_2e_6)(e_4e_5)=x_1^2x_2^2$
(24)	$(e_1e_4)(e_2e_3)(e_5)(e_6)=x_1^2x_2^2$
(23)	$(e_1e_5)(e_3e_6)(e_2)(e_4)=x_1^2x_2^2$
(13)	$(e_1e_2)(e_3e_4)(e_5)(e_6)=x_1^2x_2^2$
(14)	$(e_1e_6)(e_3e_5)(e_2)(e_4)=x_1^2x_2^2$
(12)	$(e_1)(e_3)(e_2e_5)(e_4e_6)=x_1^2x_2^2$
(243)	$(e_1e_4e_5)(e_2e_6e_3)=x_3^2$
(142)	$(e_1e_4e_6)(e_2e_5e_3)=x_3^2$
(234)	$(e_1e_5e_4)(e_2e_3e_6)=x_3^2$
(132)	$(e_1e_5e_2)(e_3e_6e_4)=x_3^2$
(134)	$(e_1e_2e_6)(e_3e_4e_5)=x_3^2$
(123)	$(e_1e_2e_5)(e_3e_4e_6)=x_3^2$
(124)	$(e_1e_6e_4)(e_2e_3e_5)=x_3^2$
(143)	$(e_1e_6e_2)(e_3e_5e_4)=x_3^2$
(1432)	$(e_1e_4e_3e_2)(e_5e_6)=x_4^1x_2^1$
(1342)	$(e_1e_5e_3e_6)(e_2e_4)=x_4^1x_2^1$
(1423)	$(e_1e_3)(e_2e_5e_4e_6)=x_4^1x_2^1$
(1324)	$(e_1e_3)(e_2e_6e_4e_5)=x_4^1x_2^1$
(1243)	$(e_1e_6e_3e_5)(e_2e_4)=x_4^1x_2^1$
(1234)	$(e_1e_2e_3e_4)(e_5e_6)=x_4^1x_2^1$
(14)(23)	$(e_1e_3)(e_5e_6)(e_2)(e_4)=x_1^2x_2^2$
(12)(34)	$(e_1)(e_2e_4)(e_3)(e_5e_6)=x_1^2x_2^2$
(13)(24)	$(e_1e_3)(e_2e_4)(e_5)(e_6)=x_1^2x_2^2$

容易证明$\langle G,\circ\rangle$为S的一个置换群,其中G中元素为表5.7.1中所有群S_4对应的边置换. 求得G的轮指标为

$$P_G(x_1,x_2,x_3,x_4)=\frac{1}{24}(x_1^6+9x_1^2x_2^2+8x_3^2+6x_2^1x_4^1)$$

群G的样本清单为

$$\begin{aligned}&P_G(x+y,x^2+y^2,x^3+y^3,x^4+y^4)\\&=\frac{1}{24}[(x+y)^6+9(x+y)^2(x^2+y^2)^2+8(x^3+y^3)^2+6(x^2+y^2)(x^4+y^4)]\\&=x^6+x^5y+2x^4y^2+3x^3y^3+2x^2y^4+xy^5+y^6\end{aligned}$$

所求4阶不同构的简单无向图如图5.7.5a～g所示.

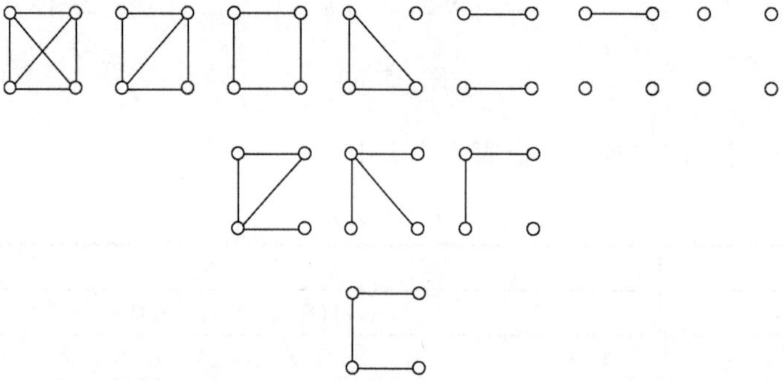

a)　b)　c)　d)　e)　f)　g)

图　5.7.5

例5.7.3　求4阶不同构的简单有向图的个数.

解　4阶简单有向图均是图5.7.6所示完全有向图K_4^*的子图. 用x与y两种颜色对K_4^*的边进行着色,令着色y的边从图中消去,就得到K_4^*的一个子图. 设K_4^*的边集为$A=\{e_1,e_2,\cdots,e_{12}\}$,用$x$与$y$两种颜色对$K_4^*$的边进行着色,其全部方案集记作$S$,因此$K_4^*$的子图恰是$S$中的着色方案,且$K_4^*$的两个子图是同构的,当且仅当作为$S$的着色方案是等价的.

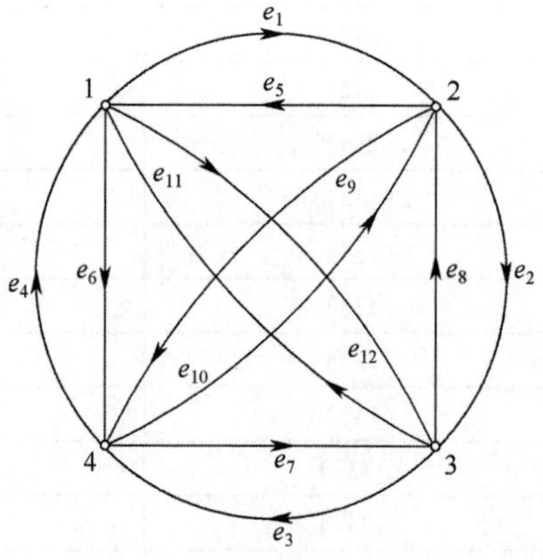

图5.7.6　K_4^*

与上例类似,还是从K_4^*的顶点集$\{1,2,3,4\}$的对称群S_4导出关于边$e_1,e_2,\cdots,e_{12}$的24阶置换群G,求得G的轮换指标为

$$P_G(x_1,x_2,x_3,x_4)=\frac{1}{24}(x_1^{12}+6x_1^2x_2^5+8x_3^4+3x_2^6+6x_4^3)$$

从而得到G的样本清单

$$\begin{aligned}&P_G(x+y,x^2+y^2,x^3+y^3,x^4+y^4)\\&=\frac{1}{24}[(x+y)^{12}+6(x+y)^2(x^2+y^2)^5+8(x^3+y^3)^4+3(x^2+y^2)^6+6(x^4+y^4)^3]\end{aligned}$$

$$= x^{12} + x^{11}y + 5x^{10}y^2 + 13x^9y^3 + 27x^8y^4 + 38x^7y^5 + 48x^6y^6 + 38x^5y^7 + 27x^4y^8 + 13x^3y^9 + 5x^2y^{10} + xy^{11} + y^{12}$$

比如，x^2y^{10}的系数为 5，即带两条边的不同构的 4 阶有向图有 5 个，如图 5.7.7a ~ e 所示.

最后，介绍 Pólya 定理的若干推广.

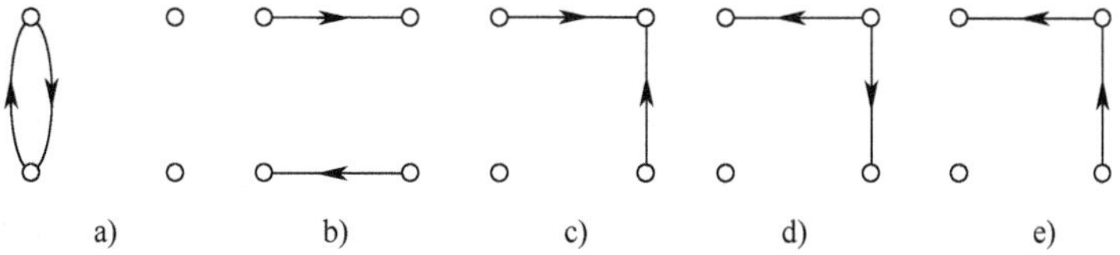

图　5.7.7

设 $A=\{a_1,a_2,\cdots,a_n\}$，$B=\{b_1,b_2,\cdots,b_m\}$，$A\cap B=\varnothing$，$\langle G,\circ\rangle$与$\langle H,\circ\rangle$分别是集合 A 和 B 上的置换群. 设 $g\in G,h\in H$，$\forall a\in A\cup B$，定义**集合 $A\cup B$ 上的置换**$\langle g,h\rangle$如下：

$$\langle g,h\rangle(a)=\begin{cases}g(a) & a\in A\\ h(a) & a\in B\end{cases}$$

例如，若 $g=(12)$，$h=(3)(45)$，则$\langle g,h\rangle=(12)(3)(45)$，故

$\langle g,h\rangle\circ\langle g',h'\rangle=\langle g\circ g',h\circ h'\rangle$

同时，$\langle G\times H,\circ\rangle$是**集合 $A\cup B$ 的一个置换群**. 事实上，设$\langle G,\circ\rangle$的幺元为f_0，$\langle H,\circ\rangle$的幺元为 h_0，则$\langle f_0,h_0\rangle$为$\langle G\times H,\circ\rangle$的幺元；$\forall\langle g,h\rangle\in G\times H$，$\langle g^{-1},h^{-1}\rangle$为$\langle g,h\rangle$的逆元；

$\forall\langle g,h\rangle,\langle g',h'\rangle\in G\times H$，有

$$\langle g,h\rangle\circ\langle g',h'\rangle=\langle g\circ g',h\circ h'\rangle\in G\times H$$

即$\circ$运算在 $G\times H$ 上封闭；又置换的复合运算满足结合律，因此，$\langle G\times H,\circ\rangle$是集合 $A\cup B$ 的一个置换群.

例 5.7.4　用两种颜色对正六面体的 6 个面和 8 个顶点进行着色，问有多少种不等价方案？其中正六面体在空间自由转动后能重合的两种方案视为等价的.

解　设正六面体的顶点集为 $A=\{a,b,c,d,e,f,g,h\}$，面集为 $B=\{1,2,3,4,5,6\}$，如图 5.7.8 所示.

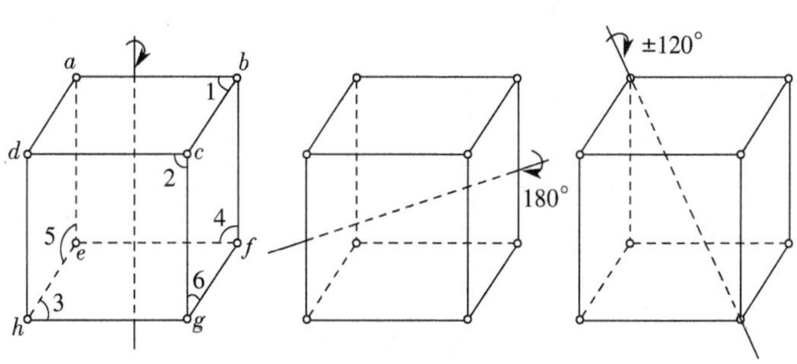

图　5.7.8

既关于顶点又关于面的置换群$\langle G\times H,\circ\rangle$见表 5.7.2.

表 5.7.2

顶点置换群$\langle G,\circ\rangle$	面置换群$\langle H,\circ\rangle$	$\langle G\times H,\circ\rangle$
$(a)(b)(c)(d)\circ(e)(f)(g)(h)$	$(1)(2)(3)\circ(4)(5)(6)$	x_1^{14}
$(adcb)(ehgf)$	$(1)(3)(2645)$	$x_1^2x_4^3$
$(ac)(bd)(eg)(fh)$	$(1)(3)(24)(65)$	$x_1^2x_2^6$
$(abcd)(efgh)$	$(1)(3)(2546)$	$x_1^2x_4^3$
$(baef)(cdhg)$	$(2)(4)(1536)$	$x_1^2x_4^3$
$(fa)(eb)(gd)(hc)$	$(2)(4)(13)(56)$	$x_1^2x_2^6$
$(eabf)(hdcg)$	$(2)(4)(1635)$	$x_1^2x_4^3$
$(bcgf)(adhe)$	$(5)(6)(1234)$	$x_1^2x_4^3$
$(gb)(cf)(ha)(de)$	$(5)(6)(13)(24)$	$x_1^2x_2^6$
$(cbfg)(daeh)$	$(5)(6)(1432)$	$x_1^2x_4^3$
$(bf)(dh)(ag)(ec)$	$(25)(64)(13)$	x_2^7
$(ae)(cg)(bh)(df)$	$(26)(54)(13)$	
$(bc)(eh)(df)(ag)$	$(16)(35)(24)$	
$(ad)(fg)(ce)(bh)$	$(15)(63)(24)$	
$(ab)(hg)(ce)(df)$	$(14)(23)(56)$	
$(cd)(ef)(ag)(bh)$	$(12)(43)(56)$	
$(a)(g)(dbe)(fhc)$	$(145)(263)$	$x_2^2x_3^4$
$(a)(g)(bde)(hfc)$	$(154)(623)$	
$(c)(e)(dbg)(fha)$	$(162)(354)$	
$(c)(e)(bdg)(hfa)$	$(126)(345)$	
$(d)(f)(ach)(geb)$	$(125)(346)$	
$(d)(f)(cah)(egb)$	$(152)(364)$	
$(b)(h)(acf)(ged)$	$(164)(235)$	
$(h)(b)(caf)(egd)$	$(146)(253)$	

因此

$$P_{G\times H}(x_1,x_2,x_3,x_4)=\frac{1}{24}(x_1^{14}+6x_1^2x_4^3+3x_1^2x_2^6+6x_2^7+8x_2^2x_3^4)$$

故所求不等价的方案数目为

$$P_{G\times H}(2,2,2,2)=\frac{1}{24}(2^{14}+6\times 2^5+3\times 2^8+6\times 2^7+8\times 2^6)=776$$

习　题　五

1. 列出所有从 $A=\{1,2,3\}$ 到 $B=\{4\}$ 的关系.
2. 设 $A=\{1,2,\cdots,n\}$，问 A 上有多少种关系？A 上又有多少种不同的等价关系？
3. 分析集合 $A=\{1,2,3\}$ 上的下述五个关系：

$R=\{\langle 1,1\rangle,\langle 1,2\rangle,\langle 1,3\rangle,\langle 3,3\rangle\}$;

$S=\{\langle 1,1\rangle,\langle 1,2\rangle,\langle 2,1\rangle,\langle 2,2\rangle,\langle 3,3\rangle\}$;

$T=\{\langle 1,1\rangle,\langle 1,2\rangle,\langle 2,2\rangle,\langle 2,3\rangle\}$;

$\emptyset$ = 空关系;

$A\times A$ = 全域关系.

判断 A 中的上述关系是不是(1)自反的;(2)对称的;(3)传递的;(4)反对称的.

4. 举出 $A=\{1,2,3,4\}$ 上关系 R 的例子,使它具有下述性质:

(1)既对称又反对称;

(2)既不对称又不反对称;

(3)既不自反又不反自反.

5. 设 R 是集合 A 上的一个自反关系. 求证:R 是对称和传递的,当且仅当 $\langle a,b\rangle$ 和 $\langle a,c\rangle$ 在 R 之中则有 $\langle b,c\rangle$ 在 R 之中.

6. 设 A,B,D 为任意集合,若 $R\subseteq A\times B,S\subseteq B\times D$,则关系 R 与 S 的**复合关系**记作 $S\circ R$,且

$$S\circ R=\{\langle a,d\rangle \mid a\in A\wedge d\in D\wedge(\exists d\in B)(\langle a,b\rangle\in R\wedge\langle b,d\rangle\in S)\}$$

(1)设 A,B,D,E 为任意集合,且 $R\subseteq A\times B,S\subseteq B\times D,T\subseteq D\times E$,证明:$(T\circ S)\circ R=T\circ(S\circ R)$;

(2)设 $A=\{1,2,3,4\},B=\{a,b,c,d\}$,且

$$R=\{\langle 1,1\rangle,\langle 1,2\rangle,\langle 2,3\rangle,\langle 3,4\rangle,\langle 4,1\rangle\}$$

$$S=\{\langle 1,a\rangle,\langle 1,b\rangle,\langle 2,c\rangle,\langle 2,d\rangle,\langle 3,a\rangle,\langle 4,b\rangle,\langle 4,c\rangle\}$$

试求 $S\circ R,R^{10}$(其中 $R^{10}=\underbrace{R\circ R\circ\cdots\circ R}_{10个R}$).

7. 设 A,B 为任意集合,$R\subseteq A\times B$,关系 R 的**逆关系**记作 R^{-1},且

$$R^{-1}=\{\langle b,a\rangle \mid \langle a,b\rangle\in R\}$$

试求题 6(2)中关系 R 与 S 的逆关系 R^{-1} 与 S^{-1}.

8. 设 A,B,D 为任意集合,$R\subseteq A\times B,S\subseteq B\times D$,证明:$(S\circ R)^{-1}=R^{-1}\circ S^{-1}$.

9. 设 $A=\{1,2,3,4\}$,给出 A 上的全部等价关系.

10. 设 C^* 是实数部分非零的全体复数组成的集合,C^* 上的关系 R 定义为:$(a+bi)R(c+di)\Leftrightarrow ac>0$,证明:$R$ 是等价关系,并给出关系 R 的等价类的几何说明.

11. 设 I 为整数集,$R=\{\langle a,b\rangle \mid a,b\in I,a\equiv b(\bmod m)\}$.

(1)证明:R 为等价关系;

(2)R 的全部等价类集合记作 Z_m,在 Z_m 上定义 $+m$ 如下:

$$\forall[i],[j]\in Z_m,[i]+_m[j]=(i+j)\bmod m$$

试证明 $\langle Z_m,+_m\rangle$ 为群.

12. 设代数系统 $\langle Z_k,+_k\rangle$,其中 $Z_k=\{0,1,\cdots,k-1\}$

$$\forall x,y\in Z_k,x+_k y=\begin{cases}x+y & x+y<k\\ x+y-k & x+y\geqslant k\end{cases}$$

试证明 $\langle Z_k,+_k\rangle$ 为群.

13. 设 $f:A\to B$ 是一双射函数,证明:f 的逆关系 f^{-1} 是 B 到 A 的一个双射函数.

14. 设函数 $f:A\to B,g:B\to D$,证明:f 与 g 的复合关系 $g\circ f$ 是 A 到 D 的函数.

15. 设函数 $f:A\to B,g:B\to D$,证明:

(1)若 f 与 g 是满射,则 $g\circ f$ 是满射;

(2)若 f 与 g 是单射,则 $g\circ f$ 是单射;

(3)若 f 与 g 是双射,则 $g\circ f$ 是双射.

16. 设$\mathbf{R}$为实数集,函数$f:\mathbf{R}\times\mathbf{R}\to\mathbf{R}\times\mathbf{R}$,且

$$f(\langle x,y\rangle)=\langle\frac{x+y}{2},\frac{x-y}{2}\rangle$$

试证明f是双射,并求f^{-1}.

17. 设f,g,h都是实数集$\mathbf{R}$到$\mathbf{R}$的函数,且

$$f(x)=2x+1,\quad g(x)=3x+2,\quad h(x)=x+4$$

求$f\circ g\circ h$.

18. 设$\langle H,*\rangle$和$\langle K,*\rangle$都是群$\langle G,*\rangle$的子群,证明:$\langle H\cap K,*\rangle$也是$\langle G,*\rangle$的子群.

19. 设$A=R-\{0,1\}$,其中R为实数集,对任意$x\in A$,在A上定义6个函数如下:

$$f_1(x)=x,\qquad f_2(x)=\frac{1}{x},\qquad f_3(x)=1-x,$$

$$f_4(x)=\frac{1}{1-x},\ f_5(x)=\frac{x-1}{x},\quad f_6(x)=\frac{x}{x-1},$$

试证明$\langle F,\circ\rangle$为群. 其中$F=\{f_1,f_2,f_3,f_4,f_5,f_6\}$,$\circ$是函数的复合运算.

20. 设$A=\{1,2,3,4\}$,f是A上的一个置换,且

$$f=\begin{pmatrix}1&2&3&4\\2&3&4&1\end{pmatrix}$$

对于任意$x\in A$,构造复合函数

$$f^2(x)=f\circ f(x)=f(f(x))$$
$$f^3(x)=f\circ f^2(x)=f(f^2(x))$$
$$f^4(x)=f\circ f^3(x)=f(f^3(x))$$

如果用f^0表示A上的**恒等函数**,即

$$f^0(x)=x,\quad x\in A$$

显然,$f^4(x)=f^0(x)$,记$f^1=f$,构造集合

$$F=\{f^0,f^1,f^2,f^3\}$$

试证明$\langle F,\circ\rangle$为Abel群.

21. 设正$n(n\geqslant3)$边形的顶点集$A=\{1,2,3,\cdots,n\}$,使正n边形绕其对称中心按顺时针依次旋转$k\times\frac{360^\circ}{n}(k=0,1,2,\cdots,n-1)$,将其依次表示为$A$上的置换

$$\pi_k=\begin{pmatrix}1&2&\cdots&k&k+1&k+2&\cdots&n\\n-k+1&n-k+2&\cdots&n&1&2&\cdots&n-k\end{pmatrix}\quad(k=0,1,2,\cdots,n-1)$$

证明:$\langle\{\pi_0,\pi_1,\cdots,\pi_{n-1}\},\circ\rangle$是群,称其为正$n$边形的**顶点置换群**. 类似地,只要把顶点集换成边集,按上述方法得到正n边形的**边置换群**.

22. 正$n(n\geqslant3)$边形在平面内绕其对称中心按顺时针依次旋转$k\times\frac{360^\circ}{n}(k=0,1,2,\cdots,n-1)$的运动可依次表示为其顶点集上的$n$个置换$\pi_k(k=0,1,2,\cdots,n-1)$,同时正$n$边形绕其$n$条对称轴的翻转也可以表示为顶点集上的$n$个置换$\tau_k(k=1,2,\cdots,n)$,试证明:$\langle\{\pi_0,\pi_1,\cdots,\pi_{n-1},\tau_1,\tau_2,\cdots,\tau_n\},\circ\rangle$为群,称其为正$n$边形的**二面体群**.

23. 设正五边形的顶点集为$A=\{1,2,3,4,5\}$,正六边形的顶点集为$B=\{1,2,3,4,5,6\}$,分别给出正五边形及正六边形的二面体群.

24. 我们知道正多面体只有五种,它们是四面体、立方体(六面体)、八面体、十二面体、二十面体.

正多面体在空间内绕其对称轴的转动可分别表示为其顶点集、边集、面集上的置换群,称其为正多面体的**顶点置换群**、**边置换群**和**面置换群**. 试分别表示出正八面体的点置换群、边置换群和面置换群,并给出这些置

换群的轮换指标.

25. 在一张卡片上打印一个十进制的 5 位数,对于小于 10000 的数,前面用零补足 5 位. 如果一个数可以倒转过来读,例如 89166,倒转过来就是 99168,就合用一张卡片,问共需要多少张卡片才能打印所有的十进制 5 位数?

26. 由定理 1.2.4 知,n 个元素集合 A 的全圆排列数为 $(n-1)!$. 试用 Burnside 定理加以证明.

27. 设 $\langle G, *\rangle$ 是一个以元素 $a\in G$ 为生成元的有限循环群. 证明:如果 $|G| = n$,则 $a^n = e$,且

$$G = \{a, a^2, a^3, \cdots, a^{n-1}, a^n\}$$

其中,e 是 $\langle G, *\rangle$ 的幺元,n 是元素 a 的阶.

28. 以 $\langle G, \circ\rangle$ 表示正 n 边形的顶点置换群,证明:$\langle G, \circ\rangle$ 的轮换指标为

$$P_G(x_1, x_2, \cdots, x_n) = \frac{1}{n}\sum_{d\mid n}\varphi(d)(x_d)^{\frac{n}{d}}$$

其中,$\varphi(d)$ 是 Euler 函数.

29. 设集合 $A = \{a_1, a_2, \cdots, a_m\}$,从 A 中可重复地取 n 个元素作圆排列(可重圆排列问题),求其不同的可重圆排列数.

30. 将一个 3 行 3 列棋盘中的 9 个正方形着红色与蓝色,棋盘可绕对称中心旋转,但不能绕对称轴翻转. 求不等价的着色方案数.

31. 用 10 个球垒成一个三角阵,使得 1 个球在 2 个球之上,2 个球在 3 个球之上,3 个球在 4 个球之上. 这个三角阵只可绕对称轴翻转. 用红色与蓝色对该阵着色,求不等价着色的样本清单. 如果还允许绕对称中心旋转呢?

32. 设 n 是一个质数,用 k 种不同颜色的 n 个珠子做成手镯,求不同手镯的数目.

33. 设 $f = \begin{pmatrix} 1 & 2 & 3 & 4 & 5 & 6 \\ 5 & 2 & 1 & 4 & 3 & 6 \end{pmatrix}$, $g = \begin{pmatrix} 1 & 2 & 3 & 4 & 5 & 6 \\ 4 & 5 & 6 & 3 & 1 & 2 \end{pmatrix}$,

(1) 求 $f\circ g, g\circ f, f^{-1}, g^3$;

(2) $C = \langle x, y, y, x, x, y\rangle$ 是用颜色 x 与 y 对 1,2,3,4,5,6 进行的一种着色,分别求置换 $f, f^{-1}, g\circ f, g^3$ 对 C 的作用.

34. 用两种颜色分别对非正方形矩形的四个顶点进行着色,且矩形绕对称中心旋转或对称轴翻转能够重合的两个方案视为等价的,求不等价的着色方案数.

35. 用两种颜色对正三角形的顶点和边进行着色,且正三角形绕对称中心旋转或对称轴翻转能够重合的两个方案视为等价的,求不等价的着色方案数,并列举全部不等价方案.

36. 设 f 是集合 A 的一个置换,试给出由 f 的单项式表示法求 f^{-1} 的一种简单算法.

37. 证明:任意置换与它的逆置换具有相同的型.

38. 求 5 阶非同构的简单无向图的个数.

39. 求 5 阶非同构的简单有向图的生成函数.

40. 求由 2 个 a,2 个 b,4 个 c 构成的 2 个 a 不相邻的全圆排列的个数.

41. 证明:由 n_1 个 a_1,n_2 个 a_2,$\cdots$,n_k 个 a_k 构成的全圆排列的个数为

$$\frac{1}{n}\sum_{d\mid s}\varphi(d)\frac{\left(\frac{n}{d}\right)!}{\left(\frac{n_1}{d}\right)!\left(\frac{n_2}{d}\right)!\cdots\left(\frac{n_k}{d}\right)!}$$

其中,$n = n_1 + n_2 + \cdots + n_k$;$s$ 是 $n_1, n_2, \cdots, n_k$ 的最大公约数;$\varphi(d)$ 是 Euler 函数.

42. 设有 4 块白瓷砖,4 块黄瓷砖和 8 块绿瓷砖,这些瓷砖都是边长为 1 的正方形. 今用这些瓷砖砌成一个边长为 4 的正方形图案,问能砌出多少种式样不同的图案?

第 6 章　组合设计与编码

6.1　域与 Galois 域

定义 6.1.1　设$\langle A, +, \cdot \rangle$是一个代数系统,如果满足:

(1)$\langle A, + \rangle$是 Abel 群;

(2)$\langle A, \cdot \rangle$是半群;

(3)$\cdot$运算关于$+$运算可分配.

则称$\langle A, +, \cdot \rangle$为**环**.

由定义可知,整数集合、有理数集合、偶数集合、复数集合及定义在这些集合上的普通加法和乘法运算都可以构成环.

系数属于实数集的所有 x 的多项式所组成的集合记作$R[x]$,那么 $R[x]$关于多项式的加法和乘法构成环.

注意:(1)在表示环$\langle A, +, \cdot \rangle$时,$+$运算总表示 Abel 群,$\cdot$运算总表示半群,而且$\cdot$运算优先于$+$运算. 同时,$\forall a, b \in A, a \cdot b$还可简记为 ab.

在环$\langle A, +, \cdot \rangle$中,$\forall a \in A$,$a$ 关于$+$运算的逆元记作$-a$,且 $\underbrace{a + a + \cdots + a}_{n个a} = na$;$a$ 关于$\cdot$运算的逆元(如果存在)记作 a^{-1},且 $\underbrace{a \cdot a \cdot \cdots \cdot a}_{n个a} = a^n$.

定理 6.1.1　设$\langle A, +, \cdot \rangle$是环,$\forall a, b, c \in A$,则

(1)$a \cdot \theta = \theta \cdot a = \theta$;

(2)$a \cdot (-b) = (-a) \cdot b = -a \cdot b$;

(3)$(-a) \cdot (-b) = a \cdot b$;

(4)$a \cdot (b - c) = a \cdot b - a \cdot c$;

(5)$(b - c) \cdot a = b \cdot a - c \cdot a$.

其中,θ是$+$运算的幺元,$-a$ 为 a 关于$+$运算的逆元,并且将$a + (-b)$简记为 $a - b$.

证明　(1)因为 $a \cdot \theta = a \cdot (\theta + \theta) = (a \cdot \theta) + (a \cdot \theta) = a \cdot \theta + a \cdot \theta$,所以 $a \cdot \theta$ 为$+$的等幂元. 而$\langle A, + \rangle$为群,因此 $a \cdot \theta = \theta$.

同理,$\theta \cdot a = \theta$.

(2)因为 $a \cdot b + a \cdot (-b) = a \cdot (-b) + a \cdot b = a \cdot [(-b) + b] = a \cdot \theta = \theta$,所以 $a \cdot (-b)$为 $a \cdot b$ 关于$+$的逆元,即

$$a \cdot (-b) = -(a \cdot b) = -a \cdot b = -ab$$

同理,$(-a) \cdot b = -(a \cdot b) = -a \cdot b = -ab$.

(3)$(-a) \cdot (-b) = -[a \cdot (-b)] = -[-(a \cdot b)] = a \cdot b = ab$

(4) $a \cdot (b-c) = a \cdot [b+(-c)] = a \cdot b + a \cdot (-c)$

$= a \cdot b + (-a \cdot c) = a \cdot b - a \cdot c = ab - ac$

(5) $(b-c) \cdot a = [b+(-c)] \cdot a = b \cdot a + (-c) \cdot a$

$= b \cdot a + (-c \cdot a) = b \cdot a - c \cdot a = ba - ca$

证毕.

注意,定理6.1.1中的(1)说明在环$\langle A, +, \cdot \rangle$中,+的幺元$\theta$为·运算的零元.

定义6.1.2 设$\langle A, +, \cdot \rangle$为环,则

(1)若·运算是可交换的,则称$\langle A, +, \cdot \rangle$为**交换环**;

(2)若·运算含有幺元,则称$\langle A, +, \cdot \rangle$为**含幺环**;

(3)设θ为+运算的幺元,若$\forall a,b \in A, a \neq \theta, b \neq \theta$时,必有$a \cdot b \neq \theta$,则称$\langle A, +, \cdot \rangle$为**无零因子环**;

(4)若$\langle A, +, \cdot \rangle$既是交换环与含幺环,又是无零因子环,则称$\langle A, +, \cdot \rangle$为**整环**.

定义6.1.3 设$\langle A, +, \cdot \rangle$是代数系统,如果满足:

(1)$\langle A, + \rangle$是Abel群;

(2)$\langle A-\{\theta\}, \cdot \rangle$是Abel群,其中$\theta$为+运算的幺元;

(3)·运算关于+运算可分配.

则称$\langle A, +, \cdot \rangle$为**域**.

若A是有限集,则称域$\langle A, +, \cdot \rangle$为**伽罗瓦(Galois)域**;若$|A|$为质数,又称域$\langle A, +, \cdot \rangle$为**质数域**.

例6.1.1 设n是满足$n \geqslant 2$的正整数,$Z_n = \{0,1,2,\cdots,n-1\}$,考虑代数系统$\langle Z_n, +_n, \times_n \rangle$,$\forall a,b \in Z_n$,有

$$a +_n b = (a+b) \bmod n$$

$$a \times_n b = (a \times b) \bmod n$$

问$\langle Z_n, +_n, \times_n \rangle$在什么条件下构成域?

解 显然,Z_n中0是$+_n$的幺元且是$\times_n$的零元,1是$\times_n$的幺元,且mod n的运算满足交换律和结合律.

同时,对任意$a \in Z_n$,若$a=0$,则其关于$+_n$的逆元为0;若$a \neq 0$,那么a关于$+_n$的逆元为$n-a$.

下面只需讨论Z_n中的元素a关于$\times_n$的逆元.

(1)首先,说明Z_n中的元素a关于$\times_n$运算最多存在一个逆元. 假设b和c均是a关于$\times_n$的逆元,则

$$a \times_n b = 1 \quad \text{且} \ a \times_n c = 1$$

于是
$$c \times_n (a \times_n b) = c \times_n 1 = c$$

而
$$c \times_n (a \times_n b) = (c \times_n a) \times_n b = 1 \times_n b = b$$

因此,$b=c$,与已知矛盾.

(2)再说明Z_n中元素a与n不互质时,a关于$\times_n$没有逆元. 设a与n的最大公约数为m,于是$\frac{n}{m}$为Z_n中的非零整数,因此

$$a \times_n \frac{n}{m} = \left(a \times_n \frac{n}{m}\right) \bmod n = 0$$

假设 a^{-1}为 a 的关于 $\times_n$ 的逆元,则

$$a^{-1}\times_n\left(a\times_n\frac{n}{m}\right)=a^{-1}\times_n 0=0$$

而
$$a^{-1}\times_n\left(a\times_n\frac{n}{m}\right)=(a^{-1}\times_n a)\times_n\frac{n}{m}=1\times\frac{n}{m}=\frac{n}{m}$$

因此,$\frac{n}{m}=0$,这与$1\leqslant\frac{n}{m}<n$矛盾.

(3)最后,说明 Z_n 中元素 a 与 n 互质时,a 关于 $\times_n$ 有逆元. 由于 a 与 n 互质,因此存在正整数 x 与 y 使得

$$ax+ny=1$$

整数 x 不可能是 n 的倍数,否则上述方程意味着 1 是 n 的倍数,这与 $n\geqslant 2$ 矛盾. 因此存在整数 q 与 r,$1\leqslant r\leqslant n-1$,使得

$$x=qn+r$$

把 $x=qn+r$ 代入上述方程,得

$$a(qn+r)+ny=1$$

整理得
$$ar=1-(aq+y)n$$

从而
$$a\times_n r=[1-(aq+y)n]\bmod n=1$$

即 r 为 a 关于 $\times_n$ 的逆元.

综合上述分析,当 n 为质数时,$\langle Z_n,+_n,\times_n\rangle$构成域.

为方便起见,可把代数系统$\langle Z_n,+_n,\times_n\rangle$中的 $+_n$ 运算与 $\times_n$ 运算简单地表示为 + 与 ·(或 ×)运算.

定理 6.1.2　n 是满足 $n\geqslant 2$ 的正整数,$Z_n=\{0,1,2,\cdots,n-1\}$,若 n 为质数,则代数系统$\langle Z_n,+_n,\times_n\rangle$为域,记作 $GF(n)$.

设 k 是一个非负整数,$a_0,a_1,a_2,\cdots,a_k\in Z_n$,形式表达式$a_0+a_1x+a_2x^2+\cdots+a_kx^k(a_k\neq 0)$称为系数在域 $GF(n)$ 中的**一元 k 次多项式**. 系数在域 $GF(n)$ 中的所有多项式的集合记作 $GF[n,x]$. 并定义多项式的加法"+"和乘法"·"如下:

任意

$$a_0+a_1x+a_2x^2+\cdots+a_kx^k,b_0+b_1x+b_2x^2+\cdots+b_tx^t\in GF[n,x]$$

$$\begin{aligned}&(a_0+a_1x+a_2x^2+\cdots+a_kx^k)+(b_0+b_1x+b_2x^2+\cdots+b_tx^t)\\=&(a_0+b_0)+(a_1+b_1)x+(a_2+b_2)x^2+\cdots+(a_k+b_k)x^k+\cdots+(0+b_t)x^t\quad(k<t)\\&(a_0+a_1x+a_2x^2+\cdots+a_kx^k)(b_0+b_1x+b_2x^2+\cdots+b_tx^t)\\=&c_0+c_1x+c_2x^2+\cdots+c_{k+t}x^{k+t}\end{aligned}$$

其中,$c_i=a_0b_i+a_1b_{i-1}+a_2b_{i-2}+\cdots+a_ib_0$.

任取 $p(x)$,$q(x)\in GF[n,x]$,$q(x)$的次数低于 $p(x)$的次数,$q(x)\neq 0$,则存在唯一 $s(x)$,$r(x)\in GF[n,x]$,使得$p(x)=s(x)q(x)+r(x)$,其中 $r(x)$的次数低于 $q(x)$的次数. 多项式 $s(x)$称为 $q(x)$除 $p(x)$的**商**,多项式 $r(x)$称为$q(x)$除 $p(x)$的**余项**.

设 $p(x)$,$q(x)$,$s(x)\in GF[p,x]$. 如果等式 $p(x)=s(x)q(x)$成立,则称 $q(x)$**整除** $p(x)$[或 $q(x)$为 $p(x)$的一个**因式**],记作 $q(x)\mid p(x)$. 如果 $p(x)$不能表示成比 $p(x)$次数低的两个非常数多项式 $s(x)$与 $q(x)$之积,则称 $p(x)$是$GF[n,x]$上的**不可约多项式**.

$p(x), q(x), d(x) \in GF[n,x]$，如果 $d(x)$ 是 $p(x)$ 和 $q(x)$ 的公因式，并且 $p(x)$ 和 $q(x)$ 的公因式都是 $d(x)$ 的因式，则称 $d(x)$ 是 $p(x)$ 和 $q(x)$ 的**最大公因式**，记作 $d(x) = (p(x), q(x))$；如果 $(p(x), q(x)) = 1$，则称 $p(x)$ 与 $q(x)$ **互质**.

设 $m(x) \in GF[n,x]$，$m(x)$ 是 $k(k \geqslant 1)$ 次**不可约多项式**. 对于任意 $p(x) \in GF[n,x]$，若 $p(x) = s(x)m(x) + r(x)$，其中 $r(x)$ 的次数低于 $m(x)$ 次数，则称 $r(x)$ 为 $p(x)$ 关于**模** $m(x)$ 的**余式**，记作 $p(x) \bmod m(x) = r(x)$. $GF[n,x]$ 中所有多项式关于模 $m(x)$ 的余式集合记作 $GF[n,m(x)]$，则 $GF[n,m(x)]$ 有 n^k 个元素. 因为其元素都是形如 $a_0 + a_1x + a_2x^2 + \cdots + a_{k-1}x^{k-1}$ 的多项式，所以它们与 k 位 n 进制序列 $a_0a_1a_2\cdots a_{k-1}$ 一一对应.

例如，$m(x) = 1 + x + x^3$ 是 $GF[2,x]$ 上的不可约多项式，有

$$GF[2,m(x)] = \{0,1,x,1+x,x^2,1+x^2,x+x^2,1+x+x^2\}.$$

另外，可用中学已学习过的多项式长除法求 $GF[n,x]$ 中 $p(x)$ 关于模 $m(x)$ 的余式.

例如，$m(x) = 1 + x + x^3$ 是 $GF[2,x]$ 上的不可约多项式，求 $x^6 \bmod (x^3 + x + 1)$. 进行多项式长除法：

$$
\begin{array}{r l}
 & x^3 + x + 1 \\
x^3 + x + 1 & \overline{\big)\, x^6 \qquad\qquad\qquad} \\
 & \underline{x^6 \qquad + x^4 + x^3} \\
 & \qquad\quad x^4 + x^3 \\
 & \qquad\quad \underline{x^4 \qquad + x^2 + x} \\
 & \qquad\qquad\quad x^3 + x^2 + x \\
 & \qquad\qquad\quad \underline{x^3 \qquad + x + 1} \\
 & \qquad\qquad\qquad x^2 \qquad + 1
\end{array}
$$

所以 $x^6 \bmod (x^3 + x + 1) = x^2 + 1$.

例 6.1.2　$m(x) = x^3 + x + 1$ 是 $GF[2,x]$ 上的不可约多项式，$GF[2,m(x)] = \{0,1,x,1+x,x^2,1+x^2,x+x^2,1+x+x^2\}$，证明：$\langle GF[2,m(x)], +, \cdot \rangle$ 是域，其中"+"与"·"为域 $GF(2)$ 中多项式的加法与乘法运算.

证明　显然·关于+可分配.

$+$	0	1	x	$1+x$	x^2	$1+x^2$	$x+x^2$	$1+x+x^2$
0	0	1	x	$1+x$	x^2	$1+x^2$	$x+x^2$	$1+x+x^2$
1	1	0	$1+x$	x	$1+x^2$	x^2	$1+x+x^2$	$x+x^2$
x	x	$1+x$	0	1	$x+x^2$	$1+x+x^2$	x^2	$1+x^2$
$1+x$	$1+x$	x	1	0	$1+x+x^2$	$x+x^2$	$1+x^2$	x^2
x^2	x^2	$1+x^2$	$x+x^2$	$1+x+x^2$	0	1	x	$1+x$
$1+x^2$	$1+x^2$	x^2	$1+x+x^2$	$x+x^2$	1	0	$1+x$	x
$x+x^2$	$x+x^2$	$1+x+x^2$	x^2	$1+x^2$	x	$1+x$	0	1
$1+x+x^2$	$1+x+x^2$	$x+x^2$	$1+x^2$	x^2	$1+x$	x	1	0

例如，$(1+x^2)+(1+x+x^2)=2+x+2x^2=x$.

可见〈$GF[2,m(x)]$，+〉是 Abel 群，且 0 为"+"的幺元，每个元素以其自身为逆元. 比如，$-(1+x+x^2)=1+x+x^2$.

$\cdot$	1	x	$1+x$	x^2	$1+x^2$	$x+x^2$	$1+x+x^2$
1	1	x	$1+x$	x^2	$1+x^2$	$x+x^2$	$1+x+x^2$
x	x	x^2	$x+x^2$	$1+x$	1	$1+x+x^2$	$1+x$
$1+x$	$1+x$	$x+x^2$	$1+x^2$	$1+x+x^2$	x^2	1	x
x^2	x^2	$1+x$	$1+x+x^2$	$x+x^2$	x	$1+x^2$	1
$1+x^2$	$1+x^2$	1	x^2	x	$1+x+x^2$	$1+x$	$x+x^2$
$x+x^2$	$x+x^2$	$1+x+x^2$	1	$1+x^2$	$1+x$	x	x^2
$1+x+x^2$	$1+x+x^2$	$1+x^2$	x	1	$x+x^2$	x^2	$1+x$

例如，
$$\begin{aligned}&(x+x^2)(1+x)\bmod(x^3+x+1)\\&=(x+x^2+x^2+x^3)\bmod(x^3+x+1)\\&=(x+2x^2+x^3)\bmod(x^3+x+1)\\&=(x+x^3)\bmod(x^3+x+1)\\&=1\end{aligned}$$

即 $(x+x^2)^{-1}=1+x$.

可见，〈$GF[2,m(x)]-\{0\}$，·〉是 Abel 群，故得证〈$GF[2,m(x)]$，+，·〉为域.

例 6.1.2 的结论可推广到一般情形. 设 $m(x)$ 是系数在域 $GF(n)$（n 为质数）中的 k 次不可约多项式，则代数系统〈$GF[n,m(x)]$，+，·〉为域，其中"+"与"·"运算分别为 $GF(n)$ 中多项式的加法与乘法运算. 该域记作 $GF(n,k)$. 显然，0 为"+"的幺元，"·"的零元；而 1 为"·"的幺元.

例如，$GF(2,3)=\{0,1,x,1+x,x^2,1+x^2,x+x^2,1+x+x^2\}$.

令 α 是 $m(x)=x^3+x+1=0$ 的一个根，即 $\alpha^3=\alpha+1$，由域 $GF(2,3)$ 构造特征为 2 的有限域 $GF(8)=GF(2^3)$：

$$\begin{aligned}GF(8)&=\{0,1,\alpha,1+\alpha,\alpha^2,1+\alpha^2,\alpha+\alpha^2,1+\alpha+\alpha^2\}\\&=\{0,\alpha,\alpha^2,\alpha^3,\alpha^4,\alpha^5,\alpha^6,1\}\end{aligned}$$

其中，α 称为 $GF(2^3)$ 的本原元素.

定理 6.1.3　$m(x)$ 是系数在域 $GF(n)$（n 为质数）中的 k 次不可约多项式，α 是 $GF(n^k)$ 中的任意非零元素，则 $\alpha^{n^k-1}=1$.

证明　设 $n^k-1=p$. 域 $GF(n^k)$ 共有 n^k 个元素，除 0 之外，还有 $n^k-1=p$ 个非零元素 α_1，$\alpha_2,\cdots,\alpha_p$. 设 α 为任一非零元素，下面证明 $\alpha\alpha_1,\alpha\alpha_2,\cdots,\alpha\alpha_p$ 互不相同.

假设 $\alpha\alpha_i=\alpha\alpha_j$，则 $\alpha\alpha_i-\alpha\alpha_j=0$，于是 $\alpha(\alpha_i-\alpha_j)=0$.

由于域是无零因子环，且 $\alpha\neq0$，所以 $\alpha_i-\alpha_j=0$，即 $\alpha_i=\alpha_j$，与已知矛盾.

因为 $\alpha\neq0$，$\alpha_i\neq0(i=1,2,\cdots,p)$，所以 $\alpha\alpha_i\neq0(i=1,2,\cdots,p)$，于是

$$\{\alpha\alpha_1,\alpha\alpha_2,\cdots,\alpha\alpha_p\}=\{\alpha_1,\alpha_2,\cdots,\alpha_p\}$$

从而
$$\prod_{i=1}^{p} \alpha\alpha_i = \prod_{i=1}^{p} \alpha_i$$
变形，得 $\alpha^p \prod_{i=1}^{p} \alpha_i = \prod_{i=1}^{p} \alpha_i$，即
$$(\alpha^p - 1)\prod_{i=1}^{p} \alpha_i = 0$$
又由于 $\prod_{i=1}^{p} \alpha_i \neq 0$，所以 $\alpha^p - 1 = 0$，即 $\alpha^p = 1$. 证毕.

6.2　拉丁方与正交拉丁方

1782年，欧拉(Euler)提出了著名的**36军官问题**.

设有分别来自6种不同团队、共有6种不同军衔的36名军官，问能否让他们排成一个 6×6 阶方阵，使得每行和每列的6名军官恰好来自不同的团队，且分属不同的军衔？每个军官可由一个序偶 $\langle i,j\rangle$ 来表示，其中 $i(i=1,2,\cdots,6)$ 表示军官的军衔，而 $j(j=1,2,\cdots,6)$ 表示他所在的团队. 于是，问题转化为

36个序偶 $\langle i,j\rangle(i=1,2,\cdots,6;j=1,2,\cdots,6)$ 能否排成 6×6 阶方阵，使得在矩阵的每行和每列，这6个整数 $1,2,\cdots,6$ 都能以某种顺序出现在序偶的第一个元素的位置上，并以某种顺序出现在序偶第二个元素的位置上？

这正是下面要讨论的正交拉丁方问题. 为此，先引入正交拉丁方的概念，进而探讨如何使用Galois域来构造正交拉丁方，以及它们是怎样被应用到实验设计中.

定义6.2.1　设 S 为 n 个元素的集合，n 阶矩阵
$$\boldsymbol{A} = \begin{pmatrix} a_{11} & a_{12} & \cdots & a_{1n} \\ a_{21} & a_{22} & \cdots & a_{2n} \\ \vdots & \vdots & & \vdots \\ a_{n1} & a_{n2} & \cdots & a_{nn} \end{pmatrix}$$
其中，$a_{ij}\in S(i,j=1,2,\cdots,n)$. 若矩阵 $\boldsymbol{A}$ 的每行(每列)的 n 个元素互不相同，则称矩阵 $\boldsymbol{A}$ 为基于集合 S 的 ***n* 阶拉丁方**. 例如
$$\begin{pmatrix} 1 & 2 & 3 \\ 2 & 3 & 1 \\ 3 & 1 & 2 \end{pmatrix} \text{与} \begin{pmatrix} 0 & 1 & 2 & 3 \\ 1 & 2 & 3 & 0 \\ 2 & 3 & 0 & 1 \\ 3 & 0 & 1 & 2 \end{pmatrix}$$
分别是一个3阶拉丁方与4阶拉丁方.

定理6.2.1　令 n 为一正整数，$Z_n=\{0,1,2,\cdots,n-1\}$. 令 $\boldsymbol{A}=(a_{ij})_{n\times n}$ 为 n 阶矩阵，其中
$$a_{ij} = i +_n j = (i+j) \bmod n \quad (i,j=0,1,2,\cdots,n-1)$$
则矩阵 $\boldsymbol{A}$ 为基于集合 Z_n 的 n 阶拉丁方.

证明　假设 $a_{ij}=a_{ik}$，则 $i +_n j = i +_n k$，两边运算 i 的逆元 $-i$，得
$$-i +_n i +_n j = -i +_n i +_n k$$
即 $j=k$，这与已知矛盾.

因此，矩阵 $\boldsymbol{A}$ 的任一行的各个元素互不相同.

对于列，证明方法类似. 证毕.

注意，定理 6.2.1 中的 $a_{ij}=i+_nj$ 常简写为 $a_{ij}=i+j$.

定理 6.2.2　令 n 为一正整数，$Z_n=\{0,1,2,\cdots,n-1\}$，$r\in Z_n$，$r\neq 0$，且 r 与 n 互质，即 $(r,n)=1$.

令 $\boldsymbol{A}=(a_{ij})_{n\times n}$ 为 n 阶矩阵，其中

$$a_{ij}=r\times_n i+_n j(i,j=0,1,2,\cdots,n-1)$$

则矩阵 $\boldsymbol{A}$ 为基于 Z_n 的 n 阶拉丁方，记作 $\boldsymbol{L}_n^r$.

证明　假设 $a_{ij}=a_{kj}$，则

$$r\times_n i+_n j=r\times_n k+_n j$$

因为 $(r,n)=1$，由 6.1 节中例 6.1.1 的(3)知，r 有乘法 $\times_n$ 的逆元 r^{-1}，于是

$$r^{-1}\times_n r\times_n i+_n j=r^{-1}\times_n r\times_n k+_n j$$

即

$$i+_n j=k+_n j$$

再两边 $+_n$ 运算 j 的逆元 $-j$，得 $i=k$，这与已知矛盾. 因此，矩阵 $\boldsymbol{A}$ 的任一列的各个元素互不相同. 证毕.

再假设 $a_{ij}=a_{ik}$，则

$$r\times_n i+_n j=r\times_n i+_n k$$

两边 $+_n$ 运算 $r\times_n i$ 的逆元，得 $j=k$，这也与已知矛盾. 因此，矩阵 $\boldsymbol{A}$ 的任一行的各个元素互不相同. 证毕.

注意，定理 6.2.2 中 $a_{ij}=r\times_n i+_n j$ 常简写为 $a_{ij}=ri+j$.

例如，$Z_6=\{0,1,2,3,4,5\}$，取 $r=5$，由定理 6.2.2 可构造基于 Z_6 的拉丁方为

$$\boldsymbol{L}_6^5=\begin{pmatrix}0&5&4&3&2&1\\1&0&5&4&3&2\\2&1&0&5&4&3\\3&2&1&0&5&4\\4&3&2&1&0&5\\5&4&3&2&1&0\end{pmatrix}$$

定义 6.2.2　令 n 阶矩阵 $\boldsymbol{A}=(a_{ij})_{n\times n}$ 与 $\boldsymbol{B}=(b_{ij})_{n\times n}$ 是两个 n 个阶拉丁方，如果矩阵 $\boldsymbol{A}\perp\boldsymbol{B}=(\langle a_{ij},b_{ij}\rangle)_{n\times n}$ 中的 n^2 个序偶 $\langle a_{ij},b_{ij}\rangle(i,j=1,2,\cdots,n)$ 是互不相同的，则称 $\boldsymbol{A}$ 与 $\boldsymbol{B}$ 为**正交拉丁方**.

令 $\boldsymbol{A}_1,\boldsymbol{A}_2,\cdots,\boldsymbol{A}_k$ 均为 n 阶拉丁方，称 $\boldsymbol{A}_1,\boldsymbol{A}_2,\cdots,\boldsymbol{A}_k$ 是**互相正交**的，如果它们中的每一对 $\boldsymbol{A}_i$ 与 $\boldsymbol{A}_j(i\neq j,i,j=1,2,\cdots,k)$ 都是正交拉丁方.

定理 6.2.3　令 n 是质数，则 $\boldsymbol{L}_n^1,\boldsymbol{L}_n^2,\cdots,\boldsymbol{L}_n^{n-1}$ 是互相正交的.

证明　由于 n 是质数，因此 Z_n 中每一个非零元素均有乘法 $\times_n$ 的逆元. 由定理 6.2.2 知，矩阵 $\boldsymbol{L}_n^1,\boldsymbol{L}_n^2,\cdots,\boldsymbol{L}_n^{n-1}$ 均为 n 阶拉丁方. 令 $r,s\in Z_n$，$r\neq s$，$r\neq 0$，$s\neq 0$，下面证明 $\boldsymbol{L}_n^r$ 与 $\boldsymbol{L}_n^s$ 是正交拉丁方.

令 $\boldsymbol{L}_n^r=(a_{ij})_{n\times n}$，$\boldsymbol{L}_n^s=(b_{ij})_{n\times n}$，假设矩阵 $\boldsymbol{L}_n^r\times\boldsymbol{L}_n^s=(\langle a_{ij},b_{ij}\rangle)_{n\times n}$ 的 i 行 j 列元素与 k 行 t 列元素相等，则

$$\langle a_{ij},b_{ij}\rangle=\langle a_{kt},b_{kt}\rangle$$

从而
$$\begin{cases} r\times_n i+_n j=r\times_n k+_n t \\ s\times_n i+_n j=s\times_n k+_n t \end{cases}$$

即
$$(r-s)\times_n i=(r-s)\times_n k$$

由于 $r\neq s, r-s\neq 0$，因而 $r-s$ 关于乘法 $_n\times$ 有逆元.

上式两边 $\times_n$ 运算 $r-s$ 的逆元，得 $i=k$，这与已知矛盾. 因此，$\boldsymbol{L}_n^r$ 与 $\boldsymbol{L}_n^s$ 是正交拉丁方.

定理 6.2.4　令 n 为一正整数，$\boldsymbol{A}_1,\boldsymbol{A}_2,\cdots,\boldsymbol{A}_k$ 为互相正交的 k 个 n 阶拉丁方，则 $k\leqslant n-1$.

证明　记 $\boldsymbol{A}_t=(a_{ij}^{(t)})_{n\times n}(t=1,2,\cdots,k)$

设 $p=\begin{pmatrix} 1 & 2 & \cdots & n \\ a_1 & a_2 & \cdots & a_n \end{pmatrix}$ 为集合 $\{1,2,\cdots,n\}$ 上任一置换，对 $\boldsymbol{A}_1$ 做置换 p 得到一个 n 阶矩阵 $\widetilde{\boldsymbol{A}}_1=(\tilde{a}_{ij}^{(1)})_{n\times n}$.

由于 p 为一一对应函数，故 $\widetilde{\boldsymbol{A}}_1$ 的每一行(每一列)的 n 个元素互不相同，故 $\widetilde{\boldsymbol{A}}_1$ 也是一个 n 阶拉丁方.

下面证明 $\widetilde{\boldsymbol{A}}_1$ 与 $\boldsymbol{A}_1,\boldsymbol{A}_2,\cdots,\boldsymbol{A}_k$ 中的每一个都正交. 假设 $\widetilde{\boldsymbol{A}}_1$ 与 $\boldsymbol{A}_t$ 不正交，则矩阵 $\widetilde{\boldsymbol{A}}_1\perp\boldsymbol{A}_t=(\langle\tilde{a}_{ij}^{(1)},a_{ij}^{(t)}\rangle)_{n\times n}$ 的 n^2 个序偶中必有两个相同，不妨设为

$$\langle\tilde{a}_{ij}^{(1)},a_{ij}^{(t)}\rangle=\langle\tilde{a}_{pg}^{(1)},a_{pg}^{(t)}\rangle$$

从而
$$\tilde{a}_{ij}^{(1)}=\tilde{a}_{pg}^{(1)} \text{ 且 } a_{ij}^{(t)}=a_{pg}^{(t)}$$

由于置换 p 把 $a_{ij}^{(1)}$ 变为 $\tilde{a}_{ij}^{(1)}$，把 $a_{pg}^{(1)}$ 变为 $\tilde{a}_{pg}^{(1)}$，且 p 为单射，因此 $a_{ij}^{(1)}=a_{pg}^{(1)}$. 故 $\langle a_{ij}^{(1)},a_{ij}^{(t)}\rangle=\langle a_{pg}^{(1)},a_{pg}^{(t)}\rangle$，这与 $\boldsymbol{A}_1$ 和 $\boldsymbol{A}_t$ 正交相矛盾. 这表明，对 $\boldsymbol{A}_1$ 做集合 $\{1,2,\cdots,n\}$ 上任一置换 p 得另一拉丁方 $\widetilde{\boldsymbol{A}}_1$，不改变 $\widetilde{\boldsymbol{A}}_1,\boldsymbol{A}_2,\cdots,\boldsymbol{A}_k$ 的相互正交性. 同理，对 $\boldsymbol{A}_2,\boldsymbol{A}_3,\cdots,\boldsymbol{A}_k$ 也可以做集合 $\{1,2,\cdots,n\}$ 上的置换而不改变其相互正交性. 于是，可以设 $\boldsymbol{A}_1,\boldsymbol{A}_2,\cdots,\boldsymbol{A}_k$ 第一行元素均为 $1,2,\cdots,n$. 此时有矩阵

$$\begin{pmatrix} \langle 1,1\rangle & \langle 2,2\rangle & \cdots & \langle n,n\rangle \\ \langle a_{21}^{(t)},a_{21}^{(s)}\rangle & \langle a_{22}^{(t)},a_{22}^{(s)}\rangle & \cdots & \langle a_{2n}^{(t)},a_{2n}^{(s)}\rangle \\ \vdots & \vdots & & \vdots \\ \langle a_{n1}^{(t)},a_{n1}^{(s)}\rangle & \langle a_{n2}^{(t)},a_{n2}^{(s)}\rangle & \cdots & \langle a_{nn}^{(t)},a_{nn}^{(s)}\rangle \end{pmatrix}\quad(1\leqslant t<s\leqslant k)$$

由于 $\boldsymbol{A}_t$ 与 $\boldsymbol{A}_s$ 是正交拉丁方，因此 $\langle a_{21}^{(t)},a_{21}^{(s)}\rangle\neq\langle 1,1\rangle$，且 $a_{21}^{(t)}\neq a_{21}^{(s)}$. 否则，假设 $a_{21}^{(t)}=a_{21}^{(s)}=d(d\in\{1,2,\cdots,n\})$，则上述矩阵的一行 d 列元素与二行一列元素均为 $\langle d,d\rangle$，这是不可能的.

由于 $\boldsymbol{A}_1,\boldsymbol{A}_2,\cdots,\boldsymbol{A}_k$ 的第 2 行第 1 列元素均不是 1 且互不相同，故它们只能是 $2,3,\cdots,n$ 中的一个，所以 $k\leqslant n-1$. 证毕.

定理 6.2.5　令 $m=n^k(m\geqslant 3, n$ 是质数，k 为正整数)，则存在 $m-1$ 个互相正交的 m 阶拉丁方.

证明　令域 $GF(n^k)$ 中的全部元素为 $\alpha_0,\alpha_1,\cdots,\alpha_{m-1}$，其中 $\alpha_0=0,\alpha_{m-1}=1$.

构造 m 阶方阵 $\boldsymbol{A}_1,\boldsymbol{A}_2,\cdots,\boldsymbol{A}_{m-1}$ 如下：

$$\boldsymbol{A}_k=(a_{ij}^{(k)})$$

其中，$a_{ij}^{(k)}=\alpha_k\cdot\alpha_i+\alpha_j$[这里“+”与“·”分别是域 $GF(n^k)$ 的“加”与“乘”运算]，$k=1,2,\cdots,$

$m-1; i,j=0,1,\cdots,n-1$.

先证 $\boldsymbol{A}_1,\boldsymbol{A}_2,\cdots,\boldsymbol{A}_{m-1}$ 都是拉丁方.

假设 $\boldsymbol{A}_k$ 不是拉丁方,则 $\boldsymbol{A}_k$ 的第 i 行(第 j 列)有两个元素相同,不妨设为

$$a_{ij}^{(k)}=a_{ih}^{(k)}$$

从而

$$\alpha_k\cdot\alpha_i+\alpha_j=\alpha_k\cdot\alpha_i+\alpha_h$$

于是 $\alpha_j=\alpha_h$,这与已知矛盾.

再证 $\boldsymbol{A}_1,\boldsymbol{A}_2,\cdots,\boldsymbol{A}_{m-1}$ 互相正交.

假设 $\boldsymbol{A}_g$ 与 $\boldsymbol{A}_h$ 不正交,则矩阵 $\boldsymbol{A}_g\perp\boldsymbol{A}_h$ 中有两个元素相等,不妨设为

$$\langle a_{ij}^{(g)},a_{ij}^{(h)}\rangle=\langle a_{ts}^{(g)},a_{ts}^{(h)}\rangle$$

从而

$$a_{ij}^{(g)}=a_{ts}^{(g)}\text{ 且 }a_{ij}^{(h)}=a_{ts}^{(h)}$$

于是

$$\begin{cases}\alpha_g\cdot\alpha_i+\alpha_j=\alpha_g\cdot\alpha_t+\alpha_s\\ \alpha_h\cdot\alpha_i+\alpha_j=\alpha_h\cdot\alpha_t+\alpha_s\end{cases}$$

两式相减,得 $(\alpha_g-\alpha_h)\cdot\alpha_i=(\alpha_g-\alpha_h)\cdot\alpha_t$,即

$$\alpha_i=\alpha_t$$

这与已知矛盾. 证毕.

例 6.2.1　试构造4个互相正交的5阶拉丁方.

解　由定理6.2.5知,$m=5=5^1$,域 $GF(5^1)=GF(5)=\{0,1,2,3,4\}$,其中 $\alpha_0=0,\alpha_1=2,\alpha_2=3,\alpha_3=4,\alpha_5=1$. 计算出

$$\boldsymbol{A}_1=\begin{pmatrix}0&2&3&4&1\\4&1&2&3&0\\1&3&4&0&2\\3&0&1&2&4\\2&4&0&1&3\end{pmatrix}\qquad \boldsymbol{A}_2=\begin{pmatrix}0&2&3&4&1\\1&3&4&0&2\\4&1&2&3&0\\2&4&0&1&3\\3&0&1&2&4\end{pmatrix}$$

$$\boldsymbol{A}_3=\begin{pmatrix}0&2&3&4&1\\3&0&1&2&4\\2&4&0&1&3\\1&3&4&0&2\\4&1&2&3&0\end{pmatrix}\qquad \boldsymbol{A}_4=\begin{pmatrix}0&2&3&4&1\\2&4&0&1&3\\3&0&1&2&4\\4&1&2&3&0\\1&3&4&0&2\end{pmatrix}$$

设 n 阶互相正交的拉丁方最多有 $N(n)$ 个. 由于1阶拉丁方与它自身正交,且没有2阶正交拉丁方对,因此 $N(1)=2,N(2)=1$.

再由定理6.2.3、定理6.2.4和定理6.2.5知

$$N(n)=n-1\quad(n\text{ 是质数的幂})$$

定理 6.2.6　对每一个奇整数 n,则 n 阶互相正交拉丁方的个数 $N(n)\geqslant 2$.

证明　令 n 为一奇整数,$Z_n=\{0,1,2,\cdots,n-1\}$,构造 n 阶方阵 $\boldsymbol{A}=(a_{ij})_{n\times n}$ 与 $\boldsymbol{B}=(b_{ij})_{n\times n}$,其中

$$a_{ij}=i+j\quad(i+_n j\text{ 的简写})$$

$$b_{ij}=i-j\quad[i+_n(-j)\text{ 的简写}]$$

由定理6.2.1知,$\boldsymbol{A}$ 为基于 Z_n 的 n 阶拉丁方. 下面证明 $\boldsymbol{B}$ 也是基于 Z_n 的 n 阶拉丁方.

假设 $\boldsymbol{B}$ 不是拉丁方，则 $\boldsymbol{B}$ 的某行（或列）一定有两个元素相等，不妨设为

$$b_{ij}=b_{ik}$$

则

$$i-j=i-k$$

从而

$$-j=-k$$

即 $j=k$，这与已知矛盾，于是 $\boldsymbol{B}$ 是拉丁方.

下面证明 $\boldsymbol{A}$ 和 $\boldsymbol{B}$ 是正交拉丁方.

假设 $\boldsymbol{A}$ 和 $\boldsymbol{B}$ 不是正交拉丁方，则矩阵 $\boldsymbol{A}\perp\boldsymbol{B}$ 中一定有两个序偶相等，不妨设为

$$\langle a_{ij},b_{ij}\rangle=\langle a_{kt},b_{kt}\rangle$$

从而 $a_{ij}=a_{kt}$ 且 $b_{ij}=b_{kt}$，于是

$$\begin{cases}i+j=k+t\\ i-j=k-t\end{cases}$$

两式分别相加、相减，得 $\begin{cases}2i=2k\\ 2j=2t\end{cases}$.

由于 n 为奇整数，因而 2 与 n 互质，即 $(2,n)=1$，于是 2 在 Z_n 中有乘法（即 $\times_n$）逆元 2^{-1}. 上面两式两边乘运算 2 的逆元 2^{-1} 得 $i=k$ 且 $j=t$，这与已知矛盾，因此 $\boldsymbol{A}$ 与 $\boldsymbol{B}$ 是正交拉丁方. 证毕.

定理 6.2.7　设 $\boldsymbol{A}_1,\boldsymbol{A}_2,\cdots,\boldsymbol{A}_k$ 是一组 n 阶互相正交拉丁方，$\boldsymbol{B}_1,\boldsymbol{B}_2,\cdots,\boldsymbol{B}_k$ 是一组 m 阶互相正交拉丁方. 记为

$$\boldsymbol{A}_p=(a_{ij}^{(p)}),B_q=(b_{ij}^{(q)})\quad(1\leqslant p,q\leqslant k)$$

构造 k 个 mn 阶矩阵 $\boldsymbol{c}_1,\boldsymbol{c}_2,\cdots,\boldsymbol{c}_k$ 为

$$\boldsymbol{c}_r=\begin{pmatrix}\langle a_{11}^{(r)},B_r\rangle & \langle a_{12}^{(r)},B_r\rangle & \cdots & \langle a_{1n}^{(r)},B_r\rangle\\ \langle a_{21}^{(r)},B_r\rangle & \langle a_{22}^{(r)},B_r\rangle & \cdots & \langle a_{2n}^{(r)},B_r\rangle\\ \vdots & \vdots & & \vdots\\ \langle a_{n1}^{(r)},B_r\rangle & \langle a_{n2}^{(r)},B_r\rangle & \cdots & \langle a_{nn}^{(r)},B_r\rangle\end{pmatrix}\quad(1\leqslant r\leqslant k)$$

其中，

$$\langle a_{ij}^{(r)},B_r\rangle=\begin{pmatrix}\langle a_{ij}^{(r)},b_{11}^{(r)}\rangle & \langle a_{ij}^{(r)},b_{12}^{(r)}\rangle & \cdots & \langle a_{ij}^{(r)},b_{1m}^{(r)}\rangle\\ \langle a_{ij}^{(r)},b_{21}^{(r)}\rangle & \langle a_{ij}^{(r)},b_{22}^{(r)}\rangle & \cdots & \langle a_{ij}^{(r)},b_{2m}^{(r)}\rangle\\ \vdots & \vdots & & \vdots\\ \langle a_{ij}^{(r)},b_{m1}^{(r)}\rangle & \langle a_{ij}^{(r)},b_{m2}^{(r)}\rangle & \cdots & \langle a_{ij}^{(r)},b_{mm}^{(r)}\rangle\end{pmatrix}$$

则 $\boldsymbol{c}_1,\boldsymbol{c}_2,\cdots,\boldsymbol{c}_k$ 是一组 mn 阶互相正交拉丁方.

证明　$\boldsymbol{c}_r$ 的任一行或任一列的两个元素中，或者第一分量不同，或者第二分量不同，所以每行或每列元素均两两互不相同，故 $\boldsymbol{c}_1,\boldsymbol{c}_2,\cdots,\boldsymbol{c}_k$ 均是拉丁方.

若 $\boldsymbol{c}_r$ 和 $\boldsymbol{c}_t(1\leqslant r\neq t\leqslant k)$ 不是正交拉丁方，则

$$\langle\langle a_{ij}^{(r)},b_{fg}^{(r)}\rangle,\langle a_{ij}^{(t)},b_{fg}^{(t)}\rangle\rangle=\langle\langle a_{pg}^{(r)},b_{uv}^{(r)}\rangle,\langle a_{pg}^{(t)},b_{uv}^{(t)}\rangle\rangle$$

于是

$$\langle a_{ij}^{(r)},b_{fg}^{(r)}\rangle=\langle a_{pg}^{(r)},b_{uv}^{(r)}\rangle\text{ 且 }\langle a_{ij}^{(t)},b_{fg}^{(t)}\rangle=\langle a_{pg}^{(t)},b_{uv}^{(t)}\rangle$$

从而

$$a_{ij}^{(r)}=a_{pg}^{(r)},b_{fg}^{(r)}=b_{uv}^{(r)},a_{ij}^{(t)}=a_{pg}^{(t)},b_{fg}^{(t)}=b_{uv}^{(t)}$$

因此 $\langle a_{ij}^{(r)},a_{ij}^{(t)}\rangle=\langle a_{pg}^{(r)},a_{pg}^{(t)}\rangle$ 且 $\langle b_{fg}^{(r)},b_{fg}^{(t)}\rangle=\langle b_{uv}^{(r)},b_{uv}^{(t)}\rangle$

这与 $\boldsymbol{A}_r$ 与 $\boldsymbol{A}_t$ 是正交拉丁方，$\boldsymbol{B}_r$ 与 $\boldsymbol{B}_t$ 是正交拉丁方相矛盾，故 $\boldsymbol{c}_1,\boldsymbol{c}_2,\cdots,\boldsymbol{c}_k$ 是互相正交的拉丁

方. 证毕.

定理 6.2.8　令 $n \geqslant 2$ 为一整数,并设 $n = p_1^{e_1} p_2^{e_2} \cdots p_k^{e_k}$ 是 n 的质因数分解,则 n 阶互相正交拉丁方的个数.

$$N(n) \geqslant \min_i \{p_i^{e_i} - 1\}$$

证明　由定理 6.2.7 知,$N(nm) \geqslant \min\{N(n), N(m)\}$.

而 $n = p_1^{e_1} p_2^{e_2} \cdots p_k^{e_k}$,于是 $N(n) \geqslant \min_i \{N(p_i^{e_i})\}$

又
$$N(p_i^{e_i}) = p_i^{e_i} - 1 \ (i = 1, 2, \cdots, k)$$

故
$$N(n) \geqslant \min_i \{p_i^{e_i} - 1\}$$

证毕.

推论 6.2.1　令 $n \geqslant 2$ 为一整数,但不是奇数的两倍,则存在一对正交的 n 阶拉丁方.

证明　令 p 是质数且 e 是正整数,只要 $p \neq 2$ 且 $e \neq 1$,就有 $p^e - 1 \geqslant 2$. 因此,如果 n 的质因数分解不是恰好含有一个 2,也即 n 不是奇数的两倍,则由定理 6.2.8 知,有 $N(n) \geqslant 2$. 证毕.

对于不小于 2 且为奇数两倍的整数,考察**欧拉猜想**:不存在像 6,10,14,18,…,$4k+2$,…这样阶数的正交拉丁方对. 1910 年,Tarry 通过穷举法证明欧拉猜想对于 $n = 6$ 的情况是成立的. 1960 年,Bose、Parker 和 Shrikhande 成功地证明了欧拉猜想对于所有的 $n > 6$ 都是不成立的.

例 6.2.2　现有 5 种感冒药、5 种退烧药和 5 种止咳药,要对它们配合的疗效进行试验,找 5 位具有同一种症状的病人($m_1 \sim m_5$)进行试验,试验在 5 天(周一 ~ 周五)内完成.

解　现给出了三种试验方案:

药	一	二	三	四	五
m_1	1	2	3	4	5
m_2	1	2	3	4	5
m_3	1	2	3	4	5
m_4	1	2	3	4	5
m_5	1	2	3	4	5

方案一

药	一	二	三	四	五
m_1	1	1	1	1	1
m_2	2	2	2	2	2
m_3	3	3	3	3	3
m_4	4	4	4	4	4
m_5	5	5	5	5	5

方案二

药	一	二	三	四	五
m_1	1	2	3	4	5
m_2	2	3	4	5	1
m_3	3	4	5	1	2
m_4	4	5	1	2	3
m_5	5	1	2	3	4

方案三

方案一的缺点:后服的药的疗效可能好一些,因为前期服的药已起作用.

方案二的缺点:由于不同人之间的体质差别很大,可能有的药对某人有效,而对另一病人的疗效却不明显.

方案三的优点:每人每天服不同的药,每天中每人各服一种药.

因此,若只试验 5 种感冒药的疗效,可构造如方案三的 5 阶拉丁方. 若要试验 5 种感冒药、5 种退烧药和 5 种止咳药的配合疗效,可构造互相正交的三个 5 阶拉丁方.

6.3　平衡不完全区组设计

定义 6.3.1　设 S 是有限集合,$B_1, B_2, \cdots, B_b$ 是 S 的 b 个子集,则集合族

$$\varphi = \{B_1, B_2, \cdots, B_b\}$$

叫作 S 上的一个**区组设计**. 其中,S 中的元素称作**样品**,$B_1, B_2, \cdots, B_b$ 称作该设计的**区组**.

定义 6.3.2　设有限集合 $S=\{s_1,s_2,\cdots,s_v\}$，$\varphi=\{B_1,B_2,\cdots,B_b\}$ 是集合 S 上的一个区组设计，若 φ 满足条件：

(1) $2\leqslant k<v$；

(2) $|B_1|=|B_2|=\cdots=|B_b|=k$；

(3) S 中的每个元素恰好出现在 $r(r\leqslant b)$ 个区组中；

(4) S 中的每一对元素恰好同时出现在 $\lambda(\lambda\leqslant r)$ 个区组中.

则称 φ 为 S 的一种**平衡不完全区组设计**(Balanced Incomplete Block Design)，简记为 BIBD.

注意：(1) b,v,k,r,λ 是 BIBD 的 5 个参数，因此，BIBD 有时也记作 (b,v,k,r,λ) - 设计.

(2) 定义 6.3.2 中，不完全的含义是 $k<v$. 若 $k=v$，则该设计叫作**完全区组设计**. 从组合的观点看，完全设计是平凡的. 今后我们只处理不完全设计.

(3) 定义 6.3.2 中，平衡的含义是指 $|B_1|=|B_2|=\cdots=|B_b|=k$.

(4) 限定 k 至少为 2 是为了防止出现平凡解. 如果 $k=1$，那么区组不含有元素对且 $\lambda=0$.

例 6.3.1　设 $S=\{s_1,s_2,\cdots,s_9\}$，$b=12,k=3,r=4,\lambda=1,v=9$. 给出一种平衡不完全区组设计 $\varphi=\{B_1,B_2,\cdots,B_{12}\}$，其中

$$B_1=\{s_1,s_2,s_3\}\qquad B_2=\{s_4,s_5,s_6\}$$
$$B_3=\{s_7,s_8,s_9\}\qquad B_4=\{s_1,s_4,s_7\}$$
$$B_5=\{s_2,s_5,s_8\}\qquad B_6=\{s_3,s_6,s_9\}$$
$$B_7=\{s_1,s_5,s_9\}\qquad B_8=\{s_2,s_6,s_7\}$$
$$B_9=\{s_3,s_4,s_8\}\qquad B_{10}=\{s_1,s_6,s_8\}$$
$$B_{11}=\{s_2,s_4,s_9\}\qquad B_{12}=\{s_3,s_5,s_7\}$$

定理 6.3.1　在一个 BIBD 中必有

$$bk=vr \text{ 和 } r=\frac{\lambda(v-1)}{k-1}$$

证明　由于 $S=\{s_1,s_2,\cdots,s_v\}$，且 S 中每个样品恰好出现在 r 个区组 $B_1,B_2,\cdots,B_b$ 中，因此

$$r|S|=|B_1|+|B_2|+\cdots+|B_b|$$

即 $rv=bk$.

集合 S 中的样品 s_1 出现在 $B_1,B_2,\cdots,B_b$ 中的 r 个中，不妨设为 $B_{11},B_{12},\cdots,B_{1r}$. 在每个 $B_{1i}(i=1,2,\cdots,r)$ 中，除 s_1 外还含有 $k-1$ 个异于 s_1 的样品，因此在 $B_{11},B_{12},\cdots,B_{1r}$ 中，除 s_1 外共有 $r(k-1)$ 个样品. 另一方面，s_1 与 S 中的其余 $v-1$ 个样品中的每一个配对也都在 B_{11}，$B_{12},\cdots,B_{1r}$ 中，每对出现 λ 次，共 $\lambda(v-1)$ 次. 故

$$r(k-1)=\lambda(v-1)$$

即 $r=\dfrac{\lambda(v-1)}{k-1}$. 证毕.

推论 6.3.1　在 BIBD 中，有 $r>\lambda$.

证明　根据定义，在 BIBD 中 $k<v$，从而 $k-1<v-1$. 于是由定理 6.3.1 知 $r>\lambda$. 证毕.

定义 6.3.3　在一个 BIBD 中，构造 $b\times v$ 阶矩阵 $\boldsymbol{A}=(a_{ij})$

其中，
$$a_{ij}=\begin{cases}1 & s_j\in B_i\\ 0 & s_j\notin B_i\end{cases}\quad(i=1,2,\cdots,b;j=1,2,\cdots,v)$$

称 $\boldsymbol{A}$ 为该 BIBD 的**区组矩阵**.

区组矩阵 $\boldsymbol{A}$ 的行表示含于每个区组中的样品；而区组矩阵 $\boldsymbol{A}$ 的列则表示包含每个样品的区组. 由于每个区组包含 k 个样品，故 $\boldsymbol{A}$ 的每一行均含 k 个 1. 而每个样品均含于 r 个区组中，因此 $\boldsymbol{A}$ 的每一列均含 r 个 1.

例 6.3.2　对于例 6.3.1 中给定的 BIBD，其区组矩阵为

$$\boldsymbol{A}=\begin{array}{c}B_1\\B_2\\B_3\\B_4\\B_5\\B_6\\B_7\\B_8\\B_9\\B_{10}\\B_{11}\\B_{12}\end{array}\overset{\begin{array}{ccccccccc}s_1&s_2&s_3&s_4&s_5&s_6&s_7&s_8&s_9\end{array}}{\begin{pmatrix}1&1&1&0&0&0&0&0&0\\0&0&0&1&1&1&0&0&0\\0&0&0&0&0&0&1&1&1\\1&0&0&1&0&0&1&0&0\\0&1&0&0&1&0&0&1&0\\0&0&1&0&0&1&0&0&1\\1&0&0&0&1&0&0&0&1\\0&1&0&0&0&1&1&0&0\\0&0&1&1&0&0&0&1&0\\1&0&0&0&0&1&0&1&0\\0&1&0&1&0&0&0&0&1\\0&0&1&0&1&0&1&0&0\end{pmatrix}}$$

定理 6.3.2　设 $\boldsymbol{A}=(a_{ij})$ 是 $b\times v$ 阶 0—1 矩阵. $\boldsymbol{A}$ 是一个 BIBD 的区组矩阵，当且仅当 $\boldsymbol{A}$ 满足

$$\boldsymbol{A}^{\mathrm{T}}\boldsymbol{A}=(r-\lambda)\boldsymbol{I}+\lambda\boldsymbol{J} \text{ 和 } \boldsymbol{A}\boldsymbol{w}_v=k\boldsymbol{w}_b$$

其中，$\boldsymbol{A}^{\mathrm{T}}$ 为 $\boldsymbol{A}$ 的转置矩阵；$\boldsymbol{I}$ 为 v 阶单位矩阵；$\boldsymbol{J}$ 为 v 阶元素均为 1 的矩阵；$\boldsymbol{w}_b$ 为 $b\times 1$ 阶元素均为 1 的矩阵.

证明　记 $\boldsymbol{B}=\boldsymbol{A}^{\mathrm{T}}\boldsymbol{A}=(b_{ij})$，则

$$b_{ij}=a_{1i}a_{1j}+a_{2i}a_{2j}+\cdots+a_{bi}a_{bj}$$

当 $i\neq j$ 时，b_{ij} = 样品 s_i 与 s_j 成对出现于各区组中的次数为 λ；当 $i=j$ 时，b_{ij} = 样品 s_i 出现于各区组中的次数为 r.

因此

$$\begin{aligned}\boldsymbol{A}^{\mathrm{T}}\boldsymbol{A}&=\begin{pmatrix}r&\lambda&\lambda&\cdots&\lambda&\lambda\\\lambda&r&\lambda&\cdots&\lambda&\lambda\\\vdots&\vdots&\vdots&&\vdots&\vdots\\\lambda&\lambda&\lambda&\cdots&\lambda&r\end{pmatrix}\\&=\begin{pmatrix}\lambda+(r-\lambda)&\lambda&\lambda&\cdots&\lambda&\lambda\\\lambda&\lambda+(r-\lambda)&\lambda&\cdots&\lambda&\lambda\\\vdots&\vdots&\vdots&&\vdots&\vdots\\\lambda&\lambda&\lambda&\cdots&\lambda&\lambda+(r-\lambda)\end{pmatrix}\\&=(r-\lambda)\boldsymbol{I}+\lambda\boldsymbol{J}\end{aligned}$$

又由于 $\boldsymbol{A}$ 的每行均有 k 个 1，所以

$$\boldsymbol{A}\boldsymbol{w}_v=\boldsymbol{A}\begin{pmatrix}1\\1\\\vdots\\1\end{pmatrix}=\begin{pmatrix}k\\k\\\vdots\\k\end{pmatrix}=k\boldsymbol{w}_b$$

反过来,若

$$\boldsymbol{A}^{\mathrm{T}}\boldsymbol{A}=(r-\lambda)\boldsymbol{I}+\lambda\boldsymbol{J}=\begin{pmatrix}r&\lambda&\lambda&\cdots&\lambda&\lambda\\\lambda&r&\lambda&\cdots&\lambda&\lambda\\\vdots&\vdots&\vdots&&\vdots&\vdots\\\lambda&\lambda&\lambda&\cdots&\lambda&r\end{pmatrix}$$

这说明 $\boldsymbol{A}$ 的每列中有 r 个 1. 又由 $\boldsymbol{A}\boldsymbol{w}_v=k\boldsymbol{w}_b$ 知,$\boldsymbol{A}$ 的每行中有 k 个 1. 令 $S=\{s_1,s_2,\cdots,s_v\}$,定义 S 上的区组设计 $\varphi=\{B_1,B_2,\cdots,B_b\}$ 为

$$B_i=\{s_j\mid a_{ij}=1,1\leqslant j\leqslant v\}\quad(1\leqslant i\leqslant b)$$

显然 $|B_i|=k$,且 s_i 与 s_j 在 λ 个区组中,s_i 在 r 个区组中. 因此,φ 是 S 的一个 BIBD,且 $\boldsymbol{A}$ 是 φ 的区组矩阵. 证毕.

定理 6.3.3　在一个 BIBD 中,$b\geqslant v,r\geqslant k$.

证明　令 $\boldsymbol{A}$ 为 BIBD 的 $b\times v$ 阶区组矩阵. 由于 $\boldsymbol{A}$ 为 0－1 矩阵,且 $\boldsymbol{A}$ 的每行均有 k 个 1,每列均有 r 个 1,故

$$\boldsymbol{A}^{\mathrm{T}}\boldsymbol{A}=\begin{pmatrix}r&\lambda&\lambda&\cdots&\lambda&\lambda\\\lambda&r&\lambda&\cdots&\lambda&\lambda\\\vdots&\vdots&\vdots&&\vdots&\vdots\\\lambda&\lambda&\lambda&\cdots&\lambda&r\end{pmatrix}$$

由推论 6.3.1 知 $r>\lambda$,于是

$$\det(\boldsymbol{A}^{\mathrm{T}}\boldsymbol{A})=\begin{vmatrix}r&\lambda&\lambda&\cdots&\lambda&\lambda\\\lambda&r&\lambda&\cdots&\lambda&\lambda\\\vdots&\vdots&\vdots&&\vdots&\vdots\\\lambda&\lambda&\lambda&\cdots&\lambda&r\end{vmatrix}$$

$$=(\lambda-r)^v[r+(v-1)\lambda]\neq 0$$

从而 $\boldsymbol{A}^{\mathrm{T}}\boldsymbol{A}$ 可逆,这样 $\boldsymbol{A}^{\mathrm{T}}\boldsymbol{A}$ 的秩等于 v. 因此,$\boldsymbol{A}$ 的秩至少是 v. 又由于 $\boldsymbol{A}$ 是一个 b 行 v 列矩阵,故 $b\geqslant v$.

由定理 6.3.1 知 $bk=vr$,因此 $r\geqslant k$. 证毕.

定义 6.3.4　在 BIBD 中,如果 $b=v$,则称该区组设计为**对称平衡不完全区组设计**,简记为 SBIBD.

定理 6.3.4　设 $\varphi=\{B_1,B_2,\cdots,B_b\}$ 是 SBIBD,则对于任何 $1\leqslant i<j\leqslant b$,有 $|B_i\cap B_j|=\lambda$.

证明　由于 $b=v$,故区组矩阵 $\boldsymbol{A}$ 为 v 阶方阵,而且 $\det\boldsymbol{A}\neq 0$,因此 $\boldsymbol{A}$ 的逆矩阵 $\boldsymbol{A}^{-1}$ 存在.

$$\begin{aligned}\boldsymbol{A}\boldsymbol{A}^{\mathrm{T}}&=(\boldsymbol{A}\boldsymbol{A}^{\mathrm{T}})(\boldsymbol{A}\boldsymbol{A}^{-1})=\boldsymbol{A}(\boldsymbol{A}^{\mathrm{T}}\boldsymbol{A})\boldsymbol{A}^{-1}\\&=\boldsymbol{A}[(r-\lambda)\boldsymbol{I}+\lambda\boldsymbol{J}]\boldsymbol{A}^{-1}\\&=\boldsymbol{A}[(k-\lambda)\boldsymbol{I}+\lambda\boldsymbol{J}]\boldsymbol{A}^{-1}\\&=(k-\lambda)\boldsymbol{A}\boldsymbol{I}\boldsymbol{A}^{-1}+\lambda\boldsymbol{A}\boldsymbol{J}\boldsymbol{A}^{-1}\\&=(k-\lambda)\boldsymbol{I}+\lambda\boldsymbol{A}\boldsymbol{J}\boldsymbol{A}^{-1}\end{aligned}$$

由于 $k=r$，且矩阵 $\boldsymbol{A}$ 的每行有 k 个1，故

$$\boldsymbol{AJ}=k\boldsymbol{J}=\boldsymbol{JA}$$

于是

$$\boldsymbol{AJA}^{-1}=\boldsymbol{JAA}^{-1}=\boldsymbol{J}$$

因此

$$\boldsymbol{AA}^{\mathrm{T}}=(k-\lambda)\boldsymbol{I}+\lambda\boldsymbol{J}=\begin{pmatrix} k & \lambda & \lambda & \cdots & \lambda & \lambda \\ \lambda & k & \lambda & \cdots & \lambda & \lambda \\ \vdots & \vdots & \vdots & & \vdots & \vdots \\ \lambda & \lambda & \lambda & \cdots & \lambda & k \end{pmatrix}$$

这就证明了对任意 $1\leqslant i<j\leqslant b$，$B_i$ 与 B_j 正好有 λ 个相同的样品. 证毕.

我们知道，SBIBD 满足 $b=v$，$k=r$，参数 λ 由 $\lambda=\dfrac{k(k-1)}{v-1}$确定. 下面介绍用 mod n 的方法构造 SBIBD.

令 $v\geqslant 2$ 为一整数，样品集 $Z_v=\{0,1,2,\cdots,v-1\}$，$+_v$ 与 $\times_v$ 运算简记为通常的"+"与"×". 令 $B\subseteq Z_v$，且 $B=\{i_1,i_2,\cdots,i_k\}$，对于 Z_v 中的整数 j，定义

$$B+j=\{i_1+j,i_2+j,\cdots,i_k+j\}$$

则 $|B+j|=k$（否则有 $i_p+j=i_q+j$，从而 $i_p=i_q$，这与已知矛盾）.

这样得到的 v 个集合

$$B=B+0,B+1,\cdots,B+v-1$$

叫作 ***B* 的扩展区组**，而 B 叫作**初始区组**.

考虑代数系统〈B，$-$〉，其中"$-$"运算为"+"（即 $+_v$）运算的逆运算. 若 Z_v 的每个非零整数在〈B，$-$〉的运算表中恰好出现相同的次数 $\lambda=\dfrac{k(k-1)}{v-1}$，则 B 称作 mod v **差集**.

例如，令 $v=7$ 和 $k=3$，$Z_7=\{0,1,2,3,4,5,6\}$，考虑 $B=\{0,1,3\}$，〈B，$-$〉的运算表为

$-$	0	1	3
0	0	6	4
1	1	0	5
3	3	2	0

而 Z_7 中的每个非零整数1，2，3，4，5，6在〈B，$-$〉的运算表中恰好出现一次，因此，B 是一个 $\lambda=1$ 的 mod 7 差集.

定理 6.3.5　设 $Z_v=\{0,1,2,\cdots,v-1\}$，$B\subseteq Z_v$，$|B|=k$，$k<v$ 且 B 是一个 mod v 差集，则 B 的扩展区组形成一个 SBIBD，其参数 $\lambda=\dfrac{k(k-1)}{v-1}$.

证明　只要证明 Z_v 的每一对元素恰好同时属于 λ 个区组.

令 p 和 q 是 Z_v 中的互异整数，则 $p-q\neq 0$. 由于 B 是 mod v 差集，则 B 中恰有 λ 个 x 和 y 满足方程 $x-y=p-q$，对每一个这样的 x 和 y，令 $j=p-x$. 于是

$$p=x+j \text{ 且 } q=y+j$$

这样，对于 λ 个 j 中的每一个 j，p 和 q 同在 $B+j$ 中. 因此 p 和 q 同在 λ 个区组中. 证毕.

例 6.3.3　求 Z_{13}大小为4的 mod 13 差集，并用它作为初始区组构造一个 SBIBD.

解　先证明 $B=\{0,1,3,9\}$ 为 $\lambda=1$ 的 mod 13 差集. 计算〈B，$-$〉的运算表，得

-	0	1	3	9
0	0	12	10	4
1	1	0	11	5
3	3	2	0	7
9	9	8	6	0

可见，Z_{13}中每个非零元素在$\langle B,-\rangle$的运算表中皆出现的次数为

$$\lambda=\frac{k(k-1)}{v-1}=\frac{4\times(4-1)}{13-1}=1$$

因此，B是一个 mod 13 差集.

以B为初始区组得到具有参数$v=b=13,k=r=4$和$\lambda=1$的 SBIBD 如下：

$B+0=\{0,1,3,9\}$　　$B+7=\{3,7,8,10\}$

$B+1=\{1,2,4,10\}$　　$B+8=\{4,8,9,11\}$

$B+2=\{2,3,5,11\}$　　$B+9=\{5,9,10,12\}$

$B+3=\{3,4,6,12\}$　　$B+10=\{0,6,10,11\}$

$B+4=\{0,4,5,7\}$　　$B+11=\{1,7,11,12\}$

$B+5=\{1,5,6,8\}$　　$B+12=\{0,2,8,12\}$

$B+6=\{2,6,7,9\}$

最后介绍如何用正交拉丁方来构造 BIBD. 令$\boldsymbol{A}_1,\boldsymbol{A}_2,\cdots,\boldsymbol{A}_{n-1}$表示$n-1$个互相正交的$n$阶拉丁方. 使用$n+1$个矩阵

$$\boldsymbol{R}_n,\boldsymbol{Q}_n,\boldsymbol{A}_1,\boldsymbol{A}_2,\cdots,\boldsymbol{A}_{n-1} \tag{6.3.1}$$

来构造具有参数

$$b=n^2+n,v=n^2,k=n,r=n+1,\lambda=1$$

的区组设计φ，其中

$$\boldsymbol{R}_n=\begin{pmatrix}0&0&\cdots&0\\1&1&\cdots&1\\2&2&\cdots&2\\\vdots&\vdots&&\vdots\\n-1&n-1&\cdots&n-1\end{pmatrix}$$

$$\boldsymbol{Q}_n=\begin{pmatrix}0&1&2&\cdots&n-1\\0&1&2&\cdots&n-1\\0&1&2&\cdots&n-1\\\vdots&\vdots&\vdots&&\vdots\\0&1&2&\cdots&n-1\end{pmatrix}$$

令$\boldsymbol{A}_i(k)$表示$k(k=0,1,2,\cdots,n-1)$在$\boldsymbol{A}_i$中所占位置的集合. 由于$\boldsymbol{A}_i$为拉丁方，因此$\boldsymbol{A}_i(k)$包含$\boldsymbol{A}_i$每一行与每一列上的位置. 特别地，在$\boldsymbol{A}_i(k)$中没有处在同一行或同一列的两个位置. 对$\boldsymbol{R}_n$与$\boldsymbol{Q}_n$也引用这个记号. 比如

$$\boldsymbol{R}_n(0)=\{\langle 0,0\rangle,\langle 0,1\rangle,\langle 0,2\rangle,\cdots,\langle 0,n-1\rangle\}$$

$$\boldsymbol{Q}_n(1)=\{\langle 0,1\rangle,\langle 1,1\rangle,\langle 2,1\rangle,\cdots,\langle n-1,1\rangle\}$$

将样品集合 S 取作 n 行 n 列矩阵的 $v=n^2$ 个位置的集合,即

$$S=\{\langle i,j\rangle \mid i=0,1,2,\cdots,n-1;j=0,1,2,\cdots,n-1\}$$

式(6.3.1)中的每一个矩阵都可以确定 n 个区组:

$$\boldsymbol{R}_n(0),\boldsymbol{R}_n(1),\boldsymbol{R}_n(2),\cdots,\boldsymbol{R}_n(n-1) \tag{6.3.2}$$

$$\boldsymbol{Q}_n(0),\boldsymbol{Q}_n(1),\boldsymbol{Q}_n(2),\cdots,\boldsymbol{Q}_n(n-1) \tag{6.3.3}$$

$$\begin{matrix} \boldsymbol{A}_1(0),\boldsymbol{A}_1(1),\boldsymbol{A}_1(2),\cdots,\boldsymbol{A}_1(n-1) \\ \vdots \\ \boldsymbol{A}_{n-1}(0),\boldsymbol{A}_{n-1}(1),\boldsymbol{A}_{n-1}(2),\cdots,\boldsymbol{A}_{n-1}(n-1) \end{matrix} \tag{6.3.4}$$

这样,有 $b=n\times(n+1)=n^2+n$ 个区组,每个区组含有 $k=n$ 个样品. 令 φ 表示这些区组的集合,即

$$\varphi=\{\boldsymbol{R}_n(0),\boldsymbol{R}_n(1),\cdots,\boldsymbol{A}_{n-1}(n-1)\}$$

下面验证每一对样品恰好在 $\lambda=1$ 个区组中一起出现. 分三种情况考虑:

(1)同行的两个样品:它们恰好同时属于式(6.3.2)的一个区组,但不在其他区组中;

(2)同列的两个样品:它们恰好同时属于式(6.3.3)的一个区组,但不在其他区组中;

(3)不同行不同列的两个样品 $\langle i,j\rangle$ 与 $\langle p,q\rangle$,它们不会同时属于式(6.3.2)和式(6.3.3)的任一区组. 假设 $\langle i,j\rangle$ 与 $\langle p,q\rangle$ 同时属于 $\boldsymbol{A}_x(f)$ 与 $\boldsymbol{A}_y(g)$ 中,则 $\boldsymbol{A}_x$ 的 i 行 j 列元素与 p 行 q 列元素均为 f;$\boldsymbol{A}_y$ 的 i 行 j 列元素与 p 行 q 列元素均为 g. 从而矩阵 $\boldsymbol{A}_x\perp\boldsymbol{A}_y$ 中的序偶 $\langle f,g\rangle$ 出现两次,这与 $\boldsymbol{A}_x$ 与 $\boldsymbol{A}_y$ 正交矛盾. 因此,$\langle i,j\rangle$ 与 $\langle p,q\rangle$ 至多同时属于式(6.3.4)的一个区组中.

至此我们知道,每一对样品至多同在一个区组中.

另外,由 S 中有 n^2 个样品知,S 中共有 $\mathrm{C}_{n^2}^2=\dfrac{n^2(n^2-1)}{2}$ 对样品;而 φ 中有 n^2+n 个区组,且每个区组有 n 个样品,这样 φ 中共有 $(n^2+n)\cdot\mathrm{C}_n^2=\dfrac{n^2(n^2-1)}{2}$ 对样品. 因此,区组设计 φ 中的样品对数恰好为总样品对数,至此,说明每对样品恰好同在一个区组中.

值得注意的是,上述过程是可以逆转的. 为此有如下定理.

定理 6.3.6　令 $n\geqslant 2$ 为一整数. 如果存在 $n-1$ 个 n 阶互相正交的拉丁方,则存在具有参数

$$b=n^2+n,v=n^2,k=n,r=n+1,\lambda=1 \tag{6.3.5}$$

的 BIBD. 反之,如果存在具有式(6.3.5)的参数的 BIBD,则存在 $n-1$ 个 n 阶互相正交的拉丁方.

例 6.3.4　用两个 3 阶正交拉丁方解释定理 6.3.6 中的 BIBD 结构.

解　样品集 $S=\{\langle 0,0\rangle,\langle 0,1\rangle,\langle 0,2\rangle,\langle 1,0\rangle,\langle 1,1\rangle,\langle 1,2\rangle\ \langle 2,0\rangle,\langle 2,1\rangle,\langle 2,2\rangle\}$,使用四个矩阵(其中 $\boldsymbol{A}_1$ 与 $\boldsymbol{A}_2$ 为正交 3 阶拉丁方)

$$\boldsymbol{R}_3=\begin{pmatrix}0&0&0\\1&1&1\\2&2&2\end{pmatrix}\quad \boldsymbol{Q}_3=\begin{pmatrix}0&1&2\\0&1&2\\0&1&2\end{pmatrix}$$

$$\boldsymbol{A}_1=\begin{pmatrix}0&1&2\\1&2&0\\2&0&1\end{pmatrix}\quad \boldsymbol{A}_2=\begin{pmatrix}0&2&1\\1&0&2\\2&1&0\end{pmatrix}$$

构造参数 $v=3^2, b=3^2+3, k=3, r=3+1, \lambda=1$ 的 BIBD 为 $\varphi=\{\boldsymbol{R}_3(0),\boldsymbol{R}_3(1),\boldsymbol{R}_3(2),\boldsymbol{Q}_3(0),\boldsymbol{Q}_3(1),\boldsymbol{Q}_3(2),\boldsymbol{A}_1(0),\boldsymbol{A}_1(1),\boldsymbol{A}_1(2),\boldsymbol{A}_2(0),\boldsymbol{A}_2(1),\boldsymbol{A}_2(2)\}$，其中

$$\begin{aligned}
\boldsymbol{R}_3(0)&=\{\langle 0,0\rangle,\langle 0,1\rangle,\langle 0,2\rangle\}\\
\boldsymbol{R}_3(1)&=\{\langle 1,0\rangle,\langle 1,1\rangle,\langle 1,2\rangle\}\\
\boldsymbol{R}_3(2)&=\{\langle 2,0\rangle,\langle 2,1\rangle,\langle 2,2\rangle\}\\
\boldsymbol{Q}_3(0)&=\{\langle 0,0\rangle,\langle 1,0\rangle,\langle 2,0\rangle\}\\
\boldsymbol{Q}_3(1)&=\{\langle 0,1\rangle,\langle 1,1\rangle,\langle 2,1\rangle\}\\
\boldsymbol{Q}_3(2)&=\{\langle 0,2\rangle,\langle 1,2\rangle,\langle 2,2\rangle\}\\
\boldsymbol{A}_1(0)&=\{\langle 0,0\rangle,\langle 1,2\rangle,\langle 2,1\rangle\}\\
\boldsymbol{A}_1(1)&=\{\langle 0,1\rangle,\langle 1,0\rangle,\langle 2,2\rangle\}\\
\boldsymbol{A}_1(2)&=\{\langle 0,2\rangle,\langle 1,1\rangle,\langle 2,0\rangle\}\\
\boldsymbol{A}_2(0)&=\{\langle 0,0\rangle,\langle 1,1\rangle,\langle 2,2\rangle\}\\
\boldsymbol{A}_2(1)&=\{\langle 0,2\rangle,\langle 1,0\rangle,\langle 2,1\rangle\}\\
\boldsymbol{A}_2(2)&=\{\langle 0,1\rangle,\langle 1,2\rangle,\langle 2,0\rangle\}
\end{aligned}$$

6.4　Steiner 三元系

我们知道，b,v,k,r,λ 为平衡不完全区组设计 BIBD 的五个参数，当 $k=3$ 时，该 BIBD 称为**施泰纳**(Steiner)**三元系**.

定理 6.4.1　设 φ 为一个 Steiner 三元系，其参数为 $b,v,k=3,r,\lambda$，则

$$r=\frac{\lambda(v-1)}{2} \text{且} b=\frac{\lambda v(v-1)}{6}$$

若 $\lambda=1$，则存在一个非负整数 n，使 $v=6n+1$ 或 $v=6n+3$.

证明　对于任意的 BIBD，有 $r=\frac{\lambda(v-1)}{k-1}$. 而对于 Steiner 三元系有 $k=3$，于是 $r=\frac{\lambda(v-1)}{3-1}=\frac{\lambda(v-1)}{2}$.

对于任意的 BIBD，有 $bk=vr$. 把 $r=\frac{bk}{v}$ 代入 $r=\frac{\lambda(v-1)}{2}$，得 $\frac{bk}{v}=\frac{\lambda(v-1)}{2}$. 又因为 $k=3$，因此

$$\frac{3b}{v}=\frac{\lambda(v-1)}{2}, \text{即} b=\frac{\lambda v(v-1)}{6}$$

若 $\lambda=1$，则

$$r=\frac{\lambda(v-1)}{2}=\frac{v-1}{2} \text{且} b=\frac{\lambda v(v-1)}{6}=\frac{v(v-1)}{6}$$

这说明 $v-1$ 为偶数，v 为奇数，v 或 $v-1$ 能被 3 整除.

若 v 能被 3 整除，则 $v=3\times(2n+1)=6n+3$，其中 n 为非负整数.

若设 $v-1$ 能被 3 整除，则 $v-1=3\times 2n$，从而 $v=6n+1$，其中 n 为非负整数. 证毕.

特别地，对于 $\lambda=1$ 的 Steiner 三元系，其参数 r 和 b 完全由 v 决定，即

$$r=\frac{v-1}{2} \text{且} b=\frac{v(v-1)}{6}$$

把 $\lambda=1$ 的 Steiner 三元系称为 **v 阶 Steiner 三元系**,记作 $ST(v)$. 由定理6.4.1知,在 $ST(v)$ 中,样品的个数为 $v=6n+1$ 或 $v=6n+3$,其中 n 为非负整数.

定理6.4.2　如果分别存在具有 v 个样品的 $ST(v)$ 和 w 个样品的 $ST(w)$,则存在具有 vw 个样品的 $ST(vw)$.

证明　设 φ_1 是具有 v 个样品 $a_1,a_2,\cdots,a_v$ 的 $ST(v)$,φ_2 是具有 w 个样品 $b_1,b_2,\cdots,b_w$ 的 $ST(w)$. 现设样品集合 S 为 v 行 w 列矩阵的元素,矩阵的行对应 $a_1,a_2,\cdots,a_v$,矩阵的列对应 $b_1,b_2,\cdots,b_w$,如下所示:

$$\begin{array}{c@{}c} & \begin{array}{cccc} b_1 & b_2 & \cdots & b_w \end{array} \\ \begin{array}{c} a_1 \\ a_2 \\ \vdots \\ a_v \end{array} & \begin{pmatrix} c_{11} & c_{12} & \cdots & c_{1w} \\ c_{21} & c_{22} & \cdots & c_{2w} \\ \vdots & \vdots & & \vdots \\ c_{v1} & c_{v2} & \cdots & c_{vw} \end{pmatrix} \end{array}$$

当且仅当下述命题之一成立时,$\{c_{ip},c_{js},c_{qt}\}\in\varphi$:

(1) $p=s=t$,且 $\{a_i,a_j,a_q\}\in\varphi_1$;

(2) $i=j=q$,且 $\{b_p,b_s,b_t\}\in\varphi_2$;

(3) $p\neq s\neq t$ 且 $\{b_p,b_s,b_t\}\in\varphi_2$,而 $i\neq j\neq q$ 且 $\{a_i,a_j,a_q\}\in\varphi_1$.

下面证明 S 的任一对元素 $\{c_{ip},c_{js}\}$ 恰出现在 φ 的一个区组里. 分三种情况讨论:

(1) $i\neq j,p=s$,则在 φ_1 中有唯一区组 $\{a_i,a_j,a_q\}$ 包含 $\{a_i,a_j\}$,由此确定出 q. 令 $t=p=s$,则 φ 中的区组 $\{c_{ip},c_{js},c_{qt}\}$ 是包含 $\{c_{ip},c_{js}\}$ 的唯一区组.

(2) $p\neq s,i=j$,则在 φ_2 中有唯一区组 $\{b_p,b_s,b_t\}$ 包含 $\{b_p,b_s\}$,由此确定出 t. 令 $q=i=j$,则 φ 中的区组 $\{c_{ip},c_{js},c_{qt}\}$ 是包含 $\{c_{ip},c_{js}\}$ 的唯一区组.

(3) $i\neq j,p\neq s$,在 φ_1 中有唯一区组 $\{a_i,a_j,a_q\}$ 包含 $\{a_i,a_j\}$,在 φ_2 中有唯一区组 $\{b_p,b_s,b_t\}$ 包含 $\{b_p,b_s\}$,由此唯一确定 q 和 t. 从而 φ 中有唯一区组 $\{c_{ip},c_{js},c_{qt}\}$ 包含 $\{c_{ip},c_{js}\}$.

综上所述,φ 是 vw 个样品集 S 的 $ST(vw)$. 证毕.

例6.4.1　设 φ_1 是具有3个样品 a_1,a_2,a_3 的 $ST(3)$,φ_2 是具有3个样品 b_1,b_2,b_3 的 $ST(3)$,根据定理6.4.2构造一个 $ST(9)$.

解　考虑9个样品集合 S,S 包含下列矩阵的元素:

$$\begin{array}{c@{}c} & \begin{array}{ccc} b_1 & b_2 & b_3 \end{array} \\ \begin{array}{c} a_1 \\ a_2 \\ a_3 \end{array} & \begin{pmatrix} c_{11} & c_{12} & c_{13} \\ c_{21} & c_{22} & c_{23} \\ c_{31} & c_{32} & c_{33} \end{pmatrix} \end{array}$$

根据定理6.4.2构造 S 的 $ST(v)$ 如下:

$$\begin{array}{c} \{c_{11},c_{12},c_{13}\},\{c_{21},c_{22},c_{23}\},\{c_{31},c_{32},c_{33}\} \\ \{c_{11},c_{21},c_{31}\},\{c_{12},c_{22},c_{32}\},\{c_{13},c_{23},c_{33}\} \\ \{c_{11},c_{22},c_{33}\},\{c_{12},c_{23},c_{31}\},\{c_{13},c_{21},c_{32}\} \\ \{c_{11},c_{23},c_{32}\},\{c_{12},c_{21},c_{33}\},\{c_{13},c_{22},c_{31}\} \end{array}$$

其参数为

$$b=\frac{v(v-1)}{6}=12,v=9,k=3,r=\frac{v-1}{2}=4,\lambda=1$$

如果分别用 0,1,2,3,4,5,6,7,8 代替 $c_{11},c_{12},c_{13},c_{21},c_{22},c_{23},c_{31},c_{32},c_{33}$,则所构造的 $ST(v)$ 为

$$\begin{array}{l}\{0,1,2\},\{3,4,5\},\{6,7,8\}\\ \{0,3,6\},\{1,4,7\},\{2,5,8\}\\ \{0,4,8\},\{1,5,6\},\{2,3,7\}\\ \{0,5,7\},\{1,3,8\},\{2,4,6\}\end{array} \tag{6.4.1}$$

例 6.4.1 中 9 个样品集合 S 的 $ST(v)$ 能划分成四块,即式(6.4.1)的每一行,使得 S 中的每个样品恰好出现在每一块中. 具有这种性质的 $ST(v)$ 叫作**可解 Kirkman 三元系**,其中划分的每一块称为可解 Kirkman 三元系的**可解类**. 设 φ 是一个具有 v 个样品的可解 Kirkman 三元系,由于 $k=3$,故必须使 v 能够被 3 整除. 因此,根据定理 6.4.1,为使具有 v 个样品的可解 Kirkman 三元系存在,v 必须是 $6n+3$ 的形式. 因此,可解 Kirkman 三元系的参数为

$$v=6n+3$$

$$b=\frac{v(v-1)}{6}=(2n+1)(3n+1)$$

$$k=3$$

$$r=\frac{v-1}{2}=3n+1$$

$$\lambda=1$$

在每个可解类中,区组的个数为 $\frac{v}{3}=2n+1$.

1971 年,Ray-Chaudhuri 和 Wilson 证明了对每个非负整数 n 如何构造可解 Kirkman 三元系.

例 6.4.2(Kirkman 女生问题)　安排 15 名女生散步,散步时 3 名女生一组,共分成 5 组. 问能否在一周内每天安排 15 名女生的散步一次,使得任何两名女生恰好在一起散步一次.

解　问题的解就是构造 $v=15,\lambda=1$ 的可解 Kirkman 三元系,且有 7 个可解类. 表示如下(其中每一行为一可解类):

$$\begin{array}{l}\{0,1,4\},\{2,13,14\},\{3,5,11\},\{6,7,10\},\{8,9,12\}\\ \{0,2,8\},\{1,7,14\},\{3,10,12\},\{4,11,13\},\{5,6,9\}\\ \{0,3,14\},\{1,8,10\},\{2,9,11\},\{4,6,12\},\{5,7,13\}\\ \{0,5,10\},\{1,6,11\},\{2,7,12\},\{3,8,13\},\{4,9,14\}\\ \{0,7,9\},\{1,12,13\},\{2,3,6\},\{4,5,8\},\{10,11,14\}\\ \{0,6,13\},\{1,3,9\},\{2,4,10\},\{5,12,14\},\{7,8,11\}\\ \{0,11,12\},\{1,2,5\},\{3,4,7\},\{6,8,14\},\{9,10,13\}\end{array}$$

6.5　Hadamard 矩阵

定义 6.5.1　若 n 阶方阵 $\boldsymbol{H}_n$ 的元素全为 1 或 −1,且满足

$$\boldsymbol{H}_n\boldsymbol{H}_n^{\mathrm{T}}=n\boldsymbol{I}_n$$

则称 $\boldsymbol{H}_n$ 为一个 n 阶**阿达马(Hadamard)矩阵**,简称为 **$\boldsymbol{H}$ 矩阵**. 其中,$\boldsymbol{H}_n^{\mathrm{T}}$ 为 $\boldsymbol{H}_n$ 的转置;$\boldsymbol{I}_n$ 为 n 阶单位矩阵. 例如

$$\boldsymbol{H}_1=[1],\qquad \boldsymbol{H}_2=\begin{pmatrix}1&1\\1&-1\end{pmatrix}$$

$$\boldsymbol{H}_4=\begin{pmatrix}1&1&1&1\\1&-1&1&-1\\1&1&-1&-1\\1&-1&-1&1\end{pmatrix}$$

定理 6.5.1　对于 $n>2$ 的 Hadamard 矩阵 $\boldsymbol{H}_n$，有 $n\equiv 0(\bmod 4)$.

证明　设 $\boldsymbol{H}_n=(a_{ij})_{n\times n}$，由于 $\boldsymbol{H}_n\boldsymbol{H}_n^{\mathrm{T}}=n\boldsymbol{I}_n$，所以

$$\sum_{k=1}^{n} a_{ik}a_{jk}=\begin{cases}0 & i\neq j\\ n & i=j\end{cases}$$

于是有

$$\sum_{k=1}^{n}(a_{1k}+a_{2k})(a_{1k}+a_{3k})=\sum_{k=1}^{n}a_{1k}^2+\sum_{k=1}^{n}a_{1k}a_{3k}+\sum_{k=1}^{n}a_{1k}a_{2k}+\sum_{k=1}^{n}a_{2k}a_{3k}$$
$$=n$$

由于 a_{1k},a_{2k},a_{3k} 只能是 1 或 -1，所以 $a_{1k}+a_{2k}$ 和 $a_{1k}+a_{3k}$ 只能是 $2,0,-2$，故和式

$$\sum_{k=1}^{n}(a_{1k}+a_{2k})(a_{1k}+a_{3k})$$

的各项为 $4,0,-4$，因而总和是 4 的倍数. 所以 $n\equiv 0(\bmod 4)$. 证毕.

人们猜想，定理 6.5.1 的逆命题也是成立的，即有如下的 **Hadamard 矩阵的存在性猜想**：对任意的正整数 n，都存在 $4n$ 阶的 Hadamard 矩阵.

由 $\boldsymbol{H}$ 矩阵的定义知，对 $\boldsymbol{H}$ 矩阵实行如下四种变换中的任意一种，或相继施行这些变换若干次，所得的矩阵仍是一个 $\boldsymbol{H}$ 矩阵. 这四种变换如下：

(1) 行换序；

(2) 列换序；

(3) 将某一行乘以 -1；

(4) 将某一列乘以 -1.

两个 $\boldsymbol{H}$ 矩阵若可经过有限次(1)～(4)中的变换互相转化，则称它们是**等价的 $\boldsymbol{H}$ 矩阵**.

一个 $\boldsymbol{H}$ 矩阵是**规范**的，若它的第一行和第一列的所有元素均为 1. 显然，任意一个 n 阶 $\boldsymbol{H}$ 矩阵都可经过有限次(不超过 $2n-1$ 次)的(3)、(4)型变换化为一个规范的 $\boldsymbol{H}$ 矩阵. 由此可见，任意一个 $\boldsymbol{H}$ 矩阵都等价于某个规范 $\boldsymbol{H}$ 矩阵.

定义 6.5.2　设 $\boldsymbol{A}=(a_{ij})$ 和 $\boldsymbol{B}=(b_{ij})$ 分别是 m 阶和 n 阶方阵，定义它们的**直积** $\boldsymbol{A}\times\boldsymbol{B}$ 为具有如下分块形式的一个 mn 阶方阵：

$$\boldsymbol{A}\times\boldsymbol{B}=\begin{pmatrix}a_{11}\boldsymbol{B}&a_{12}\boldsymbol{B}&\cdots&a_{1m}\boldsymbol{B}\\a_{21}\boldsymbol{B}&a_{22}\boldsymbol{B}&\cdots&a_{2m}\boldsymbol{B}\\\vdots&\vdots&&\vdots\\a_{m1}\boldsymbol{B}&a_{m2}\boldsymbol{B}&\cdots&a_{mm}\boldsymbol{B}\end{pmatrix}$$

由定义可以证明，矩阵的直积具有如下基本性质：

(1) $(\boldsymbol{A}\times\boldsymbol{B})\times\boldsymbol{C}=\boldsymbol{A}\times(\boldsymbol{B}\times\boldsymbol{C})$；

(2) $(\boldsymbol{A}+\boldsymbol{B})\times\boldsymbol{C}=(\boldsymbol{A}\times\boldsymbol{C})+(\boldsymbol{B}\times\boldsymbol{C})$,

$\boldsymbol{A}\times(\boldsymbol{B}+\boldsymbol{C})=(\boldsymbol{A}\times\boldsymbol{B})+(\boldsymbol{A}\times\boldsymbol{C})$;

(3) $(\boldsymbol{A}\times\boldsymbol{B})(\boldsymbol{C}\times\boldsymbol{D})=\boldsymbol{AC}\times\boldsymbol{BD}$;

(4) $(\boldsymbol{A}\times\boldsymbol{B})^{\mathrm{T}}=\boldsymbol{A}^{\mathrm{T}}\times\boldsymbol{B}^{\mathrm{T}}$.

定理 6.5.2　若 $\boldsymbol{A}$ 和 $\boldsymbol{B}$ 分别是 m 阶和 n 阶 $\boldsymbol{H}$ 矩阵，则它们的直积 $\boldsymbol{A}\times\boldsymbol{B}$ 是一个 mn 阶 $\boldsymbol{H}$ 矩阵.

证明　$(\boldsymbol{A}\times\boldsymbol{B})(\boldsymbol{A}\times\boldsymbol{B})^{\mathrm{T}}=(\boldsymbol{A}\times\boldsymbol{B})(\boldsymbol{A}^{\mathrm{T}}\times\boldsymbol{B}^{\mathrm{T}})=\boldsymbol{AA}^{\mathrm{T}}\times\boldsymbol{BB}^{\mathrm{T}}=m\boldsymbol{I}_m\times n\boldsymbol{I}_n=mn\boldsymbol{I}_{mn}$
于是 $\boldsymbol{A}\times\boldsymbol{B}$ 是一个 mn 阶 $\boldsymbol{H}$ 矩阵. 证毕.

推论 6.5.1　(1) 若存在 $m_1,m_2,\cdots,m_k$ 阶的 $\boldsymbol{H}$ 矩阵，则存在 $m_1m_2\cdots m_k$ 阶的 $\boldsymbol{H}$ 矩阵.

(2) 对任意正整数 k，存在 2^k 阶的 $\boldsymbol{H}$ 矩阵.

(3) 如果 $\boldsymbol{H}_n$ 是 n 阶 $\boldsymbol{H}$ 矩阵，则 $\begin{pmatrix}\boldsymbol{H}_n & \boldsymbol{H}_n\\ \boldsymbol{H}_n & -\boldsymbol{H}_n\end{pmatrix}$ 是 $2n$ 阶 $\boldsymbol{H}$ 矩阵.

证明　(1) 由定理 6.5.2 并对 k 使用归纳法，它们的直积 $\boldsymbol{A}_1\times\boldsymbol{A}_2\times\cdots\times\boldsymbol{A}_k$ 是一个 $m_1m_2\cdots m_k$ 阶 $\boldsymbol{H}$ 矩阵.

(2) 我们知道存在 2 阶 $\boldsymbol{H}$ 矩阵，再在 (1) 中取 $m_1=m_2=\cdots=m_k=2$ 即得.

(3) 已知 2 阶 $\boldsymbol{H}$ 矩阵 $\boldsymbol{H}_2=\begin{pmatrix}1 & 1\\ 1 & -1\end{pmatrix}$，由定理 6.5.2 知

$$\boldsymbol{H}_2\times\boldsymbol{H}_n=\begin{pmatrix}\boldsymbol{H}_n & \boldsymbol{H}_n\\ \boldsymbol{H}_n & -\boldsymbol{H}_n\end{pmatrix}$$

为 $2n$ 阶 $\boldsymbol{H}$ 矩阵. 证毕.

下面介绍如何用有限域来构造 $\boldsymbol{H}$ 矩阵.

设 n 是质数，我们知道 $\{0,1,2,\cdots,n-1\}$ 在运算 $+_n$ 及 $\times_n$ 下可以构造一个有限域，且把它记作 $GF(n)$，同时 $+_n$ 与 $\times_n$ 还可简写为“+”与“×”（或“·”）.

设 α 是循环群 $\langle GF(n)-\{0\},\times\rangle$ 的生成元，则

$$GF(n)=\{0,\alpha,\alpha^2,\cdots,\alpha^{n-1}=1\}\quad(\alpha^{n-1}\text{为“×”的幺元 }1)$$

定义 6.5.3　对于 $\beta\in GF(n)$，定义函数

$$x(\beta)=\begin{cases}0 & \beta=0\\ (-1)^i & \beta=\alpha^i\end{cases}$$

例 6.5.1　设 $GF(19)=\{0,1,2,\cdots,18\}$，则 2 是 $\langle GF(19)-\{0\},\times\rangle$ 的生成元，在“×”运算下有

$$\begin{array}{lll}
1=2^{18} & 2=2^{1} & 3=2^{13}\\
4=2^{2} & 5=2^{16} & 6=2^{14}\\
7=2^{6} & 8=2^{3} & 9=2^{8}\\
10=2^{17} & 11=2^{12} & 12=2^{15}\\
13=2^{5} & 14=2^{7} & 15=2^{11}\\
16=2^{4} & 17=2^{10} & 18=2^{9}
\end{array}$$

于是

$$x(0)=0\qquad x(1)=1\qquad x(2)=-1$$

$$\begin{array}{lll} x(3)=-1 & x(4)=1 & x(5)=1 \\ x(6)=1 & x(7)=1 & x(8)=-1 \\ x(9)=1 & x(10)=-1 & x(11)=1 \\ x(12)=-1 & x(13)=-1 & x(14)=-1 \\ x(15)=-1 & x(16)=1 & x(17)=1 \\ x(18)=-1 & & \end{array}$$

函数 $x(\beta)$ 具有如下性质：

(1) $x(\beta r)=x(\beta)x(r)$；

(2) $\sum\limits_{\beta\in GF(n)} x(\beta)=0$；

(3) 若 r 为 $GF(n)$ 中的非零元素，则

$$\sum_{\beta\in GF(n)} x(\beta)x(\beta+r)=-1;$$

(4) 若 $GF(n)$ 中，$n+1$ 为 4 的倍数，则 $x(-1)=-1$.

证明　(2) $\sum\limits_{\beta\in GF(n)} x(\beta)=x(0)+\sum\limits_{i=1}^{n-1} x(\alpha^i)=\sum\limits_{i=1}^{n-1}(-1)^i$

由 n 为质数知(2)成立.

(3) 设 $\beta\neq 0$，则

$$\begin{aligned} x(\beta)x(\beta+r) &= x(\beta)x(\beta(1+\beta^{-1}r))=x(\beta)x(\beta)x(1+\beta^{-1}r) \\ &= x(1+\beta^{-1}r) \end{aligned}$$

从而

$$\begin{aligned} \sum_{\beta\in GF(n)} x(\beta)x(\beta+r) &= \sum_{\substack{\beta\in GF(n)\\ \beta\neq 0}} x(\beta)x(\beta+r)=\sum_{\substack{\beta\in GF(n)\\ \beta\neq 0}} x(1+\beta^{-1}r) \\ &= \sum_{\substack{S\in GF(n)\\ S\neq 1}} x(s)=\sum_{S\in GF(n)} x(s)-x(1)=0-1=-1 \end{aligned}$$

(4) 由于 $n+1$ 为 4 的倍数，所以 $\frac{n-1}{2}$ 是奇数. 又因为 $\alpha^{n-1}=1$，因此

$$\begin{aligned} \alpha^{n-1}-1 &= \left(\alpha^{\frac{n-1}{2}}\right)^2-1=\left(\alpha^{\frac{n-1}{2}}-1\right)\left(\alpha^{\frac{n-1}{2}}+1\right) \\ &\equiv 0 \pmod n \end{aligned}$$

而 $\alpha^{\frac{n-1}{2}}\neq 1$，于是 $\alpha^{\frac{n-1}{2}}+1\equiv 0\pmod n$，即

$$\alpha^{\frac{n-1}{2}}\equiv -1\pmod n$$

故

$$x(-1)=x\left(\alpha^{\frac{n-1}{2}}\right)=(-1)^{\frac{n-1}{2}}=-1$$

定理6.5.3　若 n 为质数，且 $n+1$ 是 4 的倍数，则 $n+1$ 阶方阵

$$\begin{pmatrix} 1 & 1 & 1 & 1 & 1 & \cdots & 1 \\ 1 & -1 & x(1) & x(2) & x(3) & \cdots & x(n-1) \\ 1 & x(n-1) & -1 & x(1) & x(2) & \cdots & x(n-2) \\ 1 & x(n-2) & x(n-1) & -1 & x(1) & \cdots & x(n-3) \\ \vdots & \vdots & \vdots & \vdots & \vdots & & \vdots \\ 1 & x(1) & x(2) & x(3) & x(4) & \cdots & -1 \end{pmatrix}$$

为 Hadamard 矩阵.

证明　显然,矩阵的所有元素都是 1 或 -1.

(1)矩阵的第一行与任意一行的内积为

$$1-1+\sum_{i=1}^{n-1} x(i)=\sum_{i=1}^{n-1} x(i)$$

由于 $x(0)=0$,所以

$$\sum_{i=1}^{n-1} x(i)=\sum_{\beta \in GF(n)} x(\beta)=0$$

这说明矩阵的第一行与任意一行都正交.

(2)矩阵的第二行与其他各行的内积为

$$\begin{aligned} & 1-x(-k)-x(k)+\sum_{i=1}^{n-1} x(i) x(i-k)\left(k=\frac{n-1}{2}\right) \\ = & 1-x(-1) x(k)-x(k)+\sum_{\beta \in GF(n)} x(\beta) x(\beta+r) \\ = & 1-1=0 \end{aligned}$$

这说明矩阵的第二行与其他各行都正交.

同理可证第三行与其他各行都正交. 其余类推. 证毕.

例 6.5.2　根据 $GF(19)$按定理 6.5.3 构造 20 阶 $\boldsymbol{H}$ 矩阵为

$$\begin{pmatrix}
1&1&1&1&1&1&1&1&1&1&1&1&1&1&1&1&1&1&1&1\\
1&-1&1&-1&-1&1&1&1&1&-1&1&-1&1&-1&-1&-1&-1&1&1&-1\\
1&-1&-1&1&-1&-1&1&1&1&1&-1&1&-1&1&-1&-1&-1&-1&1&1\\
1&1&-1&-1&1&-1&-1&1&1&1&1&-1&1&-1&1&-1&-1&-1&-1&1\\
1&1&1&-1&-1&1&-1&-1&1&1&1&1&-1&1&-1&1&-1&-1&-1&-1\\
1&-1&1&1&-1&-1&1&-1&-1&1&1&1&1&-1&1&-1&1&-1&-1&-1\\
1&-1&-1&1&1&-1&-1&1&-1&-1&1&1&1&1&-1&1&-1&1&-1&-1\\
1&-1&-1&-1&1&1&-1&-1&1&-1&-1&1&1&1&1&-1&1&-1&1&-1\\
1&-1&-1&-1&-1&1&1&-1&-1&1&-1&-1&1&1&1&1&-1&1&-1&1\\
1&1&-1&-1&-1&-1&1&1&-1&-1&1&-1&-1&1&1&1&1&-1&1&-1\\
1&-1&1&-1&-1&-1&-1&1&1&-1&-1&1&-1&-1&1&1&1&1&-1&1\\
1&1&-1&1&-1&-1&-1&-1&1&1&-1&-1&1&-1&-1&1&1&1&1&-1\\
1&-1&1&-1&1&-1&-1&-1&-1&1&1&-1&-1&1&-1&-1&1&1&1&1\\
1&1&-1&1&-1&1&-1&-1&-1&-1&1&1&-1&-1&1&-1&-1&1&1&1\\
1&1&1&-1&1&-1&1&-1&-1&-1&-1&1&1&-1&-1&1&-1&-1&1&1\\
1&1&1&1&-1&1&-1&1&-1&-1&-1&-1&1&1&-1&-1&1&-1&-1&1\\
1&1&1&1&1&-1&1&-1&1&-1&-1&-1&-1&1&1&-1&-1&1&-1&-1\\
1&-1&1&1&1&1&-1&1&-1&1&-1&-1&-1&-1&1&1&-1&-1&1&-1\\
1&-1&-1&1&1&1&1&-1&1&-1&1&-1&-1&-1&-1&1&1&-1&-1&1\\
1&1&-1&-1&1&1&1&1&-1&1&-1&1&-1&-1&-1&-1&1&1&-1&-1
\end{pmatrix}$$

定理 6.5.4　一个$4n$阶规范$\boldsymbol{H}$矩阵对应一个 SBIBD，且此 SBIBD 的参数为$b=v=4n-1$，$k=r=2n-1$，$\lambda=n-1$.

证明　去掉$4n$阶规范矩阵$\boldsymbol{H}$的第一行与第一列元素得$4n-1$阶矩阵，并将该矩阵的所有-1元素改为0，这样得到的$4n-1$阶矩阵记作$\boldsymbol{A}_{4n-1}$. 矩阵$\boldsymbol{A}_{4n-1}$的每一行（列）有$2n-1$个1，$2n$个0，且任意两行（列）的内积为$n-1$. 因此，由定理6.3.2知，$\boldsymbol{A}_{4n-1}$为参数$b=v=4n-1$，$k=r=2n-1$，$\lambda=n-1$的 SBIBD 的区组矩阵. 证毕.

6.6 编码理论的基本概念

通信的目的是要把对方不知道的消息迅速准确地（有时还要秘密地）传送给对方. 图6.6.1给出了一个典型的通信系统模型.

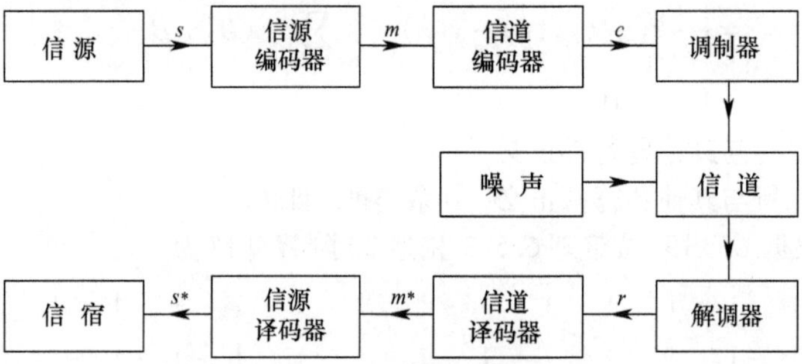

图6.6.1　数字通信系统模型

图6.6.1中，信源编码器把信源发出的消息s，如语言、图像、文字等转换成二进制（或多进制）形式的信息序列m；为抵抗噪声干扰，根据 Shannon 编码理论，信道编码器即**纠错编码器**会把信息序列m转换成比m更长的二进制（或多进制）序列c；调制器把纠错码送出的信息序列c变换成适合信道传输的信号. 由于信道干扰的影响，该信息序列中可能已有错误，经过信道译码器即**纠错译码器**对其中的错误进行检测并自动纠正，再通过信源译码器恢复成原来的消息送给用户.

在此只关心图6.6.1中信道编、译码器，即纠错编、译码器这两个方框，于是，面临的重要问题是设计纠错编码器-纠错译码器对，使得信道译码器的输出端能够迅速可靠地重现信息序列m.

纠错码通常可按以下方式进行分类：

（1）按照每个码元取值，分为**二进制码与q进制码**（$q=p^m$，p为质数，m为正整数）.

（2）按照对每个信息元保护能力是否相等分为**等保护纠错码**与**不等保护纠错码**.

（3）根据校验元与信息元之间的关系分为**线性码**与**非线性码**. 若校验元与信息元之间的关系是线性关系（满足线性叠加原理），则称为线性码；否则，称为非线性码.

（4）按照对信息元处理方法的不同，分为**分组码**与**卷积码**.

（5）按照纠正错误的类型可分为**纠随机错误码**、**纠突发错误码**、**纠同步错误码**以及**既能纠随机错误又能纠突发错误码**.

为清楚起见，把上述分类用图6.6.2表示.

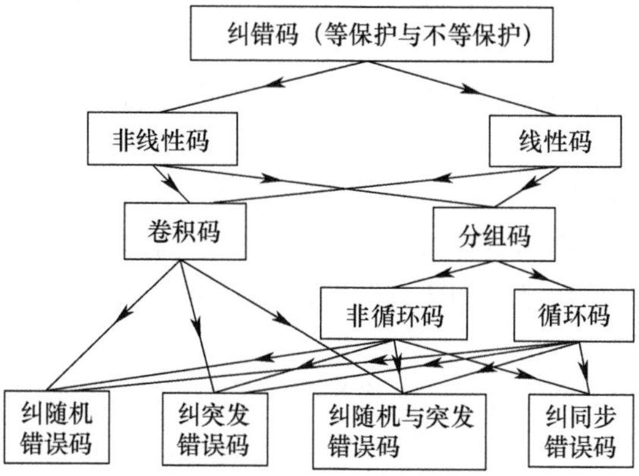

图 6.6.2　纠错码分类

定义 6.6.1　设 A 为一些字符组成的集合，任一由 A 中字符组成的字符串称为**字**. 一些字的集合称为**码**. 码中的字称为**码字**，不在码中的字称为**废码**. 集合 A 中的每个字符称为**码元**. 每个码字中字符的个数称为**码长**.

若 A 由二进制数组成，即 $A=\{0,1\}$，则称这种码为**二进制码**；若 A 由三进制数组成，即 $A=\{0,1,2\}$，则称这种码为**三进制码**等等.

例如，$A=\{0,1\}$，$\{000,111\}$ 是一个二进制码，000 与 111 是它的两个码字，且每个码字的码长为 3.

设 u、v 是码长为 n 的两个码字，**汉明（Hamming）距离** $d(u,v)$ 是这两个码字对应位不同元素的个数.

例如，$u=10101010$，$v=10111000$，有 $d(u,v)=2$.

汉明权 $\omega(u)$ 是码字 u 中非零元素的个数. 例如，$\omega(10101010)=4$.

汉明距离 $d(u,v)$ 有以下基本属性：

(1) $d(u,v)\geqslant 0$，当且仅当 $u=v$ 时 $d(u,v)=0$；

(2) $d(u,v)=d(v,u)$；

(3) $d(u,v)\leqslant d(u,w)+d(w,v)$.

定义 6.6.2　**分组码**是把信源输出的信息序列，以 k 个码元划分一段（称为**信息元**），按一定规则增加 $n-k$ 个**校验元**，组成长为 n 的码字，记作 (n,k)，其中 n 表示码长，k 表示信息元的位数. 同时，$\frac{k}{n}$称为**码率** R，表示 (n,k) 分组码中，信息元在码字中所占的比重.

由定义 6.6.2 知，分组码的每个码字的校验元仅与本组信息元有关，而与别组无关. 比如，在二进制情况下，信息元共有 2^k 个，因此，通过编码器后，相应的码字也有 2^k 个. 另外，在二进制情况下，长为 n 的序列有 2^n 个，而 (n,k) 分组码的码字只有 2^k 个. 因此，分组码 (n,k) 的编码问题就是确定出一套规则，以便从 2^n 个长为 n 的序列中选出 2^k 个码字，不同的选取规则就会得到不同的码. 我们称被选取的 2^k 个长为 n 的序列为**许用码字**，其余的 2^n-2^k 个为**禁用码字**.

定义 6.6.3　(n,k) 分组码中，任两个码字之间汉明距离的最小值，称为该分组码的**最小汉明距离** d，简称为**最小距离**.

我们知道码率 R 表示 (n,k) 分组码中，信息元在码字中所占的比重，是衡量分组码有效性的一个基本参数. 而最小距离 d 是 (n,k) 分组码的另一重要参数，它表明分组码抗干扰能力的大小. 以后会看到，d 越大，码的抗干扰能力越强，在同样译码方法下它的译码错误率越小. 因此，码率 R 和最小距离 d 是 (n,k) 分组码的两个最重要的参数. 纠错编码的基本任务之一就是构造 R 一定 d 尽可能大的码，或 d 一定 R 尽可能大的码.

当一个码字通过一个噪声信道传输时，错误被引入到某些向量元素中，我们通过寻找与收到的向量的汉明距离最小的码字来纠错，即通过尽量少的修改将收到的向量变为码字，这种方法称为**最小汉明距离译码**.

如果改变一个码字中 s 个位置而不能将其变为另一个码字，那么这种编码最多能检测到 s 个错误；如果改变一个码字 c 少于 t 个位置，与其汉明距离最近的码字仍是 c，那么这种编码最多能纠正 t 个错误.

定理 6.6.1　设 d 是分组码 (n,k) 的最小距离，若要在码字内：

(1) 检测 s 个错误，则要求 $d \geqslant s+1$；

(2) 纠正 t 个错误，则要求 $d \geqslant 2t+1$；

(3) 纠正 t 个错误，**同时**检测 $s(s \geqslant t)$ 个错误，则要求 $d \geqslant t+s+1$.

证明　(1) 若码字 a 发生 s 个错误变为 c，则 $d(a,c)=s$. 设 $d \geqslant s+1$，并设 b 是 c 以外的任一码字. 由

$$d(a,c)+d(c,b) \geqslant d(a,b)$$

得
$$d(c,b) \geqslant d(a,b)-d(a,c) \geqslant d-s \geqslant d-d+1=1$$

因此 $c \neq b$，故译码器不会将 c 错判成 b，检测到 $s(s \leqslant d-1)$ 个错误.

(2) 设 $d \geqslant 2t+1$，并设码字 a 发生了不多于 t 个错误变成 c，即 $d(a,c) \leqslant t$. 如果 b 是 c 以外的任一码字，由

$$d(a,b) \leqslant d(a,c)+d(c,b)$$

得
$$\begin{aligned} d(c,b) &\geqslant d(a,b)-d(a,c) \\ &\geqslant d(a,b)-t \\ &\geqslant 2t+1-t=t+1 \end{aligned}$$

由于 c 有不多于 t 个错误，所以最小汉明距离译码法能将 c 译码为 b.

(3) 这里所指的"同时"，是当错误个数小于等于 t 时，该码能纠正 t 个错；当错误个数大于 t 而小于 s 时，则码能检测 s 个错误. 证毕.

例 6.6.1　奇偶校验码　奇偶校验码是只有一个校验元的 $(n,n-1)$ 分组码.

设给定 $k=n-1$ 位的二进制信息元组为

$$m_{k-1},m_{k-2},\cdots,m_1,m_0$$

则按如下规则完成码中一个码字 $c_{n-1}c_{n-2}\cdots c_1c_0$ 的编码

$$c_{n-1}=m_{k-1},c_{n-2}=m_{k-2},\cdots,c_2=m_1,c_1=m_0$$

而一个校验元

$$c_0=m_{k-1}+m_{k-2}+\cdots+m_1+m_0$$

的作用则是保证每个码字中"1"的个数为偶数，所以这种校验关系称为奇偶校验. 由于分组码中的每一个码字均按同一规则构成，故这种分组码为**一致校验码**. 显然，码中的码字数目为

$$M=2^k=2^{n-1}$$

6.7　线性分组码

定义 6.7.1　设 A 为有限域，以 A 中元素为码元的分组码 (n,k) 称为**线性分组码**，记作 $[n,k]$. 如果码的最小距离为 d，则记作 $[n,k,d]$.

由于线性分组码 $[n,k]$ 在“加法”运算下构成 Abel 群，所以线性分组码又称作**群码**.

例 6.7.1　设 $A=GF(2)=\{0,1\}$，$GF(2)$ 上的线性分组码 $[7,3]$ 的码字表为

信息元组	码字
000	0000000
001	0011101
010	0100111
011	0111010
100	1001110
101	1010011
110	1101001
111	1110100

上述 8 个码字在模 2 加法下构成 Abel 群.

定理 6.7.1　线性分组码 $[n,k,d]$ 的最小距离等于非零码字的最小权重，即 $d=\min\limits_{c\in[n,k]} w(c)$

证明　任取 $a,b\in[n,k,d]$. 由于线性分组码 $[n,k,d]$ 是群码，因此，$a+b\in[n,k,d]$，即

$$d(a,b)=w(a+b)$$

证毕.

下面讨论线性分组码 $[n,k]$ 的编码问题. 为了构造一个线性分组码 $[n,k]$，必须构造一个 n 维向量空间 A^n 上的 k 维子空间. 最简单的办法是选择 k 个线性无关的向量，由它们生成 k 维子空间. 于是选择一个由域 A 上元素组成的 $k\times n$ 阶且秩为 k 的**矩阵 $\boldsymbol{G}$**，称其为线性分组码 $[n,k]$ 的**生成矩阵**. 当 v 遍历 A^k 中的所有向量时，由向量集 $v\boldsymbol{G}$ 就可以得到 k 维子空间，即得到一个域 A 上的线性分组码 $[n,k]$.

例 6.7.2　构成域 $GF(2)$ 上的一个线性分组码 $[7,3]$.

解　构造码 $[7,3]$ 的生成矩阵为

$$\boldsymbol{G}=\begin{pmatrix}1&0&0&1&1&1&0\\0&1&0&0&1&1&1\\0&0&1&1&1&0&1\end{pmatrix}$$

已知信息元 $v=(001)$，则相应的码字为

$$(001)\begin{pmatrix}1&0&0&1&1&1&0\\0&1&0&0&1&1&1\\0&0&1&1&1&0&1\end{pmatrix}=(0011101)$$

已知信息元 $v=(010)$，则相应的码字为

$$(010)\begin{pmatrix}1&0&0&1&1&1&0\\0&1&0&0&1&1&1\\0&0&1&1&1&0&1\end{pmatrix}=(0100111)$$

类似地,可以获得其余的码字.

定义 6.7.2　若信息元以不变的形式在码字的任意 k 位(通常在最前面)中出现的码称为**系统码**,否则称为**非系统码**.

例 6.7.1 中所列的线性分组码[7,3]就是系统码形式. 由于系统码的校验元与信息元很容易区分开,所以这种码也可称为**可分码**.

为了构造一个线性分组码$[n,k]$,我们经常将其生成矩阵 $\boldsymbol{G}$ 写成

$$\boldsymbol{G}=(\boldsymbol{I}_k\quad \boldsymbol{p})$$

的形式. 其中,$\boldsymbol{I}_k$ 为 k 阶单位矩阵;$\boldsymbol{p}$ 是 $k\times(n-k)$ 阶矩阵.

设线性分组码$[n,k]$有生成矩阵

$$\boldsymbol{G}=(\boldsymbol{I}_k\quad \boldsymbol{p})$$

令

$$\boldsymbol{H}=(-\boldsymbol{p}^{\mathrm{T}}\quad \boldsymbol{I}_{n-k})$$

其中,$\boldsymbol{p}^{\mathrm{T}}$ 为 $\boldsymbol{p}$ 的转置;“$-$”表示矩阵 $-\boldsymbol{p}^{\mathrm{T}}$ 中的每个元素是矩阵 $\boldsymbol{p}^{\mathrm{T}}$ 中对应元素关于加运算的逆元.

显然,$\boldsymbol{G}\boldsymbol{H}^{\mathrm{T}}=(\boldsymbol{I}_k\quad \boldsymbol{p})\begin{pmatrix}-\boldsymbol{p}\\ \boldsymbol{I}_{n-k}\end{pmatrix}=\boldsymbol{0}$.

而$[n,k]$的每个码字都可由其生成矩阵 $\boldsymbol{G}$ 中的行通过线性变换得到,因此,v 是线性分组码的任意一个码字,当且仅当 $v\boldsymbol{H}^{\mathrm{T}}=\boldsymbol{0}$.

定义 6.7.3　设$[n,k]$是域 A 上的一个线性分组码,v 是$[n,k]$的任意一个码字,且 $v\boldsymbol{H}^{\mathrm{T}}=\boldsymbol{0}$,则称矩阵 $\boldsymbol{H}$ 为线性分组码$[n,k]$的**标准校验矩阵**.

定理 6.7.2　如果 $\boldsymbol{G}=(\boldsymbol{I}_k\quad \boldsymbol{p})$是线性分组码$[n,k]$的生成矩阵,那么 $\boldsymbol{H}=(-\boldsymbol{p}^{\mathrm{T}}\quad \boldsymbol{I}_{n-k})$是$[n,k]$的标准校验矩阵.

现在我们有检测错误的方法了:如果 v 是传输中收到的信息且 $v\boldsymbol{H}^{\mathrm{T}}\neq\boldsymbol{0}$,那么一定有错误发生;如果 $v\boldsymbol{H}^{\mathrm{T}}=\boldsymbol{0}$,我们并不能确定没有错误,但能确定 v 是一个码字. 由于没有错误发生的可能性比发生了很多错误使一个码字变为另一个码字的可能性要大,所以我们认为没有错误发生.

定义 6.7.4　设$[n,k,d]$是域 A 上的线性分组码,$u\in A^n$,集合 $u+[n,k,d]$由下式给出:

$$u+[n,k,d]=\{u+c\mid c\in[n,k,d]\}$$

称集合 $u+[n,k,d]$为$[n,k,d]$的**陪集**.

注意,线性分组码$[n,k,d]$在“加法”运算下构成 Abel 群,因此它是$\langle A^n,+\rangle$的子群. 故定义 6.7.4 中的陪集即为第 5 章所讨论的子群的陪集.

定义 6.7.5　在陪集中汉明权最小的向量称为**陪集首**. 向量 u 的**伴随式**定义为 $s(u)=u\boldsymbol{H}^{\mathrm{T}}$.

引理 6.7.1　当且仅当两个向量 u 和 v 含有相同的伴随式时,这两个向量属于同一个倍集.

证明　两个向量 u 和 v 属于同一个陪集$\Leftrightarrow u-v$ 为码字$\Leftrightarrow(u-v)\boldsymbol{H}^{\mathrm{T}}=0\Leftrightarrow s(u)=u\boldsymbol{H}^{\mathrm{T}}=v\boldsymbol{H}^{\mathrm{T}}=s(v)$.

证毕.

$[n,k,d]$线性分组码的译码步骤可归结如下:

(1)对于一个收到的信息 r,计算它的伴随式 $s(r)=r\boldsymbol{H}^{\mathrm{T}}$;

(2)若 $s(r)=0$,认为接收无误;否则,查找 $s(r)$对应的陪集首,记为 c_0;

(3)将 r 译码为 $r-c_0$.

如何由伴随式 $s(r)$ 求得 c_0 比较复杂. 而一个译码器的复杂性及其译码错误概率也往往由这步决定. 下面讨论线性分组码 $[n,k,d]$ 的一般译码法,这是由 Slepian 于 1956 年提出的.

设 $[n,k,d]$ 是域 A 上的线性分组码,$[n,k,d]$ 为 A^n 的子群,求出这个子群的陪集,得到表 6.7.1 所示的译码表. 其中 2^k 个码字 $c_1,c_2,\cdots,c_{2k}$ 放在表的第一行,且该子群的幺元 c_1(全为 0 码元)放在最左边;然后在禁用码组中挑出一个汉明权最小的 u_2 放在幺元 c_1 的下面,并相应求出

$$c_2+u_2,c_3+u_2,\cdots,c_{2^k}+u_2$$

表 6.7.1　标准阵译码表

码字	(陪集首)c_1	c_2	c_3	…	c_i	…	c_{2k}
禁用码组	u_2	c_2+u_2	c_3+u_2	…	c_i+u_2	…	$c_{2k}+u_2$
	u_3	c_2+u_3	c_3+u_3	…	c_i+u_3	…	$c_{2k}+u_3$
	⋮	⋮	⋮	⋮	⋮		⋮
	u_{2n-k}	c_2+u_{2n-k}	c_3+u_{2n-k}	…	c_i+u_{2n-k}	…	$c_{2k}+u_{2n-k}$

构成第二行;再选一个未写入表中且汉明权最小的 u_3 放在 u_2 的下面,并相应求出

$$c_2+u_3,c_3+u_3,\cdots,c_{2^k}+u_3$$

构成第三行. 依此类推,一共构成 2^{n-k} 个陪集,把所有 2^n 个元素划分完毕. 按这种方法构成的表称为**标准阵译码表**.

例 6.7.3　线性分组码[6,3,3]的标准阵译码表见表 6.7.2.

表 6.7.2　[6,3,3]的标准阵译码表

码字	(陪集首) 000000	100110	010011	001111	110101	101001	011100	111010
禁用码组	100000	000110	110011	101111	010101	001001	111100	011010
	010000	110110	000011	011111	100101	111001	001100	101010
	001000	101110	011011	000111	111101	100001	010100	110010
	000100	100010	010111	001011	110001	101101	011000	111110
	000010	100100	010001	001101	110111	101011	011110	111000
	000001	100111	010010	001110	110100	101000	011101	111011
	110000	010110	100011	111111	000101	011001	101100	001010

由该表可知,用这种标准阵译码表,需 2^n 个存储单元. 因此,这种译码法译码器的复杂性随 n 指数增大,很不实用.

根据错误图样与伴随式之间一一对应的关系,可把上述标准阵译码表进行简化. 表 6.7.2 的[6,3,3]标准阵译码表可简化为表 6.7.3 的形式. 译码器收到 r 后,与 $\boldsymbol{H}$ 进行运算得到伴随式 $s(r)$,由 $s(r)$ 查表得到错误图样 c_0,从而译出码字为 $r-c_0$.

表6.7.3　[6,3,3]码简化译码表

错误图样	000000	100000	010000	001000	000100	000010	000001	110000
伴随式	000	110	011	111	100	010	001	101

下面介绍对偶码.

向量空间 A^n 有一个**点积**,定义如下

$$(a_1,a_2,\cdots,a_n)\cdot(b_1,b_2,\cdots,b_n)=a_1b_1+a_2b_2+\cdots+a_nb_n$$

例如,若 $A=GF(2)$,则

$$(0,1,0,1,1,1)\cdot(0,1,0,1,1,1)=0$$

定义 6.7.6　设 c 是域 A 上的线性分组码$[n,k]$,定义 c 的**对偶码** $c^{\perp}$ 如下:

$$c^{\perp}=\{u\in A^n \mid 对于所有的\ v\in c\ 有\ u\cdot v=0\}$$

定理 6.7.3　如果 c 是一个线性分组码$[n,k]$,其生成矩阵为 $\boldsymbol{G}=(\boldsymbol{I}_k\quad \boldsymbol{p})$,则 $c^{\perp}$ 是一个生成矩阵为 $\boldsymbol{H}=(-\boldsymbol{p}^{\mathrm{T}}\quad \boldsymbol{I}_{n-k})$ 的线性分组码$[n,n-k]$,且 $\boldsymbol{G}$ 是 $c^{\perp}$ 的标准校验矩阵.

证明　由于 c 中每一个元素都是 $\boldsymbol{G}$ 中行的线性变换,且仅当 $\boldsymbol{u}\boldsymbol{G}^{\mathrm{T}}=\boldsymbol{0}$ 时向量 $\boldsymbol{u}$ 在 $c^{\perp}$ 上,这意味着 $c^{\perp}$ 是 $\boldsymbol{G}^{\mathrm{T}}$ 左边的零空间,且 $\boldsymbol{G}$ 是 $c^{\perp}$ 的标准校验矩阵. 因此 $\boldsymbol{G}$ 与 $\boldsymbol{G}^{\mathrm{T}}$ 的秩均为 k,于是 $\boldsymbol{G}^{\mathrm{T}}$ 左边的零空间维数是 $n-k$,从而 $c^{\perp}$ 的维数也是 $n-k$. 又由于 $\boldsymbol{G}\boldsymbol{H}^{\mathrm{T}}=\boldsymbol{0}$,从而$(\boldsymbol{G}\boldsymbol{H}^{\mathrm{T}})^{\mathrm{T}}=\boldsymbol{H}\boldsymbol{G}^{\mathrm{T}}=\boldsymbol{0}$,这意味着 $\boldsymbol{H}$ 中的行向量在 $\boldsymbol{G}^{\mathrm{T}}$ 左边的零空间内,因此也在 $c^{\perp}$ 中. 由于 $\boldsymbol{H}$ 的秩是 $n-k$,因此 $\boldsymbol{H}$ 行向量的维数是 $n-k$,这和 $c^{\perp}$ 的维数相等. 由于 $\boldsymbol{H}$ 的行向量可以生成 $c^{\perp}$,因此 $\boldsymbol{H}$ 是 $c^{\perp}$ 的生成矩阵. 证毕.

一个码的对偶码是它自己,即 $c=c^{\perp}$,则称 c 为**自对偶码**. 显然,自对偶码必定是$[2n,n,d]$线性分组码形式. 如果自对偶码的最小距离 d 是4 的倍数,则称为**双偶自对偶码**. 可以证明双偶自对偶码的码长 n 必是 8 的整数倍.

如例 6.7.1 中的$[7,3,4]$码,它的对偶码必是$[7,4,3]$码,$[7,4]$的生成矩阵 $\boldsymbol{G}$ 即为$[7,3]$的标准校验矩阵 $\boldsymbol{H}$,即

$$\boldsymbol{G}_{[7,4]}=\boldsymbol{H}_{[7,3]}=\begin{pmatrix}1&0&1&1&0&0&0\\1&1&1&0&1&0&0\\1&1&0&0&0&1&0\\0&1&1&0&0&0&1\end{pmatrix}$$

由此生成矩阵生成$[7,4,3]$码为

信息元组	码字	信息元组	码字
0000	0000000	1000	1011000
0001	0110001	1001	1101001
0010	1100010	1010	0111010
0011	1010011	1011	0001011
0100	1110100	1100	0101100
0101	1000101	1101	0011101
0110	0010110	1110	1001110
0111	0100111	1111	1111111

定理 6.7.4　线性分组码$[n,k,d]$有最小距离等于 d 的充要条件是,其标准校验矩阵 $\boldsymbol{H}$ 中

任意 $d-1$ 列线性无关.

证明　设 $[n,k,d]$ 是域 $GF(p)$ 上的线性分组码.

先证充分性. 由于 $\boldsymbol{H}$ 中任意 $d-1$ 列线性无关,所以 $\boldsymbol{H}$ 中至少需要 d 列才能线性相关. 将能使 $\boldsymbol{H}$ 中某些 d 列线性相关的列的系数,作为码字中对应非 0 分量,而码字的其余分量均为 0,则该码字至少有 d 个非 0 分量,故 $[n,k,d]$ 码有最小距离 d.

再证必要性. 假设 $\boldsymbol{H}$ 中有某 $d-1$ 列线性相关,则由线性相关定义知

$$c_{i1}h_{i1}+c_{i2}h_{i2}+\cdots+c_{i(d-1)}h_{i(d-1)}=0$$

其中,$c_{ij}\in GF(p)$,h_{ij} 是矩阵 $\boldsymbol{H}$ 的列向量. 现作一个码字 c,它在 $i_1,i_2,\cdots,i_{(d-1)}$ 位处的值分别等于 $c_{i1},c_{i2},\cdots,c_{i(d-1)}$,而其他各位取值均为 0,由此

$$\boldsymbol{H}c^{\mathrm{T}}=c_{i1}h_{i1}+c_{i2}h_{i2}+\cdots+c_{i(d-1)}h_{i(d-1)}=0$$

故 c 是一个码字,而 c 的非 0 分量个数只有 $d-1$ 个,这与码有最小距离为 d 的假设相矛盾,故 $\boldsymbol{H}$ 中的任意 $d-1$ 列必线性无关. 证毕.

推论 6.7.1(**Singleton 限**)　对于线性分组码 $[n,k,d]$,有 $d\leqslant n-k+1$.

若系统码的最小距离 $d=n-k+1$,则称此码为**极大最小距离可分码**,简称为 **MDS** 码. 构造 MDS 码是编码理论中一个重要课题.

汉明码是 1950 年由汉明首先构造,用以纠正单个错误的线性分组码. 由于它编码非常简单,且很容易检错与纠错,因此应用很普遍,特别是在计算机存储和运算系统中.

由定理 6.7.4 知,纠正一个错误的 $[n,k,d]$ 分组码,要求其 $\boldsymbol{H}$ 矩阵中至少两列线性无关,且不能全为 0;若为二进制码,则要求 $\boldsymbol{H}$ 矩阵中每列互不相同,且不能全为 0.

定理 6.7.5　有限域 $GF(2)$ 上汉明码 $[n,k,d]$ 的 $\boldsymbol{H}$ 矩阵的列,是由不全为 0 且互不相同的长为 m 的二进制数组成. 该码有如下参数:$n=2^m-1,k=2^m-1-m,d=3$.

例 6.7.4　构造 $GF(2)$ 上 $[7,4,3]$ 汉明码.

解　$7=2^3-1$,取 $m=3$,长为 3 的二进制数为 000,001,010,011,100,101,110,111,用 000 以外的 7 个构成标准校验矩阵

$$\boldsymbol{H}=\begin{pmatrix}0&0&0&1&1&1&1\\0&1&1&0&0&1&1\\1&0&1&0&1&0&1\end{pmatrix}$$

任意调换 $\boldsymbol{H}$ 中各列位置,并不会影响码的纠错能力. 因此,汉明码的 $\boldsymbol{H}$ 矩阵形式,除了上述表示外,还可以有其他形式. 若把汉明码化成系统码形式,则其 $\boldsymbol{H}$ 矩阵为

$$\boldsymbol{H}=\begin{pmatrix}1&1&0&1&1&0&0\\0&1&1&1&0&1&0\\1&0&1&1&0&0&1\end{pmatrix}=(-\boldsymbol{p}^{\mathrm{T}}\quad \boldsymbol{I}_3)$$

相应地,其生成矩阵为

$$\boldsymbol{G}=(\boldsymbol{I}_4\quad \boldsymbol{p})=\begin{pmatrix}1&0&0&0&1&0&1\\0&1&0&0&1&1&0\\0&0&1&0&0&1&1\\0&0&0&1&1&1&1\end{pmatrix}$$

于是 $GF(2)$ 上的 $[7,4,3]$ 汉明码为

信息元组	码字	信息元组	码字
0000	0000000	1001	1001010
0001	0001111	1010	1010110
0010	0010011	1011	1011001
0011	0011100	1100	1100010
0101	0101001	1101	1101100
0100	0100110	0110	0110101
1110	1110000	0111	0111010
1111	1111111	1000	1000101

由于汉明码是单一的纠错码,所以用伴随式解码很容易,步骤如下:

(1)对接收到的信息 r 计算其伴随式 $s(r)=r\boldsymbol{H}^{\mathrm{T}}$. 如果$s(r)=0$,那么没有错误;

(2)否则,确定 $s(r)$ 的转置与 $\boldsymbol{H}$ 中第 j 列相等;

(3)变换接收到的信息 r 的第 j 个元素,输出译码.

例如,[15,11]二进制汉明码有如下标准校验矩阵:

$$\boldsymbol{H}=\begin{pmatrix}1&1&1&0&0&0&1&1&1&0&1&1&0&0&0\\1&0&0&1&1&0&1&1&0&1&1&0&1&0&0\\0&1&0&1&0&1&1&0&1&1&1&0&0&1&0\\0&0&1&0&1&1&0&1&1&1&1&0&0&0&1\end{pmatrix}$$

假设接收到的信息 r 为 $r=(100001110010101)$,计算伴随式 $s(r)=r\boldsymbol{H}^{\mathrm{T}}=(0110)$. 由于 $s(r)$ 的转置是 $\boldsymbol{H}$ 的第 4 列,因此改变 r 中第 4 个元素为(100101110010101),因此原始信息为 10010111001.

6.8 循环码

循环码是一类最重要的线性码,它具有严谨的代数结构,且其性能易于分析. 下面,我们先回忆一下理想这个概念.

定义 6.8.1 设$\langle G,+,\cdot\rangle$是交换环,A 是 G 的非空子集,若

(1)对任意 $a,b\in A$,恒有 $a-b\in A$;

(2)对任意 $a\in A,r\in G$,恒有 $a\cdot r=r\cdot a\in A$;

则称$\langle A,+,\cdot\rangle$为$\langle G,+,\cdot\rangle$的一个**理想**.

定义 6.8.2 设$\langle A,+,\cdot\rangle$是交换环$\langle G,+,\cdot\rangle$的一个理想,且对一个元素 $a\in A$,有 $A=\{r\cdot a\mid r\in G\}$,则称$\langle A,+,\cdot\rangle$为$\langle G,+,\cdot\rangle$的一个**主理想**,且称该元素 a 为该主理想的**生成元**.

例如,$\langle I,+,\times\rangle$与$\langle mI,+,\times\rangle$,其中 I 为整数集;mI 为某一整数 m 的倍数,即 $mI=\{0,\pm m,\pm 2m,\pm 3m,\cdots\}$;"+"与"×"为普通加与乘. 则$\langle mI,+,\times\rangle$为交换环$\langle I,+,\times\rangle$的主理想,且 m 为其生成元.

定义 6.8.3 设 c 是线性分组码$[n,k]$,若对任意一个 $a_{n-1}a_{n-2}\cdots a_0\in c$,恒有 $a_{n-2}a_{n-3}\cdots a_0a_{n-1}\in c$,则称 c 为**循环码**.

对于域 $GF(p,n)$（p 为质数）中的任意元素

$$a(x)=a_{n-1}x^{n-1}+a_{n-2}x^{n-2}+\cdots+a_1x+a_0$$

再定义一个数乘，即对于 $b\in GF(p)$ 有

$$ba(x)=ba_{n-1}x^{n-1}+ba_{n-2}x^{n-2}+\cdots+ba_1x+ba_0$$

这样，$GF[p,x]$ 中的所有多项式关于模 $m(x)$ 的余式集合 $GF[p,m(x)]$ 构成一个 n 维线性空间，称其为**剩余类线性结合代数**.

在循环码 $[n,k]$ 中，码字 $a_{n-1}a_{n-2}\cdots a_1a_0$ 的**码多项式**表示为

$$a(x)=a_{n-1}x^{n-1}+a_{n-2}x^{n-2}+\cdots+a_1x+a_0$$

定理 6.8.1　以多项式 $m(x)=x^n-1$ 为模的剩余类线性结合代数中，其中一个子空间 $V_{n,k}$ 是一个循环码的码多项式空间的充要条件是：$V_{n,k}$ 是一个理想.

证明　已知 $V_{n,k}$ 是一个循环码的码多项式空间，所以对任意码字 $a_{n-1}a_{n-2}\cdots a_1a_0\in V_{n,k}$，恒有

$$a_{n-2}a_{n-3}\cdots a_1a_0a_{n-1}\in V_{n,k}$$

相应地，码字的码多项式为

$$a(x)=a_{n-1}x^{n-1}+a_{n-2}x^{n-2}+\cdots+a_1x+a_0 \quad \in V_{n,k}$$

$$x\,a(x)\bmod (x^n-1)=a_{n-2}x^{n-1}+a_{n-3}x^{n-2}+\cdots+a_0x+a_{n-1} \quad \in V_{n,k}$$

$$x^2a(x)\bmod (x^n-1)=a_{n-3}x^{n-1}+a_{n-4}x^{n-2}+\cdots+a_{n-1}x+a_{n-2} \quad \in V_{n,k}$$

$$\vdots$$

$$x^{n-1}a(x)\bmod (x^n-1)=a_0x^{n-1}+a_{n-1}x^{n-2}+\cdots+a_2x+a_1 \quad \in V_{n,k}$$

而这些码多项式的线性组合仍属于 $V_{n,k}$，因此 $V_{n,k}$ 是一个理想.

反之，若 $V_{n,k}$ 是一个理想，则对任意的

$$a(x)=a_{n-1}x^{n-1}+a_{n-2}x^{n-2}+\cdots+a_1x+a_0 \quad \in V_{n,k}$$

恒有

$$xa(x)\bmod (x^n-1)=a_{n-2}x^{n-1}+a_{n-3}x^{n-2}+\cdots+a_0x+a_{n-1} \quad \in V_{n,k}$$

因此，对任意的码字 $a_{n-1}a_{n-2}\cdots a_1a_0\in[n,k]$，恒有 $a_{n-2}a_{n-3}\cdots a_0a_{n-1}\in[n,k]$. 证毕.

定理 6.8.2　域 $GF(p)$（p 为质数或质数的幂）上的 $[n,k]$ 循环码中，存在唯一一个 $n-k$ 次多项式 $g(x)=x^{n-k}+g_{n-k-1}x^{n-k-1}+\cdots+g_1x+g_0$，每一个码多项式 $c(x)$ 都是 $g(x)$ 的倍式，且每一个不大于 $n-1$ 次的 $g(x)$ 倍式一定是码多项式.

证明　令 $g(x)=x^r+g_{r-1}x^{r-1}+\cdots+g_1x+g_0$ 是 $[n,k]$ 循环码中次数最低的非零首一多项式. 由于码的循环特性

$$xg(x),x^2g(x),\cdots,x^{n-1-r}g(x)$$

也必是码多项式. 因为循环码是线性码，所以

$$g(x),xg(x),x^2g(x),\cdots,x^{n-1-r}g(x)$$

的线性组合也必是一个码多项式. 所以，每一个次数不大于 $n-1$ 次的 $g(x)$ 倍式必是码多项式.

反之，若 $c(x)$ 是一个码多项式，则由欧几里得除法知

$$c(x)=q(x)g(x)+r(x)$$

其中，$0\leqslant r(x)$ 的次数 $\leqslant g(x)$ 的次数或 $r(x)=0$.

由于是线性码,所以 $r(x)=c(x)-q(x)g(x)$ 也必是码多项式. 这与 $g(x)$ 是码多项式集合中的次数最低的假设相矛盾,故 $r(x)=0$,所以

$$c(x)=q(x)g(x)$$

假设 $g(x)$ 不是唯一的,即另有一个码多项式

$$g'(x)=x^r+g'_{r-1}x^{r-1}+\cdots+g'_1x+g'_0$$

则它们的线性组合

$$g(x)-g'(x)=(g_{r-1}-g'_{r-1})x^{r-1}+\cdots+(g_1-g'_1)x+(g_0-g'_0)$$

也必是一个码多项式,但 $g(x)-g'(x)$ 的次数小于 $g(x)$ 的次数,所以只有

$$g(x)-g'(x)=0$$

即 $g(x)=g'(x)$.

最后证明,$g(x)$ 的次数 $=n-k$. 我们知道

$$g(x),xg(x),\cdots,x^{n-1-r}g(x)$$

是次数小于 n 的线性无关的剩余类,它们的任意线性组合

$$(m_{n-1-r}x^{n-1-r}+\cdots+m_1x+m_0)g(x),m_i\in GF(p)$$

也必是次数小于 n 的多项式剩余类,故 $m_{n-1-r}\cdots m_1m_0$ 中的数字不能全为0.

因此,由 $g(x)$ 生成的子空间有 p^{n-r} 个元素,其维数为 $n-r$. 而在 $[n,k]$ 循环码中共有 p^k 个码字,该子空间的维数是 k 维,所以 $k=n-r$. 因此,$g(x)$ 的次数等于 $n-k$. 证毕.

由定理6.8.1与定理6.8.2知,域 $GF(p)$ 上的线性码 $[n,k]$ 是循环码的充要条件是:

$$g(x)=x^{n-k}+g_{n-k-1}x^{n-k-1}+\cdots+g_1x+g_0$$

是剩余类线性结合代数 $GF[p,m(x)]$(其中 $m(x)=x^n-1$)的主理想的唯一一个生成元. 我们称

$$g(x)=x^{n-k}+g_{n-k-1}x^{n-k-1}+\cdots+g_1x+g_0$$

为域 $GF(p)$ 上的循环码 $[n,k]$ 的**码生成多项式**.

定理6.8.3　域 $GF(p)$(p 为质数或质数的幂)上 $[n,k]$ 循环码的码生成多项式

$$g(x)=x^{n-k}+g_{n-k-1}x^{n-k-1}+\cdots+g_1x+g_0$$

一定是 $m(x)=x^n-1$ 的因式,即 $x^n-1=g(x)h(x)$. 反之,若 $g(x)=x^{n-k}+g_{n-k-1}x^{n-k-1}+\cdots+g_1x+g_0$,且 $g(x)\mid x^n-1$,则该 $g(x)$ 一定生成一个 $[n,k]$ 循环码.

证明　只需证明定理的第二部分. 考虑 k 个多项式 $g(x),xg(x),\cdots,x^{k-1}g(x)$,它们的次数均不大于 $n-1$ 次,且线性独立,构造这些多项式的线性组合

$$\begin{aligned}&m_0g(x)+m_1xg(x)+\cdots+m_{k-1}x^{k-1}g(x)\\=&(m_0+m_1x+\cdots+m_{k-1}x^{k-1})g(x),m_i\in GF(p)\end{aligned}$$

由于

$$m_0g(x),m_1xg(x),\cdots,m_{k-1}x^{k-1}g(x)$$

均为 $g(x)$ 的倍数,因此它们都在以 $g(x)$ 为生成元的剩余类线性结合代数 $GF[p,m(x)]$($m(x)=x^n-1$)的主理想中,显然它们的线性组合也在该主理想中,而

$$m_0+m_1x+\cdots+m_{k-1}x^{k-1}$$

的次数等于 $k-1$,且

$$m_{k-1}m_{k-2}\cdots m_1m_0$$

中不能全为0,所以由 $g(x)$ 生成的主理想必是 k 维的,故 $g(x)$ 生成一个 $[n,k]$ 线性码. 由于

$g(x) \mid x^n-1$,即它是 x^n-1 的一个因子,因此由定理6.8.1知由该 $g(x)$ 生成的主理想必是一个循环码. 证毕.

例6.8.1　求域 $GF(2)$ 上的[7,4]循环码.

解　剩余类线性结合代数 $GF[2,m(x)]$,其中 $m(x)=x^7-1$,而

$$m(x)=x^7-1=(x-1)(x^3+x+1)(x^3+x^2+1)$$

于是取[7,4]循环码的码生成多项式

$$g(x)=x^3+x^2+1$$

则

$$xg(x)=x^4+x^3+x$$

$$x^2g(x)=x^5+x^4+x^2$$

$$x^3g(x)=x^6+x^5+x^3$$

与它们相应的长为7的二进数分别为0001101,0011010,0110100,1101000,把它们作为生成矩阵,就得到了[7,4]循环码的生成矩阵 $\boldsymbol{G}$ 为

$$\boldsymbol{G}=\begin{pmatrix}0&0&0&1&1&0&1\\0&0&1&1&0&1&0\\0&1&1&0&1&0&0\\1&1&0&1&0&0&0\end{pmatrix}$$

下面总结[n,k]循环码的生成矩阵 $\boldsymbol{G}$ 与标准校验矩阵 $\boldsymbol{H}$. 由于 $x^n-1=g(x)h(x)$,以 $g(x)$ 作为[n,k]循环码的码生成多项式,则

$$g(x),xg(x),x^2g(x),\cdots x^{k-1}g(x)$$

必线性无关,设

$$\begin{aligned}&g(x)=g_{n-k}x^{n-k}+g_{n-k-1}x^{n-k-1}+\cdots+g_1x+g_0\\&xg(x)=g_{n-k}x^{n-k+1}+g_{n-k-1}x^{n-k}+\cdots+g_1x^2+g_0x\\&\vdots\\&x^{k-1}g(x)=g_{n-k}x^{n-1}+g_{n-k-1}x^{n-2}+\cdots+g_1x^k+g_0x^{k-1}\end{aligned}$$

以这些码多项式对应的码字构成循环码[n,k]的 $k\times n$ 阶生成矩阵 $\boldsymbol{G}$ 为

$$\boldsymbol{G}=\begin{pmatrix}g_{n-k}&g_{n-k-1}&\cdots&g_1&g_0&0&\cdots&0&0\\0&g_{n-k}&\cdots&g_2&g_1&g_0&\cdots&0&0\\\vdots&\vdots&&\vdots&\vdots&\vdots&&\vdots&\vdots\\0&0&\cdots&g_{n-k}&g_{n-k-1}&g_{n-k-2}&\cdots&g_1&g_0\end{pmatrix}$$

设 $x^n-1=g(x)h(x)$

$$=(g_{n-k}x^{n-k}+g_{n-k-1}x^{n-k-1}+\cdots+g_1x+g_0)\cdot(h_kx^k+h_{k-1}x^{k-1}+\cdots+h_1x+h_0)$$

则

$$\begin{cases}g_0h_0=-1\\g_0h_1+g_1h_0=0\\\vdots\\g_0h_i+g_1h_{i-1}+\cdots+g_{n-k}h_{i-(n-k)}=0\\\vdots\\g_0h_{n-1}+g_1h_{n-2}+\cdots+g_{n-k}h_{k-1}=0\\g_{n-k}h_k=1\end{cases}$$

因此，$[n,k]$循环码的$(n-k)\times n$阶标准校验矩阵$\boldsymbol{H}$为

$$\boldsymbol{H}=\begin{pmatrix} h_0 & h_1 & \cdots & h_k & 0 & \cdots & 0 \\ 0 & h_0 & \cdots & h_{k-1} & h_k & \cdots & 0 \\ \vdots & \vdots & & \vdots & \vdots & & \vdots \\ 0 & 0 & \cdots & 0 & h_0 & \cdots & h_k \end{pmatrix}$$

其中，$h(x)=(x^n-1)/g(x)$称为$[n,k]$循环码的**校验多项式**.

下面讨论如何构造由$g(x)$生成的系统循环码$[n,k]$.

设信息元为

$$m_{k-1}m_{k-2}\cdots m_1m_0$$

称　$m(x)=m_{k-1}x^{k-1}+m_{k-2}x^{k-2}+\cdots+m_1x+m_0$

为**信息元多项式**.

设码多项式

$$c(x)=m(x)x^{n-k}+r(x)\equiv 0(\bmod g(x))$$

称$r(x)=r_{n-k-1}x^{n-k-1}+r_{n-k-2}x^{n-k-2}+\cdots+r_1x+r_0$

为**校验位多项式**，于是

$$r(x)=m(x)x^{n-k}\bmod g(x)$$

由系统码的生成矩阵$\boldsymbol{G}=(\boldsymbol{I}_k\quad \boldsymbol{p})$知，信息元组的基底向量为100…0，010…0，…，00…01，相应的信息元多项式为

$$m_1(x)=x^{k-1},m_2(x)=x^{k-2},\cdots,m_k(x)=1$$

与这些信息元多项式相对应的校验多项式分别为

$$r_1(x)=x^{n-k}x^{k-1}\bmod g(x)$$

$$r_2(x)=x^{n-k}x^{k-2}\bmod g(x)$$

$$\vdots$$

$$r_k(x)=x^{n-k}\bmod g(x)$$

与此相对应的码多项式为

$$c_i(x)=x^{n-i}-r_i(x),i=1,2,\cdots,k$$

它们的系数就组成了系统码$\boldsymbol{G}$矩阵的行

$$\boldsymbol{G}=\begin{pmatrix} 1 & 0 & 0 & \cdots & 0 & -\bar{r}_1(x) \\ 0 & 1 & 0 & \cdots & 0 & -\bar{r}_2(x) \\ \vdots & \vdots & \vdots & & \vdots & \vdots \\ 0 & 0 & 0 & \cdots & 1 & -\bar{r}_k(x) \end{pmatrix}=(\boldsymbol{I}_k\quad \boldsymbol{p})$$

其中，$\bar{r}_i(x)$表示$r_i(x)$的系数.

例 6.8.2　二进制[7,4]循环码的码生成多项式

$$g(x)=x^3+x^2+1$$

求系统循环码[7,4]的生成矩阵$\boldsymbol{G}$与标准校验矩阵$\boldsymbol{H}$.

解　$r_1(x)=x^6\bmod g(x)=x^2+x$

$r_2(x)=x^5\bmod g(x)=x+1$

$r_3(x)=x^4\bmod g(x)=x^2+x+1$

$$r_4(x)=x^3 \bmod g(x)=x^2+1$$

所以

$$G=\begin{pmatrix}1&0&0&0&1&1&0\\0&1&0&0&0&1&1\\0&0&1&0&1&1&1\\0&0&0&1&1&0&1\end{pmatrix}=(I_k\quad p)$$

$$H=(-p^{\mathrm{T}}\quad I_{n-k})=\begin{pmatrix}1&0&1&1&1&0&0\\1&1&1&0&0&1&0\\0&1&1&1&0&0&1\end{pmatrix}$$

循环码的码多项式空间是以 $g(x)$ 作为生成元的主理想，每个码多项式都是 $g(x)$ 的倍式. 因此，$g(x)$ 的根必是所有码多项式的根，故可以通过根来定义循环码.

设码的生成多项式

$$g(x)=x^r+g_{r-1}x^{r-1}+\cdots+g_1x+g_0, g_i\in GF(p)$$

则它的全部根必在某个有限域 $GF(p)$ 上. 下面仅讨论 $g(x)$ 无重根的情况.

定理 6.8.4　在域 $GF(p)$（p 为质数或质数的幂）上多项式 x^n-1 无重根的充要条件是 n 与 p 互质.

证明　在域 $GF(p)$ 中，有

$$(x-a)^p=x^p-a^p$$

其中，a 为域 $GF(p)$ 中任意元素.

设 n 与 p 不互质，则 $n=n_1p^s$，于是

$$\begin{aligned}x^n-1&=x^{n_1p^s}-1=(x^{n_1}-1)^{p^s}=[g_1(x)h_1(x)]^{p^s}\\&=[g_1(x)]^{p^s}[h_1(x)]^{p^s}=g(x)h(x)\end{aligned}$$

由此可见，若 n 与 p 不互质，则 x^n-1 必有重根，从而 $g(x)$ 与 $h(x)$ 也必有重根；反之，若 n 与 p 互质，则 $x^n-1\neq x^{n_1p^s}-1$. 因此 $g(x)h(x)$ 无重根. 证毕.

设循环码 $[n,k]$ 的码生成多项式 $g(x)$ 在域 $GF(p^m)$（p 为质数）上可完全分解为

$$\begin{aligned}g(x)&=x^r+g_{r-1}x^{r-1}+\cdots+g_1x+g_0\\&=(x-\alpha_1)(x-\alpha_2)\cdots(x-\alpha_r)\end{aligned}$$

其中，$\alpha_i\neq\alpha_j\quad i,j=1,2,\cdots,r$；$\alpha_i\in GF(p^m)$，即 $\alpha_1,\alpha_2,\cdots,\alpha_r$ 为 $g(x)=0$ 的根.

由于 $g(x)$ 产生的循环码的码多项式都是 $g(x)$ 的倍式，因此每一码多项式 $c(x)$ 也必以 $\alpha_1,\alpha_2,\cdots,\alpha_r$ 为根. 设码多项式

$$c(x)=c_{n-1}x^{n-1}+c_{n-2}x^{n-2}+\cdots+c_1x+c_0$$

则

$$\begin{aligned}c(\alpha_i)=c_{n-1}\alpha_i^{n-1}+c_{n-2}\alpha_i^{n-2}+\cdots+\\c_1\alpha_i+c_0=0, i=1,2,\cdots,r\end{aligned}$$

写成矩阵形式为

$$\begin{pmatrix}\alpha_1^{n-1}&\alpha_1^{n-2}&\cdots&\alpha_1&1\\\alpha_2^{n-1}&\alpha_2^{n-2}&\cdots&\alpha_2&1\\\vdots&\vdots&&\vdots&\vdots\\\alpha_r^{n-1}&\alpha_r^{n-2}&\cdots&\alpha_r&1\end{pmatrix}\begin{pmatrix}c_{n-1}\\c_{n-2}\\\vdots\\c_1\\c_0\end{pmatrix}=HC^{\mathrm{T}}=0$$

所以循环码的 $\boldsymbol{H}$ 矩阵又可写成

$$\boldsymbol{H}=\begin{pmatrix}\alpha_1^{n-1} & \alpha_1^{n-2} & \cdots & \alpha_1 & 1\\ \alpha_2^{n-1} & \alpha_2^{n-2} & \cdots & \alpha_2 & 1\\ \vdots & \vdots & & \vdots & \vdots\\ \alpha_r^{n-1} & \alpha_r^{n-2} & \cdots & \alpha_r & 1\end{pmatrix}$$

若 α_i 的最小多项式(以 α_i 为根的次数最低的首一多项式)为

$$m_i(x),i=1,2,\cdots,r$$

则仅当 $g(x)$ 和 $c(x)$ 能同时被

$$m_1(x),m_2(x),\cdots,m_r(x)$$

除尽时,$g(x)$ 和 $c(x)$ 才能以 $\alpha_1,\alpha_2,\cdots,\alpha_r$ 为根. 由于 $g(x)$ 是码多项式中唯一次数最低的首一多项式,因此

$$g(x)\text{等于 } m_1(x),m_2(x),\cdots,m_r(x)$$

的最小公倍式. 又 $g(x)\mid x^n-1$,因此 $\alpha_1,\alpha_2\cdots,\alpha_r$ 也必是 x^n-1 的根. 所以,每个 $\alpha_i(i=1,2,\cdots,r)$ 的阶(关于乘法的阶)必除尽 n,由此可知循环码的码长 n 等于 $e_1,e_2,\cdots,e_r$ 的最小公倍数. 其中,$e_i(i=1,2,\cdots,r)$ 为元素 α_i 关于乘法的阶. 求 $g(x)$ 的关键是找出每个根的最小多项式. 但是,当 $GF(p^m)$ 域很大时,计算很复杂,因此一般用查表的方法直接得到 $m_i(x)$.

6.9 BCH码

BCH码是以Bose、Chaudhuri和Hocquenghem的名字命名的. BCH码是能纠正多个随机错误的循环码,它的纠错能力很强,且编码简单,具有严格的代数结构.

定义6.9.1　$[n,k]$ 是域 $GF(p)$ 上的循环码,若 $[n,k]$ 的码生成多项式 $g(x)$ 的根集合中含有以下 $\delta-1$ 个连续根:

$$\alpha^{m_0},\alpha^{m_0+1},\cdots,\alpha^{m_0+\delta-2}$$

则 $[n,k]$ 称为 **p 进制 BCH 码**. 其中,α 是域 $GF(p^m)$(p 为质数)中关于乘运算的 n 阶元素(即 $\alpha^n=1$),$\alpha^{m_0+i}\in GF(p^m)$ $(0\leqslant i\leqslant\delta-2)$;$m_0$ 是任意整数. 并且称 δ 为BCH码的**设计距离**或**BCH限**.

若 $m_0=1$,则这类BCH码称为**狭义BCH码**.

若码生成多项式 $g(x)$ 的根中有 $GF(p^m)$ 中的本原元素 α(即 $\alpha^{p^m-1}=1$),则 $n=p^m-1$,称这类BCH码为**本原BCH**.

一个码的纠错能力,完全由它的最小汉明距离 d 决定,而BCH码的最小汉明距离 d 又完全由码生成多项式 $g(x)$ 的根决定.

定理6.9.1(BCH限)　设 d 和 δ 分别是BCH码的最小汉明距离及设计距离,则 $d\geqslant\delta$.

证明　设 $c(x)=q(x)g(x)$ 是BCH码的任一码字的码多项式,则它必以 $\alpha^{m_0},\alpha^{m_0+1},\cdots,\alpha^{m_0+\delta-2}$ 等 $\delta-1$ 个连续元素为根. 设码多项式为

$$c(x)=c_{n-1}x^{n-1}+c_{n-2}x^{n-2}+\cdots+c_1x+c_0$$

则

$$c(\alpha^i)=c_{n-1}(\alpha^i)^{n-1}+c_{n-2}(\alpha^i)^{n-2}+\cdots+c_1\alpha^i+c_0$$

其中,$i=m_0,m_0+1,\cdots,m_0+\delta-2$.

因此，BCH 码的标准校验矩阵 $\boldsymbol{H}$ 为

$$\boldsymbol{H}=\begin{pmatrix}(\alpha^{m_0})^{n-1} & (\alpha^{m_0})^{n-2} & \cdots & \alpha^{m_0} & 1\\(\alpha^{m_0+1})^{n-1} & (\alpha^{m_0+1})^{n-2} & \cdots & \alpha^{m_0+1} & 1\\\vdots & \vdots & & \vdots & \vdots\\(\alpha^{m_0+\delta-2})^{n-1} & (\alpha^{m_0+\delta-2})^{n-2} & \cdots & \alpha^{m_0+\delta-2} & 1\end{pmatrix}$$

现从此 $\boldsymbol{H}$ 矩阵中任取 $\delta-1$ 列，得

$$\boldsymbol{D}=\begin{pmatrix}(\alpha^{m_0})^{j_1} & (\alpha^{m_0})^{j_2} & \cdots & (\alpha^{m_0})^{j_{\delta-1}}\\(\alpha^{m_0+1})^{j_1} & (\alpha^{m_0+1})^{j_2} & \cdots & (\alpha^{m_0+1})^{j_{\delta-1}}\\\vdots & \vdots & & \vdots\\(\alpha^{m_0+\delta-2})^{j_1} & (\alpha^{m_0+\delta-2})^{j_2} & \cdots & (\alpha^{m_0+\delta-2})^{j_{\delta-1}}\end{pmatrix}$$

$$=\alpha^{m_0(j_1+j_2+\cdots+j_{\delta-1})}\begin{pmatrix}1 & 1 & \cdots & 1\\\alpha^{j_1} & \alpha^{j_2} & \cdots & \alpha^{j_{\delta-1}}\\(\alpha^{j_1})^2 & (\alpha^{j_2})^2 & \cdots & (\alpha^{j_{\delta-1}})^2\\\vdots & \vdots & & \vdots\\(\alpha^{j_1})^{\delta-2} & (\alpha^{j_2})^{\delta-2} & \cdots & (\alpha^{j_{\delta-1}})^{\delta-2}\end{pmatrix}$$

因此 $\det\boldsymbol{D}\neq 0$. 所以 $\boldsymbol{H}$ 矩阵任意 $\delta-1$ 列线性无关，故 $d\geqslant\delta$. 证毕.

在实际应用中用得最多的是域 $GF(2)$ 上的二进制 BCH 码. 由 BCH 码的定义，对任意正整数 m，可以构造以下的二进制 BCH 码.

取 $m_0=1,\delta=2t+1,\alpha$ 是域 $GF(2^m)$ 的本原元素，若码以 $\alpha,\alpha^2,\alpha^3,\cdots\alpha^{2t}$ 为根，则二进制 BCH 码的码生成多项式 $g(x)$ 等于 $m_1(x),m_2(x),\cdots,m_{2t}(x)$ 的最小公倍式. 若其中 $m_i(x)$ 是 $\alpha^i(i=1,2,3,\cdots,2t)$ 的最小多项式，则该 BCH 码能纠正 t 个错误.

在特征为 2 的域 $GF(2^m)$ 上，α^{2i} 的最小多项式与 α^i 相同，因此，码生成多项式 $g(x)$ 也可写成

$$g(x)=m_1(x)m_3(x)\cdots m_{2t-1}(x)$$

因此，二进制 BCH 码以 $\alpha,\alpha^3,\alpha^5,\cdots,\alpha^{2t-1}$ 为根，码长 n 等于 $e_1,e_3,\cdots,e_{2t-1}$ 的最小公倍数. 码的标准校验矩阵是

$$\boldsymbol{H}=\begin{pmatrix}\alpha^{n-1} & \alpha^{n-2} & \cdots & \alpha & 1\\(\alpha^3)^{n-1} & (\alpha^3)^{n-2} & \cdots & \alpha^3 & 1\\\vdots & \vdots & & \vdots & \vdots\\(\alpha^{2t-1})^{n-1} & (\alpha^{2t-1})^{n-2} & \cdots & \alpha^{2t-1} & 1\end{pmatrix}$$

其中，$e_1,e_3,\cdots,e_{2t-1}$ 分别是 $\alpha,\alpha^3,\cdots,\alpha^{2t-1}$ 的阶.

定理 6.9.2　对任意正整数 m 和 t，一定存在一个二进制 BCH 码，它以 $\alpha,\alpha^3,\cdots,\alpha^{2t-1}$ 为根，其码长 $n=2^m-1$，或是 2^m-1 的因子，能纠正 t 个随机错误，校验元数目至多为 mt 个. 其中，α 为域 $GF(2^m)$ 的本原元素.

例 6.9.1　$\alpha\in GF(2^4)$ 是本原元素，它是 x^4+x+1 的根. 求码长 $n=2^4-1=15$ 的二进制 BCH 码.

解　(1) $t=1$，码以 α 为根，α 的最小多项式 $m_1(x)=x^4+x+1$，所以码的码生成多项式

$$g(x)=m_1(x)=x^4+x+1$$

校验元数目为4,得到一个[15,11,3]BCH码.

(2)$t=2$,码以α,α^3为根,α^3的最小多项式

$$m_3(x)=x^4+x^3+x^2+x+1$$

所以码生成多项式

$$g(x)=m_1(x)m_3(x)=(x^4+x+1)(x^4+x^3+x^2+x+1)$$
$$=x^8+x^7+x^6+x^4+1$$

由于α是域$GF(2^4)$的本原元素,因此$\alpha^{15}=1$,且$(\alpha^3)^5=\alpha^{15}=1$,故码长$n$等于15与5的最小公倍数15,有8个校验元,得到一个[15,7,5]码.

(3)$t=3$,码以α,α^3,α^5为根,α^5的最小多项式为

$$m_5(x)=x^2+x+1$$

所以
$$g(x)=m_1(x)m_3(x)m_5(x)$$
$$=(x^8+x^7+x^6+x^4+1)(x^2+x+1)$$
$$=x^{10}+x^8+x^5+x^4+x^2+x+1$$

码长$n=15$,得到一个[15,5,7]码.

(4)$t=4$,码以$\alpha,\alpha^3,\alpha^5,\alpha^7$为根,$\alpha^7$的最小多项式为

$$m_7(x)=x^4+x^3+1$$

所以
$$g(x)=m_1(x)m_3(x)m_5(x)m_7(x)$$
$$=(x^{10}+x^8+x^5+x^4+x^2+x+1)(x^4+x^3+1)$$
$$=x^{14}+x^{13}+x^{12}+x^{11}+x^{10}+x^9+x^8+x^7+x^6+x^5+x^4+x^3+x^2+x+1$$

得到一个[15,1,15]码.

例6.9.2　求码长$n=21$,纠2个随机错误的BCH码.

解　设$\alpha\in GF(2^6)$是本原元素,它是x^6+x+1的根. 由于$2^6-1=21\times3$,并令$\beta=\alpha^3$,则β的阶为21. 要求纠正2个错误,则码以β和β^3为根. 而$\beta=\alpha^3$的最小多项式为

$$m_1(x)=x^6+x^4+x^2+x+1$$

$\beta^3=(\alpha^3)^3=\alpha^9$的最小多项式为

$$m_3(x)=x^3+x^2+1$$

所以
$$g(x)=m_1(x)m_3(x)$$
$$=(x^6+x^4+x^2+x+1)(x^3+x^2+1)$$
$$=x^9+x^8+x^7+x^5+x^4+x+1$$

码长$n=21$,得到一个[21,12,5]非本原BCH码.

习　题　六

1. 证明:域一定是整环.

2. 证明:有限整环一定是域.

3. 设$\langle G,+,\cdot\rangle$是域,$s_1\subseteq G,s_2\subseteq G$,且$\langle s_1,+,\cdot\rangle$与$\langle s_2,+,\cdot\rangle$都构成域,证明:$\langle s_1\cap s_2,+,\cdot\rangle$也构成一个域.

4. 设$\langle A,\Delta,*\rangle$是一个代数系统,且对任意$a\in A$,有$a\Delta b=a$,证明:二元运算$*$关于$\Delta$可分配.

5. 试判断下面每对拉丁方是否正交：

(1) $\begin{pmatrix}1&2&3\\2&3&1\\3&1&2\end{pmatrix},\begin{pmatrix}1&2&3\\3&1&2\\2&3&1\end{pmatrix}$；

(2) $\begin{pmatrix}1&2&3&4\\2&3&4&1\\3&4&1&2\\4&1&2&3\end{pmatrix},\begin{pmatrix}1&2&3&4\\3&4&1&2\\2&3&4&1\\4&1&2&3\end{pmatrix}$；

(3) $\begin{pmatrix}1&2&3&4&5\\2&3&4&5&1\\3&4&5&1&2\\4&5&1&2&3\\5&1&2&3&4\end{pmatrix},\begin{pmatrix}5&1&2&3&4\\4&5&1&2&3\\3&4&5&1&2\\2&3&4&5&1\\1&2&3&4&5\end{pmatrix}$.

6. 试判断下列拉丁方是否相互正交：

(1) $\begin{pmatrix}1&3&2&4\\3&1&4&2\\2&4&1&3\\4&2&3&1\end{pmatrix},\begin{pmatrix}3&1&4&2\\2&4&1&3\\1&3&2&4\\4&2&3&1\end{pmatrix},\begin{pmatrix}2&4&1&3\\1&3&2&4\\3&1&4&2\\4&2&3&1\end{pmatrix}$；

(2) $\begin{pmatrix}1&2&3&4&5\\2&3&4&5&1\\3&4&5&1&2\\4&5&1&2&3\\5&1&2&3&4\end{pmatrix},\quad\begin{pmatrix}1&2&3&4&5\\3&4&5&1&2\\5&1&2&3&4\\2&3&4&5&1\\4&5&1&2&3\end{pmatrix},\quad\begin{pmatrix}1&2&3&4&5\\5&1&2&3&4\\4&5&1&2&3\\3&4&5&1&2\\2&3&4&5&1\end{pmatrix}$.

7. 证明：任意交换拉丁方的行和列，所得矩阵仍是拉丁方.

8. 构造一个基于 Z_6 的 6 阶拉丁方.

9. 构造一个基于 Z_8 的 8 阶拉丁方.

10. 构造 4 个 5 阶相互正交的拉丁方.

11. 构造 3 个 7 阶相互正交的拉丁方.

12. 构造 2 个 9 阶相互正交的拉丁方.

13. 构造 2 个 15 阶相互正交的拉丁方.

14. 分别构造域 $GF(4)$，$GF(8)$，$GF(16)$.

15. 证明：存在具有参数 $b=v=14$，$k=r=6$，$\lambda=2$ 的 BIBD.

16. 存在参数为 $b=20$，$v=18$，$k=9$，$\lambda=10$ 的 BIBD 吗？

17. 令 B 是具有参数 (b,v,k,r,λ) 的 BIBD，其样品集为 $S=\{x_1,x_2,\cdots x_v\}$，它的区组是 $B_1,B_2,\cdots,B_b$. 对于每一个区组 B_i，令 $\bar{B}_i$ 表示那些不属于 B_i 的样品的集合. 令 B^C 为 $\bar{B}_1,\bar{B}_2,\cdots,\bar{B}_b$ 的集合，证明：如果有 $b-2r+\lambda>0$，则 B^C 为具有参数 $(b,v,v-k,b-r,b-2r+\lambda)$ 的区组设计 BIBD，并称该区组设计 B^C 为 B 的**补设计**.

18. 构造参数 $b=12$，$v=9$，$k=3$，$r=4$，$\lambda=1$ 的区组设计 BIBD B 及其补设计 B^C.

19. 构造参数 $v=b=15$，$r=k=7$，$\lambda=3$ 的区组设计 BIBD B 及其补设计 B^C.

20. 证明：$B=\{0,1,3,9\}$ 是 Z_{13} 中的差集，并用该差集作为初始值区组构造一个 SBIBD. 找出这个区组设计 SBIBD 的各参数.

21. 证明：$B=\{0,2,3,4,8\}$ 是 Z_{11} 中的差集，并用该差集作为初始值区组构造一个 SBIBD. 找出这个区组设计 SBIBD 的各参数.

22. 证明：$B=\{0,3,4,9,11\}$ 是 Z_{21} 中的差集.

23. 设 n 为一正整数. 证明:存在指数 $\lambda=1$ 且有 3^n 个样品的 Steiner 三元系.

24. 设 n 为一正整数. 证明:如果存在指数 $\lambda=1$ 且有 v 个样品的 Steiner 三元系,那么就存在 v^n 个样品的 Steiner 三元系.

25. 设存在参数 $b,v,k=3,r,\lambda$ 的 Steiner 三元系. 令 a 是 λ 被 6 整除的余数,试证明下列结论:

(1)如果 $a=1$ 或 5,则 v 被 6 除的余数为 1 或 3;

(2)如果 $a=2$ 或 4,则 v 被 3 除的余数为 0 或 1;

(3)如果 $a=3$,则 v 是奇数.

26. 下面是一个二进制$[n,k]$码 C 的标准校验矩阵:

$$\begin{pmatrix}1&1&1&0&0\\1&0&0&1&0\\0&1&0&0&1\end{pmatrix}$$

(1)求 n 和 k;

(2)求 C 的生成矩阵;

(3)列出 C 中的码字.

27. 设 $c=\{000,111\}$ 是一个二进制循环码:

(1)找到 c 的标准校验矩阵;

(2)列出 c 的陪集和陪集首;

(3)找出每个陪集的伴随式;

(4)使用伴随式解码方法解码消息 110.

28. 证明:如果 c 是一个自对偶的$[n,k,d]$码,那么 n 必定是偶数.

29. 证明:$g(x)=x^{n-1}+x^{n-2}+\cdots+x^2+x+1$ 是任意域 A 上的$[n,1]$循环码的码生成多项式.

30. 设 $g(x)=x^3+x+1$ 是系数在域 $GF(2)$ 中的多项式.

(1)证明:$g(x)$是 $GF[2,x]$中多项式 x^7-1 的一个因子;

(2)证明:$g(x)$是循环码$[7,4]$码 c 的码生成多项式;

(3)求 c 的标准校验矩阵 $\boldsymbol{H}$;

(4)证明:$\boldsymbol{G}'\boldsymbol{H}^{\mathrm{T}}=\boldsymbol{0}$,其中

$$\boldsymbol{G}'=\begin{pmatrix}1&1&0&1&0&0&0\\0&1&1&0&1&0&0\\0&0&1&1&0&1&0\\0&1&1&1&0&0&1\end{pmatrix};$$

(5)证明:$\boldsymbol{G}'$的行产生码 c;

(6)证明:$\boldsymbol{G}'$中列的置换给出了$[7,4]$汉明码的码生成多项式,因此这两个码是相等的.

31. 已知生成矩阵 $\boldsymbol{G}=\begin{pmatrix}1&0&0&0&1&0&1\\0&1&0&0&1&1&1\\0&0&1&0&1&1&0\\0&0&0&1&0&1&1\end{pmatrix}$,试求相应的标准校验矩阵 $\boldsymbol{H}$.

32. 已知标准校验矩阵 $\boldsymbol{H}=\begin{pmatrix}1&1&0&1&1&0&0\\1&0&1&1&0&1&0\\0&1&1&1&0&0&1\end{pmatrix}$,求相应的生成矩阵 $\boldsymbol{G}$.

33. 从 $\boldsymbol{H}=\begin{pmatrix}1&1&1&1\\1&1&-1&-1\\1&-1&1&-1\\1&-1&-1&1\end{pmatrix}$,求一个 8×8 阶 Hadamard 矩阵,及$(7,3,1)$的 SBIBD.

34. 已知生成矩阵

$$G=\begin{pmatrix}1&0&1&1&0\\0&1&0&1&1\end{pmatrix}$$

的码字 00000,01011,11101,10110,试分别译出它们的原文.

35. 由一个 16×16 阶规范 Hadamard 矩阵,寻找一个(15,7,3)的 SBIBD.

36. A 是具备参数(b,v,k,r,λ)的 BIBD 设计的区组矩阵,c 是以 A 的各行为码字组成的分组码.

(1)码 c 的最小距离为多少?

(2)码 c 能纠正几个错误?

(3)码 c 能检测几个错误?

(4)B 是互补区组设计的区组矩阵,试问当 $i\neq j$ 时,A 的第 i 行与 B 的第 j 行的汉明距离是多少?

(5)以 B 的行为码字组成的分组码能纠正几个错误?又能检测几个错误?

部分习题解答

习 题 一

1. 把所有满足要求的二进制数分成为如下 3 类：

(1)恰有 4 位连续的 1. 它们可能是□01111,011110,11110□,其中“□”可能取 0 或 1. 故在此种情况下,共有 5 个不同的六位数；

(2)恰有 5 位连续的 1. 它们可能是 011111,111110,共有 2 个；

(3)恰有 6 位连续的 1,即 111111,只有 1 种可能. 由加法原则知,共 $5+2+1=8$ 个.

2. 数 3,5,11 和 13 均为素数. 根据算术基本定理,每个因子都有 $3^i\times5^j\times11^k\times13^l$ 的形式,其中

$$0\leqslant i\leqslant4,0\leqslant j\leqslant2,0\leqslant k\leqslant7,0\leqslant l\leqslant8$$

由乘法原则,因子总数为 $5\times3\times8\times9=1080$ 个.

3. 72

4. 令 S 为在 0～10000 之间恰好有一位数字是 5 的整数的集合,通过添加前导零(如 6 看作 0006,25 看作 0025,332 看作 0332),可以把 S 中的每一个数都当作 4 位数. 令 $S_i=\{x\mid x\in S$,且第 i 位数字为 $5\}$,$i=1,2,3,4$. $|S_i|=9\times9\times9=729$,$i=1,2,3,4$. 所以 $|S|=4\times729=2916$.

5. 将 1400 做素因子分解得 $1400=2^3\times5^2\times7$.

6. 令 $S=\{1,2,\cdots,300\}$,$S_1=\{x\mid x\in S,x \bmod 3=1\}$,$S_2=\{x\mid x\in S,x \bmod 3=2\}$,$S_3=\{x\mid x\in S,x \bmod 3=0\}$. 设所取的数为 a,b,c,则这种选取是无序的,且满足$(a+b+c)\bmod 3=0$. 将选法分为两类：

(1)a,b,c 都取自同一组,方法数为 $3\times C_{100}^3$；

(2)a,b,c 分别取值 S_1,S_2,S_3,方法数为 $C_{100}^1\times C_{100}^1\times C_{100}^1$. 由加法原则,可得取法总数为 $3\times C_{100}^3+C_{100}^1\times C_{100}^1\times C_{100}^1=1485100$.

7. 先构造 7 元素集合$\{1,2,3,4,7,8,9\}$的一个 5 排列,再让 5 与 6 相邻作为一个整体,并将其插入该排列的 6 个位置中；而 9 元素集合$\{1,2,3,\cdots,9\}$的 7 排列共有 P_9^7 个,因此,满足题意的排列数为 $P_9^7-2\times6\times P_7^5=151200$ 个.

8. $99!-2\times98!=97\times98!$

9. C_{25}^2；C_{25}^3.

10. 先把 10 个男生排成圆形,有 9!种方法. 固定一个男生的排法,把 5 位女生插在 10 个男生之间,每两个男生之间只能插一个女生,而且 5 个女生之间还存在着排序问题,故有 P_{10}^5 种排法. 由乘法原则,共有 $9!\times P_{10}^5$ 种坐法.

11. $C_{100}^2-C_{50}^1\times C_{50}^1=2450$ 种.

12. 五位数共有 90000 个,其中能被 3 整除的有 $90000\div3=30000$ 个. 能被 3 整除且不出现 6 的 5 位数有 $8\times9\times9\times9\times3=17496$ 个. 因此满足题意要求的数有 $30000-17496=12504$ 个.

13. 第一个人可从 6 个入口中的任一个进站；第 2 个人也可选择 6 个入口中的任一个进站,但当他选择与第 1 人相同的入口进站时,有在第 1 人前面还是后面两种方式,所以第 2 个人有 7 种进站方式,同理,第 3 个人有 8 种进站方案,…,由乘法原则,总的进站方案数为 $6\times7\times\cdots\times14=726485760$.

14. $P(15;6,5,4)\times C_{16}^{3}$

15. 引入变量 $y_1=x_1-3, y_2=x_2-1, y_3=x_3, y_4=x_4-5$，此时方程变为 $y_1+y_2+y_3+y_4=11$. 新方程的非负整数解的个数是 $C(11+4-1,11)=C(14,11)=364$

16. 2^{n-1}

17. 相当于将 $2n$ 个不同的球放到 n 个不同的盒中，每盒两个球，共有 $\frac{(2n)!}{2!\times 2!\times\cdots\times 2!}$ 种方法 .

18. 设 $a_1<a_2<a_3<a_4<a_5$，令 $b_1=a_1, b_2=a_2-1, b_3=a_3-2, b_4=a_4-3, b_5=a_5-4$，则 $b_1<b_2<b_3<b_4<b_5$ 与 $\{1,2,\cdots,20\}$ 的 5 组合一一对应.

19. 112

21. 2,3,4,6,8,10;2,3,4,7,8,9.

22. 设有 n 个人，从这 n 个人中任选 k 人办一公司，再从这 k 人中任选 r 人组成委员会，有 $C_n^k C_k^r$ 种；另一方面，先从 n 人中选 r 组成委员会，再从剩下的 $n-r$ 人中选 $k-r$ 人进入该公司，有 $C_n^r C_{n-r}^{k-r}$ 种.

23. $\frac{5!}{2!\times 3!}C_{22}^{5}\times C_{17}^{5}\times C_{12}^{4}\times C_{18}^{4}\times C_{4}^{4}$

24. 93;672.

26. 提示：$2=3-1$.

30. 提示：用 1 代替所有的 x_i.

32. **Procedure** next permutation(n:正整数, $a_1, a_2, \cdots, a_r$:不超过 n 的正整数，且 $a_1a_2\cdots a_r\neq nn\cdots n$)

$i:=r$

while $a_i=n$

begin

$a_i:=1$

$i:=i-1$

end

$a_i:=a_i+1$

$\{a_1a_2\cdots a_r$ 是按字典序的下一个排列$\}$

34. 设 $\{b_1,b_2,\cdots,b_r\}$ 是所求的一个不相邻 r 组合，不妨设 $b_1<b_2<\cdots<b_r$. 令

$$C_1=b_1, C_2=b_2-1, C_3=b_3-2, \cdots, C_r=b_r-r+1$$

则 $\{C_1,C_2,\cdots,C_r\}$ 是集合 $\{1,2,\cdots,n-r+1\}$ 的一个组合.

反之，对于集合 $\{1,2,\cdots,n-r+1\}$ 的一个组合 $\{d_1,d_2,\cdots,d_r\}$，不妨设 $d_1<d_2<\cdots<d_r\leqslant n-r+1$，对应于一个不相邻 r 组合 $\{d_1,d_2+1,d_3+2,\cdots,d_r+r-1\}$，$d_r+r-1\leqslant n$，且 $(d_{i+1}+i)-(d_i+i-1)=d_{i+1}-d_i+1>1$，$i=1,2,\cdots,r-1$.

习　题　二

1. (1) $f(x)=\frac{2x(1-x^6)}{1-x}$；(2) $\frac{x^3}{1-x}$；

(3) $\frac{x}{(1-x^3)}$；　(4) $\frac{2}{1-2x}$；

(5) $(1+x)^7$；　(6) $\frac{2}{1+x}$；

(7) $\frac{1}{1-x}-x^2$；　(8) $\frac{x^3}{(1-x)^2}$.

2. (1)$f(x)=\frac{5}{1-x}$;　　(2)$\frac{1}{1-3x}$;

(3)$\frac{2x^3}{1-x}$;　　(4)$\frac{3-x}{(1-x)^2}$;

(5)$(1+x)^8$;　　(6)$\frac{1}{(1-x)^5}$.

3. $A(x)=\frac{2}{1-2x}+3x, a_n=\begin{cases}2^{n+1} & n\neq 1\\ 7 & n=1\end{cases}$.

4. $\frac{1}{1-x^2}=1+x^2+x^4+x^6+\cdots$

$$\int_0^x \frac{dx}{1-x^2}=\int_0^x (1+x^2+x^4+x^6+\cdots)dx$$

$$\frac{1}{2}[\ln(1+x)-\ln(1-x)]=x+\frac{1}{3}x^3+\frac{1}{5}x^5+\frac{1}{7}x^7+\cdots$$

5. 项 x^{31} 只有一种生成方式:$x^5x^5x^7x^7x^7$,而选三个因子 x^7 有 C_{50}^3种方法,继而再选两个因子 x^5 有 C_{47}^2种方法,故 $C_{50}^3\times C_{47}^2=21187600$.

6. (1)10; (2)49; (3)2; (4)4.

7. $(1+r+r^2)(1+y+y^2)(1+w+w^2+w^3+w^4)$,其中 r^k 表示 k 个红球,y^k 表示 k 个黄球,w^k 表示 k 个白球.

8.
$$\begin{aligned}f(x)&=(x+x^3+x^5+\cdots)^k\\&=x^k(1+x^2+x^4+\cdots)^k\\&=\frac{x^k}{(1-x^2)^k}\end{aligned}$$

9. 令 $y_1=3x_1, y_2=4x_2, y_3=2x_3, y_4=5x_4$,于是 h_n 也等于 $y_1+y_2+y_3+y_4=n$ 的非负整数解的个数,其中 y_1 是3的倍数,y_2 是4的倍数,y_3 是2的倍数,y_4 是5的倍数. 因此

$$\begin{aligned}f(x)&=(1+x^3+x^6+\cdots)(1+x^4+x^8+\cdots)\cdot\\&\quad(1+x^2+x^4+\cdots)(1+x^5+x^{10}+\cdots)\\&=\frac{1}{1-x^3}\cdot\frac{1}{1-x^4}\cdot\frac{1}{1-x^2}\cdot\frac{1}{1-x^5}\\&=\frac{1}{(1-x^3)(1-x^4)(1-x^2)(1-x^5)}\end{aligned}$$

10. 令 $x_1=y_1-4, x_2=y_2-4, x_3=y_3-4$,则所求问题等价于求 $y_1+y_2+y_3=13$ 的非负整数解的个数. $y_1+y_2+y_3=n$ 的非负整数解的个数 $h_n(n=0,1,2,\cdots)$的生成函数为

$$f(x)=\frac{1}{(1-x)^3}=\sum_{n=0}^{\infty}C_{n+2}^2x^n$$

故 $h_{13}=C_{13+2}^2=105$.

11. (1)$2e^x$;(2)e^{-x};(3)e^{3x};(4)xe^x+e^x;(5)$(e^x-1)/x$;(6)$e^{3x}-3e^{2x}$.

12. a_n 为符合题意的 n 位数码的个数,则 a_n 的生成函数

$$\begin{aligned}f(x)&=\left(1+\frac{x^2}{2!}+\frac{x^4}{4!}+\cdots\right)^2\left(1+x+\frac{x^2}{2!}+\frac{x^3}{3!}+\cdots\right)^3\\&=\frac{1}{4}(e^{5x}+2e^{3x}+e^x)\\&=\sum_{n=0}^{\infty}\frac{5^n+2\cdot 3^n+1}{4}\cdot\frac{x^n}{n!}\end{aligned}$$

13. $f(x)=\left(1+\frac{x^2}{2!}+\frac{x^4}{4!}+\cdots\right)^2\left(1+x+\frac{x^2}{2!}+\frac{x^3}{3!}+\cdots\right)^2$

$$=1+\sum_{n=1}^{\infty}\frac{4^n+2\cdot 2^n}{4}\cdot\frac{x^n}{n!}$$

14. 提示:先求不含 0 而满足其余条件的 5 位数个数 a_5.

$$f(x)=\left(\frac{x^2}{2!}+\frac{x^3}{3!}\right)(1+x)\left(1+x+\frac{x^2}{2!}+\frac{x^3}{3!}+\cdots\right)\left(x+\frac{x^3}{3!}+\frac{x^5}{5!}+\cdots\right)$$

$$=\left(\frac{x^2}{2!}+\frac{x^3}{3!}\right)(1+x)e^x\frac{1}{2}(e^x-e^{-x})$$

$$=\left(\frac{x^2}{4}+\frac{x^3}{3}+\frac{x^4}{12}\right)\sum_{n=0}^{\infty}2^n\frac{x^n}{n!}-\left(\frac{x^2}{4}+\frac{1}{3}x^3+\frac{1}{12}x^4\right)$$

x^5 的系数$\frac{1}{4}\times\frac{2^3}{3!}+\frac{1}{3}\times\frac{2^2}{2!}+\frac{1}{12}\times\frac{2}{1!}=\frac{1}{5!}\times 140$,故 $a_5=140$.

每个 5 位数,当把 0 插入 5 个位次后便可派生出 5 个 6 位数,故 $140\times 5=700$.

16. $g(x)=\left(1+\frac{x^2}{2!}+\frac{x^4}{4!}+\cdots\right)\left(1+\frac{x}{1!}+\frac{x^2}{2!}+\cdots\right)\left(\frac{x}{1!}+\frac{x^2}{2!}+\cdots\right)$

$$=-\frac{1}{2}+\sum_{n=0}^{\infty}\frac{3^n-2^n+1}{2}\cdot\frac{x^n}{n!}$$

$$h_n=\frac{3^n-2^n+1}{2}\quad(n=1,2,3,\cdots),h_0=0$$

17. (1)e^x;(2)$\frac{1}{1-x}$.

18. 即把 n 拆分成 1,2,4,8,…但不允许重复,因此 p_n 的生成函数为

$$f(x)=(1+y)(1+y^2)(1+y^4)\cdots$$

$$=\frac{1-y^2}{1-y}\cdot\frac{1-y^4}{1-y^2}\cdot\frac{1-y^8}{1-y^4}\cdots$$

$$=\frac{1}{1-y}=1+y+y^2+y^3+\cdots$$

(任何一个十进制正整数 n 可唯一地表示成二进制数,这正是计算机能够工作的基础.)

19. $f(x)=(1+x+x^2+\cdots+x^8)^3$;57.

20. 令 $Z=12-x-3y$,若 $x+3y\leqslant 12$,则 $Z\geqslant 0$ 且 $x+3y+Z=12$. 故所求点的个数为 $x+3y+Z=12$ 的非负整数解的个数.

$$f(x)=(1+x+x^2+\cdots)^2(1+x^3+x^6+\cdots);35.$$

21. 点(x,y)在该正方形内$\Leftrightarrow |x|+|y|\leqslant 5$ 且 x 和 y 均为整数,即求 $|x|+|y|+Z=5$ 满足 $Z\geqslant 0$ 的整数解的个数.

$$f(x)=(1+2x+2x^2+2x^3+\cdots)^2(1+x+x^2+x^3+\cdots);61.$$

22. $f(x)=(1+x+x^2+x^3+x^4)^2(1+x+x^2+x^3)^2$;60.

23. $f(x)=\left(1+x+\frac{x^2}{2!}\right)^4$;1440.

24. (1)$\left(x+\frac{x^3}{3!}+\frac{x^5}{5!}+\cdots\right)^k$;

(2)$\left(\frac{x^4}{4!}+\frac{x^5}{5!}+\frac{x^6}{6!}+\cdots\right)^k$;

(4)$(1+x)\left(1+x+\frac{x^2}{2!}\right)\cdots\left(1+x+\frac{x^2}{2!}+\cdots+\frac{x^k}{k!}\right)$;

25. $\left(\frac{e^x+e^{-x}}{2}\right)^2(e^x-1)^2e^{2x}$

27. (1)设 $G(x)=a_0+a_1x+a_2x^2+a_3x^3+\cdots+a_nx^n+\cdots$

$$G'(x)=a_1+2a_2x+3a_3x^2+\cdots+na_nx^{n-1}+\cdots$$

所以 $G'(x)-G(x)=(a_1-a_0)+(2a_2-a_1)x+\cdots+[(n+1)a_{n+1}-a_n]x^n+\cdots$

$$=\sum_{n=0}^{\infty}\frac{x^n}{n!}=\mathrm{e}^x$$

易见 $G(0)=a_0=1$.

(2)
$$\begin{aligned}[\mathrm{e}^{-x}G(x)]'&=\mathrm{e}^{-x}G'(x)-\mathrm{e}^{-x}G(x)\\&=\mathrm{e}^{-x}[G'(x)-G(x)]\\&=\mathrm{e}^{-x}\cdot\mathrm{e}^x=1\end{aligned}$$

因此,$\mathrm{e}^{-x}G(x)=x+a$,其中 a 为常数. 从而 $G(x)=x\mathrm{e}^x+a\mathrm{e}^x$.

又由于 $G(0)=1$,故 $a=1$. 于是 $G(x)=x\mathrm{e}^x+\mathrm{e}^x$.

(3)
$$\begin{aligned}G(x)&=x\mathrm{e}^x+\mathrm{e}^x\\&=\sum_{n=0}^{\infty}\frac{x^{n+1}}{n!}+\sum_{n=0}^{\infty}\frac{x^n}{n!}\\&=\sum_{n=0}^{\infty}\left[\frac{1}{(n-1)!}+\frac{1}{n!}\right]x^n\end{aligned}$$

所以 $a_n=\dfrac{1}{(n-1)!}-\dfrac{1}{n!}$　$(n\geqslant1)$,其中 $a_0=1$.

习　题　三

1. 有多种可能的正确答案,下面给出一个相对简单的答案.

(1) $\begin{cases}a_1=6\\a_{n+1}=a_n+6\end{cases}$;　　(2) $\begin{cases}a_1=3\\a_{n+1}=a_n+2\end{cases}$;

(3) $\begin{cases}a_1=10\\a_{n+1}=10a_n\end{cases}$;　　(4) $\begin{cases}a_1=5\\a_{n+1}=a_n\end{cases}$.

2. 令 a_n 表示 n 年后账上的钱数,n 年后账上的钱数等于在 $n-1$ 年后账上的钱数加上第 n 年的利息,即

$$\begin{cases}a_n=a_{n-1}+0.11a_{n-1}\\a_0=10000\end{cases}$$

由迭代法,得
$$\begin{aligned}a_n&=1.11a_{n-1}\\&=1.11(1.11a_{n-2})=1.11^2a_{n-2}\\&=1.11^2(1.11a_{n-3})=1.11^3a_{n-3}\\&\ \ \vdots\\&=1.11^na_0\end{aligned}$$

3. 无论怎样在 $x_0\cdot x_1\cdot x_2\cdot\cdots\cdot x_n$ 中插入括号,总有一个运算符“·”留在所有括号的外边,即执行最后一次乘法的运算符. 这最后的运算符出现在$n+1$个数中的两个数之间,比如说 x_k 与 x_{k+1}之间. 因有 a_k 种方式在乘积$x_0\cdot x_1\cdot\cdots\cdot x_k$ 中插入括号来确定这 $k+1$ 个数的乘法次序,且有 a_{n-k-1}种方式在乘积 $x_{k+1}\cdot x_{k+2}\cdot\cdots\cdot x_n$ 中插入括号来确定这 $n-k$ 个数的乘法次序. 由于这最后的运算符可能出现在 $n+1$ 个数的任两个相邻数之间,所以

$$\begin{cases}a_n=a_0a_{n-1}+a_1a_{n-2}+\cdots+a_{n-2}a_1+a_{n-1}a_0\\a_0=1,a_1=1\end{cases}$$

4. 设 $n\geqslant2$ 及 $n-1$ 个圆已画出,它们形成 h_{n-1}个区域. 现放进第 n 个圆,前 $n-1$ 个圆的每一个都与第 n

个圆相交于两点,且不存在三个圆共一点,因此前 $n-1$ 个圆与第 n 个圆相交得到 $2(n-1)$ 个不同的点,这 $2\times(n-1)$ 个不同的点把第 n 个圆分成 $2(n-1)$ 条弧,每条弧把前 $n-1$ 个圆形成的相应区域一分为二,因而新增了 $2(n-1)$ 个区域. 所以

$$\begin{cases} h_n = h_{n-1} + 2(n-1) \\ h_1 = 2 \end{cases}$$

由迭代法解得 $h_n = n^2 - n + 2 \quad (n \geqslant 2)$.

5. $\begin{cases} a_n = a_{n-1} + a_{n-2} \\ a_1 = 2, a_2 = 3 \end{cases}$

6. $a_n = 9a_{n-1} + (10^{n-1} - a_{n-1}) = 8a_{n-1} + 10^{n-1}$

7. (1) $a_n = 2 \times 3^n$; (2) $a_n = 2n + 3$;

(3) $a_n = 1 + \dfrac{n(n+1)}{2}$; (4) $a_n = n^2 + 4n + 4$;

(5) $a_n = 1$; (6) $a_n = \dfrac{3^{n+1} - 1}{2}$;

(7) $a_n = 5 \times n!$; (8) $a_n = 2^n \times n!$.

8. (1) $a_n = 2a_{n-1} + a_{n-5}, n \geqslant 5$;

(2) $a_0 = 1, a_1 = 2, a_2 = 4, a_3 = 8, a_4 = 16$;

(3) 1217.

9. 该算法所用的时间受比较次数的影响. 我们用 b_n 表示排序 n 项在第 5 行进行的比较次数(该算法在最坏情况下、一般情况下和最好情况下所用的时间是相同的),马上得出初始条件 $b_1 = 0$. 下面求数列 $b_1, b_2, b_3, \cdots$ 的递推关系. 这时仅考虑输入 $n > 1$ 的执行情况. 我们可以逐行数出比较的次数,在 1 ~ 4 行无比较;第 5 行比较 $n-1$ 次;6 ~ 7 行无比较;第 8 行是递归,调用输入为 $n-1$ 的递归过程,由定义,输入为 $n-1$ 的递归过程的比较次数为 b_{n-1} 次,即第 8 行上共进行 b_{n-1} 次比较. 因此,比较总数为

$$b_n = n - 1 + b_{n-1}$$

用迭代法解得
$$\begin{aligned} b_n &= b_{n-1} + n - 1 \\ &= (b_{n-2} + n - 2) + (n-1) \\ &\vdots \\ &= 0 + 1 + 2 + \cdots + (n-2) + (n-1) \\ &= \frac{(n-1)n}{2} = \Theta(n^2) \end{aligned}$$

10. 折半查找算法:有序序列被分为等长的两部分(第 4 行),若分离点恰好是所要找的(第 5 行),过程终止,返回索引值;若不是,就将查找值与该分离点的值比较. 由于序列是有序的,比较后就可确定要找的值可能在哪部分中,再继续在该部分的序列中利用折半查找算法进行查找(第 11 行).

下面我们分析最坏情况下的折半查找算法所需的时间. 最坏查找时间受最坏情况下对 n 项序列调用递归算法的次数的影响,我们用 a_n 表示.

当 $n = 1$ 时,序列仅有一个元素 s_i,且 $i = j$. 最坏情况即在行 5 没有找到所需项. 第二次调用时由于 $i < j$ 算法在第 3 行终止. 由此可见,当 $n = 1$ 时,算法被调用 2 次. 因此初始条件 $a_1 = 2$.

当 $n > 1$ 时,第一次 $i < j$,第 2 行的条件为假,最坏情况下,第 5 行条件为假,则在第 11 行调用递归过程. 由定义,在第 11 行的过程调用次数为 a_m,m 为第 11 行调用时的参数,即被查找的序列的元素个数. 由原始序列分割得到的两部分序列的元素个数分别为 $\left[\frac{n}{2}\right]$ 和 $\left[\frac{n-1}{2}\right]$. 最坏情况下查找较长的序列,则在第 11 行的调用次数为 $a_{\left[\frac{n}{2}\right]}$. 第 11 行的调用次数再加上过程本身的一次调用,即该过程总的调用次数. 因此,数列的递推关系为

$$a_n = 1 + a_{[\frac{n}{2}]}$$

我们用 2 的乘幂形式代替 n，当 n 不是 2 的乘幂形式时，必有 k，使 n 处于 2^{k-1} 和 2^k 之间，则 a_n 处于 $a_{2^{k-1}}$ 与 a_{2^k} 之间.

当 n 恰为 2 的幂方即 $n = 2^k$ 时，有

$$a_{2^k} = 1 + a_{2^{k-1}}, k = 1, 2, 3, \cdots$$

设 $b_k = a_{2^k}$，可得递推关系

$$\begin{cases} b_k = 1 + b_{k-1}, k = 1, 2, 3 \cdots \\ b_0 = 2 \end{cases}$$

由迭代方法求得递推关系

$$b_k = 1 + b_{k-1} = 1 + (1 + b_{k-2}) = \cdots = k + b_0 = k + 2$$

代入 $n = 2^k$，得 $a_n = 2 + \log_2 n$.

无论 n 为何值，它都可以落在两个 2 的幂之间，即 $2^{k-1} < n \leqslant 2^k$，且 $k - 1 < \log_2 n < k$.

由于数列 a_n 是递增的，则 $a_{2^{k-1}} < a_n \leqslant a_{2^k}$.

所以
$$\log_2 n < 1 + k = a_{2^{k-1}} \leqslant a_n \leqslant a_{2^k} = 2 + k < 3 + \log_2 n = O(\log_2 n)$$

即 $a_n = \Theta(\log_2 n)$.

11. 因为 $a_n = 121 \times 11^n + 12 \times 144^n (n \geqslant 0)$，而

$$11 + 144 = 155, 11 \times 144 = 1584$$

所以 $x_1 = 11, x_2 = 144$ 是方程 $x^2 - 155x + 1584 = 0$ 的两个根，从而 $h_n = a_n (n = 0, 1, 2, \cdots)$ 是递推关系 $h_n = 155h_{n-1} - 1584h_{n-2} (n \geqslant 2)$ 的一个解，所以

$$a_n = 155a_{n-1} - 1584a_{n-2} (n \geqslant 2)$$

又因为
$$a_0 = 121 + 12 = 133$$
$$a_1 = 121 \times 11 + 12 \times 144 = 3059 = 133 \times 23$$

因此 a_0 与 a_1 都能被 133 整除.

12. 设在 t 时刻的 α 粒子数为 $f(t)$，β 粒子数为 $g(t)$，则

$$\begin{cases} g(t) = 3f(t-1) + 2g(t-1) & t \geqslant 1 \\ f(t) = g(t-1) & t \geqslant 1 \\ g(0) = 0, f(0) = 1 \end{cases}$$

所以
$$\begin{cases} g(t) = 3g(t-2) + 2g(t-1) & t \geqslant 2 \\ g(0) = 0, g(1) = 3 \end{cases}$$

其特征方程为 $x^2 - 2x - 3 = 0$，解得

$$x_1 = 3, x_2 = -1$$

因此它的通解为 $g(t) = A_1 3^t + A_2 (-1)^t$.

代入初始条件，得 $\begin{cases} A_1 + A_2 = 0 \\ 3A_1 - A_2 = 3 \end{cases}$，所求递推关系的解为

$$g(t) = \frac{3}{4} \times 3^t - \frac{3}{4} \times (-1)^t$$

从而
$$f(t) = g(t-1) = \frac{3}{4} \times 3^{t-1} - \frac{3}{4} (-1)^{t-1}$$

13. n 个人都拿错了大衣. 假设人 p 拿的是人 q 的大衣，则所有的情况分两类：(1) q 拿了 p 的大衣，则剩下的 $n-2$ 个人拿 $n-2$ 件大衣，都未拿到自己的大衣的情况共有 D_{n-2} 种. (2) q 拿的不是 p 的大衣. 因为除 p 以外的 $n-1$ 个人去拿除 q 的大衣以外的 $n-1$ 件大衣，每个人都不拿自己的且 q 不拿 p 的大衣. 可暂时将 p 的大衣看作 q 的大衣，则问题变为 $n-1$ 人拿他们的大衣，但拿的均不是自己的大衣. 因此，此时满足条件的情

况有 D_{n-1} 种. 这样,当 p 拿了 q 的大衣时,共有 $D_{n-1}+D_{n-2}$ 种情况. 由于 p 可拿除 p 以外的 $n-1$ 件大衣中的任一件,因此

$$D_n=(n-1)(D_{n-1}+D_{n-2})$$

$D_1=0$,因为一个人拿一件大衣不可能拿错;$D_2=1$,每个人都拿错只有一种情况,即第一个人拿了第二个人的,而第二个人拿了第一个人的.

$$D_n-nD_{n-1}=-D_{n-1}+(n-1)D_{n-2}$$

令 $B_n=D_n-nD_{n-1}$,则 $B_n=-B_{n-1}$.

15. (2) $S_n-S_{n-1}=n^2$

$S_{n-1}-S_{n-2}=(n-1)^2$

两式相减,得 $$S_n-2S_{n-1}+S_{n-2}=2n-1$$

同理 $$S_{n-1}-2S_{n-2}+S_{n-3}=2(n-1)-1$$

再两式相减,得 $$S_n-3S_{n-1}+3S_{n-2}-S_{n-3}=2$$

同理 $$S_{n-1}-3S_{n-2}+3S_{n-3}-S_{n-4}=2$$

则 $$S_n-4S_{n-1}+6S_{n-2}-4S_{n-3}+S_{n-4}=0$$

特征方程 $$x^4-4x^3+6x^2-4x+1=(x-1)^4=0$$

$x=1$ 是其 4 重根.

所以 $$S_n=(A_1+A_2n+A_3n^2+A_4n^3)1^n$$

代入初值 $S_0=0,S_1=1,S_2=5,S_3=14$,得

$$A_1=0,A_2=\frac{1}{6},A_3=\frac{1}{2},A_4=\frac{1}{3}$$

则 $$\begin{aligned}S_n&=\frac{1}{6}n+\frac{1}{2}n^2+\frac{1}{3}n^3\\&=\frac{1}{6}n(1+3n+2n^2)\\&=\frac{1}{6}n(n+1)(2n+1)\end{aligned}$$

16. 提示:$\{a_n\}$ 的特征方程为 $(1-x)(1-x^2)(1-x^3)=0$

17. 令 a_n 表示 n 个元素排列成算术表达式的数目. 对 n 个元素排列的算术表达式,其最后一个符号必然是数字. 而第 $n-1$ 位有两种可能:(1)是数字,则前 $n-1$ 位必然已构成一算术表达式;(2)是运算符,则前面 $n-2$ 位必然是一算术表达式.

因此 $$a_n=10a_{n-1}+40a_{n-2},a_1=10,a_2=120$$

18. 设 n 条直线将平面分成 a_n 个区域,则第 n 条直线被其余的 $n-1$ 条直线分割成 n 段. 这 n 段正好是新增加的 n 个域的边界,则

$$a_n=a_{n-1}+n,a_1=2$$

由迭代方法解得 $a_n=\frac{1}{2}n(n+1)+1$.

19. 令 a_n 为 n 位十进制数中出现偶数个 5 的数的个数,b_n 为 n 位十进制数中出现奇数个 5 的数的个数,由于 n 位的十进制数有 $9\times10^{n-1}$ 个,显然 $b_n=9\times10^{n-1}-a_n$.

设 $d=d_1d_2\cdots d_{n-1}$ 是 $n-1$ 位十进制数,若 d 含有偶数个 5,则 d_n 取 5 以外的 0,1,2,3,4,6,7,8,9 中的一个数,使 $d_1d_2\cdots d_{n-1}d_n$ 构成偶数个 5 的 n 位十进制数;若 d 含奇数个 5,则取 $d_n=5$,因此

$$a_n=9a_{n-1}+b_{n-1},a_1=8$$

而 $$b_{n-1}=9\times10^{n-2}-a_{n-1}$$

所以 $$a_n=8a_{n-1}+9\times10^{n-2}$$

$\{a_n\}$的生成函数 $A(x)=\frac{8-71x}{1-10x}=\frac{1}{2}\left(\frac{7}{1-8x}+\frac{9}{1-10x}\right)$

$$=\frac{1}{2}\sum_{k=0}^{\infty}(7\times 8^k+9\times 10^k)x^k$$

20. (1) $d_n=n+1$;

(2) $d_n=d_{n-1}-d_{n-2}, d_1=1, d_2=0.$

21. 设 $n-1$ 个椭圆将平面分隔成 a_{n-1} 个域，第 n 个椭圆和前 $n-1$ 个椭圆两两相交于两点，共 $2(n-1)$ 个分点，即被分成 $2(n-1)$ 段，每一段弧是新域的边界，即新增加的域有 $2(n-1)$ 个部分，故

$$a_n=a_{n-1}+2(n-1), a_1=2$$

解非齐次递推关系得 $a_n=n(n-1)+2.$

22. 令 a_n 表示 n 个域的涂色方案数. 无非有两种可能：(1) 按逆时针数第 1 个扇形 A_1 和第 $n-1$ 个扇形 A_{n-1} 着以相同颜色，此时 A_n 有 $k-1$ 种着色方案；(2) A_1 和 A_{n-1} 颜色不同，此时 A_n 有 $k-2$ 种颜色可供使用. 因此

$$a_n=(k-1)a_{n-2}+(k-2)a_{n-1}$$

$$a_2=k(k-1), a_3=k(k-1)(k-2)\quad (a_0=0, a_1=k)$$

解该常系数线性齐次递推关系，得

$$a_n=(k-1)^n+(-1)^n(k-1)\quad (n\geqslant 2)$$

23. 设 n 位二进制数中最后 3 位为 010 的图像个数为 a_n. 最后 3 位为 010 的 n 位二进数分为两类：一类是 n 位二进制数中最后 3 位为 010 的图像，有 a_n 个；一类则不是，而这类数恰为第 $(n-4)$ 位到第 $(n-2)$ 位为 010 的图像，因而有 a_{n-2} 个，故

$$\begin{cases}a_n+a_{n-2}=2^{n-3} & n\geqslant 5\\ a_3=1, a_4=2\end{cases}$$

解递推关系得 $a_n=\frac{2}{5}\cos\frac{n\pi}{2}+\frac{1}{5}\sin\frac{n\pi}{2}+\frac{2^n}{10}\quad (n\geqslant 3).$

24. 设 a_n 表示满足条件的 n 位数的个数. 最后 3 位是 010 的 n 位二进制数分为如下几类：

(1) 最后 3 位第 1 次出现 010 图像的数，其个数为 a_n；

(2) 第 $(n-4)$ 位到第 $(n-2)$ 位第 1 次出现 010 图像的数，其个数为 a_{n-2}；

(3) 第 $(n-5)$ 位到第 $(n-3)$ 位第 1 次出现 010 图像的数，其个数为 a_{n-3}；

(4) 第 $(n-6)$ 位到第 $(n-4)$ 位第 1 次出现 010 图像的数，此时在第 $n-3$ 位可以取 0 或 1，因而其个数为 $2a_{n-4}$；

(5) 一般可以归纳为对 $k\geqslant 3$，从第 $(n-k-2)$ 位到第 $(n-k)$ 位第 1 次出现 010 图像的数，由于从第 $(n-k)$ 位到第 $(n-3)$ 位中间的 $k-3$ 位可以取 0 或 1 两种值，因而其数目为 $2^{k-3}a_{n-k}$. 故得递推关系如下：

$$a_n+a_{n-2}+a_{n-3}+2a_{n-4}+\cdots+2^{n-6}a_3=2^{n-3}\quad n\geqslant 6$$

$$a_3=1, a_4=2, a_5=3$$

求得 a_n 的生成函数为

$$A(x)=\frac{1}{1-2x+x^2-x^3}$$

$$=1+2x+3x^2+5x^3+9x^4+16x^5+28x^6+49x^7+\cdots$$

25. 设某一数据占用了第 $(i+1)$，$(i+2)$ 两个单元，把这组单元分割成两部分，一是从 1 到 i，另一从 $(i+3)$ 到 n，由于相邻的两单元的概率相等，所以

$$a_n=\frac{1}{n-1}[(a_0+a_{n-2})+(a_1+a_{n-3})+\cdots+(a_i+a_{n-i-2})+\cdots+(a_{n-2}+a_0)]$$

即

$$(n-1)a_n=2\sum_{k=0}^{n-2}a_k$$

故
$$(n-2)a_{n-1}=2\sum_{k=0}^{n-3}a_k$$
从而递推关系可改写为
$$(n-1)a_n-(n-2)a_{n-1}-2a_{n-2}=0$$
$$a_0=0,a_1=1,a_2=0$$
求得 a_n 的生成函数为
$$G(x)=e^{-2x}(1-x)^{-2}=1+x^2+\frac{2}{3}x^2+x^4+\frac{4}{15}x^5+\cdots$$
一般有
$$a_{n+1}=(n+1)-2n+\frac{2^2}{2!}(n-1)-\frac{2^3}{3!}(n-2)+\cdots+(-1)^n\frac{2^n}{n!}$$
$$=\sum_{k=0}^{\infty}(-1)^k\frac{2^k(n-k+1)}{k!}$$

26. 1234 的错排有

4321,　4123,　4312

3412,　3421,　2413

2143,　3142,　2341

第 1 列是 4 分别与 1,2,3 互换位置,其余两个元素错排,由此生成的.

第 2 列是由 4 和 312(123 的一个错排)的每一个数互换而得,即

$\overset{\frown}{3124}\to 4123$

$3\overset{\frown}{124}\to 3421$

$31\overset{\frown}{24}\to 3142$

第 3 列则是由另一个错排 231 和 4 换位而得到,即

$\overset{\frown}{2314}\to 4312$

$2\overset{\frown}{314}\to 2413$

$23\overset{\frown}{14}\to 2341$

设 n 个数 $1,2,\cdots,n$ 错排的数目为 D_n,任取其中一个数 i,数 i 分别与其他 $n-1$ 个数之一互换,其余 $n-2$ 个数进行错排,共得 $(n-1)D_{n-2}$ 个错排. 另一部分为对数 i 以外的 $n-1$ 个数进行错排,然后 i 与其中每个数互换得到 $(n-1)D_{n-1}$ 个错排,故
$$D_n=(n-1)(D_{n-1}+D_{n-2}),D_1=0,D_2=1,D_0=1$$
$$\begin{aligned}D_n-nD_{n-1}&=-[D_{n-1}-(n-1)D_{n-2}]\\&=(-1)^2[D_{n-2}-(n-2)D_{n-3}]\\&\ \ \vdots\\&=(-1)^{n-1}(D_1-D_0)\end{aligned}$$
由于 $D_1=0,D_0=1$,所以 $D_n-nD_{n-1}=(-1)^n$,令
$$G(x)=D_0+D_1x+\frac{1}{2}D_2x^2+\frac{1}{3!}D_3(x)+\cdots$$
$$G(x)=\frac{e^{-x}}{1-x}$$
所以
$$D_n=\left[1-1+\frac{1}{2!}-\cdots+(-1)^n\frac{1}{n!}\right]n!$$

27. $5!-C_5^1\times4!+C_5^2\times3!-C_5^3\times2!+C_5^4\times1!-C_5^5=44$

28. 设 $a_n=C_n^0+C_{n-1}^1+\cdots+C_{n-k}^k$,其中 $k=\left[\frac{n}{2}\right]$.

首先,假设 n 是偶数,使得 $k=\frac{n}{2}$,则

$$\begin{aligned}a_n&=C_n^0+C_{n-1}^1+\cdots+C_{n-k+1}^{k-1}+C_{n-k}^k\\&=1+(C_{n-2}^0+C_{n-2}^1)+(C_{n-3}^1+C_{n-3}^2)+\cdots+(C_{n-k}^{k-2}+C_{n-k}^{k-1})+1\\&=(C_{n-2}^0+C_{n-3}^1+\cdots+C_{n-k}^{k-2}+1)+(C_{n-1}^0+C_{n-2}^1+C_{n-3}^2+\cdots+C_{n-k}^{k-1})\\&=a_{n-2}+a_{n-1}\left(\left[\frac{n-1}{2}\right]=k-1=\left[\frac{n-2}{2}\right]\right)\end{aligned}$$

当 n 是奇数时有类似的计算.

因此,对所有的正整数 $n\geqslant2$,$\{a_n\}$ 满足递推关系 $a_n=a_{n-1}+a_{n-2}$. 此外,$a_1=C_1^0=1$,$a_2=C_2^0+C_1^1=2$,这就是 f_2 和 f_3. 从而得到对所有正整数 n,$a_n=f_{n+1}$.

33. (1)f_{2n};(2)$f_{2n+1}-1$;(4)f_nf_{n+1}.

34. (1)提示:$f_n=f_{n-1}+f_{n-2}=2f_{n-2}+f_{n-3}$,再用数学归纳法证明.

(2)提示:$f_n=3f_{n-3}+2f_{n-4}$,再用数学归纳法证明.

35. 令 $m=qn+r$,$f_m=f_{qn-1}f_r+f_{qn}f_{r+1}$. 由于 f_{qn} 能被 f_n 整除(Fibonacci 数的性质),因此 f_m 和 f_n 的最大公因数等于 $f_{qn-1}f_r$ 和 f_n 的最大公因数.

36. 如果把这些人看成是“不可区分”的,并把50美分硬币用“+1”标识而1美元钞票用“-1”标识,则如3.5节中的例3.5.2得序列数为 $C_{n+1}=\frac{1}{n+1}C_{2n}^n$.

如果这些人被看成是“可区分”的,则答案为

$$(n!)(n!)\frac{1}{n+1}C_{2n}^n=\frac{(2n)!}{n+1}$$

37. $\Delta h_n=h_{n+1}-h_n=3^{n+1}-3^n=2\times3^n$

$\Delta^2h_n=\Delta h_{n+1}-\Delta h_n=2\times3^{n+1}-2\times3^n=2^2\times3^n$

设 $\Delta^sh_n=2^s\times3^n$,则

$$\begin{aligned}\Delta^{s+1}h_n&=\Delta(\Delta^sh_n)=\Delta^sh_{n+1}-\Delta^sh_n\\&=2^s\times3^{n+1}-2^s\times3^n=2^{s+1}\times3^n\end{aligned}$$

由数学归纳法可知 $\Delta^kh_n=2^k\times3^n\quad(k\geqslant1)$.

另解　$$\begin{aligned}\Delta^kh_n&=\Delta^k3^n=(E-I)^k3^n\\&=\sum_{j=0}^k(-1)^{k-j}C_k^jE^j3^n=\sum_{j=0}^k(-1)^{k-j}C_k^j3^{n+j}\\&=3^n\sum_{j=0}^k(-1)^{k-j}C_k^j3^j=3^n(3-1)^k=2^k\times3^n\end{aligned}$$

38. 令 $h_k=\sin(kx+\alpha)$,则

$$\begin{aligned}&\sum_{k=0}^n(-1)^{n-k}C_n^k\sin(kx+\alpha)\\&=\sum_{k=0}^n(-1)^{n-k}C_n^kh_k=\sum_{k=0}^n(-1)^{n-k}C_n^kE^kh_0\\&=(E-I)^nh_0=\Delta^nh_0\end{aligned}$$

$$\begin{aligned}\Delta h_k&=h_{k+1}-h_k\\&=\sin[(k+1)x+\alpha]-\sin(kx+\alpha)\\&=2\sin\frac{x}{2}\cos\left(kx+\frac{x}{2}+\alpha\right)\\&=2\sin\frac{x}{2}\sin\left(kx+\alpha+\frac{x+\pi}{2}\right)\end{aligned}$$

设 $\Delta^s h_k = 2^s \sin^s \frac{x}{2} \sin\left[kx + \alpha + \frac{s(x+\pi)}{2}\right]$,则

$$\begin{aligned}
\Delta^{s+1} h_k &= \Delta(\Delta^s h_k) = \Delta^s h_{k+1} - \Delta^s h_k \\
&= 2^s \sin^s \frac{x}{2} \sin\left[(k+1)x + \alpha + \frac{s(x+\pi)}{2}\right] - 2^s \sin^s \frac{x}{2} \sin\left[kx + \alpha + \frac{s(x+\pi)}{2}\right] \\
&= 2^s \sin^s \frac{x}{2} \cdot 2\sin\frac{x}{2} \cos\left[kx + \frac{x}{2} + \alpha + \frac{s(x+\pi)}{2}\right] \\
&= 2^{s+1} \sin^{s+1} \frac{x}{2} \sin\left[kx + \alpha + \frac{(s+1)(s+\pi)}{2}\right]
\end{aligned}$$

由数学归纳法知

$$\Delta^n h_k = 2^n \sin^n \frac{x}{2} \sin\left[kx + \alpha + \frac{n(x+\pi)}{2}\right]$$

所以

$$\Delta^n h_0 = 2^n \sin^n \frac{x}{2} \sin\left[\alpha + \frac{n(x+\pi)}{2}\right]$$

39. 计算差分,得

$$\begin{array}{ccccccccc}
1 & & 3 & & 7 & & 13 & & 21 \\
& 2 & & 4 & & 6 & & 8 & \\
& & 2 & & 2 & & 2 & & \\
& & & 0 & & 0 & & &
\end{array}$$

$\Delta^k h_n = 0(k=3,4,5,\cdots)$,由牛顿公式,有

$$\begin{aligned}
h_n &= E^n h_0 = \sum_{i=0}^{n} C_n^i \Delta^i h_0 \\
&= \sum_{i=0}^{2} C_n^i \Delta^i h_0 = h_0 + n \cdot \Delta h_0 + C_n^2 \Delta^2 h_0 \\
&= 1 + 2n + n(n-1) = n^2 + n + 1
\end{aligned}$$

41. 提示:分 8 种情况分别予以讨论(见下表).

n 个球	k 个盒	是 否 空 盒	不同的方案数
有区别	不同	是	k^n
		否	$k!s(n,k)$
	相同	是	$s(n,1)+s(n,2)+\cdots+s(n,r)$, $r=\min\{n,k\}$
		否	$s(n,k)$
无区别	不同	是	C_{n+k-1}^n
		否	C_{n-1}^{k-1}
	相同	是	$G(x)=\frac{1}{(1-x)(1-x^2)\cdots(1-x^k)}$ 展开式中 x^n 的系数
		否	$G(x)=\frac{x^k}{(1-x)(1-x^2)\cdots(1-x^k)}$ 展开式中 x^n 的系数

42. (1)p 个不同的球放入 $p-1$ 个相同盒子里,各盒不空,必有一盒有两个球. 从 p 个不同的球中任选 2 个,共有 C_p^2 种方案.

(2)p 个不同的球,2 个相同的盒. 任取某一球 x,其余的 $p-1$ 个球都有两种可能的放法,即与 x 同盒或不同盒,故有 2^{p-1} 种可能. 但要排除大家都与 x 同盒的情形(这时另一盒将空),所以总的放法有 $2^{p-1}-1$ 种.

习　题　四

1. 600

2. 令$E=\{0,1,2,\cdots,99999\}$

$A_1=\{x \mid x\in E$ 且 x 不包含数字 $2\}$

$A_2=\{x \mid x\in E$ 且 x 不包含数字 $5\}$

$A_3=\{x \mid x\in E$ 且 x 不包含数字 $8\}$

则 $|A_1|=|A_2|=|A_3|=9^5$, $|A_1A_2|=|A_1A_3|=|A_2A_3|=8^5$, $|A_1A_2A_3|=7^5$.

因为 $|A_1|$ 可看作重集$\{\infty\cdot 0,\infty\cdot 1,\infty\cdot 3,\infty\cdot 4,\cdots,\infty\cdot 9\}$的 5 排列数; $|A_1A_2|$ 可看作重集$\{\infty\cdot 0,\infty\cdot 1,\infty\cdot 3,\infty\cdot 4,\infty\cdot 6,\infty\cdot 7,\infty\cdot 8,\infty\cdot 9\}$的 5 排列数,等等. 所以 $|\bar{A}_1\bar{A}_2\bar{A}_3|=10^5-3\times 9^5+3\times 8^5-7^5=4350$.

3. 引入新的变量

$$y_1=x_1-1,y_2=x_2+2,y_3=x_3,y_4=x_4-3$$

这使得方程变为

$$y_1+y_2+y_3+y_4=16$$

且

$$0\leqslant y_1\leqslant 4,0\leqslant y_2\leqslant 6,0\leqslant y_3\leqslant 5,0\leqslant y_4\leqslant 6$$

令 E 为方程 $y_1+y_2+y_3+y_4=16$ 的所有非负整数解的集合,则

$$|E|=\mathrm{C}_{16+4-1}^{16}=\mathrm{C}_{19}^{16}=969$$

令

$A_1=\{x \mid x\in E$ 且 $y_1\geqslant 5\}$

$A_2=\{x \mid x\in E$ 且 $y_2\geqslant 7\}$

$A_3=\{x \mid x\in E$ 且 $y_3\geqslant 6\}$

$A_4=\{x \mid x\in E$ 且 $y_4\geqslant 7\}$

则

$$|A_1|=\mathrm{C}_{11+4-1}^{11}=\mathrm{C}_{14}^{11}=364$$

事实上,令 $z_1=y_1-5,z_2=y_2,z_3=y_3,z_4=y_4$,那么 $|A_1|$ 即为方程 $z_1+z_2+z_3+z_4=11$ 的非负整数解的个数.

以类似方式得到

$$|A_2|=\mathrm{C}_{12}^{9}=220,\ |A_3|=\mathrm{C}_{13}^{10}=286,\ |A_4|=\mathrm{C}_{12}^{9}=220$$

$$|A_1A_2|=\mathrm{C}_7^4=35,\ |A_1A_3|=\mathrm{C}_8^5=56,\ |A_1A_4|=\mathrm{C}_7^4=35$$

$$|A_2A_3|=\mathrm{C}_6^3=20,\ |A_2A_4|=\mathrm{C}_5^2=10,\ |A_3A_4|=\mathrm{C}_6^3=20$$

集合 A_1,A_2,A_3,A_4 中任意三个的交都是空集,因此

$$\begin{aligned}|\bar{A}_1\bar{A}_2\bar{A}_3\bar{A}_4|&=969-(364+220+286+220)+(35+56+35+20+10+20)\\&=55\end{aligned}$$

4. 21

5. 30. 提示:问题等价于重集$\{4\cdot a,5\cdot b,\infty\cdot c\}$的 10 组合数.

6. 把 n 个不同的球放入 r 个不同盒子中,盒子可空也可不空,其不同的方案集记作 E,则 $|E|=r^n$.

令 $A_i=\{x \mid x\in E$ 且 x 使第 i 个盒子为空$\}(i=1,2,\cdots,r)$,则

$$|A_1|=|A_2|=\cdots=|A_r|=(r-1)^n$$

$$|A_iA_j| = (r-2)^n, 1 \leqslant i < j \leqslant r$$
$$|A_iA_jA_k| = (r-3)^n, 1 \leqslant i < j < k \leqslant r$$
$$\vdots$$
$$|A_1A_2\cdots A_r| = (r-r)^n = 0$$

因此 $\quad |\bar{A}_1\bar{A}_2\cdots\bar{A}_r|$

$$= r^n - C_r^1(r-1)^n + C_r^2(r-2)^n - C_r^3(r-3)^n + \cdots + (-1)^r C_r^r (r-r)^n$$
$$= \sum_{k=0}^{r-1} (-1)^k C_r^k (r-k)^n$$

7. $26! - 3 \times 24! - 22! + 4 \times 20! + 19! - 17!$

8. 这是数论中一个著名的函数. 例如,$\varphi(1)=1,\varphi(2)=1,\varphi(3)=2,\varphi(4)=2,\varphi(5)=4,\varphi(6)=2$. 特别地,当 n 是一个素数 p 时,$\varphi(p)=p-1$.

分解 n 为素数幂的乘积:

$$n = p_1^{\alpha_1} p_2^{\alpha_2} \cdots p_k^{\alpha_k} \quad (p_i \text{ 为素数})$$

并设 $E = \{1,2,3,\cdots,n\}$.

$A_i = \{x \mid x \in E$ 且 x 能被 p_i 整除$\}, i=1,2,\cdots,k$

显然 $\quad |A_i| = \dfrac{n}{p_i}, i=1,2,\cdots,k$

$$|A_iA_j| = \frac{n}{p_ip_j}, 1 \leqslant i < j \leqslant k$$
$$|A_iA_jA_t| = \frac{n}{p_ip_jp_t}, 1 \leqslant i < j < t \leqslant k$$
$$\vdots$$
$$|A_1A_2\cdots A_k| = \frac{n}{p_1p_2\cdots p_k}$$

于是 $\varphi(n) = |\bar{A}_1\bar{A}_2\cdots\bar{A}_k| = n\prod_{i=1}^{k}\left(1-\dfrac{1}{p_i}\right)$.

9. 问题等价于在排列中,数 i 前趋数 $i+1$,即不允许出现 $12,23,34,\cdots,(n-1)n$ 中任何一种形式.

令 E 表示集合$\{1,2,3,\cdots,n\}$的所有全排列的集合.

$A_i = \{x \mid x \in E$ 且 x 使数 i 前趋数 $i+1\}, i=1,2,\cdots,n-1$. 视 $i(i+1)$ 为一整体,即得

$$|A_i| = (n-1)!, i=1,2,\cdots,n-1$$

现计算 $|A_iA_j|(i<j)$. 这种排列里同时含有 $i(i+1)$ 和 $j(j+1)$ 两种情形,下面分情况讨论:

(1) $j \neq i+1$,此时可把 $i(i+1)$ 和 $j(j+1)$ 分别看作一个整体,于是 $|A_iA_j| = (n-2)!$;

(2) $j = i+1$,这时排列中出现 $i(i+1)(i+2)$,可将其视为一个整体,因此仍有 $|A_iA_j| = (n-2)!$.

同理可得 $\quad |A_iA_jA_k| = (n-3)!$

$$\vdots$$
$$|A_1A_2\cdots A_{n-1}| = [n-(n-1)]! = 1!$$

所以 $\quad Q_n = |\bar{A}_1\bar{A}_2\cdots\bar{A}_{n-1}|$

$$= n! - C_{n-1}^1(n-1)! + C_{n-1}^2(n-2)! - \cdots + (-1)^{n-1}C_{n-1}^{m-1} \cdot 1!$$
$$= (n-1)!\sum_{i=0}^{n-1}(-1)^i\frac{1}{i!} + n!\sum_{i=0}^{n}(-1)^i\frac{1}{i!}$$
$$= D_{n-1} + D_n$$

其中,D_n 为错排数.

10. 记重集$\{4\cdot x, 3\cdot y, 2\cdot z\}$的全排列集合为 E,另

$A=\{a \mid a\in E$ 且 a 中出现图像 $xxxx\}$

$B=\{a \mid a\in E$ 且 a 中出现图像 $yyy\}$

$C=\{a \mid a\in E$ 且 a 中出现图像 $zz\}$

则
$$|E|=\frac{9!}{4!\times3!\times2!},\quad |A|=\frac{6!}{1!\times3!\times2!}$$
$$|B|=\frac{7!}{4!\times1!\times2!},\quad |C|=\frac{8!}{4!\times3!\times1!}$$
$$|AB|=\frac{4!}{1!\times1!\times2!},\quad |AC|=\frac{5!}{1!\times3!\times1!}$$
$$|BC|=\frac{6!}{4!\times1!\times1!},\quad |ABC|=\frac{3!}{1!\times1!\times1!}$$
求 $|\overline{A}\overline{B}\overline{C}|$ 即可.

11. (1)是4个元素的错排问题,所求方案数为
$$D_4=4!\times\left(1-\frac{1}{1!}+\frac{1}{2!}-\frac{1}{3!}+\frac{1}{4!}\right)=9$$
(2) $A_i(i=1,2,3,4)$ 表示第 i 位先生拿到自己面具的分发方案集,则
$$|A_{i_1}A_{i_2}\cdots A_{i_k}|=(8-k)!,k=1,2,3,4$$
于是
$$|\overline{A}_1\overline{A}_2\overline{A}_3\overline{A}_4|=24024$$
(3)630.

14. $6!-12\times5!+54\times4!-112\times3!+108\times2!-48+8$

17. $8!-32\times6!+288\times4!-768\times2!+384$

19. $\frac{9!}{3!\times4!\times2!}-\left(\frac{7!}{4!\times2!}+\frac{6!}{3!\times2!}+\frac{8!}{3!\times4!}\right)+\left(\frac{4!}{2!}+\frac{6!}{4!}+\frac{5!}{3!}\right)-3!$

20. 设 x 是集合 E 中的一个元素,则

(1)若 x 具有少于 m 个性质,则 x 对 $\alpha(m),\alpha(m+1),\cdots,\alpha(n)$ 的贡献均为0,从而对等式右端的贡献为0.

(2)若 x 恰好具有 m 个性质,则 x 对 $\alpha(m)$ 的贡献为1,而对 $\alpha(m+1),\alpha(m+2),\cdots,\alpha(n)$ 的贡献均为0,从而对等式右端的贡献为1.

(3)若 x 恰好具有 $k(k>m)$ 个性质,则 x 对 $\alpha(m)$ 的贡献为 C_k^m,对 $\alpha(m+1)$ 的贡献为 $C_k^{m+1},\cdots$,对 $\alpha(k)$ 的贡献为 C_k^k;当 $k<t\leqslant n$ 时,x 对 $\alpha(t)$ 的贡献为0. 从而,x 对等式右端的贡献为
$$\begin{aligned}&C_k^m-C_{m+1}^mC_k^{m+1}+C_{m+2}^mC_k^{m+2}-\cdots+(-1)^{k-m}C_k^mC_k^k\\=&\sum_{t=m}^{k}(-1)^{t-m}C_k^tC_t^m\\=&\sum_{t=m}^{k}(-1)^{t-m}C_k^mC_{k-m}^{t-m}\\=&C_k^m\left[\sum_{t=0}^{k-m}(-1)^tC_{k-m}^t\right]\\=&C_k^m(1-x)^{k-m}=0\quad(x=1)\end{aligned}$$
综上所述,等式右端是 E 中恰好具有 m 个性质的元素的个数.

21. E 表示光明中学12位教师组成的集合,设
$$A_1=\{x \mid x\in E,x\text{ 教数学}\}$$
$$A_2=\{x \mid x\in E,x\text{ 教物理}\}$$
$$A_3=\{x \mid x\in E,x\text{ 教化学}\}$$

则 $|A_1|=8, |A_2|=6, |A_3|=5,$

$|A_1A_2|=5, |A_1A_3|=4, |A_2A_3|=3$

$|A_1A_2A_3|=3$

于是 $|\bar{A}_1\cap\bar{A}_2\cap\bar{A}_3|$

$$=|E|-(|A_1|+|A_2|+|A_3|)-(|A_1A_2|+|A_1A_3|+|A_2A_3|)+|A_1A_2A_3|=2$$

$$\beta(1)=\alpha(1)-C_2^1\alpha(2)+C_3^1\alpha(3)$$

$$=(|A_1|+|A_2|+|A_3|)-2(|A_1A_2|+|A_1A_3|+|A_2A_3|)+3|A_1A_2A_3|=4$$

$$\beta(2)=\alpha(2)-C_3^2\alpha(3)$$

$$=(|A_1A_2|+|A_1A_3|+|A_2A_3|)-3|A_1A_2A_3|=3$$

22. 从点 O 到点 P 的所有非降路径集合记为 E,另

$$A_1=\{x\mid x\in E,x\text{ 过 }AB\text{ 边}\}$$

$$A_2=\{x\mid x\in E,x\text{ 过 }CD\text{ 边}\}$$

$$A_3=\{x\mid x\in E,x\text{ 过 }EF\text{ 边}\}$$

$$A_4=\{x\mid x\in E,x\text{ 过 }GH\text{ 边}\}$$

则

$$\alpha(0)=|E|=C_{15}^5$$

$$\alpha(1)=|A_1|+|A_2|+|A_3|+|A_4|$$

$$=C_4^2\times C_{10}^3+C_6^2\times C_8^3+C_8^2\times C_6^2+C_9^2\times C_5^2$$

$$\alpha(2)=|A_1A_2|+|A_1A_3|+|A_1A_4|+|A_2A_3|+|A_2A_4|+|A_3A_4|$$

$$=C_4^2\times C_8^3+C_4^2\times C_6^2+C_4^2\times C_5^2+C_4^2\times C_6^2+C_6^2\times C_5^2+0$$

$$|A_1A_3A_4|=|A_2A_3A_4|=|A_1A_2A_3A_4|=0$$

$$|A_1A_2A_3|=C_4^2\times C_6^2,\ |A_1A_2A_4|=C_4^2\times C_5^2$$

于是 $\alpha(3)=150,\alpha(4)=0$.

故所求路径数 $=\beta(0)=\alpha(0)-\alpha(1)+\alpha(2)-\alpha(3)+\alpha(4)$.

23. 易知 $n<3$ 时这样的坐法是不存在的. 今设 $n\geqslant 3$. 设想先让 n 位女士围圆桌入座,有 $(n-1)!$ 种方法. 选定 n 位女士的一种入座方法,从某一位开始对这 n 位女士按逆时针顺序编号为 $1,2,\cdots,n$;并将编号为 i 的女士的丈夫也编号为 i;第 i 位女士与第 $i+1$ 位女士之间的位置称为第 i 号位置($1\leqslant i\leqslant n-1$);第 n 位女士与第 1 位女士之间的位置编号为 n. 那么,第 1 位男士除第 n 号和第 1 号位置外,可以在其他 $n-2$ 个座位中的任何一个就座;第 $i(2\leqslant i\leqslant n)$ 位男士除第 $i-1$ 号和第 i 号位置外,可以在其他 $n-2$ 个座位中的任何一个就座. 假定 n 位男士已全部入座,在第 i 号位置就座的男士编号为 $a_i(1\leqslant i\leqslant n)$,则 $a_1a_2\cdots a_n$ 为 $\{1,2,\cdots,n\}$ 的一个全排列,且 $a_i\neq i,i+1(1\leqslant i\leqslant n-1)$, $a_n\neq n,1$, 此时,我们称 $a_1a_2\cdots a_n$ 为 $\{1,2,\cdots,n\}$ 的一个二重错排, $\{1,2,\cdots,n\}$ 的二重错排的个数称为 **ménage 数**,记为 U_n. 因而围圆桌入座的方法数等于 $(n-1)!U_n$.

$\{1,2,\cdots,n\}$ 的 $n!$ 个全排列集合记作 E,另

$A_i=\{x\mid x\in E,x\text{ 使得 }a_i=i\text{ 或 }i+1\},1\leqslant i\leqslant n-1$

$A_n=\{x\mid x\in E,x\text{ 使得 }a_n=n\text{ 或 }1\}$,

则 $U_n=\beta(n)=\alpha(0)-\alpha(1)+\alpha(2)-\cdots+(-1)^n\alpha(n)$

$\alpha(0)=|E|=n!$

$\alpha(1)=|A_1|+|A_2|+\cdots+|A_n|=n\times 2\times(n-1)!$

下面求 $\alpha(k)$:假定 $\{1,2,\cdots,n\}$ 的一个排列 $a_1a_2\cdots a_n$ 中有 k 个数 $a_{i_1},a_{i_2},\cdots,a_{i_k}$ 分别满足性质 $A_{i_1},A_{i_2},\cdots,A_{i_k}$,再将 $\{1,2,\cdots,n\}-\{a_{i_1},a_{i_2},\cdots,a_{i_k}\}$ 这 $n-k$ 个元素补上,就构成 $\{1,2,\cdots,n\}$ 的一个满足性质 $A_{i_1},A_{i_2},\cdots,A_{i_k}$ 的全排列. 因而,对于一组 $a_{i_1},a_{i_2},\cdots,a_{i_k}$,能构造出 $(n-k)!$ 个满足性质 $A_{i_1},A_{i_2},\cdots,A_{i_k}$ 的全排列.

有多少个 k 元组满足 $A_1,A_2,\cdots,A_n$ 中的 k 个性质？满足 k 个性质 $A_{i_1},A_{i_2},\cdots,A_{i_k}$ 的 k 序列 $a_{i_1},a_{i_2},\cdots,a_{i_k}$ 就是从

$$(1,2),(2,3),(3,4),\cdots,(n-1,n),(n,1)$$

中的第 i_1 个，第 i_2 个，…，第 i_k 个括号中取出 k 个彼此不同的数，而这又等价于从 $2n$ 个不同位置

$$1,2,2,3,3,4,\cdots,n-1,n,n,1$$

中取出满足下列条件的 k 序列：

(1) 任何两位置都不相邻；

(2) 头尾两位置不能同时为1.

满足条件(1)的 k 序列的个数就是从 $2n$ 个不同位置中取出 k 个不相邻的位置的方法数，由第1章习题34知，它等于 C_{2n-k+1}^{k}. 满足条件(1)但不满足条件(2)的 k 序列恰好就是从 $2n-4$ 个不同位置

$$2,3,3,4,\cdots,n-1,n$$

中取 $k-2$ 个不相邻的位置，再将两端补上1，其方法数为

$$C_{(2n-4)-(k-2)+1}^{k-2}=C_{2n-k-1}^{k-2}$$

因此

$$\alpha(k)=(C_{2n-k+1}^{k}-C_{2n-k-1}^{k-2})\cdot(n-k)!$$

$$=\frac{2n}{2n-k}\cdot C_{2n-k}^{k}\cdot(n-k)!$$

28. 令 $a_1,a_2,\cdots,a_{77}$ 分别为这11周期间他每天下棋的次数，并构造部分和序列

$$s_1=a_1$$

$$s_2=a_1+a_2$$

$$s_3=a_1+a_2+a_3$$

$$\vdots$$

$$s_{77}=a_1+a_2+a_3+\cdots+a_{77}$$

由题意有

$$1\leqslant a_i,a_i+a_{i+1}+\cdots+a_{i+6}\leqslant 12(1\leqslant i\leqslant 77)$$

所以

$$1\leqslant s_1<s_2<s_3<\cdots<s_{77}\leqslant 12\times 11=132$$

考虑数列 $s_1,s_2,\cdots,s_{77};s_1+21,s_2+21,\cdots,s_{77}+21\leqslant 132+21=153$，于是数列中这154个数中的每一个都是 $1\sim153$ 之间的一个整数，且 $s_1,s_2,\cdots,s_{77}$ 这77项也互不相等，从而 $s_1+21,s_2+21,\cdots,s_{77}+21$ 这77项也互不相等，所以一定存在 $1\leqslant i<j\leqslant 77$，使得

$$s_j=s_i+21$$

因此

$$s_j-s_i=(a_1+a_2+\cdots+a_i+a_{i+1}+\cdots+a_j)-(a_1+a_2+\cdots+a_i)$$

$$=a_{i+1}+a_{i+2}+\cdots+a_j=21$$

即从第 $i+1$ 天到第 j 天这连续 $j-i$ 天中，他刚好下了21盘棋.

29. 如习题29图所示，把边长为1的正方形分成4个边长为 $\frac{1}{2}$ 的小正方形，在大正方形内任取5点，则这5点分别落在4个小正方形中. 由鸽巢原理知，至少有两点落在某一个小正方形中，从而这两点的距离小于或等于小正方形对角线的长度 $\frac{\sqrt{2}}{2}$.

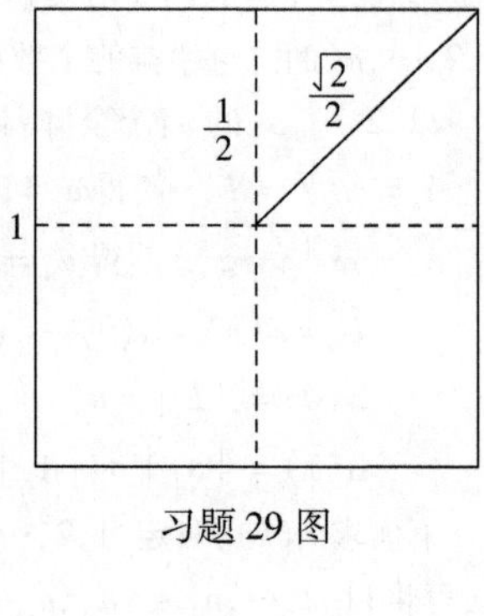

习题29图

30. 制造两个盒子："奇数"与"偶数"，3个数放入两个盒子，必有一个盒子中有两个数.

31. 用反证法. 假设任何一组数中的每一个数，它既不等于同组中另外两数之和，也不等于同组中另一数的两倍. 即任一组数中任意两个数之差总不在该组中.

由鸽巢原理,A、B、C、D 四组中至少有一组(设为 A 组),其中最少有 17 个数. 从 A 中取 17 个数,记为 $a_1,a_2,\cdots,a_{17}$,不妨设 a_{17}最大,令

$$a_i' = a_{17} - a_i, i = 1,2,\cdots,16$$

显然,$1 \leqslant a_i' < 65$,由假设 $a_i' \notin A$,所以 $a_i'(i=1,2,\cdots,16)$必在另外三组 B 或 C 或 D 中.

再由鸽巢原理,B、C、D 这三组中至少有一组(设为 B 组),其中最少含有 6 个 $a_i'(i=1,2,\cdots,16)$. 从 B 中只取这 6 个数,记为 $b_1,b_2,\cdots,b_6$,不妨设 b_6 最大.

令 $b_i' = b_6 - b_i, i=1,2,\cdots,5$,显然 $1 \leqslant b_i' < 65$,且 $b_i' \notin B$,且由假设知

$b_i' = b_6 - b_i = (a_{17}-a_j) - (a_{17}-a_k) = (a_k - a_j) \notin A$,故 $b_i'(i=1,2,\cdots,5)$一定在 C 或 D 中.

由鸽巢原理,可设 C 中至少有三个数 $b_i'(i=1,2,\cdots,5)$. 从 C 中就取这三个数并记为 $C_1 < C_2 < C_3$. 同理可证 $d_1 = C_3 - C_2, d_2 = C_3 - C_1(1 \leqslant d_1 < d_2 < 65)$也不在 A、B、C 三组中,故必在 D 组中. 进一步,可以证得

$$e_1 = d_2 - d_1 = (C_3 - C_1) - (C_3 - C_2) = C_2 - C_1$$

不在 A、B、C、D 中,但 $1 \leqslant e_1 < 65$. 这说明 $1,2,3,\cdots,65$ 这 65 个数中有一个 e_1 不在 A、B、C、D 这四组的任一组中. 与题设矛盾.

32. 设所给的 402 个集合为 $B,A_1,A_2,\cdots,A_{401}$,又设 $B=\{b_1,b_2,\cdots,b_{20}\}$,则 $|A_iB| = 1(i=1,2,\cdots,401)$

令 $b_i(i=1,2,\cdots,20)$在集合 $A_1,A_2,\cdots,A_{401}$ 中出现的总次数为 q_i,则

$$q_1 + q_2 + \cdots + q_{20} = \sum_{i=1}^{401} |A_iB| = 401 = 20 \times 20 + 1$$

由鸽巢原理,至少存在一个 $q_i(i=1,2,\cdots,20)$,使得 $q_i \geqslant 21$. 不妨设 $q_1 \geqslant 21$. 下面证明 $q_1 = 401$ 且其余的 $q_i = 0$ $(i=2,3,\cdots,20)$. 假设 $q_1 \neq 401$,即 $q_1 < 401$,那么,还应该有某个 $q_i > 0(i=2,3,\cdots,20)$,不妨设 $q_2 > 0$,从而存在某个集合 $A_t(t=1,2,\cdots,401)$,不妨设为 A_1,满足 $BA_1 = \{b_2\}$.

记包含元素 b_1 的 q_1 个集合为 $D_1,D_2,\cdots,D_{q_1}$,由 $|D_iA_1| = 1$ 不妨设 $D_iA_1 = \{x_i\}(i=1,2,\cdots,q_1)$,则 $x_1,x_2,\cdots,x_q$ 彼此不同,否则若 $x_i = x_j(1 \leqslant i < j \leqslant q_1)$,则集合 D_i 与 D_j 都包含元素 b_1 与 x_i. 这说明 $A_1 = \{x_1,x_2,\cdots,x_{q_1},\cdots\}$,从而 $|A_1| \geqslant q_1 \geqslant 21 > 20$,与已知 $|A_1| = 20$ 矛盾,故假设错误. 所以 $q_1 = 401$. 于是

$$|A_1 \cup A_2 \cup \cdots \cup A_{401} \cup B| = 402 \times 19 + 1 = 7639$$

33. 提示:当一个整数被 n 去除,可能的余数是什么?

34. 如习题 34 图所示,用三角形两边中点的连线把边长为 1 的等边三角形分成 4 个边长为$\frac{1}{2}$的小等边三角形,由鸽巢原理,5 个点中至少有 2 个同时落在一个小等边三角形中.

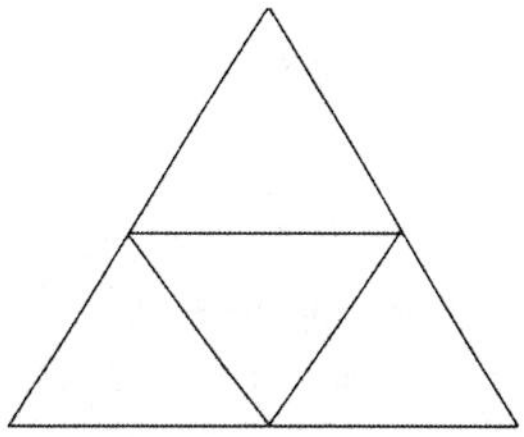

习题 34 图

35. 令 $a_t = \underbrace{33\cdots3}_{t个3}(t=1,2,\cdots,n+1)$

$$A = \{a_1,a_2,\cdots,a_{n+1}\}$$

对任一正整数 $k(1 \leqslant k \leqslant n)$,令 $A_k = \{a \mid a \in A$ 且 a 除以 n 所得的余数为 $k-1\}$,则 $A_k \subseteq A$ 且 $\bigcup_{i=1}^{n} A_i = A$.

由鸽巢原理,必存在某个正整数 $h(1 \leqslant h \leqslant n)$,使得 $|A_h| \geqslant 2$. 从 A_h 中取两个元素 a_i 与 $a_j(i<j)$,则 a_i 与 a_j 除以 n 所得余数均为 $h-1$,从而

$$a_j - a_i = \underbrace{33\cdots3}_{(j-i)个3}\underbrace{00\cdots0}_{i个0}\text{能被 } n \text{ 整除}$$

36. 令 $B = \{b_1,b_2,\cdots,b_{2000}\}$,其中 $b_i = a_1 + a_2 + \cdots + a_i(i=1,2,\cdots,2000)$.

对任一非负整数 $j(0 \leqslant j \leqslant 1999)$,令 $B_j = \{b \mid b \in B$,且 b 除以 2000 所得余数为 $j\}$,则 $B_j \subseteq B$ 且 $\bigcup_{j=1}^{1999} = B$.

若 $B_0 \neq \varnothing$,设 b_s 是 B_0 中的一个元素,则 $b_s = a_1 + a_2 + \cdots + a_s$ 能被 2000 整除.

若 $B_0 = \varnothing$,由鸽巢原理,则一定存在某个正整数 $t(1 \leqslant t \leqslant 1999)$,使得 $|B_t| \geqslant 2$. 设 b_k 与 $b_l(k<l)$是 B_t 的两个元素,则

$$b_l - b_k = a_{k+1} + a_{k+2} + \cdots + a_l$$

能被 2000 整除.

37. 令 $A=\{2^1,2^2,\cdots,2^n\}$,对任一个不大于 $n-1$ 的正整数 i,令 $A_i=\{a \mid a\in A$且 a 除以 n 所得余数为 $i\}$,则 $A_i\subseteq A$ 且 $\bigcup_{i=1}^{n-1}=A$. 由鸽巢原理,必有整数 $t(1\leqslant t\leqslant n-1)$,使得 $|A_t|\geqslant 2$. 设 a_k 和 $a_l(k<l)$是 A_t 中的两个元素,则$n \mid (a_l-a_k)$. 而

$$a_l-a_k=2^l-2^k=2^k(2^{l-k}-1)$$

所以 $n \mid (2^{l-k}-1)$(因为奇数 n 与 2^k 互素).

38. 提示:此问题等价于对 K_{17}的每条边涂以红、蓝、绿三色之一,其中必存在同色 K_3,即证 $r_2(3,3,3)\leqslant 17$.

39. 考虑由二进制码组成的集合 $G=\{0000,0001,0010,\cdots,1111\}$,定义各元素的加法为二进制的逐位异或运算,即 $0+0=0,1+0=0+1=1,1+1=0$,则集合 G 对于加法构成一个 16 阶交换群,其中 0000 为幺元. 把 G 中除去幺元的 15 个元素分成三个不封闭的子集 G_1,G_2,G_3,即

$$G_1=\{1100,0011,1001,1110,1000\}$$
$$G_2=\{1010,0101,0110,1101,0100\}$$
$$G_3=\{0001,0010,0111,1011,1111\}$$

然后,建立 G 与 K_{16}的一个映射,使 K_{16}的顶点和群 G 的元素一一对应起来,并按下面方法用三种颜色对边染色:

取 $x,y\in G$,且 $x\neq y$. 那么,当 $x+y\in G_i$ 时,则用颜色 i 染顶点 x 与 y 的连线;当 $x\in G_i$ 时,亦用颜色 i 把 0000 与 x 用一线段连接. 则该染色方案中不存在同色的 K_3.

40. 视 $1,2,\cdots,n$ 为 n 个点,其中两个点 a,b,若 $|a-b|$ 属于 t 类中的第 i 类,则将点 a 和 b 之间连一条 C_i 色的边,这样便可得到一个 t 色完全图 K_n. 由 Ramsey 理论,当 n 充分大时,K_n 中一定有单色三角形存在,设它的颜色为 C_j,而且其三个顶点为 a,b,c. 不妨设 $a>b>c$,并记 $x=a-b,y=b-c$,则

$$a-c=(a-b)+(b-c)=x+y$$

即 x,y 及 $x+y$ 都属于 S_j.

习　题　五

1. $A\times B=\{\langle 1,4\rangle,\langle 2,4\rangle,\langle 3,4\rangle\}$

$R_1=\varnothing,R_2=\{\langle 1,4\rangle\},R_3=\{\langle 2,4\rangle\},R_4=\{\langle 3,4\rangle\}$

$R_5=\{\langle 1,4\rangle,\langle 2,4\rangle\},R_6=\{\langle 1,4\rangle,\langle 3,4\rangle\}$

$R_7=\{\langle 2,4\rangle,\langle 3,4\rangle\},R_8=A\times B$

2. $2^{n\times n}$; $\sum_{k=1}^{n}s(n,k)$.

6. (1)设$\langle a,e\rangle\in(T\circ S)\circ R$

$\Leftrightarrow(\exists b\in B)(\langle a,b\rangle\in R\wedge\langle b,e\rangle\in T\circ S)$

$\Leftrightarrow(\exists b\in B)(\langle a,b\rangle\in R\wedge(\exists d\in D)(\langle b,d\rangle\in S\wedge\langle d,e\rangle\in T))$

$\Leftrightarrow(\exists b\in B)(\exists d\in D)(\langle a,b\rangle\in R\wedge(\langle b,d\rangle\in S\wedge\langle d,e\rangle\in T))$

$\Leftrightarrow(\exists b\in B)(\exists d\in D)((\langle a,b\rangle\in R\wedge\langle b,d\rangle\in S)\wedge\langle d,e\rangle\in T)$

$\Leftrightarrow(\exists d\in D)((\exists b\in B)(\langle a,b\rangle\in R\wedge\langle b,d\rangle\in S)\wedge\langle d,e\rangle\in T)$

$\Leftrightarrow(\exists d\in D)(\langle a,d\rangle\in S\circ R\wedge\langle d,e\rangle\in T)$

$\Leftrightarrow\langle a,e\rangle\in T\circ(S\circ R)$

(2)$S\circ R=\{\langle 1,a\rangle,\langle 1,b\rangle,\langle 1,c\rangle,\langle 1,d\rangle,\langle 2,a\rangle,\langle 3,b\rangle,\langle 3,c\rangle,\langle 4,a\rangle,\langle 4,b\rangle\}$

$R^{10}=A\times A$

7. $R^{-1}=\{\langle 1,1\rangle,\langle 2,1\rangle,\langle 3,2\rangle,\langle 4,3\rangle,\langle 1,4\rangle\}$;

$S^{-1}=\{\langle a,1\rangle,\langle b,1\rangle,\langle c,2\rangle,\langle d,2\rangle,\langle a,3\rangle,\langle b,4\rangle,\langle c,4\rangle\}$.

8. 设$\langle d,a\rangle\in(S\circ R)^{-1}$

$\Leftrightarrow\langle a,d\rangle\in S\circ R$

$\Leftrightarrow(\exists b\in B)(\langle a,b\rangle\in R\wedge\langle b,d\rangle\in S)$

$\Leftrightarrow(\exists b\in B)(\langle d,b\rangle\in S^{-1}\wedge\langle b,a\rangle\in R^{-1})$

$\Leftrightarrow\langle d,a\rangle\in R^{-1}\circ S^{-1}$

10. (1) $\forall a+b\mathrm{i}\in C^*$

因为$a\neq 0$,所以$a^2>0\Leftrightarrow(a+b\mathrm{i})R(a+b\mathrm{i})$

(2) $(a+b\mathrm{i})R(c+d\mathrm{i})\Leftrightarrow ac>0\Leftrightarrow ca>0\Leftrightarrow(c+d\mathrm{i})R(a+b\mathrm{i})$

(3) $(a+b\mathrm{i})R(c+d\mathrm{i}),(c+d\mathrm{i})R(e+f\mathrm{i})\Leftrightarrow ac>0,ce>0\Leftrightarrow ac^2e>0\Leftrightarrow ae>0\Leftrightarrow(a+b\mathrm{i})R(e+f\mathrm{i})$

关系R的等价类,就是在复数平面上第一、四象限上的点或第二、三象限上的点,因为在这两种情况下,任意两个点(a,b)与(c,d),均有$ac>0$.

11. (1)设$\forall a,b,c\in I$.

因为$a-a=0=m\cdot 0$,所以$\langle a,a\rangle\in R$,即R是自反的. 若$a\equiv b(\mathrm{mod}\ m)$,则$a-b=km$($k$为整数),从而$b-a=(-k)m$,所以$b\equiv a(\mathrm{mod}\ m)$,即$R$是对称的.

若$a\equiv b(\mathrm{mod}\ m)$,$b\equiv c(\mathrm{mod}\ m)$,则

$$a-b=k_1\cdot m,b-c=k_2\cdot m(k_1,k_2\text{ 为整数})$$

从而$a-c=(k_1+k_2)m$,所以$a\equiv c(\mathrm{mod}\ m)$,即$R$传递.

(2) $Z_m=\{[0],[1],[2],\cdots,[m-1]\}$,其中

$\forall[i]\in Z_m,[i]=\{x\mid x\in I,x=km+i,k\text{ 为整数}\}$

$\forall[i],[j],[t]\in Z_m$

$([i]+_m[j])+_m[t]=(i+j+t)\mathrm{mod}\ m=[i]+_m([j]+_m[t])$

即$+_m$满足结合律.

$[0]+_m[i]=[i]=[i]+_m[0]$,所以$[0]$为幺元.

$[i]+_m[m-i]=[0]=[m-i]+_m[i]$,所以$[i]$与$[m-i]$互为逆元,同时$+_m$封闭,因此$\langle Z_m,+m\rangle$为群.

13. 由于f为满射,所以对任意$b\in B$,必存在$\langle a,b\rangle\in f$,从而必有$\langle b,a\rangle\in f^{-1}$. 又因为$f$是单射,对每个$b\in B$,恰只有一个$a\in A$,使得$\langle a,b\rangle\in f$,从而必有$\langle b,a\rangle\in f^{-1}$,这说明$f^{-1}$为$B$到$A$的函数.

又f^{-1}的值域$=f$的定义域$=A$,故f^{-1}是满射. 又若$b_1\neq b_2$时,有

$$f^{-1}(b_1)=f^{-1}(b_2)$$

不妨设
$$f^{-1}(b_1)=a_1,f^{-1}(b_2)=a_2$$

则$a_1=a_2$,从而$f(a_1)=f(a_2)$,即$b_1=b_2$,得出矛盾.

14. $\forall a\in A$,由于f为函数,故必有唯一序偶$\langle a,b\rangle$,使$f(a)=b$成立. 又因为g为函数,故必有唯一序偶$\langle b,d\rangle$,使$g(b)=d$. 由复合关系的定义知$\langle a,d\rangle\in g\circ f$,即对任意$a\in A$,必有唯一序偶$\langle a,d\rangle$,使$g\circ f(a)=d$.

假定$g\circ f$中包含两个序偶$\langle a,d_1\rangle$和$\langle a,d_2\rangle$且$d_1\neq d_2$,这样在B中必存在b_1和b_2,使得f中有$\langle a,b_1\rangle$和$\langle a,b_2\rangle$,在g中有$\langle b_1,d_1\rangle$和$\langle b_2,d_2\rangle$. 因为f是函数,所以$b_1=b_2$,又因为g是函数,从而$d_1=d_2$,即对任意$a\in A$,只有唯一序偶$\langle a,d\rangle$使得$g\circ f(a)=d$.

15. (1) $\forall d\in D$,由于g是满射,则必有某个元素$b\in B$,使$g(b)=d$. 而f也是满射,于是也必有某个元素$a\in A$,使得$f(a)=b$,故

$$g\circ f(a)=g(f(a))=g(b)=d$$

(2) $\forall a,b\in A$,且$a\neq b$. 由于f是单射,所以$f(a)\neq f(b)$. 又因为g也是单射,所以$g(f(a))\neq g(f(b))$,即$g\circ f(a)\neq g\circ f(b)$.

16. 设$\langle x_1,y_1\rangle,\langle x_2,y_2\rangle\in\mathbf{R}\times\mathbf{R}$,且$\langle x_1,y_1\rangle\neq\langle x_2,y_2\rangle$,假设

$$f(\langle x_1,y_1\rangle)=f(\langle x_2,y_2\rangle)$$

则

$$\langle\frac{x_1+y_1}{2},\frac{x_1-y_1}{2}\rangle=\langle\frac{x_2+y_2}{2},\frac{x_2-y_2}{2}\rangle$$

从而

$$\begin{cases}\dfrac{x_1+y_1}{2}=\dfrac{x_2+y_2}{2}\\[2mm]\dfrac{x_1-y_1}{2}=\dfrac{x_2-y_2}{2}\end{cases}$$

解之得

$$\begin{cases}x_1=x_2\\y_1=y_2\end{cases}$$

即$\langle x_1,y_1\rangle=\langle x_2,y_2\rangle$,与已知矛盾. 因此$f$为单射.

要证明f为满射,只要证明对任意$\langle s,t\rangle\in\mathbf{R}\times\mathbf{R}$,存在$\langle x,y\rangle\in\mathbf{R}\times\mathbf{R}$,使得$f(\langle x,y\rangle)=\langle s,t\rangle$.

令

$$\langle\frac{x+y}{2},\frac{x-y}{2}\rangle=\langle s,t\rangle$$

得

$$\begin{cases}\dfrac{x+y}{2}=s\\[2mm]\dfrac{x-y}{2}=t\end{cases}$$

解之得

$$\begin{cases}x=s+t\\y=s-t\end{cases}$$

显然,$\langle s+t,s-t\rangle\in\mathbf{R}\times\mathbf{R}$且满足

$$f(\langle s+t,s-t\rangle)=\langle s,t\rangle$$

故f为满射

$$f^{-1}(\langle x,y\rangle)=\langle x+y,x-y\rangle$$

17. $f\circ g\circ h(x)=f[g(h(x))]=6x+29$

20. 求得$\langle F,\circ\rangle$的运算表为

$\circ$	f^0	f^1	f^2	f^3
f^0	f^0	f^1	f^2	f^3
f^1	f^1	f^2	f^3	f^0
f^2	f^2	f^3	f^0	f^1
f^3	f^3	f^0	f^1	f^2

可见,复合运算关于F封闭、交换,并且是可结合的.

f^0是幺元.

f^0的逆元为f^0,f^1与f^3互逆,f^2的逆元为f^2,故$\langle F,\circ\rangle$为 Abel 群.

25. 设S是所有十进制 5 位数的集合. 据题意,构造S的一个置群$\langle\{\pi_0,\pi_1\},\circ\rangle$,其中$\pi_0$为恒等置换,$\pi_1$是这样的一个置换:当一数倒转过来不可读时,这个置换将该数映射为它自身,例如,$\pi_1(16764)=16764$;当一个数倒转过来可读时,π_1就将该数映射为倒转过来的数,例如$\pi_1(89198)=86168$.

因为,仅含有 0,1,6,8,9 的 5 位数是倒转可读的,共有5^5个,而其中还有那些以 0,1,8 居中,第一位数与第五位数互为倒转,第二位数与第四位数互为倒转的五位数,它们倒转过来还是自身,共有3×5^2个. 所以

$$\psi(\pi_1)=10^5-5^5+3\times5^2$$

另外,$\psi(\pi_0)=10^5$,因此,共需卡片的张数为

$$\frac{1}{2}(10^5+10^5-5^2+3\times5^2)=10^5+5^2=100025$$

26. 设集合 $A=\{1,2,\cdots,n\}$,把 A 的 n 个元素放在正 n 边形的 n 个顶点上,其全部方案集记作 S,显然 $|S|=n!$. 但正 n 边形绕对称中心顺时针旋转后能重合的 S 中两个方案视为等价的,其不等价的方案数才为 A 的全圆排列数. 构造 S 的置换群,即正 n 边形的顶点置换群

$$\langle\{\pi_0,\pi_1,\cdots,\pi_{n-1}\},\circ\rangle$$

其中,π_0 为恒等置换. 而

$$\psi(\pi_0)=n!,\psi(\pi_1)=\psi(\pi_2)=\cdots=\psi(\pi_{n-1})=0$$

故所求全圆排列数为

$$\frac{1}{n}\sum_{i=0}^{n-1}\psi(\pi_i)=\frac{1}{n}\times n!=(n-1)!$$

27. 假设存在某个正整数 $m,m<n$,有 $a^m=e$. 由于 $\langle G,*\rangle$ 是循环群,对任意 $x\in G$,则有 $x=a^k$,其中 k 为整数,且 $k=mq+r$(q 为整数,$0\leqslant r<m$).

从而
$$x=a^k=a^{mq+r}=(a^m)^q*a^r=a^r$$

这就导致 G 中每一个元素都能表示成 $a^r(0\leqslant r<m)$,即 G 中最多有 m 个不同的元素,与 $|G|=n$ 矛盾.

进一步证明 $a,a^2,\cdots,a^n$ 互不相同. 假设 $a^i=a^j$,其中 $1\leqslant i<j\leqslant n$,

则
$$a^j=a^{i+(j-i)}=a^i*a^{j-i}$$

从而 $a^{j-i}=e$,其中 $1\leqslant j-i<n$. 这是不可能的.

故
$$G=\{a,a^2,a^3,\cdots,a^{n-1},a^n=e\}$$

28. 设 e 为 $\langle G,\circ\rangle$ 的幺元,g 为 $\langle G,\circ\rangle$ 的生成元,则 $g^n=e$. 于是对任意不大于 $n-1$ 的正整数 k,有 $g^{kn}=(g^n)^k=e$,所以必有不大于 n 的最小正整数 s 使得 $g^{ks}=e$. 而 n 为元素 g 的阶,因此 $n\mid ks$. 设 k 与 n 的最大公约数为 $(k,n)=d$,则 $d\leqslant k<n,d\mid k,d\mid n$,从而 $\frac{n}{d}\,\Big|\,\frac{ks}{d}$. 因为 $\left(\frac{k}{d},\frac{n}{d}\right)=1$,所以 $\frac{n}{d}\,\Big|\,s$. 又因为

$$(g^k)^{\frac{n}{d}}=(g^n)^{\frac{k}{d}}=e$$

并由 s 的最小性知 $s=\frac{n}{d}$. 令 $\frac{n}{d}=t+1$,则 $n=(t+1)d$,从而

$$g^k=(v_1v_{11}v_{12}\cdots v_{1(1+t)})(v_2v_{21}v_{22}\cdots v_{2(1+t)})\cdots(v_dv_{d1}v_{d2}\cdots d_{d(t+1)})$$

所以 g^k 的型为 $(x_{t+1})^d=(x_{\frac{n}{d}})^d$.

对任一个整除 n 且小于 n 的正整数 d,满足 $(k,n)=d$ 的不大于 n 的正整数 k 的个数等于满足 $\left(i,\frac{n}{d}\right)=1$ 的不大于 $\frac{n}{d}$ 的正整数 i 的个数 $\varphi\left(\frac{n}{d}\right)$. 又因为幺元的型为 x_1^n 且 $\varphi(1)=1$,所以

$$P_G(x_1,x_2,\cdots,x_n)=\frac{1}{n}\left[x_1^n+\sum_{\substack{d\mid n\\ d\neq n}}\varphi\left(\frac{n}{d}\right)(x_{n/d})^d\right]=\frac{1}{n}\left[x_1^n+\sum_{\substack{d\mid n\\ d\neq 1}}\varphi(d)(x_d)^{n/d}\right]$$

$$=\frac{1}{n}\sum_{d\mid n}\varphi(d)(x_d)^{n/d}$$

29. 从 A 中可重复地取 n 个元素放在正 n 边形的 n 个顶点上,其全部方案集记作 s. 但是,正 n 边形绕对称中心旋转后能够重合的 s 中的两个方案视为等价的,所以其不等价的方案数即为所求不同的可重圆排列数.

正 n 边形的顶点置换群为 $\langle G,\circ\rangle$. 由 Burnside 定理得,所求不同的圆排列数为

$$\frac{1}{|G|}\sum_{g\in G}\psi(g)=\frac{1}{n}\sum_{g\in G}\psi(g)$$

设 $g\in G$,对 $x\in s,g(x)=x$,当且仅当 g 的同一轮换中的各元素相同. 不妨设 g 的型为

$$\langle e_1,e_2,\cdots,e_n\rangle$$

则
$$\psi(g)=m^{e_1}m^{e_2}\cdots m^{e_n}=m^{e_1+e_2+\cdots+e_n}$$

又 $$P_G(x_1,x_2,\cdots,x_n)=\frac{1}{n}\sum_{d\mid n}\varphi(d)(x_d)^{n/d}$$

故不同的可重圆排列数为

$$\frac{1}{n}\sum_{d\mid n}\varphi(d)m^{n/d}$$

这正与第4.4节中的例4.4.2的结果相同.

30. 置换群 G 的轮换指标为

$$P_G(x_1,x_2,\cdots,x_9)=\frac{1}{4}(x_1^9+2x_1x_4^2+x_1x_2^4)$$

不等价着色方案数为

$$P_G(2,2,\cdots,2)=\frac{1}{4}(2^9+2\times 2\times 2^2+2\times 2^4)=140$$

31. 翻转群 G 的轮换指标为

$$P_G(x_1,x_2,\cdots,x_{10})=\frac{1}{3}(x_1^{10}+2x_1x_3^3)$$

其样本清单为

$$P_G(x+y,x^2+y^2,\cdots,x^{10}+y^{10})=\frac{1}{3}[(x+y)^{10}+2(x+y)(x^3+y^3)^3]$$

旋转且翻转群 H 的轮换指标为

$$P_H(x_1,x_2,\cdots,x_{10})=\frac{1}{6}(x_1^{10}+2x_1x_3^3+3x_1^2x_2^4)$$

32. 设 $\langle G,\circ\rangle$ 为正 n 边形的二面体群,对于 G 中的置换 f,若 f 含一个 t 轮换,那么由对称性知,f 的轮换表示法中仅包含 t 轮换,这意味着 $t\mid n$,而 n 为质数,故 $t=1$ 或 n. 因此,G 的轮换指标为

$$P_G(x_1,x_2,\cdots,x_n)=\frac{1}{2n}\left[x_1^n+(n-1)x_n+nx_1x_2^{\frac{n-1}{2}}\right]$$

不同手镯的数目为

$$\frac{1}{2n}\left[k^n+(n-1)k+nk^{\frac{n+1}{2}}\right]$$

33. (1) $f\circ g=\begin{pmatrix}1&2&3&4&5&6\\4&3&6&1&5&2\end{pmatrix}$, $g\circ f=\begin{pmatrix}1&2&3&4&5&6\\1&5&4&3&6&2\end{pmatrix}$,

$f^{-1}=\begin{pmatrix}1&2&3&4&5&6\\3&2&5&4&1&6\end{pmatrix}$, $g^3=\begin{pmatrix}1&2&3&4&5&6\\6&4&5&2&3&1\end{pmatrix}$;

(2) $f(c)=\langle y,y,x,x,x,y\rangle$, $f^{-1}(c)=\langle x,y,x,x,y,y\rangle$,

$g\circ f(c)=\langle x,y,x,y,y,x\rangle$, $g^3(c)=\langle y,x,x,y,y,x\rangle$.

34. 设非正方形矩形的顶点集 $A=\{1,2,3,4\}$,全部着色集记作 S,S 上的置换群记作 $\langle G,\circ\rangle$,则 G 的轮换指标为

$$P_G(x_1,x_2,x_3,x_4)=\frac{1}{4}(x_1^4+3x_2^2)$$

故 $$P_G(2,2,2,2)=\frac{1}{4}(2^4+3\times 2^2)=7$$

35. 设 $\langle G,\circ\rangle$ 为正三角形的顶点置换群,$\langle H,\circ\rangle$ 为正三角形的边置换群,求置换群 $\langle G\times H,\circ\rangle$,得群 $G\times H$ 的轮换指标为

$$P_{G\times H}(x_1,x_2,x_3)=\frac{1}{6}(x_1^6+2x_3^2+3x_1^2x_2^2)$$

因此 $P_{G\times H}(2,2,2)=20$,具体如习题35图所示.

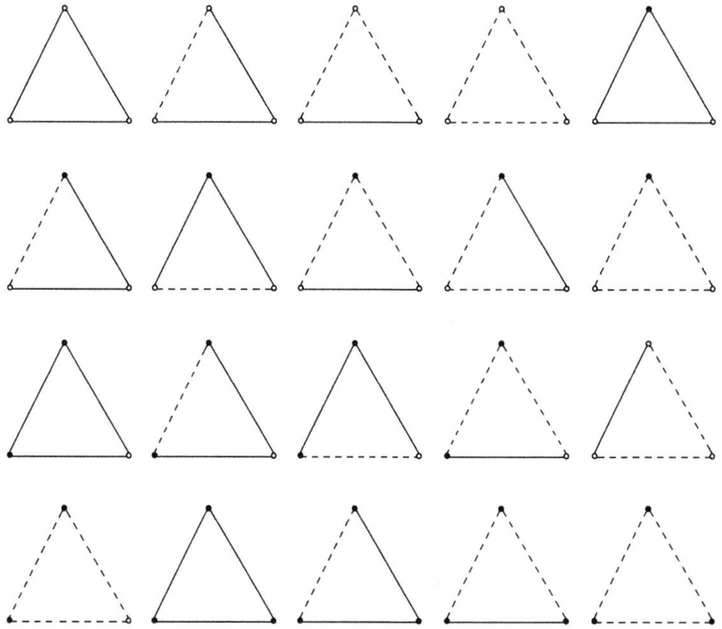

习题 35 图

40. 由 2 个 a,2 个 b,4 个 c 构成的 2 个 a 不相邻的全排列之集记作 s,则

$$|s| = \frac{(2+2+4)!}{2!\times 2!\times 4!} - \frac{(1+2+4)!}{2!\times 4!} - \frac{(2+4)!}{2!\times 4!}$$
$$=420-105-15=300$$

设$\langle G,\circ\rangle$是正八边形的顶点置换群,$g\in G$, $\forall x\in s, g(x)=x$,当且仅当 g 的同一轮换中各元素相同. 而

$$P_G(x_1,x_2,\cdots,x_8) = \frac{1}{8}\sum_{d\mid 8}\varphi(d)(x_d)^{\frac{n}{d}}$$
$$=\frac{1}{8}(x_1^8+x_2^4+2x_4^2+4x_8)$$

对于型为 x_1^8 的置换,满足“属于该置换的同一轮换的元素相同”的 s 中的圆排列的个数为 $|s|=300$.

对于型为 x_2^4 的置换,满足“属于该置换的同一轮换的元素相同”的 s 中的圆排列数为

$$\frac{(1+1+2)!}{1!\times 1!\times 2!}=12$$

对于型为 x_4^2 与 x_8^1 的置换,均不存在满足“属于该置换的同一轮换的元素相同”的 s 中的圆排列.

因此,所求全圆排列数为$\frac{1}{8}(300+12)=39$.

41. 把 n_1 个 a_1,n_2 个 a_2,$\cdots$,n_k 个 a_k 放在正 n 边形的 n 个顶点上,其全部方案集记作 s. 设正 n 边形的顶点置换群为$\langle G,\circ\rangle$,$f\in G$,对任意 $x\in s$,$f(x)=x$,当有仅当f的同一轮换中各元素相同. 设f的型为

$$(x_d)^{\frac{n}{d}}(d\mid n)$$

则 $d\mid n_i(i=1,2,\cdots,k)$,从而 $d\mid s$,此时 $n_i(i=1,2,\cdots,k)$个 a_i 放在f的$\frac{n_i}{d}$个长为 d 的轮换所含的顶点上,所以

$$\psi(f)=\frac{\left(\frac{n}{d}\right)!}{\left(\frac{n_1}{d}\right)!\left(\frac{n_2}{d}\right)!\cdots\left(\frac{n_k}{d}\right)!}$$

42. 相当于用白、黄、绿三种颜色对4×4的棋盘着色，其中4块着白色、4块着黄色、4块着绿色. 其旋转置换群$\langle G,\circ\rangle$的轮换指标为

$$P_G(x_1,x_2,\cdots,x_{16})=\frac{1}{4}(x_1^{16}+2x_4^4+x_2^8)$$

群G的样本清单为

$$P_G((a+b+c),(a^2+b^2+c^2),\cdots,(a^{16}+b^{16}+c^{16}))$$
$$=\frac{1}{4}[(a+b+c)^{16}+2(a^4+b^4+c^4)^4+(a^2+b^2+c^2)^8]$$

故$a^4b^4c^8$项的系数为

$$\frac{1}{4}\left[\frac{16!}{4!4!8!}+2\times\frac{(1+1+2)!}{1!1!2!}+\frac{(2+2+4)!}{2!2!4!}\right]=225336$$

习　题　六

1. 设$\langle G,+,\cdot\rangle$是任一域，其中0为“+”的幺元，1为“·”的幺元. $\forall a,b,c\in G$，且$a\neq 0$，如果有$a\cdot b=a\cdot c$，则

$$b=1\cdot b=(a^{-1}\cdot a)\cdot b=a^{-1}\cdot(a\cdot b)=a^{-1}\cdot(a\cdot c)$$
$$=(a^{-1}\cdot a)\cdot c=1\cdot c=c$$

因此，$\langle G,+,\cdot\rangle$是一个整环.

2. 设$\langle A,+,\cdot\rangle$是一个有限整环，其中0为“+”的幺元，1为“·”的幺元. 对任意$a,b,c\in A$且$c\neq 0$，若$a\neq b$，则$a\cdot c\neq b\cdot c$. 再由“·”运算的封闭性知，$A\cdot c=A$.

对于乘法幺元1，由$A\cdot c=A$必有$d\in A$，使得$d\cdot c=1$，故d是c的乘法逆元.

因此，有限整环$\langle A,+,\cdot\rangle$是一个域.

3. 因为$\langle s_1,+\rangle$和$\langle s_2,+\rangle$都是$\langle G,+\rangle$的子群，且都是Abel群，$\langle s_1,\cdot\rangle$和$\langle s_2,\cdot\rangle$都是$\langle G,\cdot\rangle$的子群，且都是Abel群. 因此，$\langle s_1\cap s_2,+\rangle$和$\langle s_1\cap s_2,\cdot\rangle$分别都是$\langle G,+\rangle$与$\langle G,\cdot\rangle$的子群，而且都是Abel群.

由于在$\langle s_1,+,\cdot\rangle$与$\langle s_2,+,\cdot\rangle$中，“·”运算关于“+”运算可分配，因此，$\langle s_1\cap s_2,+,\cdot\rangle$中，“·”运算关于“+”运算可分配.

4. 对任意$a,b,c\in A$，有

$$a*(b\Delta c)=a*b=(a*b)\Delta(a*c)$$
$$(b\Delta c)*a=b*a=(b*a)\Delta(c*a)$$

所以，二元运算$*$关于Δ运算可分配.

14. $GF(4)=GF(2^2)$，设$m(x)=x^2+x+1$，则

$$GF(4)=\{0,1,x,1+x\}$$
$$GF(8)=GF(2^3)$$

设$m(x)=x^3+x+1$，则

$$GF(8)=\{0,1,x,x^2,1+x,x+x^2,1+x^2,1+x+x^2\}.$$

若设α是$x^3+x+1=0$的根，即$\alpha^3=\alpha+1$，则$GF(8)=\{0,1,\alpha,\alpha^2,\alpha^3,\alpha^4,\alpha^5,\alpha^6\}$

$$GF(16)=GF(2^4)$$

设$m(x)=x^4+x^3+x^2+x+1$，则

$$GF(16)=\{0,1,x,x^2,x^3,1+x,1+x^2,1+x^3,x+x^2,x+x^3,x^2+x^3,1+x+x^2,1+x+x^3,1+x^2+x^3,$$
$$x+x^2+x^3,1+x+x^2+x^3\}$$

若设α是$x^4+x^3+x^2+x+1=0$的根，即$\alpha^4=\alpha^3+\alpha^2+\alpha+1$，则$GF(16)=\{0,1,1+\alpha,(1+\alpha)^2,\cdots,(1+\alpha)^{14}\}$.

参考文献

[1] 陈景润. 组合数学简介[M]. 天津:天津科学技术出版社,1988.
[2] 徐利治,等. 计算组合学[M]. 上海:上海科学技术出版社,1983.
[3] 柯召,魏万迪. 组合论[M]. 北京:科学出版社,1981.
[4] 万哲先. 代数和编码[M]. 3 版. 北京:科学出版社,2007.
[5] 李乔. 组合数学基础[M]. 北京:高等教育出版社,2008.
[6]《现代应用数学手册》编委会. 现代应用数学手册:离散数学卷[M]. 北京:清华大学出版社,2004.
[7] BRUADI R A. 组合数学:第 4 版[M]. 冯舜玺,罗平,裴伟东,译. 北京:机械工业出版社,2005.
[8] 曹汝成. 组合数学[M]. 广州:华南理工大学出版社,2012.
[9] 卢开澄,卢华明. 组合数学[M]. 3 版. 北京:清华大学出版社,2016.
[10] 孙淑玲,许胤龙. 组合数学引论[M]. 合肥:中国科学技术大学出版社,2010.
[11] 屈婉玲. 组合数学[M]. 北京:北京大学出版社,2004.
[12] ROSEN K H. 离散数学及其应用[M]. 袁崇义,等译. 北京:机械工业出版社,2007.
[13] JOHNSONBAUGH R. 离散数学:第 4 版[M]. 王孝喜,邵秀丽,朱思俞,等译. 北京:电子工业出版社,1999.
[14] 殷剑宏,罗珣. 一个生成组合的新算法[J]. 合肥工业大学学报(自然科学版),2011(2):58-60.
[15] WILF H S. 发生函数论[M]. 王天明,译. 北京:清华大学出版社,2003.
[16] 殷剑宏,吴开亚. 图论及其算法[M]. 合肥:中国科学技术大学出版社,2010.
[17] 殷剑宏,金菊良. 离散数学[M]. 北京:机械工业出版社,2015.
[18] 殷剑宏,金菊良. 现代图论[M]. 北京:北京航空航天大学出版社,2015.